"十三五"普通高等教育本科系列教材

电机学
（第二版）

主　编　林荣文

副主编　林　珍

编　写　黄灿水　杨明发

主　审　陈益广

中国电力出版社

CHINA ELECTRIC POWER PRESS

内 容 提 要

本书以变压器、直流电机、交流电机共同问题、异步电机、同步电机为研究对象。主要内容是通过电机的对称运行、稳态性能分析，使读者掌握电机的基本概念、基本原理和基本分析方法；其次是通过电机常见的不对称运行、瞬态过程分析和现代特种电机的介绍，使读者加深拓宽电机特殊结构和特殊运行知识，了解最新电机技术；再者通过介绍电机实验的仿真技术，使读者能在电脑上任性设置电机状况下，操作了解虚拟试验结果。书中附有大量例题、习题、实验原理和仿真案例，全书内容完整、主次分明，便于教学和自学。

本书可作为高等学校电气工程与自动化类专业（含电机电器、电气工程、电气技术、高电压、电力系统、电气与自动化等方向）的本、专科学生电机学课程的教材，也可供其他相关专业本科生、研究生学习，还可作为从事电机运行、设计、制造和仿真研究的工程技术人员参考用书。

图书在版编目（CIP）数据

电机学 / 林荣文主编. —2 版. —北京：中国电力出版社，2018.7（2024.11 重印）
"十三五"普通高等教育本科规划教材
ISBN 978-7-5198-1220-1

Ⅰ. ①电⋯　Ⅱ. ①林⋯　Ⅲ. ①电机学–高等学校–教材　Ⅳ. ①TM3

中国版本图书馆 CIP 数据核字（2018）第 035218 号

出版发行：中国电力出版社
地　　址：北京市东城区北京站西街 19 号（邮政编码 100005）
网　　址：http://www.cepp.sgcc.com.cn
责任编辑：雷　锦　夏华香
责任校对：王小鹏
装帧设计：郝晓燕　张　娟
责任印制：吴　迪

印　　刷：北京天泽润科贸有限公司
版　　次：2012 年 2 月第一版　2018 年 7 月第二版
印　　次：2024 年 11 月北京第九次印刷
开　　本：787 毫米×1092 毫米　16 开本
印　　张：24.75
字　　数：599 千字
定　　价：65.00 元

前　　言

本书是在 2011 年出版的普通高等教育"十二五"规划教材基础上全面修订的第二版。作为福建省"电机学"精品课程建设项目，福建省电气工程类创新人才培养实验区建设项目的规划教材而编写的。本书根据电气工程及其自动化专业教学大纲的要求，适应教学改革的需要，内容编排在强化基础知识、拓宽专业口径的同时，循序渐进、不断加深、推陈出新，力求夯实基础，培养和提高学生思考及解决问题的能力。本书的编写思路和特点：

（1）本着从一般到特殊的认识规律，注重基本概念、基本理论和基本分析方法的阐述，使学生建立牢固的物理概念，学会用工程观点来分析和解决问题。

（2）本书电机理论是基于结构对称，稳定运行的分析基础，并辅以工作特性或机械特性的描述和定量分析；一些谐波、不对称、暂态等难点问题，以定性分析为主，突出叙述概念和分析方法。

（3）为适应新的电机理论的发展与科研、生产上的需要，本书增加永磁电机、直线电机等特种电机章节。

（4）为了服务区域经济，考虑东南地区的电机产业之特点和相关电气工程人才培养，电机理论知识和分析方法趋向中小型电机延伸。

（5）本书各篇内容重点、难点层次分明，又具有相对独立性；选学内容和讲述次序可以根据具体情况进行调整。

（6）本书与第一版比较，有以下不同：① 将直流电机提到第二篇，在交流电机之前学习，是考虑到直流电机工作原理和电路方程相对交流电机简单，且直流电机实验不依赖交流电机知识，但交流异步电机实验需要直流电机调节负载，交流同步电机实验需要直流电机调速拖动，有必要先掌握直流电机运行操作；② 既考虑直流电机的共性内容的统一，如结构、绕组、电磁原理、换向等，又考虑负载特性完全不同，安排直流发电机和直流电动机分两章介绍；③ 基于现代虚拟仿真技术在电机研究的应用不断发展，本书加了第六篇《电机实验仿真》，引导读者学习了解 MATLAB/Simulink 中"四大电机"及各种器件的组建模块和系统搭建方法，使读者在不具备实验条件的情况下，较直观地感性认识电机的运行性能；④ 在第一篇添加分裂变压器、有载调压等特殊结构和特殊运行变压器，扩展变压器实用性知识的学习；⑤ 本着现代高等教育应用型转型发展对教学模式改革需求，本版梳理和添加许多代表性例题，注重真实电机产品数据的案例教学，加强学生能力培养。

本书由福州大学电机教学团队合作编写。其中，林荣文教授主编，负责第一章、第三篇和第四篇的编写；林珍副教授负责第五篇的编写；杨明发副教授负责第二篇的编写；黄灿水讲师负责第一篇、第六篇的编写，全书再由林荣文教授统一编核写序。本书天津大学陈益广教授担任全书主审，提出许多宝贵意见和建议，使我们受益匪浅，在此表示衷心的感谢。

  由于编者的经验和水平有限，书中难免有不妥之处，恳请读者批评指正。

编 者

2018 年 5 月

主 要 符 号 表

A	A 相绕组；线负荷	D_i	电枢内径
a	交流绕组并联支路数；直流绕组并联支路对数；复数算子	D_k	换向器外径
		E	直流电动势；交流电动势
B	B 相绕组；磁通密度	e	电动势瞬时值
b	宽度长；弧长；气隙磁场瞬时值	E_0	空载电动势
B_{a1}	电枢反应基波磁通密度	E_1	一次侧电动势
B_{ad}	直轴（d 轴）电枢反应磁通密度	$E_{1\sigma}$	一次侧漏电动势
B_{ad1}	直轴（d 轴）电枢反应基波磁通密度	E_2	二次侧电动势
B_{aq}	交轴（q 轴）电枢反应磁通密度	E_{2S}	感应电机转子转动时每相电动势
B_{aq1}	交轴（q 轴）电枢反应基波磁通密度	$E_{2\sigma}$	二次侧漏电动势
B_{av}	平均磁通密度	E_a	电枢反应电动势；交流电枢反应电动势
B_f	励磁磁通密度		
B_{f1}	励磁基波磁通密度	E_{c1}	一根导体基波电动势
B_k	换向区域的气隙磁通密度	e_k	换向元件旋转电动势
b_k	换向片宽度	e_L	自感电动势
B_m	磁通密度幅值	E_{L1}	三相绕组基波线电动势
B_{m1}	基波磁通密度幅值	E_m	电动势最大值
B_r	剩余磁通密度	e_M	互感电动势
b_s	电刷宽度	E_q	q 个线圈合成电动势
B_δ	气隙磁通密度	E_{q1}	一个线圈组基波电动势
c	简化电路修正系数；比热	e_r	换向元件电抗电动势
C	C 相绕组；每槽圈边数；电容；比热	E_{t1}	一匝线圈基波电动势
		E_{y1}	一个线圈基波电动势
C_e	电动势常数；涡流损耗系数	E_δ	合成电动势
C_{Fe}	铁心损耗系数	E_{ph}	每相电动势
C_h	磁滞损耗系数	E_{1ph}	一相绕组基波电动势
C_T	转矩常数		
D_a	电枢外径	E_{Nph}	额定相电动势

F	磁动势；力	I_f	直流励磁电流
f	频率；磁动势瞬时值；力瞬时值	I_{Fe}	励磁电流中铁损耗电流
F_1	三相定子合成磁动势基波振幅	I_{fN}	额定励磁电流
f_2	转子感应电动势频率	I_h	励磁电流中磁滞损耗电流
F_2	三相转子合成磁动势基波振幅	I_k	短路电流
F_a	电枢磁动势幅值	I_N	额定电流
F_{ad}	直轴电枢磁动势幅值	I_{Nph}	额定相电流
F_{aq}	交轴电枢磁动势幅值	I_s	串励绕组电流
F_{aqd}	电枢反应等效去磁安匝数	I_{st}	起动电流
F_{c1}	线圈磁动势的基波振幅	I_μ	励磁电流中磁化电流
F_D	定子磁压降	J	机组转动惯量
f_e	电磁力	j	电流密度
F_{m1}	单相绕组磁动势的基波振幅	K	直流电动机换向片数
f_N	额定频率	k	变压器电动势变比；匝比
F_{q1}	线圈组磁动势的基波振幅	k_a	隐极电动机主极磁动势折算系数
F_S	转子磁压降	k_{ad}	凸极电动机直轴电枢反应磁动势折算系数
F_δ	气隙磁压降；气隙合成磁动势幅值		
G	重力	k_A	自耦变压器变比
g_m	电导	k_d	交流绕组分布系数
H	磁场强度	k_e	感应电动机电动势变比
H_c	矫顽磁力	k_{fh}	隐极同步电机主极磁动势波形系数
h_m	主磁极计算高度	k_{ft}	凸极同步电机主极磁动势波形系数
h_z	电枢齿计算高度	k_i	感应电动机电流变比
I	电枢电流；交流电流	k_k	短路比
i	电流瞬时值	K_M	感应电动机降压起动绕组降压率
I_{2s}	感应电动机转子转动时每相电流	K_m	过载能力；最大转矩倍数
i_a	电枢导体电流	k_N	交流绕组绕组系数
I_a	电枢电流	k_p	交流绕组短距系数
i_c	交流绕组线圈电流	K_{st}	起动转矩倍数
I_e	励磁电流中涡流损耗电流	k_v	电压波形正弦畸变率
i_f	直流励磁电流瞬时值	k_μ	饱和系数

k_σ	主磁极漏磁系数	p_{mec}	机械损耗
L	自感	P_N	额定功率
l	电机几何尺寸长度	Q	无功功率；物体单位时间产生热量
L_a	转子轭平均长度	q	每极每相槽数
L_j	定子轭平均长度	r	电枢半径
L_σ	漏磁电感	R	绕线转子感应电动机转子附加电阻
m	场移；同步电动机定子相数	r_2'	变压器二次侧绕组电阻归算值；感应电动机转子绕组电阻归算值
M	互感		
m_1	定子相数	r_1	变压器一次侧绕组电阻；感应电动机定子绕组电阻
N	一条支路串联匝数；直流电动机绕组总导体数		
		r_2	变压器二次侧绕组电阻；感应电动机转子绕组电阻
n	转速	r_a	电枢绕组电阻
n_1	同步转速	R_a	电枢回路总电阻
N_1	变压器一次侧绕组匝数	R_{aj}	电枢回路外接电阻
N_2	变压器二次侧绕组匝数	r_f	励磁绕组电阻
n_2	转子磁动势相对转子速度	R_f	励磁回路总电阻
N_c	一个线圈匝数	R_{fj}	励磁回路外接电阻
N_f	励磁绕组匝数	r_k	变压器短路电阻
P	有功功率	R_L	负载电阻
p	极对数	r_m	变压器励磁电阻；感应电动机励磁电阻
p_0	空载功率（损耗）		
P_1	输入有功功率	R_m	磁阻
P_2	输出有功功率	S	视在功率；面积；每槽导体数；线圈数
p_{ad}	附加损耗		
p_{Cu}	铜损耗	s	转差率；秒
p_e	涡流损耗	s_m	临界转差率
p_{Fe}	铁损耗	S_N	额定容量；额定视在功率
p_h	磁滞损耗	T	电磁转矩；时间常数；周期
P_i	机械功率	t	时间；温度
p_{kN}	变压器额定短路损耗	T_d''	超瞬变电流衰减时间常数
P_M	电磁功率	T_d'	瞬变电流衰减时间常数
		T_0	空载转矩

T_1	输入转矩	x_m	变压器励磁电抗；感应电动机励磁电抗
T_2	输出转矩	x_p	同步电动机保梯电抗
T_a	非周期电流衰减时间常数	x_q	同步电动机交轴同步电抗
T_J	加速转矩	x_s	同步电动机同步电抗
T_L	负载转矩	x_σ	同步电动机的定子（电枢）绕组漏抗
T_m	最大转矩	y	交流绕组节距；直流绕组合成节距
t_{max}	最高容许温度	y_1	第一节距
T_N	额定转矩	y_2	第二节距
T_{pi}	牵入转矩	y_k	换向器节距
T_{st}	起动转矩	Z	交流阻抗；直流机实槽数
U	直流电压；交流电压	Z_-	负序阻抗
u	电压瞬时值	Z_+	正序阻抗
U_f	励磁电压	Z_0	零序阻抗
U_{fN}	额定励磁电压	Z_1	变压器一次侧绕组阻抗；感应电动机定子绕组阻抗
U_k	变压器短路电压	Z_2	变压器二次侧绕组阻抗；感应电动机转子绕组阻抗
U_M	磁位差	Z_b	阻抗基值
U_N	额定电压；交流额定电压	Z_e	虚槽数
U_{Nph}	额定相电压	Z_k	短路阻抗
W	功率；能量	Z_L	负载阻抗
x_2'	变压器二次侧绕组漏抗归算值；感应电动机转子绕组漏抗归算值	Z_m	励磁阻抗
x_1	变压器一次侧绕组漏抗；感应电动机定子绕组漏抗	α	直流电动机绕组槽距角
		α_{Fe}	变压器、感应电动机铁损耗角
x_2	变压器二次侧绕组漏抗；感应电动机转子绕组漏抗	β	直流电动机绕组短距角；交流机负载系数
x_{2s}	感应电机转子转动时每相电抗		
x_a	同步电动机电枢反应电抗	δ	功率角；气隙
x_{ad}	同步电动机直轴电枢反应电抗	ΔU	电压变化率；直流电动机电刷接触压降
x_{aq}	同步电动机交轴电枢反应电抗	ΔU_b	直流电动机电刷接触压降
x_d	同步电动机直轴同步电抗	ε	小于 1 的分数
x_k	变压器短路电抗	η	效率

η_{max}	最大效率	Φ_1	基波磁通
η_N	额定效率	$\Phi_{1\sigma}$	变压器一次侧漏磁通
θ	功率因数角；温升	$\Phi_{2\sigma}$	变压器二次侧漏磁通
θ_N	额定温升	Φ_a	电枢反应磁通
Λ	磁导	Φ_{ad}	直轴电枢反应磁通
λ	表面散热系数	Φ_{aq}	交轴电枢反应磁通
μ	磁导率	Φ_m	主磁通
μ_{Fe}	铁心磁导率	Φ_ν	ν 次谐波磁通
σ	电导率	Φ_σ	漏磁通
τ	极距；硅钢片厚度；温升	Ψ	磁链
τ_∞	稳态温升	ψ	内功率因数角
τ_{max}	温升限度	Ω	机械角速度
Φ	磁通量	ω	电角频率
φ	磁通瞬时值	Ω_1	同步角速度
Φ_0	空载磁通		

目　　录

第二篇　直　流　电　机

第三篇　交流电机的共同部分

第四篇　异　步　电　机

第五篇　同　步　电　机

第六篇　电机实验与仿真

第一章 基 础 理 论

第一节 概 述

电能与石油、天然气、煤炭等能源相比，具有明显的优越性，它适合于大量生产、调配、输送和控制。电能不仅在生产与生活中广泛得到应用，而且在未来必将成为主要能源。电机是一种机电能量转换或信号转换的电磁机械装置，在电力工业，电机作为电能生产、输送和应用的主要装置；在工矿企业、农业、交通运输业、国防、科学文化及日常生活等方面也都是十分重要的设备。

电机的种类很多，一般从功能或理论上分类。

就能量转换的功能来看，电机可分类如下。

（1）发电机。它将机械功率转换为电功率。

（2）电动机。它将电功率转换为机械功率。

（3）变压器。它将电功率转换成电压不同的电功率，没有机电能量转换；类似的装置还有变流机、变频机、移相机。

（4）控制电机。它在机电系统中不以功率传递为主，而是对信号进行调节、放大和控制等职能。

就电机的理论原理来看，电机有"四大电机"，可分类如下。

（1）变压器。它是静止设备，输入与输出为交流电。

（2）异步机。它是旋转电机，供电或发电为交流电，受负载影响，速度没有固定。

（3）同步机。它是旋转电机，供电或发电为交流电，速度等于同步速度，固定不变。

（4）直流机。它是旋转电机，供电或发电为直流电，速度没有固定。

电机的用途很广，在国民经济与日常生活各个行业中的作用如下。

（1）电力工业中。生产电能作用的发电机；电网上输送、分配电能时起升压或降压作用的变压器。

（2）工矿企业中。在机床、起重机、轧钢机，高炉、水泵、风机等驱动电动机。

（3）农业生产中。排灌、脱粒、碾米、榨油、抽水等驱动电动机。

（4）文教医疗中。特殊驱动、高精度微特电机。

（5）交通运输中。电力机车、电动汽车驱动电机，船用、汽车用电机等。

（6）国防工业中。各种控制电机、驱动电机。

（7）日常生活中。民用驱动电机，如厨房电器、健身器械、音响电器、冷热空调、电动玩具以及电动工具等驱动电动机。

总之，我国生产的中、小型和微型电机，已经有上百种系列，上千个品种，数千个规格的各种电机。随着生产的发展和科学技术水平的提高，电机新材料和新技术不断创新，许多高效能永磁电机、电子微机控制等特种电机的出现，提高了电机的各种性能，电机在国民经济建设中的重要作用更加突出。

第二节　电机磁路及铁磁材料

根据结构形式不同，电机包括了静止的变压器和旋转的各类电机。变压器是一种能量传递装置，旋转电机是机电能量转换装置，它们的工作原理都以电磁感应定律为基础，能量都要经过磁场耦合形式，实现传递或转换的。因为磁场在空气中的储能密度比电场大很多，所以电机不用电场而是用磁场作为耦合场，磁场的强弱和分布不仅关系到电机的性能，而且还决定电机的体积和质量。

一、电机磁路

电机的工作原理就是电产生磁，磁感应电，电磁相互作用产生转矩等关联的过程，所以电机理论离不开电和磁两大要素，缺一不可。电是指电机内部线圈中流通的电流，其闭合路径即电路，电路理论知识和分析方法，在之前的"电路"或"电工学"课程学习过，电路分析计算一般是线性的；磁是指磁性材料建立的或线圈中电流激励产生的磁场，其大小可以用磁通量描述。电机中分析计算磁场，由于计算机发展，现在已经常用有限元等数值解法，这些知识属于后续的专业课内容。传统的方法是将磁场简化为磁路来进行解析，本节主要介绍有关磁路方面的理论知识。

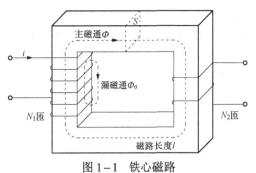

图 1-1　铁心磁路

电机中磁通所通过的路径称为磁路。图 1-1 表示简单铁心磁路。

电机和变压器内，常把线圈套在铁心上。当线圈内通有电流时，在线圈周围空间会激励形成磁场，用磁力线分布描述磁场。任何一根磁力线都是闭合的，磁力线的轨迹就是磁路路径。磁路根据磁阻不同归类，图 1-1 所示磁路有两种：一个是主磁通路径，另一个是漏磁通路径。由于铁心的导磁性能好，大部分磁通走铁心回路闭合，这部分磁通称为主磁通。正如电路有并联支路一样，部分磁通走另外并联回路闭合，即围绕线圈和部分铁心周围的空间回路，这部分磁通称为漏磁通，它经过不导磁的空气，磁阻较大，所以磁通量较少。分析和计算磁路时，往往用到几条基本定律，以下结合电机结构分别进行介绍。

1. 安培环路定律

对磁场强度 H，沿着任何闭合回线 l 积分值等于该闭回线所包围的电流代数和 $\sum i$，这就是安培环路定律，又称**全电流定律**。用公式表示，有

$$\oint_l \vec{H} \cdot d\vec{l} = \sum i \tag{1-1}$$

式中，若电流 i 的正方向与闭合回线 l 的环形方向符合右手螺旋定则，i 取正号，否则 i 取负号。磁场强度的单位为 A/m；回线长度的单位为 m；电流的单位为 A。

图 1-1，沿主磁通路径和漏磁通路径，磁场强度闭合积分，包围的电流总和（$\sum i$）是一样的，计算磁路时往往不用漏磁通路径，而用几何尺寸容易计算的铁心中心线，即主磁通

路径。若沿着主磁通路径 l，则磁场强度 H 方向与路径相同，大小处处相等。

$$F = \oint_l \vec{H} \cdot \mathrm{d}\vec{l} = Hl = \sum i = Ni \qquad (1-2)$$

式中　F——作用在铁心磁路上的安匝数，称为磁路的励磁磁动势，A；

　　　l——主磁路的平均长度，m；

　　　N——线圈匝数；

　　　i——线圈电流。

2. 磁路欧姆定律

设铁心磁导率为 μ，单位为 H/m；截面积为 S，单位为 m^2；穿过截面的磁通量为 Φ，单位为 Wb；并认为截面上磁通密度 B 均匀分布，则有

$$B = \frac{\Phi}{S} \qquad (1-3)$$

$$F = Hl = \frac{B}{\mu}l = \frac{\Phi}{\mu S}l = \Phi\frac{l}{\mu S} = \Phi R_{\mathrm{m}} \qquad (1-4)$$

式中　B——磁通密度，T；

　　　R_{m}——磁阻，单位为 H^{-1}，$R_{\mathrm{m}} = \dfrac{l}{\mu S}$。

比较图 1-2（a）和（b），磁动势 F 比拟电动势 E，磁通 Φ 比拟电流 I，磁阻 R_{m} 比拟电阻 R。电路的欧姆定律是电动势等于电流乘以电阻，磁路欧姆定律形式与其十分相似，即作用在磁路上的磁动势 F 等于磁路内的磁通量 Φ 乘以磁阻 R_{m}。

从式（1-4）可见，磁阻 $R_{\mathrm{m}} = \dfrac{l}{\mu S}$ 与电

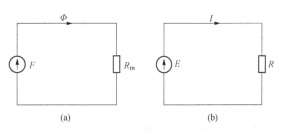

图 1-2　铁心磁路欧姆定律
（a）模拟磁路图；（b）对应电路图

阻 $R = \dfrac{l}{\sigma S}$ 形式也是一致的，电阻表达式中 l 为线圈长度，单位为 m；σ 为线圈电导率，单位为 S；S 为线圈截面积，单位为 m^2。电路中电阻一般是常数，磁路中由于铁磁材料磁导率 μ 不是一个常数，所以由其构成的磁路，其磁阻也不是常数，而是随着磁路中的磁通密度的大小变化而变化，故磁路计算比电路计算难，它是非线性的。磁路和电路的对应比较见表 1-1。

表 1-1　　　　　　　　　　　　磁路和电路的对应比较

电　　路	磁　　路
电流：I（A）	磁通：Φ（Wb）
电流密度：j（A/m^2）	磁通密度：B（T）或（Wb/m^2）
电动势：E（V）	磁动势：F（A）
电阻：$R = \dfrac{l}{\sigma S}$（Ω）	磁阻：$R_{\mathrm{m}} = \dfrac{l}{\mu S}$（1/H）

续表

电 路	磁 路
电导：$G = \dfrac{1}{R}$（S）	磁导：$\Lambda_m = \dfrac{1}{R_m}$（H）
基尔霍夫第一定律：$\sum i = 0$	磁路节点定律：$\sum \Phi = 0$
基尔霍夫第二定律：$\sum u = \sum e$	全电流定律：$\sum H \cdot l = \sum i$
电路欧姆定律：$I = \dfrac{E}{R}$	磁路欧姆定律：$\Phi = \dfrac{F}{R_m}$

【**例 1-1**】有一闭合铁心磁路，见图 1-1，铁心的截面积 $S = 8 \times 10^{-4} \text{m}^2$，磁路的平均长度 $l = 0.4\text{m}$，铁心的磁导率 $\mu_{Fe} = 4500\mu_0$（μ_0 为真空磁导率，$\mu_0 = 4\pi \times 10^{-7}\text{H/m}$），绕在铁心上的线圈匝数 $N = 480$ 匝，设磁通均匀分布在铁心截面上，试求要在铁心中产生磁通 $\Phi = 9 \times 10^{-4}\text{Wb}$，所需的励磁磁动势 F 和励磁电流 i。

解：根据安培环路定律，有

铁心中磁通密度：
$$B = \frac{\Phi}{S} = \frac{9 \times 10^{-4}}{8 \times 10^{-4}} = 1.125（\text{T}）$$

铁心中磁场强度：
$$H = \frac{B}{\mu_{Fe}} = \frac{1.125}{4500 \times 4\pi \times 10^{-7}} = 199（\text{A/m}）$$

所需的励磁磁动势：
$$F = H \times l = 199 \times 0.4 = 79.6（\text{A}）$$

所需的励磁电流：
$$i = \frac{F}{N} = \frac{79.6}{480} = 0.166（\text{A}）$$

【**例 1-2**】在例 1-1 的基础上，图 1-3 中切掉一段铁心，留下一个长度 $\delta = 7 \times 10^{-4}\text{m}$ 的气隙，不考虑漏磁和气隙磁场的边缘效应，试求要在铁心中产生磁通 $\Phi = 9 \times 10^{-4}\text{Wb}$，所需的励磁磁动势 F 和励磁电流 I。

解：根据安培环路定律，有

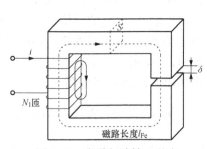

图 1-3 穿过气隙铁心磁路

铁心内磁通密度：
$$B = \frac{\Phi}{S} = \frac{9 \times 10^{-4}}{8 \times 10^{-4}} = 1.125（\text{T}）$$

铁心内磁场强度：
$$H_{Fe} = \frac{B}{\mu_{Fe}} = \frac{1.125}{4500 \times 4\pi \times 10^{-7}} = 199（\text{A/m}）$$

气隙内磁场强度：
$$H_\delta = \frac{B}{\mu_0} = \frac{1.125}{4\pi \times 10^{-7}} = 8.957 \times 10^5（\text{A/m}）$$

铁心磁压降：
$$F_{Fe} = H_{Fe} l_{Fe} = 199 \times (0.4 - 0.0007) = 79.46（\text{A}）$$

气隙磁压降：
$$F_\delta = H_\delta \delta = 8.957 \times 10^5 \times 0.0007 = 627（\text{A}）$$

励磁总磁动势：
$$F = F_{Fe} + F_\delta = 79.46 + 627 = 706.46（\text{A}）$$

（可见，励磁总磁动势等于沿磁路各段磁压降之和）

励磁电流：
$$I = \frac{F}{N} = \frac{706.46}{480} = 1.472（\text{A}）$$

【**例 1-3**】一对称分支磁路如图 1-4 所示，铁心材料的磁化曲线见表 1-2。中间支路的面积 $S = 9 \times 10^{-4}\text{m}^2$，旁边支路的面积为中间的一半，每个分支支路沿中心线磁通路径长 $l = 0.4\text{m}$，气隙长 $\delta = 0.001\text{m}$，要在中间支路产生磁通 $\Phi = 12.78 \times 10^{-4}\text{Wb}$，求应有多大的磁动势？如果线圈电流为 1.5A，则线圈应绕多少匝？

表 1-2　　　　　　　　　　　　　　　　铁 心 磁 化 曲 线

H（A/m）	500	1000	2000	3000	4000	5000	6000	8000	11000	14000	18000
B（T）	0.55	1.1	1.36	1.48	1.55	1.60	1.64	1.72	1.78	1.83	1.88

解： 由于两边支路面积各是中间的一半，中间支路产生的磁通均分两半，走左、右两个支路闭合，各段磁通密度相等。磁路对称，任意取一个支路计算，有

$$B = B_\delta = \frac{\Phi}{S} = \frac{12.78 \times 10^{-4}}{9 \times 10^{-4}} = 1.42 \text{（T）}$$

气隙中的磁场强度为

$$H_\delta = \frac{B_\delta}{\mu_0} = \frac{1.42}{1.257 \times 10^{-6}} = 1129673 \text{（H/m）}$$

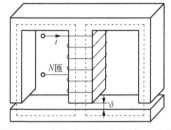

图 1-4　有分支及气隙的铁心磁路

铁心中的磁场强度，根据磁通密度 $B=1.42$，从表 1-1 中进行线性插值

$$H_{Fe} = 2000 + \frac{1.42 - 1.36}{1.48 - 1.36} \times (3000 - 2000) = 2500 \text{（H/m）}$$

需要总磁动势等于磁路各段（铁心和气隙）的磁压降（$H \times l$）之和，为

$$F = H_{Fe} l_{Fe} + H_\delta l_\delta = 2500 \times (0.4 - 2 \times 0.001) + 1129673 \times 2 \times 0.001 = 3254 \text{（A）}$$

若电流为 $I = 1.5A$，则线圈需要绕的匝数为

$$N = \frac{F}{I} = \frac{3254}{1.5} = 2169.33 \approx 2170 \text{（匝）}$$

3. 电磁感应定律

导体感应电动势分为运动电动势和变压器电动势。

（1）运动电动势是指导体在恒定磁场中作切割运动而感应的电动势，表达式为

$$e = Blv \tag{1-5}$$

式中　　l——导体长度；

　　　　v——运动速度；

　　　　B——磁通密度。

三个物理量互相垂直，正方向符合右手定则。

（2）变压器电动势是指线圈不动，穿过线圈的磁通交变，在线圈绕组中感应电动势，如图 1-5（a）所示。交流电流 i 流过 N 匝线圈，激励出交变磁通 ϕ，其正方向符合右手螺旋定则，如图 1-5（b）所示。交变磁通在线圈中感应的电动势，电动势的正方向依然符合右手螺旋定则，如图 1-5（c）所示。感应电动势的表达为

$$e = -N \frac{d\phi}{dt} \tag{1-6}$$

该式表示的就是电磁感应定律。

设磁通为正弦规律变化，表达式为

$$\phi = \Phi_m \sin \omega t \tag{1-7}$$

将式（1-7）代入式（1-6），得

$$e=-N\frac{\mathrm{d}}{\mathrm{d}t}(\varPhi_\mathrm{m}\sin\omega t)=-N\omega\varPhi_\mathrm{m}\cos\omega t=E_\mathrm{m}\sin(\omega t-90°)\qquad(1-8)$$

比较式（1-8）和式（1-7）可以得出：

（1）感应电动势的相位滞后磁通90°。

（2）感应电动势的有效值 E 与电流频率 f、绕组匝数 N、磁通幅值 $\varPhi_\mathrm{m}$ 成正比。其表达式为

$$E=\frac{E_\mathrm{m}}{\sqrt{2}}=\frac{N\omega\varPhi_\mathrm{m}}{\sqrt{2}}=\frac{N2\pi f\varPhi_\mathrm{m}}{\sqrt{2}}=4.44fN\varPhi_\mathrm{m}\qquad(1-9)$$

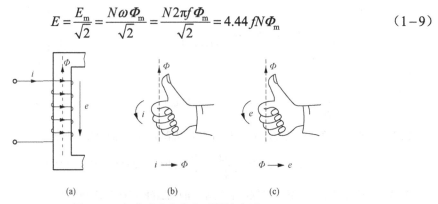

图 1-5　电磁感应定律右手螺旋定则

（a）电流、磁通、感应电动势正反向；（b）电流激励磁通；（c）磁通感应电动势

应该指出，图 1-5（a）所指电动势是正方向，而电动势某时刻的实际方向确定要通过式（1-6）计算出 e 来判断。可见电动势实际方向与磁通随时间瞬时变化率有关，即与该时刻磁通变化是增加还是减少有关。当该时刻磁通增加，则 $\frac{\mathrm{d}\phi}{\mathrm{d}t}>0$，由式（1-6）得 $e<0$，说明此时电动势实际方向与正方向相反；当该时刻磁通减少，则 $\frac{\mathrm{d}\phi}{\mathrm{d}t}<0$，由式（1-6）得 $e>0$，说明此时电动势实际方向与正方向相同。

根据感应电动势实际方向，确定感应电流实际方向，该感应电流又产生磁通，用右手螺旋定律确定磁通方向，该磁通总是阻碍原来磁通的变化，这便是楞次定律基本概念。

4. 电磁力定律

电磁力定律是指通电（i）导体（l）在磁场（B）作用下会产生电磁力（f_e）。电磁力的方向与电流、磁场方向符合左手定则。电磁力定律的公式为

$$f_\mathrm{e}=Bli\qquad(1-10)$$

如图 1-6 所示，磁场 N、S 极下两个导体，是一个线圈的两条边，离线圈轴线（中心线）距离为半径 r，它们的电流方向相反，产生的电磁力 f_e 根据左手定则，都是逆时针方向。力乘以力臂（半径 r）等于力矩 T_i。若沿圆周分布许多导体，将所有导体的力矩加起来，就是电机的电磁转矩

$$T=\sum T_i=\sum f_\mathrm{e}\cdot r=\sum Bli\cdot r\qquad(1-11)$$

式中　r——转子半径，m；

　　　　T——电磁转矩，N·m；

　　　　f_e——电磁力，N。

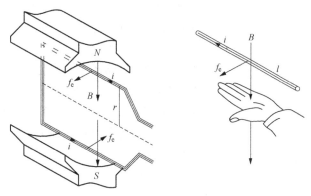

图1-6　电磁力定律左手定则

二、常用的铁磁材料

在电机应用材料中，一般按其导磁性能分为非铁磁材料与铁磁材料。非铁磁材料因磁导率很低，呈现不导磁性能，如空气、铜、铝、绝缘材料等；铁磁材料磁导率都较高，呈现良好的导磁性能，如铁、镍、钴以及它们的合金。电机中为使在一定的励磁磁动势作用下能产生较强的磁场，铁心磁路常用磁导率较高的铁磁材料制成。下面对常用的铁磁材料及其特性进行说明。

1. 铁磁材料的磁化

当铁磁材料受到外加磁场作用，材料内的磁场会显著增强，呈现很强的磁性，此现象称为铁磁材料被磁化。铁磁材料能被磁化，是因为在它内部存在着许多很小的类似小磁铁的磁畴。图1-7(a)所示，磁畴用带磁性的小磁铁示意，在材料未受外部磁场作用，磁畴排列杂乱无章，其磁效应互相抵消，对外部不呈现磁性。一旦受到外加磁场作用，图1-7(b)，磁畴克服转动摩擦阻力，磁性轴线转到趋于一致，由此形成一个附加磁场叠加在外磁场上，使合成磁场大为增强。由于非铁磁材料内部结构没有磁畴，不呈现被磁化的现象，所以在同一磁场作用下，铁磁材料比非铁磁材料所激励出的磁场要强得多，表现在铁磁材料的磁导率 μ_{Fe} 要比非铁磁材料的大得多。一般非铁磁材料的磁导率接近于真空磁导率 μ_0，常用的铁磁材料磁导率 $\mu_{Fe} = （2000\sim6000）\mu_0$。

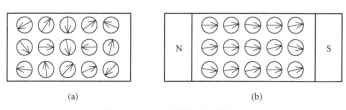

(a)　　　　　　　　　　(b)

图1-7　铁磁材料磁畴分布

（a）未磁化；（b）磁化后

2. 磁化曲线和磁滞回线

铁磁材料和非铁磁材料，在外加磁场作用下，其内部的 B 与 H 之间的关系曲线，即为磁化曲线，图1-8所示为起始磁化曲线，或称平均磁化曲线，曲线的斜率大小就是磁导率的大小。非铁磁材料的磁化曲线呈直线关系（图1-8中虚线），斜率很小，等于 μ_0。

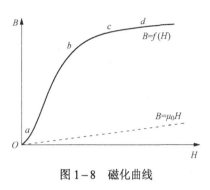

图 1-8　磁化曲线

铁磁材料的起始磁化曲线基本上分为四段：

（1）oa 段。开始磁化时，外磁场较弱，磁通密度增加较慢。

（2）ab 段。外磁场开始增强，材料内部大量的磁畴开始克服摩擦阻力转向，趋向于外磁场方向，此时 B 值增加得很快，曲线斜率最大，磁导率数值也最大。

（3）bc 段。外磁场继续加大，大部分的磁畴转向已经趋于外磁场方向，可转向的磁畴很少了，B 增加幅度越来越慢，呈现饱和现象。

（4）cd 段。材料内部磁场饱和，外磁场 H 继续加大，B 基本不变，磁化曲线呈现为与非铁磁材料 $B=\mu_0 H$ 特性相平行的直线。

可见铁磁材料的磁化曲线不是一条直线，磁场较小的 ab 段，尤其下段部分的线性段，磁导率较大，磁场较大时 bc 段，磁导率较小。电机设计中，为了不浪费铁心材料，避免设计工作在 ab 段；为了不需过大励磁，浪费铜材，避免设计工作在 bc 段的线性段部分；为使主磁路内得到较大的磁通量而又不过分增大励磁磁动势，通常把铁心的工作磁通密度选择在拐点 b 附近。

如果将铁磁材料进行周期性磁化，外磁场增加的上升磁化曲线与相应外磁场减少的下降磁化曲线不会重合。图 1-9 所示，当 H 开始从零增加到 H_m 时，B 相应地从零增加到 B_m；逐渐减少 H，B 值将沿曲线 ab 下降。当 $H=0$ 时，B 值并不等于零，而是等于 B_r，这种去掉外磁场之后，铁磁材料内仍然保留的磁通密度 B_r，称为剩余磁通密度，简称剩磁。要抵消剩磁，必须加上相反方向的外磁场，此反向磁场强度称为矫顽力，用 H_c 表示。铁磁材料在反向外加磁场作用下，反向磁化，周而复始，进行周期性磁化，曲线轨迹为 $abcdefa$。由图 1-9 可见，磁通密度 B 的变化总是滞后于磁场强度 H 的变化现象，称为铁磁材料特有的磁滞，呈现磁滞现象的 $B-H$ 闭合回线，称为磁滞回线。

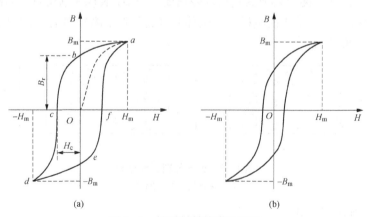

图 1-9　铁磁材料的磁滞回线

（a）硬磁材料；（b）软磁材料

3. 铁磁材料分类

剩磁 B_r 与矫顽力 H_c 是磁性材料的重要参数。通常根据 H_c 的大小和磁滞回线的形状，铁磁材料分为软磁材料和硬磁材料。

（1）软磁材料。软磁材料的磁滞回线窄、剩磁 B_r 与矫顽力 H_c 都小，常见的软磁材料有铸铁、铸钢和硅钢片等。因为它们的磁导率较高，故用作制造电机和变压器的铁心。

（2）硬磁材料。硬磁材料的磁滞回线宽、剩磁 B_r 与矫顽力 H_c 都大，由于剩磁大，可用以制成永久磁铁，不容易退磁，因而硬磁材料又称为永磁材料。永磁材料的磁性能通常用剩磁 B_r、矫顽力 H_c 和最大磁能积 $(BH)_{max}$ 三项指标来表征。一般来说，三项指标越大，就表示材料的磁性能越好，此外还要考虑材料的工作温度、稳定性和价格等因素。当前常用的永磁材料有以下几种。

1）铝镍钴。它是铁和镍、铝和钴的合金。其优点是 B_r 较大，磁性能较高，稳定性较好，价格较低；缺点是 H_c 不大，抗去磁能力弱，材料硬而脆。

2）铁氧体。它是铁和锶、钡等一种或多种金属元素的复合化合物。其优点是 H_c 较大，抗去磁能力强，价格低，比重小，不需要进行工作稳定性处理；缺点是 B_r 不大，温度对磁性能影响较大，不适合用于温度变化大的场合。

3）稀土钴。其优点是综合磁性能好，有很强的抗去磁能力，磁性的温度稳定性较好，允许工作温度高（200～250℃）；缺点是价格较高。

4）钕铁硼。其优点是综合磁性能较好，价格高；缺点是允许工作温度较低（约 120℃，如果添加更多的贵重稀土，工作温度可达 180℃），钕铁硼由于含较多的铁、钕，故容易锈蚀。

4. 铁心损耗

当铁磁材料在交变磁场中反复被磁化，其内部将引起能量损耗，称为铁心损耗。铁心损耗分为磁滞损耗和涡流损耗两部分。

（1）磁滞损耗。铁磁材料置于交变磁场中时，材料被反复交变磁化，磁畴相互间不停地摩擦转动、消耗能量、造成损耗，这种损耗称为磁滞损耗。

分析表明，磁滞损耗 p_h 与磁场交变频率 f、铁心的体积 V 和磁滞回线的面积 $\oint H \mathrm{d}B$ 成正比，即

$$p_h = fV \oint H \mathrm{d}B \qquad (1-12)$$

实验证明，磁滞回线的面积与 B_m 的 n 次方成正比，故磁滞损耗可改写成

$$p_h = C_h f B_m^n V \qquad (1-13)$$

式中　C_h ——磁滞损耗系数，其大小取决于材料性质；

　　　B_m ——磁化过程中的最大磁通密度，指数 n 取值也与材料性质有关，一般电工钢片在 1.6～2.3。

（2）涡流损耗。因为铁磁材料既是导磁，又是导电的，故当交变磁通穿过铁心时，根据电磁感应定律，铁心内将会产生感应电动势，并形成自行闭合的感应电流，即称为涡流。涡流在铁心中产生的焦耳损耗称为涡流损耗。

分析表明，涡流损耗 p_e 与磁场交变频率 f、磁通密度最大值 B_m、铁心的体积 V 及钢片厚度 τ 有关，图 1-10 示，不计饱和影响，由正弦交变磁场在铁心钢片中的涡流损耗 p_e 的经验公式为

$$p_e = C_e \tau^2 f^2 B_m^2 V \tag{1-14}$$

式中　C_e——涡流损耗系数，其大小取决于材料的电阻率，电阻率越大，涡流损耗系数就越小。

由式（1-14）表明，要减小涡流损耗，除了降低频率，减小磁通密度之外，还可以通过增大涡流回路电阻，降低涡流电流来达到。增大铁心涡流电阻的措施有两个：① 采用硅钢片做铁心。加入硅可提高铁的电阻率，降低矫顽力、铁心损耗和磁时效。② 制造铁心用薄片叠成，片间有绝缘，片厚为 τ，当 τ 取越小，涡流电阻就越大，涡流损耗就越小。与用整块金属做的铁心相比，铁心采用片层结构，磁通穿过薄片的狭窄截面时，感应涡流被限制在薄片之内，涡流流过的路径较长，路径回路的电阻较大，涡流被减弱，涡流损耗就较少。

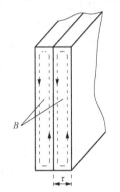

图 1-10　硅钢片中的涡流

在工频 50Hz 交变磁场中，我国一般常用 $\tau = 0.3 \sim 0.5 \mathrm{mm}$。

（3）铁心损耗。铁心损耗指磁滞损耗和涡流损耗之和，用 p_{Fe} 表示

$$p_{Fe} = p_h + p_e = (C_h f B_m^n + C_e \tau^2 f^2 B_m^2) V \tag{1-15}$$

对于一般的电工钢片，在正常的工作磁通密度范围内，$B_m < 1.8\mathrm{T}$，上式可以近似写成

$$p_{Fe} = C_{Fe} f^{1.3} B_m^2 G \tag{1-16}$$

式中　C_{Fe}——铁心的损耗系数；

　　　　G——铁心质量。

第三节　电机主要制造材料

电机工作原理主要是电产生磁，磁感应电的过程，所以电机主要制造材料离不开导电材料、导磁材料、电绝缘材料、机械支撑材料等。这些材料很大程度地影响着电机的技术经济指标。材料的改进，使电机不但有较好的性能，而且有较小的尺寸，结构上能承受较大的电磁力而不致损坏。

一、导电材料

电机中的导电材料制成电通路，要求材料电导率高、电阻率低，有良好的导电性能，同时考虑性价比要高。目前，常用的导电材料有铜、铝、碳石墨。

铜的电阻率为 $17.24 \times 10^{-9} \Omega \cdot m$，相对密度为 $8.9 \mathrm{g/cm^3}$，是电机绕组、换向片、集电环的主要用材，如铜线、漆包线、铜环、铜片等，这些都是铜经过硬拉或轧制、退火处理而成。

铝的电阻率为 $28.2 \times 10^{-9} \Omega \cdot m$，相对密度为 $2.7 \mathrm{g/cm^3}$，作为导电材料，性能上比铜要差。由于容易熔化浇铸，异步机转子绕组常用铝材料浇铸，制成铸铝鼠笼式转子绕组。

碳石墨的导电性能比金属铜、铝材料要差，但是由于它具有可模压成型、耐高温、润滑性、可塑性好等性能，在电机中制成电刷，与集电环或换向片接触，实现静止与转动电材料之间的电连接。通过接触面的电流，与接触电阻有关；通常接触电阻与接触面积成反比；接触电压降等于通过接触面的电流与接触电阻的乘积。不同牌号的电刷，接触电压值不同。由

于电刷的单位截面积导电能力比铜要小，所以电刷采用加大截面积或多根并联汇流方式，增加电流流通量。

二、导磁材料

电机中的导磁材料制成磁通路，要求材料磁导率高，有良好的导磁性能，同时也要考虑价格因素。目前常用的导磁材料有铸铁、铸钢、电工钢片和少量永磁材料。

铸铁因导磁性能较差，主要应用在大部件、结构复杂的浇铸件上，相对应用较少。

铸钢导磁性能较好，相对应用较广；导磁性能最好，价格最高的是合金钢，如镍钢等。

电工钢片的成分含有少量的硅，为了减少交变磁通在导磁材料中的涡流损耗，钢材料掺硅并压成薄片，称为硅钢片。因为掺硅，电工钢片电阻加大，涡流减少；因为压成薄片，电流路径变窄，电阻变大，涡流减少；同时钢材料又不失良好的导磁性能。电工钢片的含硅量为 0.8%～4.8%，含硅量越高则电阻越大，但导磁性能变差。

电工钢片制造目前主要采用冷、热轧方式制造，它具有更好的导磁性能、更小的比损耗、更高的磁导率。电工钢片的标准厚度为 0.3、0.5、1mm 等。变压器用较薄的，旋转电机用较厚的。高速、高频电机则需要更薄的硅钢片，其厚度为 0.2、0.15、0.1mm。硅钢片双面涂一层很薄的绝缘漆，使其实际叠装长度大于净铁长度。电机电磁参数计算中，将净铁长度与实际叠装长度之比，称为叠片系数，叠片系数的数值在 0.93～0.98，冷轧片取较高。

三、绝缘材料

电机带电导体之间、导体与铁心之间、导体与机壳之间的电隔离，需要绝缘材料。对绝缘材料的要求是介电强度高、耐热性能好。介电强度高是防止电压击穿，耐热性能好是防止高温运行时，绝缘材料老化而丧失绝缘性能。为了保证电机能有足够长的运行寿命，对其所用绝缘材料规定了极限允许温度，根据国家标准及国际电工技术协会规定，常用绝缘材料及其耐热极限温度见表 1-3。

表 1-3　　　　　　　　　　　绝缘材料及其耐热极限温度

绝缘等级	Y	A	E	B	F	H	C
极限允许温度（℃）	90	105	120	130	155	180	>180

Y 级绝缘材料为未用油或漆处理过的纤维材料及其制品，如面纱、天然丝、纸等。

A 级绝缘材料为经过油或树脂处理过的面纱、天然丝、纸等有机物质。

E 级绝缘材料为各种有机合成树脂所制成的绝缘膜，如酚醛树脂、环氧树脂、聚酯薄膜等。

B 级绝缘材料为无机物质，如云母、石棉、玻璃丝和有机黏合物。

F 级绝缘材料为用耐热有机漆黏合的无机物质，如云母、石棉、玻璃丝等。

H 级绝缘材料为耐热硅有机树脂、硅有机漆及其黏合物的无机绝缘材料，如硅有机云母带等。

C 级绝缘材料为各种不用任何有机粘合物的无机物质，如云母、瓷、玻璃、石英等。

绝缘材料的应用，是随着绝缘材料工业发展而推广的。在早期的电机制造中，A 级绝缘用得比较多；20 世纪 60 年代以后，中小型电机多采用 E 级绝缘；现如今普遍采用 B 级或 F 级绝缘。C 级材料由于物理性质不适合电机绕组绝缘，主要应用在高压输电引出端绝缘。

四、机械支撑材料

电机上的机械支撑材料，主要起支撑、保护作用，部分还作为磁闭合通路作用，如：

（1）机座，起支撑保护，磁闭合通路作用。所以对材料的要求是有一定的机械强度和导磁性能。材料选择依然是铸铁、铸钢等。

（2）端盖、轴与轴承，主要要求机械强度。

（3）槽楔，保护绕组，用非磁性材料，减少槽漏磁通。中小电机用竹片，大电机用磷青铜等。

（4）绕组端部的箍环用黄铜，绑线用钢丝等，都要求非磁性，耐强度。

第四节　三相交流电路的有关概念

一、三相交流电

电机线圈结构通常是三相对称的，与之有关的电和磁参量也是三相的。电机的电磁参量有电压、电流、感应电动势、磁动势、磁通等。电网是三相电压对称，即 A、B、C 三相电压大小相等、相位互差 120°。三相对称电压给三相结构对称电机供电，在正常运行下有关的电磁参数也是呈现三个量对称现象。

描述对称三个电磁参量瞬时值方法有瞬时值公式表示法、相量表示法、波形图示法三种。下面以正弦规律变化的电压参量为例进行说明：

1. 三相对称电压瞬时值表达式

$$\left. \begin{array}{l} u_A = U_m \sin \omega t = \sqrt{2}U \sin \omega t \\ u_B = U_m \sin(\omega t - 120°) = \sqrt{2}U \sin(\omega t - 120°) \\ u_C = U_m \sin(\omega t - 240°) = \sqrt{2}U \sin(\omega t - 240°) \end{array} \right\} \qquad (1-17)$$

式中　U_m——每相电压幅值；

U——每相电压有效值。

表达式说明 A 相电压初始相位设定为零，B 相电压滞后 A 相 120°，C 相电压滞后 B 相 120°，此相位关系通常称为 A–B–C 的顺相序。

2. 三相对称电压相量表示法

$$\left. \begin{array}{l} \dot{U}_A = U \angle 0° \\ \dot{U}_B = U \angle{-120°} \\ \dot{U}_C = U \angle{-240°} \end{array} \right\} \qquad (1-18)$$

其中，三个相量长度一样，相位互差 120°。画出相量图如图 1–11（a）所示，横坐标 x 为初始相位起点，逆时针旋转为相位增加，顺时针旋转为相位减少；三个相量以同一角速度 ω 逆时针旋转，分别投影到纵坐标 y 的投影值，就是各相瞬时值，与用式（1–10）计算结果一样。

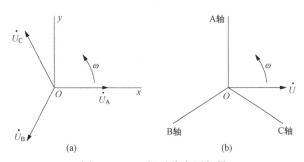

图 1-11　三相对称电压相量

（a）三旋转相量，单时轴；（b）单旋转相量，三时轴

三相相量法除了上面所说的三个旋转相量，单投影时轴外，还有图 1-11（b）所示，单个旋转相量，三个投影时轴。单个相量 $\dot{U}$，以角速度 ω 逆时针旋转，分别投影到 A、B、C 三相时轴上的投影值，就是各相瞬时值，与前面计算结果一样。

3. 三相对称电压波形图示法

图 1-12 所示，三相正弦规律变化的对称电压波形图，u_A、u_B、u_C 的起始时刻在 t_a、t_b、t_c，它们就是各相电压的初始相位角对应的时刻值，其中 $\omega t_a = 0°$、$\omega t_b = 120°$、$\omega t_c = 240°$，可见它们之间也是互差 120°。任意时刻如 $\omega t = 60°$（图中虚直线处），各个波形的纵坐标值就是各相的瞬时值。波形图更加直观地显示出各相瞬时值大小、正负，以及它们的变化趋势。

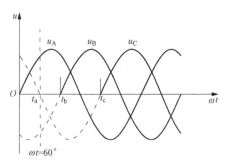

图 1-12　三相对称电压波形

二、三相绕组连接

电机三相绕组形式一样，完全对称。三相绕组通常有两种连接：图 1-13 所示，一个是星形连接，又称 Y 连接；另一个是三角形连接，又称△连接。

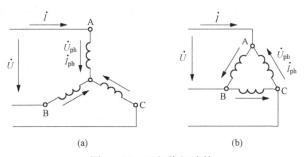

图 1-13　三相绕组连接

（a）星形连接；（b）三角形连接

不同连接形式，线电压、线电流的值与相电压、相电流的值关系不一样。

1. 当三相绕组为 Y 连接时

线电压 U 与相电压 U_{ph} 关系为

$$U = \sqrt{3}U_{ph} \qquad\qquad (1-19)$$

线电流 I 与相电流 I_{ph} 关系为

$$I = I_{ph} \qquad\qquad (1-20)$$

三相总视在功率为

$$S = 3U_{ph}I_{ph} = 3\frac{U}{\sqrt{3}}I = \sqrt{3}UI \qquad\qquad (1-21)$$

2. 当三相绕组为△连接时
线电压 U 与相电压 U_{ph} 关系为

$$U = U_{ph} \qquad\qquad (1-22)$$

线电流 I 与相电流 I_{ph} 关系为

$$I = \sqrt{3}I_{ph} \qquad\qquad (1-23)$$

三相总视在功率为

$$S = 3U_{ph}I_{ph} = 3U\frac{I}{\sqrt{3}} = \sqrt{3}UI \qquad\qquad (1-24)$$

其中，电压单位为 V 或 kV，电流单位为 A 或 kA，视在功率（又称容量）的单位为 VA 或 kVA。三相绕组 Y 接法或△接法，视在功率计算公式不变。

思 考 题

1-1　磁路的基本定律有几条？当铁心磁路上有几个磁动势同时作用时，磁路计算能否叠加原理，为什么？

1-2　电机磁路常用什么材料构成？这种材料有哪些主要特征？

1-3　基本磁化曲线与起始磁化曲线有何区别，磁路计算时用的是哪一种磁化曲线？

1-4　铁心中的磁滞损耗和涡流损耗是怎样产生的？它们各与哪些因素有关？

1-5　如何把 $e = -N\dfrac{\mathrm{d}\phi}{\mathrm{d}t}$ 和 $e = Blv$ 两个外表不同的公式统一起来？

1-6　磁路计算中如何应用全电流定律？

1-7　交变磁通感应电动势，正方向如何确定？实际方向如何确定？

习 题

1-1　铁心尺寸如图 1-3 所示，如果铁心用 DR510-50（即 D_{23}）硅钢片叠成（磁化曲线见表 1-4），截面积为 $12.25\times10^{-4}\mathrm{m}^2$，铁心的平均长度为 0.4m，空气隙长度 $0.5\times10^{-3}\mathrm{m}^2$，线圈匝数为 600 匝。试求产生磁通 $11\times10^{-4}\mathrm{Wb}$ 时所需的励磁磁动势和励磁电流。

表 1-4					DR510-50（即 D23）硅钢片磁化曲线									
B（T）	0.5	0.6	0.7	0.8	0.9	1.0	1.1	1.2	1.3	1.4	1.5	1.6	1.7	1.8
H（A/cm）	1.58	1.81	2.10	2.50	3.06	3.83	4.93	6.52	8.90	12.6	20.1	37.8	72.0	122

1-2　例 1-1 中，

（1）当线圈电流为 0.5A，铁心中的磁通仍为 $\varPhi = 9 \times 10^{-4}$Wb，试求线圈匝数应为多少？

（2）当线圈电流为 0.5A，线圈匝数改为 300 匝，试求在铁心中产生的磁通为多少？

第一篇

变压器

变压器是一种静止的电气设备，它利用电磁感应原理，把一种电压等级的交流电能转换成频率相同的另一种电压等级的交流电能。

变压器是电力系统的重要设备，在国民经济其他部门也获得了广泛地应用。本篇主要研究一般用途的电力变压器。首先简要地介绍变压器的结构，然后着重分析变压器的运行原理与特性、三相变压器的联结组和变压器的并联运行，还对电力系统中的特殊变压器如三绕组变压器、自耦变压器和仪用互感器作简要的介绍，最后介绍了三相变压器的不对称运行和瞬态过程。

第二章　变压器工作原理和运行分析

第一节　变压器基本结构

一、变压器的基本工作原理

变压器工作原理的基础是电磁感应定律。两个互相绝缘的绕组套在同一个铁心上，绕组之间只有磁的耦合而没有电的联系，如图 2-1 所示。其中绕组 N_1 接交流电源，称为一次侧绕组，相应的物理量用下标"1"标注；绕组 N_2 接负载，称为二次侧绕组，相应的物理量用下标"2"标注。

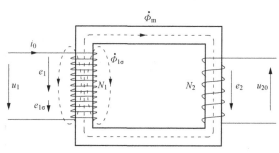

图 2-1　变压器原理图

当一次侧绕组接到交流电源时，绕组中便有交流电流流过，并在铁心中产生与外加电压频率相同的交变磁通。这个交变磁通同时交链着一次侧、二次侧绕组。根据电磁感应定律，交变磁通在一次侧、二次侧绕组中感应出相同频率的电动势 e_1、e_2。如式（2-1），由于感应电动势的大小与绕组的匝数成正比，由图 2-1 可得 $u_1e_1 \approx u_{20}e_2$，改变一次侧、二次侧绕组的匝数即可改变二次侧绕组的输出电压，变压器因此而得名。二次侧绕组有了电动势，便可向负载输出电能，实现了不同电压等级电能的传递。

$$e_1 = -N_1 \frac{\mathrm{d}\Phi_m}{\mathrm{d}t} \qquad e_2 = -N_2 \frac{\mathrm{d}\Phi_m}{\mathrm{d}t} \qquad (2-1)$$

二、变压器的分类

作为电能传输的装置，变压器在电力系统和自动化控制系统中得到了广泛地应用；在国民经济的其他部门，作为特种电源或满足特殊的需要，变压器也发挥着重要的作用。它的种类很多，容量小的只有几伏安，大的可达到数几十万千伏安；电压低的只有几伏，高的可达几十万伏。变压器可以按用途、绕组数目、相数、冷却方式、铁心结构和节能系列分别进行分类。

（1）按用途分类：电力变压器、互感器、特殊用途变压器。

（2）按绕组数目分类：自耦变压器、双绕组变压器、三绕组变压器、多绕组变压器。

（3）按相数分类：单相变压器、三相变压器。

（4）按冷却方式分类：以空气为介质的干式变压器、以油为介质的油浸式变压器。

（5）按铁心结构分类：心式变压器、壳式变压器。

（6）按设计节能系列：S7、S9、S11、S13、S15 等。数字越高，损耗值越低，目前 S7 及以下，损耗值太高，已经被淘汰，最新低耗节能的已达到 S15。

尽管种类繁多，各种变压器的基本原理仍是相同的。本书后面以电力系统用的变压器为例，详细分析介绍变压器的相关理论和应用。

三、变压器的基本结构

油浸式电力变压器主要由铁心、绕组、变压器油、油箱和绝缘套管五部分组成，以下将对每一部分进行详细介绍。

（一）铁心

1. 作用

变压器铁心是构成变压器的主磁路，又是变压器绕组的机械骨架。铁心由铁心柱和铁轭两部分构成，铁心柱上套绕组，铁轭将铁心柱连接起来形成闭合磁路，如图 2–2 所示。单相变压器有两个铁心柱，三相变压器有三个铁心柱。

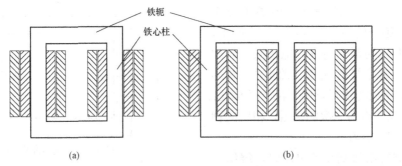

图 2–2　变压器的铁心结构

（a）单相变压器；（b）三相变压器

2. 材料

由于变压器铁心中的磁通为交变磁通，为了减小铁心损耗，一般用硅钢片（也称为电工钢片）叠成变压器的铁心。硅钢片的厚度为 0.3～0.5mm，在硅钢片表面涂有一层绝缘漆。

3. 装配方式

变压器铁心一般是裁成所需用的形状和尺寸的硅钢片按交叠方式把冲片组合起来，这些钢片称为冲片。图 2–3（a）表示单相变压器的铁心，每层由四片冲片组合而成；图 2–3（b）表示三相变压器的铁心。为提高磁导率和减少铁心损耗，电力变压器一般采用冷轧硅钢片，对于冷轧硅钢片，沿轧延方向有较小铁心损耗和较高磁导率。因此，为了使磁通方向和轧延方向基本一致，可采用斜切硅钢片的交叠装配，使各层磁路的接缝处互相错开，减小铁心中的涡流，且因各层冲片交错相嵌，所以在把铁心压紧时可用较少的紧固件而使结构简单。冲片实物图如图 2–4 所示，图 2–5 为一台三相变压器铁心实物图。

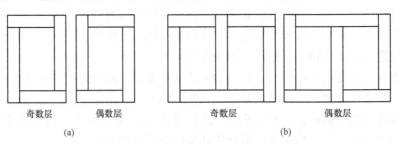

图 2–3　变压器铁心的交叠装配

（a）单相变压器；（b）三相变压器

图2-4　冲片实物图

图2-5　三相变压器铁心和冲片实物图

4. 截面选择

铁心柱的截面一般做成阶梯形，以充分利用绕组内圆空间。相同的绕组尺寸，铁心的阶梯级数越多，截面积越大，磁场传递的功率也越大，设计出来的变压器容量也越大；如要求设计的变压器容量一定，铁心的阶梯数越多，变压器的体积越小。容量较大的变压器，铁心中常设有油道，以改善铁心内部的散热条件，如图2-6所示。

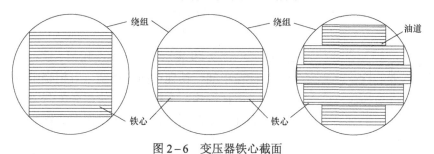

图2-6　变压器铁心截面

（二）绕组

1. 作用

变压器绕组的作用是构成变压器的电路部分，实现电功率的输入和输出。

2. 材料

绕组由铜线或铝绝缘导线绕制而成。对于大容量变压器，一般采用表面带有绝缘漆的扁铜线，按要求的匝数和形状制作成成型绕组，如图2-7所示。

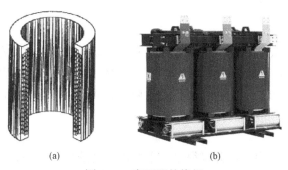

(a)　　　　　　　　　　(b)

图2-7　变压器的绕组

（a）成型绕组示意图；（b）三相变压器绕组

3. 形式

排列方法：按照绕组在铁心中的排列方法分类，变压器可分为芯式变压器和壳式变压器两类。图2-8（a）为单相芯式变压器，图2-8（b）为三相芯式变压器。每个铁心柱上都套有高压绕组和低压绕组。为了绝缘方便，低压绕组靠近铁心柱，高压绕组套在低压绕组的外面，这样的绕组称为同心式绕组。对于单相变压器，低压绕组和高压绕组各分为两部分，分别套在两边的铁心柱上，但在电路上可以串联或并联。

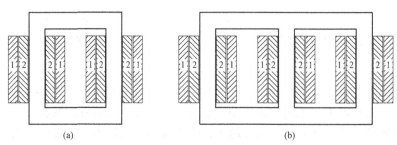

（a）   （b）

图2-8 芯式变压器

（a）单相；（b）三相

1—高压绕组；2—低压绕组

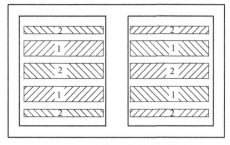

图2-9 单相壳式变压器

1—高压绕组；2—低压绕组

图2-9表示单相壳式变压器，这种变压器的铁心柱在中间，铁轭在两旁环绕，且把绕组包围起来。为了方便绝缘，常把高低压绕组分为若干个线饼，沿铁心柱交错排列，使得高压绕组远离铁心，这样的绕组称为交叠式绕组。

芯式变压器制造工艺比较简单，高压绕组与铁心柱的距离较远，绝缘较易。壳式变压器结构比较坚固，制造工艺复杂，高压绕组与铁心柱的距离较近，绝缘也比较困难。因此，电力系统中采用的各种变压器一般都是芯式。壳式变压器通常应用于电压较低而电流很大的特殊场合，例如，电炉用变压器。这时巨大的电流流过绕组将使绕组上受到巨大的电磁力，壳式结构可以加强对绕组的机械支撑，使绕组能承受较大的电磁力。

（三）变压器油

1. 作用

电力系统用的油浸式变压器是将装配好的变压器铁心和绕组都浸在变压器油中。变压器油起着双重作用：① 由于变压器油有较大的介质常数，它可以起增强绝缘的作用；② 铁心和绕组中由于损耗而发出热量，通过油在受热后的对流作用把热量传送到油箱表面，再由油箱表面散逸到四周，起到散热的作用。

2. 材料

变压器油为矿物油，由石油分馏得来，主要成分是烷烃、环烷族饱和烃、芳香族不饱和烃等化合物。

3. 性能要求

在选用变压器油时，应使其性能指标［如介电强度、黏度、着火点及杂质（如水分、酸、碱、硫、灰尘等）含量］符合国家标准。水分含量超过标准值时，会使变压器油的绝缘性能大为降低。因此，变压器油的干燥防潮是十分重要的。

（四）油箱

1. 作用

电力变压器的油箱作为变压器油的容器，既能隔离空气防止潮气浸入，又起散热作用。油箱一般都做成椭圆形，这是因为它的机械强度较高，且所需油量较少。随着变压器容量的增大，对散热的要求也将不断提高，油箱形式也要与之相适应。容量很小的变压器可用平滑油箱；容量较大时需增大散热面积而采用管形油箱；容量很大时用散热器油箱。

油箱不能密闭，因为当油受热后会膨胀，便把油箱中的空气逐出油箱；当油冷却后会收缩，便又从箱外吸进经干燥处理的空气，这种现象称为呼吸作用。

2. 油箱部件

为了减小油与空气的接触面积以降低油的氧化速度和浸入变压器油的水分，在油箱上安装一个储油柜。储油柜为一圆筒形容器，横装在油箱盖上，用管道与变压器的油箱接通，使油面的升降限制在储油柜中。储油柜油面上部的空气由一通气管道与外部自由流通。在通气管道中存放有氯化钙等干燥剂，空气中的水分大部分被干燥剂吸收。储油柜的底部有沉积器，以沉聚侵入变压器油中的水分和污物，定期加以排除。在储油柜的外侧还安装有油位表以观察储油柜中油面的高低。

在油箱顶盖上装有一个排气管（也称安全气道），它是作为保护变压器油箱用的，它是一个长钢管，上端部装有一定厚度的玻璃板。当变压器内部发生严重事故而有大量气体形成时，油管内的压力增加，油流和气体将冲破玻璃板向外喷出，以免油箱受到强烈的压力而爆裂。

在储油柜与油箱的油路通道间常装有气体继电器。当变压器内部发生故障产生气体或油箱漏油使油面下降时，它可发出报警信号或自动切断变压器电源。

图 2-10 为管形油箱变压器。

（五）绝缘套管

1. 作用

变压器的绕组引出线从油箱内穿过油箱盖时，必须安装绝缘套管，以使带电的引线和接地的油箱绝缘，同时增加爬电距离（爬电现象：两极之间的绝缘体表面有轻微的放电现象，造成绝缘体的表面呈树枝状或是树叶的经络状放电痕迹，一般这种放电痕迹不是连通两极的，放电一般不是连续的，只是在特定条件下发生，如天气潮湿、绝缘体表面有污秽、灰尘等，时间长了会导致绝缘损坏。爬电距离＝表面距离/系统最高电压）。绝缘套管由中心导电铜杆与瓷套等组成。导电管穿过变压器油箱，在油箱内的一端与线圈的端点连接，在外面的一端与外线路连接。如图 2-10 中的 6、7。

2. 材料

绝缘套管一般是瓷质的，为了增加爬电距

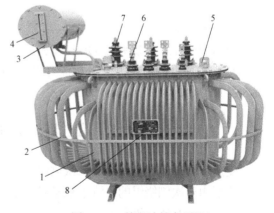

图 2-10　管形油箱变压器

1—油箱；2—散热器；3—储油柜；4—油标；5—起吊孔；6—低压套管；7—高压套管；8—铭牌

离，套管外形做成多级伞形，电压等级越高，套管级数也越多。电压在 1kV 以下采用实心瓷套管，电压在 10～35kV 内采用空心充气式或充油瓷套管，电压在 110kV 以上采用电容式瓷套管。

四、变压器的额定值

在变压器铭牌上常标注有它的额定值。一般有额定容量、额定电压、额定电流和额定频率等参数，还有一些生产厂家、生产日期、产品编号等信息。

1. 额定容量 S_N

额定容量是指额定运行时变压器的视在功率。由于变压器的效率很高，通常一、二次侧的额定容量设计成相等。我国现有变压器额定容量按照 R10 优先系数，即按 10 的开 10 次方（$\sqrt[10]{10} = 1.258\,926$）的倍数递增取整来计算，如：40、50、63、80、100、125、160、200、250、315、400、500、630、800 等，单位为 VA、kVA 或 MVA。

2. 额定电压 U_N

额定电压是指正常运行时规定加在一次侧的端电压称为变压器一次侧的额定电压 U_{1N}。二次侧的额定电压 U_{2N} 是指变压器一次侧加额定电压时二次侧的空载电压。额定电压的单位为 V 或 kV。对三相变压器，额定电压是指线电压。

3. 额定电流 I_N

额定电流是指额定容量除以各绕组的额定电压所计算出来的线电流值，单位为 A 或 kA。如不做特殊说明，铭牌上所标注的额定电流是指线电流。

（1）对于单相变压器：

一次侧额定电流

$$I_{1N} = \frac{S_N}{U_{1N}} \tag{2-2}$$

二次侧额定电流

$$I_{2N} = \frac{S_N}{U_{2N}} \tag{2-3}$$

（2）对于三相变压器：

一次侧额定电流

$$I_{1N} = \frac{S_N}{\sqrt{3}U_{1N}} \tag{2-4}$$

二次侧额定电流

$$I_{2N} = \frac{S_N}{\sqrt{3}U_{2N}} \tag{2-5}$$

4. 额定频率 f_N

我国的标准工业频率为 50Hz，故电力变压器的额定频率是 50Hz。

此外，在变压器的铭牌上还标注有相数、接线图、额定运行效率、阻抗压降和温升等。对于特大型变压器还标注有变压器的总质量、铁心和绕组的质量以及储油量，供安装和检修时参考。

第二节　变压器空载运行

变压器空载运行是指它的一次侧绕组接到交流电源，二次侧绕组开路。这时变压器铁心中的磁通由一次侧绕组的电流单独励磁产生。以下分析以单相变压器为例。

一、空载时的电磁关系

变压器的一次侧接到电网电压 $\dot{U}_1$，在一次侧构成了闭合回路，产生一次侧电流 $\dot{I}_1$，在空载时也称为空载电流，即 $\dot{I}_1 = \dot{I}_0$。空载电流全部用以励磁，故空载电流即励磁电流，用 $\dot{I}_m$ 表

示, 即 $\dot{I}_m = \dot{I}_0$。励磁电流产生交变磁动势 $\dot{I}_m N_1$,
建立交变磁场。空载运行如图 2-11 所示。图
中还画出了主磁通和漏磁通的路径及其与绕组
交链的情况。

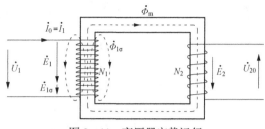

图 2-11 变压器空载运行

交变磁场产生的磁通按路径不同可分为主
磁通和漏磁通两部分, 它们之间的区别表现在
以下几方面:

（1）它们的磁路不同, 因而磁阻不同。主
磁通 Φ_m 所行经的路径为沿着铁心而闭合的磁路, 磁阻较小, 磁通量较大, 一般可占总磁通
的 99% 以上; 漏磁通 $\Phi_{1\sigma}$ 所行经的路径大部分为非磁性物质, 磁阻较大, 磁通量小, 一般小
于总磁通的 1%, 在分析变压器时经常可以忽略。

（2）主磁通 Φ_m 同时交链一次侧、二次侧绕组, 因而又称为互磁通, 起到传递功率的作
用; 漏磁通 $\Phi_{1\sigma}$ 仅交链一次侧的绕组, 不传递功率到二次侧。

（3）主磁通 Φ_m 所行经的路径是磁性材料, 所以它与产生它的励磁电流是非线性关系,
符合磁化曲线的变化规律, 存在饱和现象; 漏磁通 $\Phi_{1\sigma}$ 所行经的路径大部分为非磁性材料,
它与产生它的励磁电流是线性关系, 始终处于不饱和状态。

Φ_m 与 $\Phi_{1\sigma}$ 都是交变磁通。根据电磁感应定律, 将
在其所在交链的绕组中感应电动势。此外, 空载电流
还在一次侧绕组中产生电阻压降。综上所述, 可把空
载运行所发生的电磁关系汇总, 如图 2-12 所示。

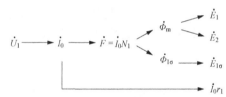

二、物理量参考正方向的规定

图 2-12 空载运行时的电磁关系

变压器中各电磁量都是时间的正弦或余弦函数,
要建立它们之间的相互关系, 必须先规定各量的参考正方向。从原理上讲, 参考正方向可以
任意选择, 因各物理量的变化规律是一定的, 并不依正方向的选择不同而改变。但参考正方
向规定不同, 列出的电磁方程式和绘制的相量图也不同。通常按习惯方式规定正方向, 称为
惯例。具体原则如下:

（1）在一次侧, 电流的正方向与电动势的正方向一致; 在二次侧, 电流的正方向与负载
上的电压降正方向一致。

（2）磁通的正方向与产生它的电流的正方向符合右手螺旋定则。

（3）感应电动势的正方向与产生它的磁通的正方向符合右手螺旋定则。

根据这些原则, 变压器各物理量的正方向规定如图 2-18 所示。图中电压 $\dot{U}_1$、$\dot{U}_2$ 的正方
向表示电位降低, 电动势 $\dot{E}_1$、$\dot{E}_2$ 的正方向表示电位升高。在一次侧, $\dot{U}_1$ 由首端指向末端, $\dot{I}_1$
从首端流入。当 $\dot{U}_1$ 与 $\dot{I}_1$ 同时为正或同时为负时, 表示电功率从一次侧输入, 称为电动机惯例。
在二次侧, $\dot{U}_2$ 和 $\dot{I}_2$ 的正方向是由 $\dot{E}_2$ 的正方向决定的。当 $\dot{U}_2$ 与 $\dot{I}_2$ 同时为正或同时为负时, 电
功率从二次侧输出, 对于二次侧线圈而言, 称为发电机惯例。

三、感应电动势、电压变比

一般的电力变压器, 空载时 $i_0 r_1$ 和 $e_{1\sigma}$ 其值甚小, 如略去不计, 则 $u_1 \approx -e_1$。如外施电压 u_1
按正弦规律变化, 则 Φ 和 e_1、e_2 也都按正弦规律变化, 设

$$\Phi = \Phi_m \sin \omega t \qquad (2-6)$$

则有
$$e_1 = -N_1 \frac{\mathrm{d}\Phi}{\mathrm{d}t} = 2\pi f N_1 \Phi_\mathrm{m} \sin(\omega t - 90°) = E_{1\mathrm{m}} \sin(\omega t - 90°) \tag{2-7}$$

$$e_2 = -N_2 \frac{\mathrm{d}\Phi}{\mathrm{d}t} = 2\pi f N_2 \Phi_\mathrm{m} \sin(\omega t - 90°) = E_{2\mathrm{m}} \sin(\omega t - 90°) \tag{2-8}$$

式中　　Φ_m——主磁通最大值；

$\omega = 2\pi f$——磁通变化的角频率，rad/s；

$E_{1\mathrm{m}}$——一次侧绕组电动势最大值；

$E_{2\mathrm{m}}$——二次侧绕组电动势最大值。

感应电动势有效值为

$$E_1 = \frac{E_{1\mathrm{m}}}{\sqrt{2}} = \sqrt{2}\pi f N_1 \Phi_\mathrm{m} = 4.44 f N_1 \Phi_\mathrm{m} \tag{2-9}$$

$$E_2 = \frac{E_{2\mathrm{m}}}{\sqrt{2}} = \sqrt{2}\pi f N_2 \Phi_\mathrm{m} = 4.44 f N_2 \Phi_\mathrm{m} \tag{2-10}$$

感应电动势相量表达式为

$$\dot{E}_1 = -\mathrm{j}4.44 f N_1 \dot{\Phi}_\mathrm{m} \tag{2-11}$$

$$\dot{E}_2 = -\mathrm{j}4.44 f N_2 \dot{\Phi}_\mathrm{m} \tag{2-12}$$

E_1、E_2 在时间相位上滞后于磁通 Φ_m 90°，其波形图和相量图如图 2-13 所示。

将式（2-9）除以式（2-10）可得

$$\frac{E_1}{E_2} = \frac{N_1}{N_2} = k \tag{2-13}$$

式中　k——电压变比，它等于变压器一次侧、二次侧绕组的匝数之比。

可见，只要 $N_1 \neq N_2$，则 $E_1 \neq E_2$，从而实现改变电压的目的。若略去绕组电阻压降和漏磁电动势，有 $\dot{U}_1 \approx -\dot{E}_1$、$\dot{U}_{20} = \dot{E}_2$，则

$$k = \frac{E_1}{E_2} = \frac{U_1}{U_{20}} = \frac{U_{1\mathrm{N}}}{U_{2\mathrm{N}}} \tag{2-14}$$

即变压器的变比可以理解为变压器一次侧额定电压与二次侧额定电压之比。

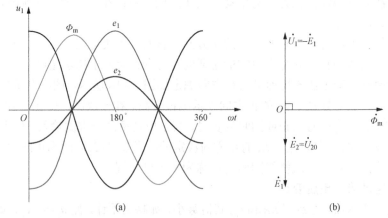

图 2-13　主磁通及其感应电动势

（a）波形图；（b）相量图

四、励磁电流分析

变压器的磁场是由励磁电流产生的，包括主磁通和漏磁通。由于漏磁通不传递功率，因此下面着重分析主磁通与励磁电流的关系。

主磁通 Φ_m 的大小：主磁通的量值大小受到外施电压及电路参数的制约，如不考虑电阻压降和漏磁电动势，则 $U_1 \approx E_1 = 4.44 f N_1 \Phi_m$。对已制成的变压器，$N_1$ 是常数，通常电源频率也为常数，故主磁通 Φ_m 的大小取决于电源电压 U_1。

主磁通 Φ_m 的波形：主磁通的波形与励磁电流的波形有直接的关系，而励磁电流的大小和波形又与变压器的铁心材料及铁心几何尺寸相关。因为铁心材料是磁性物质，励磁电流的大小和波形将受磁路饱和、磁滞及涡流的影响。

1. 磁路饱和的影响

当磁路处于不饱和状态，即 $B_m < 0.8 \text{T}$ 时，磁化曲线 $\Phi_m = f(i_0)$ 呈线性关系，磁导率是常数。当 Φ_m 按正弦变化，i_0 亦按正弦变化，相应波形可用作图法求出，如图 2-14（a）所示。

当磁路开始饱和即 $B_m > 0.8 \text{T}$ 时，$\Phi_m = f(i_0)$ 呈非线性，随 i_0 增大磁导率逐渐变小，用作图法求得励磁电流。当励磁电流（即空载电流 i_0）为正弦波，通过作图法求得主磁通 Φ_m 为平顶波，如图 2-14（b）所示；当主磁通 Φ_m 为正弦波，通过作图法得励磁电流 i_0 为尖顶波，如图 2-14（c）所示，尖顶的大小取决于饱和程度。磁路越饱和，尖顶的幅度越大。设计时常取 $B_m = (1.4 \sim 1.6) \text{T}$，以免励磁电流幅值过大。

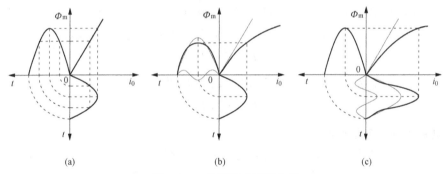

(a) (b) (c)

图 2-14　作图法求励磁电流

(a) 磁路不饱和；(b) 磁路饱和，i_0 为正弦波；(c) 磁路饱和，i_0 尖顶波

对尖顶波进行波形分析，除基波分量外，包含有各奇次谐波。其中以 3 次谐波幅值最大。虽然如此，尖顶波励磁电流的有效值与额定电流相比仅占很小的成分。但是，在电路原理中，尖顶波电流不能用相量表示。为此，可用等效正弦波电流替代实际尖顶波电流。等效原则是令等效正弦波与尖顶波有相同的有效值，与尖顶波的基波分量有相同频率且同相位。这样，磁化电流便可用相量 $\dot{I}_\mu$ 表示，$\dot{I}_\mu$ 与 $\dot{\Phi}_m$ 同相位。因为，$\dot{E}_1$ 滞后于 $\dot{\Phi}_m$ 90°，故 $\dot{I}_\mu$ 滞后于 $-\dot{E}_1$ 90°，$\dot{I}_\mu$ 具有无功电流性质。它是励磁电流的主要成分。

2. 磁滞现象对励磁电流的影响

在交变磁场作用下，磁化曲线呈磁滞现象，如图 2-15（a）所示。仍用作图法求解，考虑磁滞影响时励磁电流是不对称尖顶波，如图 2-15（b）所示。可把它分解成两个分量。其一为对称的尖顶波，它是磁路饱和所引起的，即前已叙述的磁化电流分量 $\dot{I}_\mu$。另一电流分量 $\dot{I}_h$，其波形近似正弦波，频率为基波频率，由于量值较小，若认为它是正弦波不致引起多大误差，因此，可用相量 $\dot{I}_h$ 表示。$\dot{I}_h$ 称为磁滞电流分量，$\dot{I}_h$ 与 $-\dot{E}_1$ 同相位，是有功分量电流。

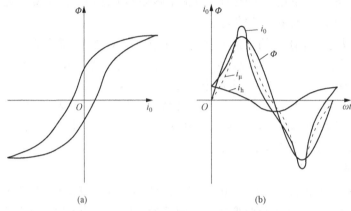

图 2-15   考虑磁滞作用时的励磁电流

(a) 磁化曲线；(b) 不对称尖顶波

3. 涡流对励磁电流的影响

交变磁通不仅在绕组中感应电动势，也在铁心中感应电动势，从而在铁心中产生涡流及涡流损耗。与涡流损耗对应的电流分量也是一个有功分量，用 $\dot{I}_e$ 表示，它是由涡流引起的，称为涡流电流分量，$\dot{I}_e$ 与 $-\dot{E}_1$ 同相位。

由于磁路饱和、磁滞和涡流三者同时存在，励磁电流实际包含 $\dot{I}_\mu$、$\dot{I}_h$ 和 $\dot{I}_e$ 三个分量；又由于 $\dot{I}_h$ 和 $\dot{I}_e$ 同相位，因此常合并而统称为铁心损耗电流分量，用 $\dot{I}_{Fe}$ 表示

$$\dot{I}_{Fe} = \dot{I}_h + \dot{I}_e \tag{2-15}$$

所以，在变压器电路分析中，把励磁电流表示为铁心损耗电流分量和磁化电流两个分量，即

$$\dot{I}_m = \dot{I}_{Fe} + \dot{I}_\mu \tag{2-16}$$

五、励磁特性的电路模型

上述从物理概念分析了励磁电流的性质，从中可以得到一个简单结论：$\dot{I}_{Fe}$ 与 $-\dot{E}_1$ 同相位，是个有功分量，产生一个有功功率损耗；$\dot{I}_\mu$ 滞后 $-\dot{E}_1$ 90° 电角度，是个无功分量，用于建立和维护磁场产生主磁通。如图 2-16 所示，这时可以引入一个电路模型来模拟该励磁电流产生磁场的作用。

$$-\dot{E}_1 = \dot{I}_m Z_m = \dot{I}_m (r_m + jx_m) \tag{2-17}$$

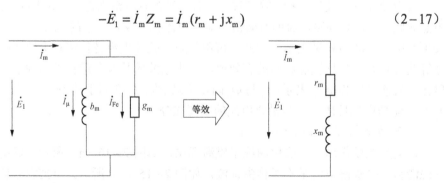

图 2-16   励磁等效电路

式中　　　r_m——励磁电阻，Ω；

　　　　　x_m——励磁电抗，Ω；

　　　　　I_m——励磁阻抗，Ω，$Z_m = r_m + jx_m$。

图 2-16 的等效是等值变换，其功率保持不变。故 $I_m^2 r_m$ 表示铁损耗，$I_m^2 x_m$ 表示建立和维持磁场的励磁无功功率。需强调指出的是：r_m 并非实质电阻，它是为计算铁心损耗而引入的模拟电阻。由于磁化曲线呈非线性，参数 Z_m 随电压而变化，它不是常数。但变压器正常运行时，外施电压等于或近似等于额定电压，且变动范围不大。在这种情况下，也可把 Z_m 看成常数。

六、漏抗

参考上述励磁电流产生主磁通的分析过程，漏磁通也可以按该方法进行分析。区别在于漏磁路大部分为气隙空间，磁阻大且为常数，磁通始终处于不饱和状态，因此可以忽略漏磁路的铁损耗。引入漏抗来描述励磁电流产生漏磁场的作用，由此求得漏磁感应电动势如下。

$$\dot{E}_{1\sigma} = -j\dot{I}_0 \omega L_{1\sigma} = -j\dot{I}_0 x_1 \qquad (2-18)$$

式中　　　$E_{1\sigma}$——一次绕组漏磁电动势，V；

　　　　　I_0——一次绕组空载电流，A；

　　　　　$L_{1\sigma}$——一次绕组漏电感，H；

　　　　　$x_1 = \omega L_{1\sigma}$——一次绕组漏电抗，Ω。

七、空载时的电路方程、等效电路和相量图

上文详细分析了励磁电流的组成成分及其性质，对励磁电流的波形进行了合理等效，且引进参数励磁电阻 r_m 和励磁电抗 x_m 以表示主磁通对电路的影响，又引入漏抗参数 x_1 以表示漏磁通对电路的影响，最终可得到变压器空载运行时的全部电磁现象演变成一个具有复数形式的电路方程如下。

$$\left.\begin{aligned}
\dot{U}_1 &= -\dot{E}_1 + \dot{I}_0 Z_1 \\
\dot{U}_{20} &= \dot{E}_2 \\
-\dot{E}_1 &= \dot{I}_0 Z_m \\
\dot{E}_1 &= -j4.44 f N_1 \dot{\Phi}_m \\
\dot{E}_2 &= -j4.44 f N_2 \dot{\Phi}_m \\
\dot{I}_0 &= \dot{I}_{Fe} + \dot{I}_\mu
\end{aligned}\right\} \qquad (2-19)$$

式中　　Z_1——一次侧绕组漏阻抗，$Z_1 = r_1 + jx_1$。

根据方程组式（2-19）可画出变压器空载运行时相应的等效电路和相量图，如图 2-17 所示。

在已知参数 r_1、x_1、r_m、x_m、N_1、N_2、Φ_m 的情况下，相量图作图步骤：

（1）先画第一相量 $\dot{\Phi}_m$，方向任意。

（2）滞后 $\dot{\Phi}_m$ 为 90°，大小等于 $4.44fN\Phi_m$，画 $\dot{E}_1$、$\dot{E}_2$。

（3）超前 $\dot{\Phi}_m$ 角度为 $\alpha_{Fe} = \arctan\dfrac{r_m}{x_m}$，大小

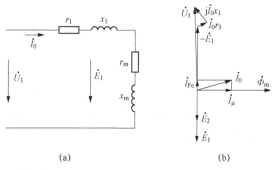

图 2-17　变压器空载时的相量图和等效电路

（a）等效电路；（b）相量图

等于 $\dfrac{E_1}{Z_m}$，画 $\dot{I}_0(\dot{I}_m)$。

（4）根据式（2-19）第一式，画 $-\dot{E}_1$、$\dot{I}_0 r_1$、$j\dot{I}_0 x_1$ 三个相量，得到 $\dot{U}_1$。

电路方程、等效电路和相量图都是用来分析电机运行性能的工具。电路方程清楚地表达了电机的电磁关系以及用于精确计算各个物理量的大小和相位关系；等效电路则便于记忆，更形象地再现电机的物理实质；相量图描述了各电磁物理量间的相位关系，一般用于做定性分析。

第三节 变压器负载运行

变压器负载运行是指一次侧绕组接至交流电源，二次侧绕组接负载 Z_L 时的运行方式，如图 2-18 所示。

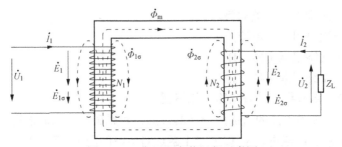

图 2-18 变压器负载运行示意图

一、负载时的电磁关系

接通负载后，二次侧绕组便有电流流通，在二次侧绕组产生磁动势，它也作用在铁心磁路上。因此改变了原有的磁路平衡状态和两侧绕组的电路平衡状态。由一次侧电压平衡方程可知，忽略漏磁通和绕组内阻压降影响，变压器空载和负载时，都有 $U_1 \approx E_1 = 4.44 f N_1 \Phi_m$。当外加电压 U_1 不变时，空载和负载时变压器铁心的主磁通基本相等。负载时的电磁关系如图 2-19 所示。

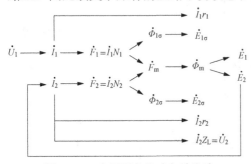

图 2-19 变压器负载时电磁关系

设在新的平衡条件下，二次侧电流为 $\dot{I}_2$，由二次侧电流所建立的磁动势为 $\dot{I}_2 N_2$。一次侧电流为 $\dot{I}_1$，由一次侧电流所建立的磁动势为 $\dot{I}_1 N_1$，负载后作用在磁路上的总磁动势为 $\dot{I}_1 N_1 + \dot{I}_2 N_2$，它与空载时的总磁动势 $\dot{I}_m N_1$ 相等。

$$\dot{I}_1 N_1 + \dot{I}_2 N_2 = \dot{I}_m N_1 \qquad (2-20)$$

上述关系式为变压器负载时的磁动势平衡式。由磁动势平衡式可求得一次侧、二次侧电流间的约束关系，即

$$\dot{I}_1 = \dot{I}_m + \left(-\dot{I}_2 \frac{N_2}{N_1}\right) = \dot{I}_m + \dot{I}_{1L} \qquad (2-21)$$

式中　$\dot{I}_{1L}$——一次侧电流的负载分量，$\dot{I}_{1L}=\left(-\dot{I}_2\dfrac{N_2}{N_1}\right)$。

式（2-21）具有明确的物理意义。它表明当变压器带负载运行时，一次侧电流 $\dot{I}_1$ 应包含有两个分量。其中 $\dot{I}_m$ 用以励磁产生主磁通，而 $\dot{I}_{1L}$ 所产生负载分量磁动势 $\dot{I}_{1L}N_1$，用以抵消二次侧磁动势 $\dot{I}_2N_2$ 对主磁路的影响。故励磁电流的值仍决定于主磁通 $\dot{\Phi}_m$，或者说决定于 $\dot{E}_1$。因此，仍然可以参考空载时用参数 Z_m 把励磁电流 $\dot{I}_m$ 和电动势 $\dot{E}_1$ 联系起来。

$$-\dot{E}_1=\dot{I}_mZ_m \qquad(2-22)$$

一次侧、二次侧电流在各自绕组中还产生有漏磁通，感应漏磁电动势。通常把漏磁电动势写成漏抗压降形式，推导方法同本章第二节。

$$\left.\begin{array}{l}-\dot{E}_{1\sigma}=jx_1\dot{I}_1\\-\dot{E}_{2\sigma}=jx_2\dot{I}_2\end{array}\right\} \qquad(2-23)$$

式中　$E_{1\sigma}$、x_1——一次侧绕组的漏磁电动势和漏抗；

　　　$E_{2\sigma}$、x_2——二次侧绕组的漏磁电动势和漏抗。

二、基本方程式及归算

由以上电磁关系可得变压器负载时的基本方程如下。

$$\left.\begin{array}{l}\dot{U}_1=-\dot{E}_1+\dot{I}_1Z_1\\\dot{U}_2=\dot{E}_2-\dot{I}_2Z_2\\k=\dfrac{N_1}{N_2}=\dfrac{E_1}{E_2}\\\dot{I}_1N_1+\dot{I}_2N_2=\dot{I}_mN_1\\\dot{I}_1=\dot{I}_m+(-\dot{I}_2\dfrac{N_2}{N_1})\\\dot{U}_2=\dot{I}_2Z_L\end{array}\right\} \qquad(2-24)$$

式中　Z_m——励磁阻抗，$Z_m=r_m+jx_m$；

　　　Z_1——一次侧绕组漏阻抗，$Z_1=r_1+jx_1$；

　　　Z_2——二次侧绕组漏阻抗，$Z_2=r_2+jx_2$；

　　　Z_L——负载阻抗，$Z_L=r_L+jx_L$。

上述方程组完整地表达了变压器负载时的电磁关系，但要求解这组方程是相当烦琐的。其原因是 $N_1\neq N_2$ 使得两侧物理量大小相差较大，计算烦琐且误差大。为了求解方便，常用一假想的绕组替代其中一个绕组使之成为 $k=1$ 的变压器，这种方法称为**绕组归算**，或称为**绕组折算**。归算后的量在原来的符号加上一个上标号"'"以示区别，归算后的值称为归算值或折算值。

绕组的归算有两种方法：① 保持一次侧绕组匝数 N_1 不变，设想有一个匝数为 N_2' 的二次侧绕组，用它来取代原有匝数为 N_2 的二次侧绕组，令 $N_2'=N_1$。就满足了变比 $k=1$，这种方法称为二次侧归算到一次侧。② 保持二次侧绕组匝数 N_2 不变，设想有一个匝数为 N_1' 的一次侧绕组，用它来取代原有匝数为 N_1 的一次侧绕组，令 $N_1'=N_2$ 也满足了变比 $k=1$，这种方法称为一次侧归算到二次侧。

归算的目的是为了计算方便并根据计算公式推导出变压器的等效电路。因此，归算不应改变实际变压器内部的电磁平衡关系。对绕组进行归算时，该绕组的物理量均应作相应归算。下面以二次侧绕组归算到一次侧绕组为例说明各物理量的归算关系。其遵循的原则如下：① 保证归算前后二次侧绕组产生的磁动势不变；② 保证归算前后二次侧绕组的各种功率和损耗不变。

1. 二次侧电流的归算值

根据归算前后磁动势应保持不变，可求得二次侧电流的归算值如下。

$$N_1 I_2' = N_2 I_2 \Rightarrow I_2' = \frac{N_2}{N_1} I_2 = \frac{1}{k} I_2 \qquad (2-25)$$

式（2-25）表明当用 N_1 替代 N_2 后，二次侧绕组匝数增加了 k 倍。为保持磁动势不变，二次侧电流归算值减小到原来的 $1/k$ 倍。

2. 二次侧电动势和电压的归算值

根据归算前后二次侧电磁功率应维持不变为条件，可求得二次侧电动势归算值如下。

$$I_2' E_2' = I_2 E_2 \Rightarrow E_2' = \frac{I_2}{I_2'} E_2 = k E_2 = E_1 \qquad (2-26)$$

根据归算前后二次侧视在功率应维持不变，可求得二次侧负载端电压归算值如下。

$$U_2' I_2' = U_2 I_2 \Rightarrow U_2' = \frac{I_2}{I_2'} U_2 = k U_2 \qquad (2-27)$$

前两式表明当用 N_1 替代 N_2 后，二次侧绕组匝数增加了 k 倍。而主磁通 Φ_{m} 及频率 f 均保持不变，归算后的二次侧电动势和电压应增加 k 倍。

3. 阻抗的归算值

根据归算前后铜损耗应保持不变为条件，可求得电阻的归算值如下。

$$I_2'^2 r_2' = I_2^2 r_2 \Rightarrow r_2' = \left(\frac{I_2}{I_2/k} \right)^2 r_2 = k^2 r_2 \qquad (2-28)$$

根据归算前后二次侧漏磁无功损耗应保持不变为条件，可求得漏抗的归算值如下。

$$I_2'^2 x_2' = I_2^2 x_2 \Rightarrow x_2' = \left(\frac{I_2}{I_2/k} \right)^2 x_2 = k^2 x_2 \qquad (2-29)$$

前两式表明当用 N_1 替代 N_2 后，二次侧电流归算值减少到原来的 $1/k$ 倍，相应归算后的二次侧绕组的电阻、电抗和阻抗应增加到原来的 k^2 倍。

三、归算后的基本方程、等效电路和相量图

归算后，变压器负载运行时的基本方程组如下。

$$\left.\begin{array}{l} \dot{U}_1 = -\dot{E}_1 + \dot{I}_1 Z_1 \\ \dot{U}_2' = \dot{E}_2' - \dot{I}_2' Z_{\mathrm{L}}' \\ \dot{I}_1 + \dot{I}_2' = \dot{I}_{\mathrm{m}} \\ \dot{E}_1 = \dot{E}_2' \\ -\dot{E}_1 = \dot{I}_{\mathrm{m}} Z_{\mathrm{m}} \\ \dot{U}_2' = \dot{I}_2' Z' \end{array}\right\} \qquad (2-30)$$

根据式（2-30）可以推导出变压器负载运行时的等效电路，如图 2-20（a）所示。又因为 $E_1 = E_2'$，再将励磁等效电路代入，可得最终的等效电路，如图 2-20（b）所示。图中可见 Z_1、Z_2' 和 Z_m 连接的形式如同英文大写字母"T"，故常称它为 T 形等效电路。

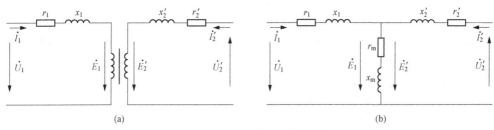

图 2-20 变压器的 T 形等效电路

（a）负载运行；（b）代入励磁等效电路

变压器的电磁关系，除了可用基本方程式和等效电路表示外，还可用相量图表示。它是将所得到的基本方程用相量图形表示。需强调指出，相量图的做法必须与方程式的写法一致，而方程式的写法又必须与所规定的正方向一致。

变压器的相量图包括三部分：① 二次侧电压平衡相量图；② 电流相量图或磁动势平衡相量图；③ 一次侧电压平衡相量图。

画相量图时根据已知量不同，画法步骤也不尽相同。变压器参数（r_1、x_1、r_2'、x_2'、r_m、x_m）可通过空载实验和短路实验测得，输出电压、电流和功率因数角（U_2'、I_2'、θ_2）可通过负载实验测得。相量图作图步骤如下：

（1）任选一个物理量作为参考相量。设以 $\dot{U}_2'$ 为参考相量，根据给定的负载画出负载电流相量 $\dot{I}_2'$。

（2）由二次侧电压平衡式 $\dot{E}_2' = \dot{U}_2' + \dot{I}_2'(r_2' + jx_2')$ 可画出相量 $\dot{E}_2'$，由于 $\dot{E}_1 = \dot{E}_2'$，因此也可以画出相量 $\dot{E}_1$。

（3）主磁通 $\dot{\Phi}_m$ 应超前 $\dot{E}_1$ 90°，励磁电流 $\dot{I}_m$ 又超前 $\dot{\Phi}_m$ 一个铁损耗角 $\alpha_{Fe} = \arctan \dfrac{r_m}{x_m}$。

（4）由磁动势平衡式 $\dot{I}_1 = \dot{I}_m + (-\dot{I}_2')$ 可求得 $\dot{I}_1$。

（5）由一次侧电压平衡式 $\dot{U}_1 = -\dot{E}_1 + \dot{I}_1 Z_1$ 可求得 $\dot{U}_1$。

图 2-21 是按感性负载所画出的变压器相量图。它能较直观地表达各物理量相位关系是相量图的优点。但作图时难以精确绘出各相量的长度与角度，相量图仅作为定性分析时的辅助工具。

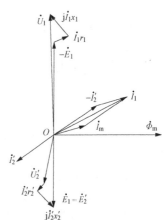

图 2-21 负载时相量图

四、近似等效电路和简化等效电路

T 形等效电路虽能完整地表达变压器内部电磁关系，但运算较繁。考虑到变压器的励磁电流与额定电流相比其值较小，仅为额定电流的 3%～8%，大型变压器甚至不到 1%。因此，把励磁支路移至端点处，进行计算时引起的误差并不大，这样的电路称为近似等效电路（也称为 Γ 型等效电路），如图 2-22 所示。

如采用近似等效电路，可将 r_1、r_2' 合并为一个电阻 r_k；同理，可将 x_1、x_2' 合并为一个电

抗 x_k，即有

$$r_k = r_1 + r_2' = r_1 + k^2 r_2$$
$$x_k = x_1 + x_2' = x_1 + k^2 x_2 \qquad (2-31)$$
$$Z_k = r_k + j x_k$$

其中，r_k、x_k 和 Z_k 分别称为短路电阻、短路电抗和短路阻抗。之所以冠以短路名称，是因为这些参数可以通过短路实验求得。

如果进一步略去励磁电流，这时的等效电路称为简化等效电路，如图 2-23 所示。用简化等效电路进行计算有较大误差，常用于定性分析。

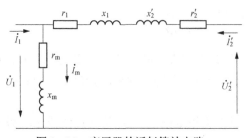

图 2-22　变压器的近似等效电路

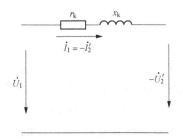

图 2-23　变压器的简化等效电路

第四节　标　幺　值

一、标幺值定义

在工程计算中，各物理量往往不用实际值表示，而用该物理量的实际值与某一选定的同单位的基值之比来表示，称为该物理量的标幺值（或相对值）。即

$$标幺值 = \frac{某物理量实际值}{该物理量的基值}$$

标幺值无单位，为区别标幺值与实际值，标幺值均用下标"*"标注，相应的基值用下标"b"标注。

二、基值的选取

在变压器和电机中，通常取各量的额定值作为基位，并遵循以下几个原则：

（1）一次侧物理量应以一次侧额定值作为基值；二次侧物理量应以二次侧额定值作为基值。如 $U_{1*} = \dfrac{U_1}{U_{1N}}$、$I_{1*} = \dfrac{I_1}{I_{1N}}$、$U_{2*} = \dfrac{U_2}{U_{2N}}$、$I_{2*} = \dfrac{I_2}{I_{2N}}$。

（2）在三相系统中，单相物理量应以单相额定值作为基值；三相物理量应以三相额定值作为基值。

注：各种功率均选择额定视在功率 S_N 作为基值。因此可得到一个结论，同一物理量的单相值标幺值和三相总和的标幺值在数值上相等。

（3）在三相系统中，每相值物理量应以每相额定值作为基值；线值物理量应以线值额定值作为基值。对三相电路其相电压和线电压的标幺值相等，相电流和线电流的标幺值也相等。这给实际计算带来很大的方便。

（4）各类阻抗物理量均为每相值，所以阻抗的基值取该物理量对应的额定相电压和额定相电流的比值作为基值，即 $Z_{1b} = U_{1Nph} / I_{1Nph}$ 和 $Z_{2b} = U_{2Nph} / I_{2Nph}$。

应该指出：前面介绍的变压器的电压方程式，各种等效电路中各参数、参量均指每相值，当用标幺值计算时，电压的基值取额定相电压 U_{1Nph} 或 U_{2Nph}，电流的基值取额定相电流 I_{1Nph} 或 I_{2Nph}，电阻、电抗的的基值取阻抗基值 Z_{1b} 或 Z_{2b}。

三、标幺值的优点

（1）采用标幺值可以简化各量的数值，并能直观地看出变压器的运行情况。例如某量为额定值时，其标幺值为 1；又如 $I_{1*} = 0.9$，表明该变压器带 90% 的额定负载。

（2）采用标幺值计算同时也起到了归算作用，如

$$U'_{2*} = \frac{U'_2}{U_{1b}} = \frac{kU_2}{U_{1N}} = \frac{U_2}{U_{2N}} = U_{2*} \tag{2-32}$$

（3）采用标幺值更能说明问题的实质。例如：某变压器供给电流 100A，人们难以判断这个 100A 电流是轻载还是重载。如果变压器供给电流用标幺值表示为 1.2，这就立即知道该变压器正以 1.2 倍额定电流运行，是在超载运行状态。

标幺值的缺点是，标幺值都是无单位的，不能用单位的关系来检查结果是否正确。

第五节　变压器参数测定

上节分析推导出了变压器的基本方程和 T 型等效电路，它包括了 r_1、x_1、r_m、x_m、r_2、x_2 六个最基本的参数。这六个参数中只有绕组的电阻比较容易测量，其他参数比较难直接测量。因此，这里介绍了这些参数的实验测定方法。

一、空载实验

空载实验用于测定变压器的励磁电阻 r_m 和励磁电抗 x_m，接线电路图如图 2-24 所示。由于空载电流比较小，应该采用电流表内接法。

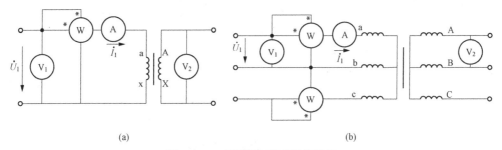

(a)　　　　　　　　　　　　　　　(b)

图 2-24　变压器空载运行接线图

(a) 单相；(b) 三相

空载实验可在高压侧测量，也可在低压侧测量，可根据实验条件和安全性方面进行选择。如令低压侧开路，测量在高压侧进行，则所测得的数据是高压侧的值，由此计算的励磁阻抗便为高压侧的值。如令高压侧开路，测量在低压侧进行，则所测得的数据是低压侧的值，由此计算的励磁阻抗便为低压侧的值。两侧计算出来的励磁阻抗实际值不同，但标幺值完全相等。

空载实验时，改变输入电压值 U_0，分别测量对应的电流 I_0 和输入功率 p_0，画出 $U_0 = f(I_0)$ 曲线即为空载特性曲线。需要强调的是：由于变压器的铁心存在磁滞现象，因此，进行空载实验时应单方向进行调节输入电压，通常是将输入电压调到 $U_0 = (1.1 \sim 1.3)U_{1N}$ 后，再减小 U_0，进行单方向下降测量。

因为励磁参数值随铁心的饱和而变化，且变压器总是在额定电压或很接近于额定电压情况下运行，所以空载实验时应调整外施电压等于额定电压，这时所求得的参数才真实地反映了变压器运行时的磁路饱和情况。令 U_0 为外施空载电压，I_0 为空载电流，p_0 为空载输入功率即等于空载损耗，根据图 2-24 的接线电路可推导出空载实验计算公式见表 2-1。

空载实验时，由于空载电流等于励磁电流，数值很小，又因为变压器绕组的内阻 r_1 也很小，因此这时输入功率都消耗在变压器的铁心损耗上。故有 $p_{Fe} = p_0$。

表 2-1　　　　　　　　　　　　　　　　空 载 实 验 计 算 公 式

单相变压器	三相变压器星形接法	三相变压器三角形接法
$Z_0 = Z_1 + Z_m \approx Z_m = \dfrac{U_0}{I_0}$	$Z_0 = Z_1 + Z_m \approx Z_m = \dfrac{U_0/\sqrt{3}}{I_0}$	$Z_0 = Z_1 + Z_m \approx Z_m = \dfrac{U_0}{I_0/\sqrt{3}}$
$r_0 = r_1 + r_m \approx r_m = \dfrac{p_0}{I_0^2}$	$r_0 = r_1 + r_m \approx r_m = \dfrac{p_0/3}{I_0^2}$	$r_0 = r_1 + r_m \approx r_m = \dfrac{p_0/3}{(I_0/\sqrt{3})^2}$
$x_0 = x_1 + x_m \approx x_m = \sqrt{Z_m^2 - r_m^2}$	$x_0 = x_1 + x_m \approx x_m = \sqrt{Z_m^2 - r_m^2}$	$x_0 = x_1 + x_m \approx x_m = \sqrt{Z_m^2 - r_m^2}$

二、短路实验

短路实验用于求变压器的 r_1、x_1、r_2'、x_2' 等参数。短路实验电路接线图如图 2-25 所示。由于短路电流比较大，因此应该采用电流表外接法。

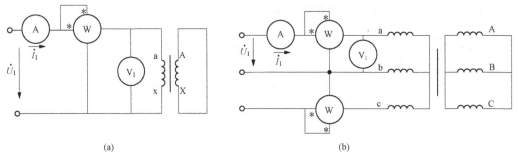

(a)　　　　　　　　　　　　　　　　　　(b)

图 2-25　变压器短路实验接线图
（a）单相；（b）三相

如把变压器的一侧绕组短路，则该侧绕组的阻抗非常小，电流非常大，根据负载运行的分析结果可知，另一侧接电源的绕组的电流也非常大（励磁电流变化不大，但负载电流分量非常大），有可能烧毁变压器，因此，短路实验时，外加电压必须降低，保证变压器绕组短路电流 $I_k \leq (1.1 \sim 1.3)I_N$。正因为短路实验时外施电压很低，铁心磁路不饱和，励磁电流很小可略去不计，所以电磁关系可用简化等效电路分析。

短路实验可以在高压侧测量而把低压侧短路，也可在低压侧测量而把高压侧短路。二者测得的数值不同，如化为标幺值计算则是相同的。但是，为了便于测量，短路实验通常是将高压侧接到电源，低压侧直接短路。

设变压器二次侧接路，一次侧接交流电源，调节外施电压使得短路电流为额定值，令 U_k 表示短路电压，I_k 表示短路电流，p_k 表示短路时输入功率，则根据图2-25接线电路可得变压器短路实验计算公式见表2-2。

表2-2   变压器短路实验计算公式

单相变压器	三相变压器星形接法	三相变压器三角形接法
$Z_k = Z_1 + Z_2' = \dfrac{U_k}{I_k}$ $r_k = r_1 + r_2' = \dfrac{p_k}{I_k^2}$ $x_k = x_1 + x_2' = \sqrt{Z_k^2 - r_k^2}$	$Z_k = Z_1 + Z_2' = \dfrac{U_k/\sqrt{3}}{I_k}$ $r_k = r_1 + r_2' = \dfrac{p_k/3}{I_k^2}$ $x_k = x_1 + x_2' = \sqrt{Z_k^2 - r_k^2}$	$Z_k = Z_1 + Z_2' = \dfrac{U_k}{I_k/\sqrt{3}}$ $r_k = r_1 + r_2' = \dfrac{p_k/3}{(I_k/\sqrt{3})^2}$ $x_k = x_1 + x_2' = \sqrt{Z_k^2 - r_k^2}$

由于短路实验是在降压情况下进行的，磁路不饱和，励磁电流很小，即变压器铁心损耗很小，又因为短路时输出功率为0，所以输入的功率都消耗在两侧绕组电阻的铜损耗上，即 $p_k = p_{Cu}$。

通常假设一次侧、二次侧漏抗归算到同一侧可认为相等，即

$$x_1 = x_2' = \frac{x_k}{2} \tag{2-33}$$

因为电阻随温度而变化，如短路实验时的室温为 $\theta℃$，按照电力变压器标准规定应换算到标准温度75℃时的值，而漏抗与温度无关，即有

$$\left.\begin{array}{l} r_{k75℃} = r_{k\theta} \dfrac{234.5+75°}{234.5+\theta}\text{(适用于铜线)} \\[3mm] r_{k75℃} = r_{k\theta} \dfrac{228+75°}{228+\theta}\text{(适用于铝线)} \end{array}\right\} \tag{2-34}$$

式中 $r_{k\theta}$——$\theta℃$温度下的短路电阻。

如在短路实验时，调整外施电压使短路电流为额定电流 $I_k = I_N$，这时外施的**短路电压** U_{kN} 表示一相阻抗压降，即有 $U_{kNph} = I_{Nph} Z_k$。它是一个很重要的数据，常标注在变压器铭牌上。短路电压 U_{kN} 有两种表示方式：

（1）以额定电压百分数表示，称为短路电压百分数。有时还标出它的有功分量和无功分量

$$\left.\begin{array}{l} \text{短路电压百分值：} \quad u_k = \dfrac{U_{kNph}}{U_{Nph}} = \dfrac{I_{Nph}z_k}{U_{Nph}} \times 100\% \\[3mm] \text{短路电压有功分量百分值：} \quad u_a = \dfrac{I_{Nph}r_{k75°}}{U_{Nph}} \times 100\% \\[3mm] \text{短路电压无功分量百分值：} \quad u_r = \dfrac{I_{Nph}x_k}{U_{Nph}} \times 100\% \end{array}\right\} \tag{2-35}$$

（2）采用标幺值，则有

$$\left.\begin{array}{l}短路电压标幺值：u_{k*}=\dfrac{U_{kNph}}{U_{Nph}}=\dfrac{I_{Nph}z_k}{U_{Nph}}=z_{k*}\\[4mm]短路电压有功分量标幺值：u_{a*}=\dfrac{I_{Nph}r_{k75°}}{U_{Nph}}=r_{k*}\\[4mm]短路电压无功分量标幺值：u_{r*}=\dfrac{I_{Nph}x_k}{U_{Nph}}=x_{k*}\end{array}\right\}\qquad（2-36）$$

可见，短路电压的标幺值等于短路阻抗的标幺值，同样，短路电压的有功分量和无功分量的标幺值分别等于短路电阻的标幺值和短路电抗的标幺值，这给计算带来方便。

第六节　变压器运行性能

变压器输出的是电功率，类似一台发电机，因此它的运行特性主要有外特性和效率特性。反映变压器运行性能的主要指标有电压变化率（又称电压调整率）和效率。

一、电压变化率

由于变压器内部存在着电阻和漏抗，负载时产生电阻压降和漏抗压降，导致二次侧电压随负载电流变化而变化。电压变化程度通常用电压变化率表示。设外施电压为额定电压，取空载与额定负载两种情况下的二次侧电压的算术差与空载电压之比定义为电压变化率，即

$$\Delta U=\dfrac{U_{20}-U_2}{U_{20}}\times100\%\qquad（2-37）$$

式中定义的 U_{20} 和 U_2 可以是相电压，也可以是线电压，其计算结果是一样的。应用等效电路和相量图可计算出 ΔU，但所有参量和参数都是指相量值，下面推导一种实用计算公式。设外施电压为额定电压，额定负载运行时，对应简化等效电路（忽略励磁电流）的相量图如图 2-26 所示。

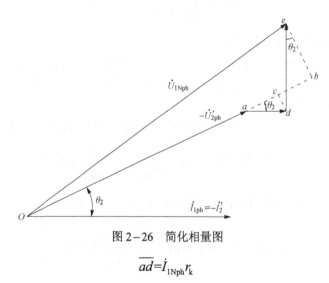

图 2-26　简化相量图

$$\overline{ad}=\dot{I}_{1Nph}r_k$$

$$\overline{de} = \mathrm{j}\dot{I}_{1\mathrm{Nph}}x_{\mathrm{k}}$$

$$\Delta U = \frac{U_{2\mathrm{Nph}} - U_{2\mathrm{ph}}}{U_{2\mathrm{Nph}}} \times 100\% = \left(\frac{U_{1\mathrm{Nph}} - U'_{2\mathrm{ph}}}{U_{1\mathrm{Nph}}}\right) \times 100\% \qquad (2-38)$$

如图 2-26 所示，过 e 点作 $\overline{Oa}$ 的垂线，交于 b 点，得直角三角形 ΔeOb，对于电力变压器有 $\overline{Oe} \approx \overline{Ob}$。过 d 点作 $\overline{ab}$ 垂线得垂足 c，则变压器从空载到负载端电压变化如下式。

$$U_{1\mathrm{Nph}} - U'_{2\mathrm{ph}} = U_{Oe} - U_{Oa} \approx U_{ab} = I_{1\mathrm{Nph}}r_{\mathrm{k}}\cos\theta_2 + I_{1\mathrm{Nph}}x_{\mathrm{k}}\sin\theta_2 \qquad (2-39)$$

所以电压变化率计算公式为

$$\Delta U = \frac{U_{1\mathrm{Nph}} - U'_{2\mathrm{ph}}}{U_{1\mathrm{Nph}}} \times 100\% \approx \frac{U_{ab}}{U_{1\mathrm{Nph}}} \times 100\% = \frac{I_{1\mathrm{Nph}}r_{\mathrm{k}}\cos\theta_2 + I_{1\mathrm{Nph}}x_{\mathrm{k}}\sin\theta_2}{U_{1\mathrm{Nph}}} \times 100\%$$

$$= \frac{r_{\mathrm{k}}\cos\theta_2 + x_{\mathrm{k}}\sin\theta_2}{Z_{1b}} \times 100\% = (r_{\mathrm{k}*}\cos\theta_2 + x_{\mathrm{k}*}\sin\theta_2) \times 100\% \qquad (2-40)$$

二、变压器的外特性

式（2-40）是求变压器电压变化率的实用计算公式，由公式可得不同负载类型时，θ_2 不同，得到的 ΔU 也有区别。图 2-27 是变压器负载类型与电压变化率的关系曲线。当负载为感性负载时，$\theta_2 > 0$，由式（2-40）可得 $\Delta U > 0$；当负载为纯电阻性负载时，$\theta_2 = 0$，$\Delta U > 0$；当负载为容性负载且容性足够大时，$\theta_2 < 0$，$\Delta U < 0$。

变压器的外特性是指变压器的一次侧供给额定电压 $U_{1\mathrm{N}}$，二次侧输出端电压 U_2 随负载大小变化的关系，即 $U_2 = f(I_2)$。由变压器的电压变化率与负载的关系曲线可得：当变压器带感性负载时，$\Delta U > 0$，由式（2-40）可见，随着负载的增加，β 增大，ΔU 增大，端电压下降越大；当变压器带纯电阻性负载时，$\Delta U > 0$，由式（2-40）可见，随着负载的增加，β 增大，ΔU 增大，端电压下降越大（但相对感性负载来得少，因为 ΔU 较小）；变压器带容性负载时，容性较小时 $\Delta U > 0$，端电压随负载增加而减小，容性较大时 $\Delta U < 0$，端电压随负载增加而增加。图 2-28 给出了三种负载类型下的变压器外特性曲线。

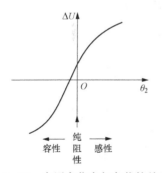

图 2-27 电压变化率与负载的关系

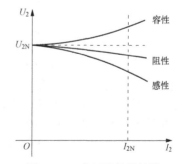

图 2-28 变压器的外特性

三、变压器的效率特性

变压器是一种能量转换装置，在转换能量过程中必然同时产生损耗。变压器的损耗可以分为铁损耗和铜损耗两大类。

变压器的基本铁损耗就是主磁通在铁心中引起的磁滞损耗和涡流损耗。附加损耗包括由主磁通在油箱及其他构件中所产生的涡流损耗和叠片之间的局部涡流损耗等。

变压器的基本铜损耗是指电流流过绕组时所产生的直流电阻损耗。附加铜损耗主要指由于漏磁场引起的集肤效应使导线有效电阻增大而增加的铜损耗、多股并绕导线的内部环流损耗，以及漏磁场在结构部件、油箱壁等处引起的涡流损耗。

变压器的总损耗包括铁损耗和铜损耗，则有

$$\Sigma p = p_{Cu} + p_{Fe} \tag{2-41}$$

效率的定义是指输出功率与输入功率的比值，即

$$\eta = \frac{P_2}{P_1} \times 100\% \tag{2-42}$$

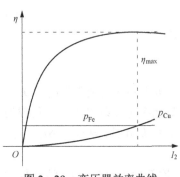

图 2-29 变压器效率曲线

由于电力变压器效率很高，用直接负载法测量其效率很难获得准确的结果，特别是容量很大时，无法进行实验。为此，一般用间接法计算效率。间接法又称损耗分离法，其优点在于无需把变压器直接接负载，也无需运用等效电路计算，只要进行空载实验和短路实验测出空载损耗和额定电流时的短路损耗便可方便地计算出任意给定负载时的效率。空载实验时因 I_0 和 r_1 均很小可近似认为 $I_0^2 r_1 = 0$，即认为 $p_0 = p_{Fe}$。短路实验时因短路电压很低，I_m 很小可忽略 $I_m^2 r_m$，即认为 $p_{kN} = p_{Cu}$，故额定负载时有 $\Sigma p = p_{Cu} + p_{Fe} = p_0 + p_{kN}$，为任意负载时有 $\Sigma p = p_0 + \beta^2 p_{kN}$，式中 β 称为负载系数。

以单相变压器为例，变压器负载运行时，二次侧电压随负载电流而变化。当应用间接法求效率，可以不考虑二次侧电压变化，即认为 $U_2 = U_{2N}$，不致引起太大误差，则

$$P_2 = U_{2N} I_2 \cos \theta_2 = \frac{I_2}{I_{2N}} U_{2N} I_{2N} \cos \theta_2 = \beta S_N \cos \theta_2 \tag{2-43}$$

$$P_1 = P_2 + \Sigma p = \beta S_N \cos \theta_2 + \beta^2 p_{kN} + p_0 \tag{2-44}$$

$$\eta = \frac{\beta S_N \cos \theta_2}{\beta S_N \cos \theta_2 + p_0 + \beta^2 p_{kN}} \times 100\% \tag{2-45}$$

用间接法效率公式计算的效率又称为惯例效率。惯例是指公认的习惯用法。上述效率计算公式也适用于三相变压器，但是 S_N、p_{kN} 和 p_0 都应取三相值。

效率不是常数，与负载电流的大小以及负载的性质有关。当负载的功率因数保持不变，效率随负载电流而变化的关系称为效率曲线。如图 $\eta = f(I_2)$ 曲线。

为了求最大效率，对式（2-45）取 $\mathrm{d}\eta / \mathrm{d}\beta = 0$，求得极值条件为

$$p_0 = \beta^2 p_{kN} \tag{2-46}$$

式中　　p_0 ——不变损耗，不随负载电流变化；

　　$\beta^2 p_{kN}$ ——可变损耗，随负载电流二次方变化。

式（2-46）说明当可变损耗等于不变损耗时效率达到最大，即最大效率发生在

$$\beta_{max} = \sqrt{p_0 / p_{kN}} \tag{2-47}$$

图 2-29 所示是损耗分离法得到的效率曲线，由图可见：当外加电压保持不变，负载变

化时铁损耗 p_{Fe} 也保持不变；而铜损耗 p_{Cu} 则随着负载的增加而增加。当铁损耗等于铜损耗时，$\beta_{max}=1$，即变压器额定负载时的效率达到最大值。

一般电力变压器最大效率设计在 $\beta=0.5\sim0.6$，而不设计在 $\beta=1$ 时。这是因为变压器并非经常满载运行，负载系数随季节、昼夜而变化，因而铜损耗也是随之变化的，而铁损耗在变压器投入运行后，则总是存在的，故常设计成较小铁损耗，这对提高全年的运行效率有利。

【例 2-1】设有一台 50kVA，50 Hz，6300/400V，Yy4 连接的三相芯式变压器，空载电流 $I_0=0.075\,I_N$，空载损耗 $p_0=350$W，短路电压 $u_k=0.055$，短路损耗 $p_{kN}=1300$W。（1）试求该变压器在空载时的参数 r_0 及 x_0，以及短路参数 r_k、x_k，所有参数均归算到高压侧，作出该变压器的近似等效电路。（2）试求变压器供给额定电流且 $\cos\theta_2=0.8$ 滞后时的电压变化率及效率。

解：（1）在高压侧计算有

$$I_{1N}=\frac{S_N}{\sqrt{3}U_{1N}}=\frac{50\times10^3}{\sqrt{3}\times6300}=4.58(A)\;;\quad Z_{1N}=\frac{U_{1N}}{\sqrt{3}I_{1N}}=\frac{6300}{\sqrt{3}\times4.58}=794.2(\Omega)$$

根据空载实验数据，可得

$$I_0=0.075\;;\quad I_{1N}=0.075\times4.58=0.344\,(A)$$

$$r_0=\frac{p_0}{3I_0^2}=\frac{350}{3\times0.344^2}=986(\Omega)\;;\quad Z_0=\frac{U_{1N}}{\sqrt{3}I_0}=\frac{6300}{\sqrt{3}\times0.344}=10572(\Omega)$$

$$x_0=\sqrt{Z_0^2-r_0^2}=\sqrt{10572^2-986^2}=10\,526\,(\Omega)$$

根据短路实验数据，可得

$$r_{k*}=\frac{p_{kN}}{S_N}=\frac{1300}{50\times10^3}=0.026\;;\quad r_k=r_{k*}Z_{1N}=0.026\times794.2=20.7(\Omega)\;;$$

$$Z_{k*}=u_{k*}=0.055$$

$$x_{k*}=\sqrt{Z_{k*}^2-r_{k*}^2}=\sqrt{0.055^2+0.026^2}=0.048\;;\quad x_k=x_{k*}Z_{1N}=0.048\times794.2=38.1\,(\Omega)$$

变压器的近似等效电路如图 2-30 所示。

（2）由题目知：$\beta=1$、$\cos\theta_2=0.8$，则根据变压器的电压变化率和效率实用公式可得

$$\Delta U=(r_{k*}\cos\theta_2+x_{k*}\sin\theta_2)\times100\%=(0.026\times0.8+0.048\times0.6)\times100\%$$
$$=4.96\%$$

$$\eta=\frac{\beta S_N\cos\theta_2}{\beta S_N\cos\theta_2+\beta^2 p_{kN}+p_0}\times100\%=\frac{1\times50\times10^3\times0.8}{1\times50\times10^3\times0.8+1300+350}=96\%$$

【例 2-2】设有一台 125MVA，50Hz，110/10kV，Yd11 的三相变压器，空载电流 $I_{0*}=0.02$，空载损耗 $p_0=133$kW，短路电压 $u_k=10.5\%$，短路损耗 $p_{kN}=600$kW。（1）试求励磁阻抗和短路阻抗（均用标幺值），并画出近似 Γ 型等效电路，标明各阻抗数值。（2）求供给额定负载且 $\cos\theta_2=0.8$（滞后）时的电压变化率及效率。（3）求出当该变压器有最大效率时的负载系数以及最大效率（设 $\cos\theta_2=0.8$ 滞后）。

解：（1）空载损耗的标幺值：

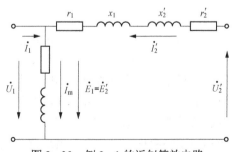

图 2-30 例 2-1 的近似等效电路

$$p_{0*} = \frac{p_0}{S_N} = \frac{133 \times 10^3}{125 \times 10^6} = 1.064 \times 10^{-3}$$

短路损耗的标幺值：　$p_{kN*} = \dfrac{p_{kN}}{S_N} = \dfrac{600 \times 10^3}{125 \times 10^6} = 4.8 \times 10^{-3}$

根据空载实验数据可得：　$Z_{m*} = \dfrac{U_{0*}}{I_{0*}} = \dfrac{1}{0.02} = 50$

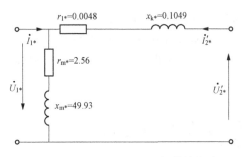

$$r_{m*} = \frac{p_{0*}}{I_{0*}^2} = \frac{1.064 \times 10^{-3}}{0.02^2} = 2.66$$

$$x_{m*} = \sqrt{Z_{m*}^2 - r_{m*}^2} = \sqrt{50^2 - 2.66^2} = 49.93$$

根据短路实验数据可得：　$Z_{k*} = u_{k*} = 0.105$

$$r_{k*} = p_{kN*} = 0.0048$$

$$x_{k*} = \sqrt{Z_{k*}^2 - r_{k*}^2} = \sqrt{0.105^2 - 0.0048^2} = 0.1049$$

图 2-31　例 2-2 的近似等效电路　　　　近似 Γ 型等效电路如图 2-31 所示。

（2）当变压器供给额定负载且 $\cos\theta_2 = 0.8$（滞后）时

根据电压变化率的实用公式可得

$$\Delta U = (r_{k*}\cos\theta_2 + x_{k*}\sin\theta_2) \times 100\% = (0.0048 \times 0.8 + 0.1049 \times 0.6) \times 100\%$$
$$= 6.68\%$$

根据效率的实用公式可得

$$\eta = \frac{\beta S_N \cos\theta_2}{\beta S_N \cos\theta_2 + p_0 + \beta^2 p_{kN}} \times 100\%$$
$$= \frac{125 \times 10^6 \times 0.8}{125 \times 10^6 \times 0.8 + 133 \times 10^3 + 600 \times 10^3} \times 100\% = 99.27\%$$

（3）当 $\beta = \sqrt{\dfrac{p_0}{p_{kN}}} = \sqrt{\dfrac{133}{600}} = 0.47$ 时，变压器的最大效率为

$$\eta_{max} = \frac{\beta S_N \cos\theta_2}{\beta S_N \cos\theta_2 + p_0 + \beta^2 p_{kN}} \times 100\%$$
$$= \frac{0.47 \times 125 \times 10^6 \times 0.8}{0.47 \times 125 \times 10^6 \times 0.8 + 133 \times 10^3 + 0.47^2 \times 600 \times 10^3} \times 100\% = 99.44\%$$

小　结

　　变压器的基本工作原理也是基于电磁感应定律而工作的，故变压器也可归为电机的一类。但它与其他旋转电机的差别在于变压器属于静止的电磁装置，与旋转电机的能量转换作用不同，它只是起到能量传递的功能，即把一个数值的交流电压变换为另一数值的同频率的交流电压的交流电能变换装置。变压器包含电路和磁路，是通过磁场这一媒介，将一次绕组从电源吸收的能量传递到二次侧绕组的。所以分析变压器，要首先从磁场分析着手，推导出磁动势和电动势两种平衡关系，最后得到空载和负载运行时的基本方程、等效电路、相量图，以及稳态运行性能。

本章重要的知识点如下：

（1）变压器的磁场。根据变压器磁通所经过的路径不同，把它们分为主磁通和漏磁通。主磁通沿变压器的铁心同时交链一次侧、二次侧绕组，起到传递功率的作用，回路磁阻小，磁通量较大；漏磁通只交链一次侧或二次侧绕组，不传递功率，回路磁阻大，漏磁通很小。

（2）在忽略漏磁通及绕组压降时，$U_1 \approx E_1 = 4.44 f N_1 \Phi_m$，所以，一次侧绕组所加电压 U_1 几乎决定了主磁通 Φ_m 的大小，它与负载的大小无关。从空载到负载，二次侧绕组电流从无到有，一次侧绕组电流会增加一个相应的负载电流分量，以维持铁心中的主磁通基本保持不变，这就是变压器的恒磁通原理。

（3）变压器的运行可通过基本方程、等效电路和相量图进行分析。本章详细推导了变压器空载和负载运行时的方程、等效电路和相量图。

（4）在电机理论中经常会引入标幺值的概念。它可以简化计算和起到归算的作用。

（5）变压器的励磁阻抗和短路阻抗参数可通过变压器的空载实验和短路实验进行测定。

（6）可以用电压调整率 ΔU 和效率 η 这两项指标来衡量变压器稳态运行时的性能。电压调整率可以反映出变压器在传输电能时二次侧绕组端电压的稳定性和供电品质；而效率则可以反映一台变压器在经济性能方面的优劣。

思 考 题

2-1 从物理意义上说明变压器为什么能变压，而不能变频率？

2-2 变压器有哪些主要部件？各部件起什么作用？简述变压器铁心结构和绕组结构的形式。

2-3 变压器铁心的作用是什么，为什么它要用 0.3mm 厚、表面涂有绝缘漆的硅钢片叠成？

2-4 在研究变压器时，一次侧、二次侧各电磁量的正方向是如何规定的？变压器一次侧、二次侧额定电压的含义是什么？

2-5 在变压器中主磁通和一次侧、二次侧绕组漏磁通的作用有什么不同？它们各自是由什么磁动势产生的?在等效电路中如何反映它们的作用？

2-6 为了在变压器一次侧、二次侧得到正弦波感应电动势，当铁心不饱和时励磁电流呈何种波形？当铁心饱和时情形又怎样？

2-7 变压器空载时，一方加额定电压，虽然线圈电阻很小，电流仍然很小，为什么？

2-8 变压器空载运行时，是否要从电网吸收取得功率？这些功率属于什么性质？起什么作用？为什么小负荷用户使用大容量变压器无论对电网和用户均不利？

2-9 在作变压器的等效电路时，励磁回路中的 r_m 代表什么电阻？这一电阻是否能用直流电表来测量？变压器中的励磁电抗 x_m 的物理意义是什么？在变压器中希望 r_m、x_m 大好，还是小好？

2-10 变压器变比的定义是什么？它与什么因素有关？变压器带负载运行时，变比值是否改变？

2-11　变压器的外加电压不变，若减少一次侧绕组的匝数，则变压器铁心的饱和程度、空载电流、铁损耗和一次侧、二次侧的电动势有何变化？

2-12　一台额定电压为220/110V的变压器，若误将低压侧接到220V的交流电源上，将会产生什么样的后果？

2-13　如将铭牌为60Hz的变压器，接到50Hz的电网上运行，试分析对主磁通、励磁电流、励磁电阻、励磁电抗、铁损耗、铜损耗、漏抗及电压变化率有何影响？

2-14　变压器归算的原则是什么？如何将二次侧各物理量归算到一次侧？如果是将一次侧归算到二次侧，与前一种归算的公式是否相同？为什么？

2-15　变压器的电压变化率是如何定义的？它与哪些因素有关？

2-16　为什么可以把变压器的空载损耗看作变压器的铁损耗，短路损耗看作额定负载时的铜损耗？

2-17　电力系统用的变压器什么情况下达到效率最高？设计时是否都是设计在额定运行时效率最高，为什么？

2-18　设有一台容量为10kVA的单相变压器，它有两个分开的一次侧绕组和两个分开的二次侧绕组。两个一次侧绕组和两个二次侧绕组各可以串联或并联，然后再和外面的线路相接。每一个一次侧绕组的额定电压为1100V，每一个二次侧绕组的额定电压为110V。从这一变压器可以得到哪几种不同的变化？对于每一种情形，试作出接线图，并求出一次侧和二次侧的额定电流的数值。

2-19　设有一台125kVA、三相、35/11kV双绕组变压器，一次侧、二次侧绕组均为星形连接，试求高压侧和低压侧的额定电流。

2-20　设有一台16MVA、三相、110/11kV、Yd连接（表示一次侧三相绕组接成星形、二次侧三相绕组接成三角形）的双绕组变压器。试求高、低压两侧的额定线电压、线电流和额定相电压、相电流。

习　题

2-1　一台单相变压器，$S_N = 5000$kVA，$U_{1N}/U_{2N} = 35/6.0$kV，$f_N = 50$Hz，铁心有效面积 $A = 1120$cm²，铁心中的最大磁密 $B_m = 1.45$T，试求高、低压绕组的匝数和变比。

2-2　一台单相变压器，已知 $r_1 = 2.19\Omega$，$r_2 = 0.15\Omega$，$x_1 = 15.4\Omega$，$x_2 = 0.964\Omega$，$r_m = 1250\Omega$，$x_m = 12600\Omega$，$N_1 = 876$ 匝，$N_2 = 260$ 匝，当 $\cos\theta_2 = 0.8$ 滞后时，二次侧电流 $I_2 = 180$A，$U_2 = 6000$V。试求：（1）用 T 形等效电路和简化等效电路求 U_1 和 I_1，并将结果进行比较。（2）画出归算后的相量图和 T 形等效电路。

2-3　设有一台 2kVA、50Hz、1100/110V 的单相变压器，在高压侧测得下列数据：短路阻抗 $Z_k = 30\Omega$，短路电阻 $r_k = 8\Omega$；在额定电压下的空载电流的无功分量为 0.09A，有功分量为 0.01A。二次侧电压保持在额定值。接至二次侧的负载为 10Ω 的电阻与 5Ω 的感抗相串联。（1）试作出该变压器的近似等效电路，各种参数均用标幺值表示。（2）试求一次侧电压 U_{1*} 和一次侧电流 I_{1*}。

2-4　设有一台 10kVA、2200/220V 的单相变压器，其参数如下：$r_1 = r_2' = 3.6\ \Omega$，$x_1 = x_2' = 13\Omega$，在额定电压下的铁损耗 $p_{Fe} = 70$W，空载电流 I_0 为额定电流的 5%。假定一次侧、

二次侧绕组的漏抗如归算到同一方面时可作为相等，试求各参数的标幺值，并绘出该变压器的 T 形等效电路和近似等效电路。

2-5　设有一台单相变压器，$S_N = 100\text{kVA}$，$U_{1N}/U_{2N} = 6000/230\text{V}$，$r_1 = 4.32\Omega$，$x_1 = 8.9\Omega$，$r_2 = 0.0063\Omega$，$x_2 = 0.013\Omega$。求：（1）归算到高压侧的短路参数 r_k、x_k 和 Z_k，并化成标幺值；（2）归算到低压侧的短路参数 r_k'、x_k' 和 Z_k'，并化成标幺值；（3）变压器的短路电压 u_k、有功分量 U_{kr} 及其无功分量 U_{kx}。（4）在额定负载下，功率因数分别为 $\cos\theta_2 = 1$、$\cos\theta_2 = 0.8$（滞后）、$\cos\theta_2 = 0.8$（超前）三种情况下的 $\Delta U\%$。

2-6　一台三相变压器，$S_N = 5600\text{kVA}$，$U_{1N}/U_{2N} = 10/6.3\text{kV}$，Yd11 连接，变压器空载和短路实验数据见表 2-3。试求：（1）计算变压器参数，实际值及标幺值；（2）求满载且 $\cos\theta_2 = 0.8$（滞后）时的电压变化率及效率。

表 2-3　　　　　　　　　　　　空载及短路实验数据

实验类型	线电压（V）	线电流（A）	总功率（W）	备注
空载实验	6300	7.4	6800	在低压侧测量
短路实验	550	324	18000	在高压侧测量

2-7　设有一台 320kVA、50Hz、6300/400V、Yd 连接的三相芯式变压器。其空载实验及短路实验数据见表 2-4。

表 2-4　　　　　　　　　　　　空载及短路实验数据

实验类型	线电压（V）	线电流（A）	总功率（kW）	备注
空载实验	400	27.7	1.45	在低压侧测量
短路实验	284	29.3	5.7	在高压侧测量

试求：（1）作出该变压器的近似等效电路，各参数均用标幺值表示。（2）设该变压器的二次侧供给星形连接的电阻负载。一次侧电压保持额定值。二次侧电流适有额定值，求每相负载电阻。

2-8　一台三相变压器，$S_N = 1000\text{kVA}$，$U_{1N}/U_{2N} = 10/6.3\text{kV}$，Yd11 连接，空载实验在低压侧进行，额定电压时的空载电流 $I_0 = 5\%I_N$，空载损耗 $p_0 = 5000\text{W}$；短路实验在高压侧进行，额定电流时的短路电压 $U_k = 540\text{V}$，短路损耗 $p_{kN} = 14000\text{W}$，试求：（1）归算到高压边的参数，假定 $r_1 = r_2' = r_k/2$，$x_1 = x_2' = x_k/2$；（2）绘出 T 形电路图，并标出各量的正方向；（3）计算满载及 $\cos\theta_2 = 0.8$（滞后）时的效率 η_N；（4）计算变压器最大效率 η_{max}。

2-9　设有一台 125000kVA、50Hz、110/11kV、YNd 连接的三相变压器。空载电流 $I_0 = 0.02I_N$，空载损耗 $p_0 = 133\text{kW}$，短路电压 $u_{k*} = 0.105$，短路损耗 $p_{kN} = 600\text{kW}$。试求：（1）励磁阻抗和短路阻抗。作出近似等效电路，标明各阻抗的数值。（2）设该变压器的二次侧电压保持额定，且供给 $\cos\theta_2 = 0.8$ 滞后的额定负载电流，求一次侧电压及一次侧电流。（3）求出当该变压器有最大效率时的负载系数以及最大效率。（设 $\cos\theta_2 = 0.8$）

2-10　设有一台 50kVA、50Hz、6300/400V、Yy 连接的三相芯式变压器。空载电流

$I_0 = 0.075 I_\mathrm{N}$，空载损耗 $p_0 = 350\mathrm{W}$，短路电压 $u_{\mathrm{k}*} = 0.055$，短路损耗 $p_{\mathrm{kN}} = 1300\mathrm{W}$。试求：（1）该变压器在空载时的参数 r_0 及 x_0，以及短路参数 r_k、x_k，所有参数均归算到高压侧，作出该变压器的近似等效电路。（2）该变压器在供给额定电流且 $\cos\theta_2 = 0.8$ 滞后时的电压变化率及效率。

第三章　三相变压器运行分析

现代电力系统都采用三相制，故三相变压器使用最广泛。从运行原理来看，三相变压器在对称负载下运行时，各相电压、电流大小相等，相位互差120°。因此上一章对单相变压器的分析方法及结论完全适用于三相变压器对称运行时的情况。

但三相变压器也有其特殊的问题需要研究，例如三相变压器的磁路系统、三相变压器绕组的连接方式和联结组别、三相变压器空载电动势的波形和三相变压器并网运行等。这些就是本章所要讨论的问题。

第一节　三相变压器磁路

三相变压器的按磁路系统不同可分三相组式变压器和三相芯式变压器两类。

一、三相组式变压器

把三台完全相同的单相变压器的两侧绕组分别按一定方式作三相连接便构成一台三相变压器，该变压器称为三相组式变压器，如图3–1所示。这种变压器的各相磁路是彼此独立的，三相主磁通$\dot{\Phi}_A$、$\dot{\Phi}_B$、$\dot{\Phi}_C$以各自铁心作为磁路，互不关联。如果保证三台单相变压器的结构和尺寸完全相同，则各相磁路的磁阻也相同，当三相绕组接三相对称电压时，各相的励磁电流也相等。

可见，三相组式变压器的特点是三相电路相关联、三相磁路彼此独立、三相电路和磁路完全对称。

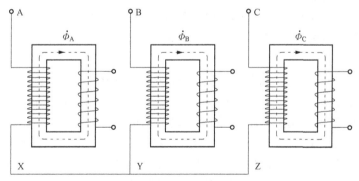

图3–1　三相组式变压器的磁路系统

二、三相芯式变压器

如果把图3–1的三个单相铁心合并成如图3–2（a）所示的结构，通过中间铁心柱（三个合并）的磁通便等于三相磁通的总和。当外施电压为三相对称电压，三相磁通也对称，其总和$\dot{\Phi}_A+\dot{\Phi}_B+\dot{\Phi}_C=0$，即在任意瞬间，中间铁心柱穿过的磁通量为零。因此，在结构上可省去中间的芯柱，如图3–2（b）所示。这时，三相磁通的流通情形和星形接法的电路相似，在任一瞬间各相磁通均以其他两相为回路，仍然满足三相对称。为生产工艺简便，在实际制作时常把三个铁心柱排列在同一平面上，如图3-2（c）所示。这种变压器称为三相芯式变压器。三相芯式变压器的中间相的磁路比较短，当外施电压为三相对称电压时，三相励磁电流也不完全对称，其中间相励磁电流较其余两相为小。但是与负载电流相比励磁电流仅占很小部分，如负载对称，仍然可以认为三相电流对称。

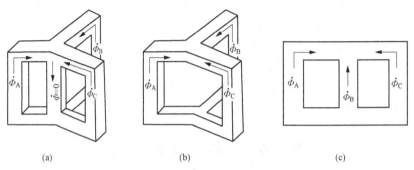

图3-2　三相芯式变压器的磁路系统

（a）三个单相铁心；（b）去中间芯柱；（c）三个铁心排列在同一平面

可见，三相芯式变压器的特点是三相电路和磁路都是相互关联的，中间相的磁路相对较短。

第二节　三相变压器联结组别

变压器联结组别是用来表示变压器一次侧、二次侧绕组的接法和两侧绕组电动势相位关系的一种方法。

一、绕组首末端标识及接法

三相变压器的绕组可用下述方法进行标识：用大写字母 A、B、C 表示高压绕组的首端，用 X、Y、Z 表示高压绕组的末端；用小写字母 a、b、c 表示低压绕组的首端，用 x、y、z 表示低压绕组的末端。

根据电路理论知识可知，三相绕组有星形接法和三角形接法两种接线方法。三相变压器的两侧绕组也都是采用这两个接法。对于星形接法，如图3-3（a）所示，三个绕组的末端连接在一起，由首端引出。画出三相绕组的相电动势相量图呈星形分布，所以该接法称为星形接法，以字母 Y 表示。对于三角形接法，如图3-3（b）、（c）所示，三个绕组的首末端分别相连，再从首端引出。画出三相绕组的相电动势相量图呈三角形分布，所以这两种接法都称为三角形接法，以字母 Dd 表示。按 AX-BY-CZ 顺序连接的称为顺时针连接，如图3-3（b）所示；按 AX-CZ-BY 顺序连接称为逆时针连接，如图3-3（c）所示。

因此，三相变压器可以连接成如下几种形式：① Yy 或 YN y 或 Yyn；② Yd 或 YNd；③ Dy 或 Dyn；④ Dd。其中大写表示高压绕组接法，小写表示低压绕组接法，字母 N、n 是星形接法的中点引出标志。

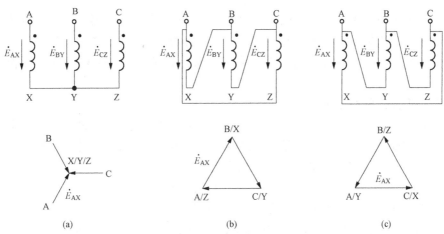

图 3-3　三相绕组连接法

（a）Y 接法；（b）三角形接法（顺时针连接）；（c）三角形接法（逆时针连接）

二、单相变压器的联结组别

　　单相变压器的一次侧、二次侧绕组缠绕在同一根铁心柱上，并被同一主磁通所交链，任何时刻两个绕组的感应电动势都会在某一端呈现高电位的同时，在另外一端呈现出低电位。借用电路理论的知识，把一次侧、二次侧绕组中同时呈现高电位（或低电位）的端点称为同名端，并在该端点旁加 "•" 来表示，同极性端总是客观存在的。

　　按照惯例，统一规定一次侧、二次侧绕组感应电动势的方向均从首端指向末端。一旦两个绕组的首、末端定义完之后，同名端便唯一由绕组的绕向决定。当同名端同时为两侧绕组的首端（或末端）时，$\dot{E}_{AX}$ 和 $\dot{E}_{ax}$ 同相位，相量图如图 3-4（b）所示，用联结组别 Ii0 表示；当同名端不是同时为首端（或末端）标识时，$\dot{E}_{AX}$ 和 $\dot{E}_{ax}$ 反相位，相量图如图 3-5（b）所示，用联结组别 Ii6 表示。

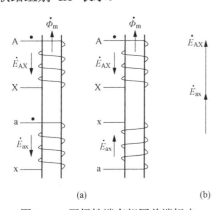

图 3-4　同极性端有相同首端标志

（a）绕组首末端标志；（b）相量图

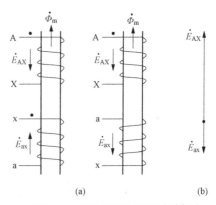

图 3-5　同极性端有相异首端标志

（a）绕组首末端标志；（b）相量图

　　上述联结组别是根据一次侧、二次侧电动势相量的相位差，采用时钟表示法来表示的。在电力系统中，把高压绕组电动势看作时钟的长针，低压绕组电动势看作时钟的短针，把代表高压电动势的长针固定指向时钟 0 点（或 12 点），代表低电压电动势的短针所指的时数作为绕组的组号，这种表示方法就称为时钟表示法。

单相变压器的前一种情况一次侧、二次侧电动势相位差为0°，用时钟表示法表示为Ii0。后一种一次侧、二次侧电动势相位差为180°，用时钟表示法表示为Ii6。其中Ii表示一次侧、二次侧都是单相绕组，12和6表示组号。我国国家标准规定，单相变压器以Ii0作为标准联结组。

三、三相变压器的联结组别

根据时钟表示法可知，判断变压器的联结组别可通过画出变压器两侧绕组的电动势相量图来判别。三相变压器的联结组别是用一次侧、二次侧绕组的线电动势相位差来表示。

1. 根据三相变压器绕组的连接方法判断联结组别

下面以图3-6的三相变压器为例介绍判断其联结组别的步骤：

（1）根据高压侧三相绕组的连接方法，画出高压侧的相电动势相量图。本例是Y接法，其相量图如图3-6（b）所示。绕组的末端X、Y、Z连接在一起，为等电位点。

（2）A相与a相处于同一铁心柱，首端都为同名端，所以$\dot{E}_{AX}$和$\dot{E}_{ax}$同相位，所以两相量同向且平行。设A点与a点等电位，相量图如3-6（c）所示。

（3）同理画出其他两相相量图，且x、y、z相连（等电位）在一起，如图3-6（d）所示。

（4）画线电势$\dot{E}_{AB}$和$\dot{E}_{ab}$，及其他矢量，如图3-6（e）所示。

（5）以$\dot{E}_{AB}$为分针指向12点钟，以$\dot{E}_{ab}$为时针读出的时钟点数为"0"点，所以该绕组的联结组别为Yy0。

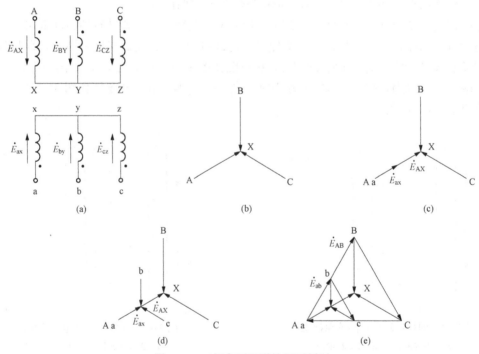

图3-6 三相变压器联结组别判别

在上述方法中，要特别注意一点：在步骤（1）画高压侧电动势相量图时，要按照 ABC 的相序来画，这样后面读时钟点钟数时满足日常看钟的方法。如果是按 ACB 的相序来画，读时钟点钟时要按反方向来计算点钟数。

其他的绕组联结组别判断可以参考上面的方法，最后可得：对于 Yy 或 Dd 接法，组别有 0、2、4、6、8、10 共 12 种；对于 Yd 或 Dy 接法，组别有 1、3、5、7、9、11 共 12 种。总共的联结组别有 24 种。

2. 根据联结组别的要求连接三相绕组

在工程现场，有时会根据现场要求，将变压器按要求的联结组别重新接线，这时可参考以下步骤。下面以要求接成 Dy9 为例：

（1）根据要求画出 Dy9 的电动势相量图如图 3-7（a）所示。一次侧为 D 连接，并设为顺序方式，即 AX-BY-CZ（也可以设为逆接 AX-CZ-BY，出来的结果也不相同）。二次侧为 y 连接，且 $\dot{E}_{AB}$ 和 $\dot{E}_{ab}$ 夹角为 $30° × 9 = 270°$。

（2）由 AX-BY-CZ 的接法可先将一次侧绕组连接成 D 接法，如图 3-7（c）所示。

（3）绕在同一铁心柱的两个绕组的感应电动势相量平行（同相或反相），从相量图 3-7（a）可见，$\dot{E}_{AX}$ 和 $\dot{E}_{cz}$ 平行且反向，即 AX 相与 cz 相在同一铁心柱且首端为非同名端，因此可以确定 cz 相的标识如图 3-7（d）所示。

（4）同理确定 a、b 相，并按照联结组别的要求把二次侧接成 y 连接，即 xyz 连接在一起，如图 3-7（e）所示。

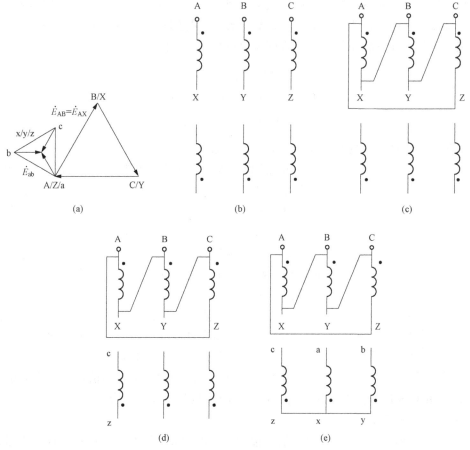

图 3-7 根据联结组别连接绕组

（a）相量图；（b）待接线的绕组；（c）高压侧 D 接法；（d）确定同一铁心柱的相；（e）连接低压三相绕组

3. 国家规定的标准组别

由于变压器的联结组别多，为统一制造我国国家标准规定只生产五种标准联结组：① Yyn0；② Yd11；③ YNd11；④ YNy0；⑤ Yy0。其中最常用的为前三种。

Yyn0 连接的二次绕组可以引出中线，成为三相四线制，用作配电变压器时可兼供动力和照明负载。

Yd11 连接用于低压侧电压超过 400V 的线路中。

YNd11 连接主要用于高压输电线路中，使电力系统的高压侧可以接地。

第三节　三相变压器感应电动势波形分析

根据第二章的理论分析可知，变压器的空载电动势波形与铁心中的主磁通波形相同，相位滞后主磁通 90°，而主磁通的大小与外加电压成正比，主磁通的波形与变压器的结构和尺寸都有关系，但最终都反应在励磁电流的波形上。即考虑磁路饱和影响时，励磁电流为正弦波，主磁通为平顶波，空载电动势为尖顶波；励磁电流为尖顶波时，主磁通和空载电动势都为正弦波。

变压器作为供电设备，输出的电压波形正弦度越高越好，因此要求主磁通的波形也要是正弦波，即要求励磁电流为尖顶波。尖顶波分解后可得到基波和各次谐波，谐波中以三次谐波分量最大。但是在三相系统中，三次谐波电流在时间上同相位，即

$$\left.\begin{array}{l} i_{\mu3A} = I_{\mu3m}\sin 3\omega t \\ i_{\mu3B} = I_{\mu3m}\sin 3(\omega t - 120°) = I_{\mu3m}\sin 3\omega t \\ i_{\mu3C} = I_{\mu3m}\sin 3(\omega t + 120°) = I_{\mu3m}\sin 3\omega t \end{array}\right\} \qquad (3-1)$$

三次谐波电流能否流通与三相绕组的连接方法有关。

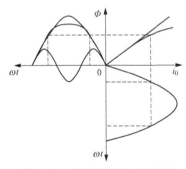

图 3-8　励磁电流为正弦波时主磁通为平顶波

如一次侧为 YN 连接或 D 连接，三次谐波电流可以流通，各相磁化电流为尖顶波。在这种情况下，不论二次侧是 y 连接或 d 连接，铁心中的磁通均能保证为正弦波形，因此，三相变压器的空载电动势也为正弦波。

如一次侧为 Y 连接，三次谐波电流则不能流通。以下着重分析三次谐波电流不能流通时对三相变压器空载电动势所产生的影响。

一、三相变压器 Yy 连接

如上所述，要在铁心柱中产生正弦波磁通，励磁电流必须呈尖顶波，即含有较强的三次谐波电流。在一次侧为 Y 接法的三相绕组中，三次谐波电流不能流通，即励磁电流接近正弦波。如图 3-8 所示。以下就分组式和心式两种磁路结构分别给予讨论。

1. 三相组式变压器

在三相组式变压器中，各相磁路彼此独立，三次谐波磁通与基波磁通一样在主磁路中流通，其磁阻小，故三次谐波磁通较大，加之 $f_3 = 3f_1$，所以三次谐波电动势相当大，其幅值可达基波电动势幅值的 45%～60%；当基波达到幅值时，如图 3-9 所示，三次谐波也达到幅值，

结果使相电动势的最大值升高很多，所产生的过电压危害绕组的绝缘。因此，三相组式变压器不能采用 Yy 接法。

需要指出，虽然相电动势中包含有三次谐波电动势，因为二次侧是 y 连接，线电动势中不包含三次谐波电动势。

2. 三相芯式变压器

在三相芯式变压器的磁路结构中，三相大小相等、相位相同的三次谐波磁通不能在主磁路中闭合，只能沿铁心周围的油箱壁等形成闭路，如图 3-10 所示。由于该磁路磁阻大，故三次谐波磁通很小，可以忽略不计，主磁通及相电动势仍可近似地看作正弦波。因此，三相芯式变压器可以接成 Yy 连接（包括 Y，yn 连接）。但因三次谐波磁通经过油箱壁及其他铁夹件时会在其中产生涡流，引起局部发热，增加损耗，降低变压器效率。国家标准规定，三相芯式变压器如按 Yyn 连接，其容量限制在 1800kVA 以下。

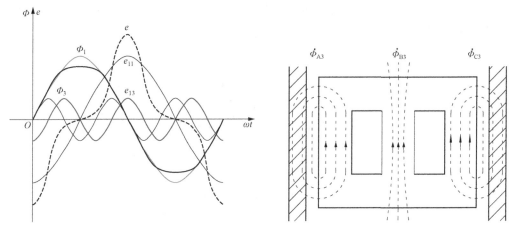

图 3-9　三相组式变压器 Yy 接法时的磁通和电动势波形　　图 3-10　三相芯式变压器中三次谐波磁通的路径

二、三相变压器 Yd 连接

和前面的情况相似。三次谐波电流在一次侧不能流通，两侧绕组中交链着三次谐波磁通，感应有三次谐波电动势。由于二次侧为 d 接法，三相三次谐波电动势 e_{23} 大小相等、相位相同在 d 连接的三相绕组内形成环流，如图 3-11 所示。该环流对原有的三次谐波磁通起去磁作用，因此磁路中实际存在的三次谐波磁通及相应的三次谐波电动势是很小的，相电动势波形仍接近正弦波。或者从全电流定律解释，作用在主磁路的磁动势为一次侧、二次侧磁动势之和，在 Yd 连接中，由一次侧提供了励磁电流的基波分量，由二次侧提供了励磁电流的三次谐波分量，其作用与由一次侧单独提供尖顶波励磁电流是等效的。当然也略有不同，在 Yd 接法中，为了维持三次谐波电流仍需有三次谐波电动势，但其量值甚微，对运行影响不大。这就是为什么在高压线路中大容量变压器需接成 Yd 的理由。这个分析无论对三相芯式变压器或是三相变压器组都是适用的。

根据上面的分析，大容量变压器不能接成 Yy 连接。如果大容量三相变压器又需要一次侧、二次侧都接成星形，则需在铁心柱上另外安装一套第三绕组，把它连接成三角形，以提供三次谐波电流通道。如果不需要第三绕组供给负载电流，其端点也不必引出。如果需第三绕组供给负载，这种变压器成为三绕组变压器。三绕组变压器在第四章中进行详述。

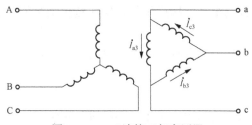

图 3-11　Yd 连接三相变压器

三、三相变压器 Yyn 接法

　　二次侧采用 yn 接法的绕组，给三次谐波电流提供了一条通路，它必须经过负载，如图 3-12 所示。空载时，没通路；负载后，也因为负载阻抗 Z_L 的大小影响了三次谐波磁通被削弱的程序。因为这时的 $\dot{E}_3 = \dot{I}_3 (Z_3 + Z_L)$ 产生必需的 I_3 所需要的 E_3 变比较大，因而主磁通的波形仍得不到很大的改善。为此，这种连接基本上与 Yy 接法一样，在小容量三相芯式变压器可以采用，在三相组式变压器仍不能采用。

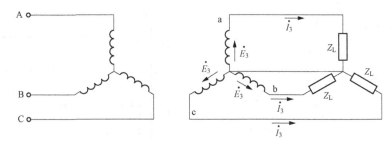

图 3-12　Yyn 接法的三次谐波电流

第四节　变压器的并联运行

　　变压器的并联运行是指将两台或多台变压器的一次侧和二次侧分别接在公共母线上，同时向负载供电的运行方式，如图 3-13 所示。

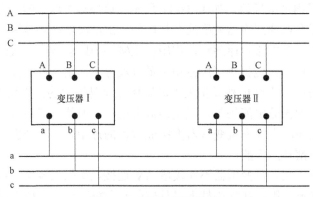

图 3-13　变压器并联运行

一、并联运行的优点

　　（1）可以提高供电可靠性。并联运行时，如果某台变压器发生故障或需要检修，可以将它从电网切除，其他并联运行的变压器继续供电，不中断向重要用户供电。

（2）可以提高供电电源质量。并联运行的变压器台数越多，整个系统的容量越大，受负荷变化的影响也就越小，供电电源的质量越高。

（3）可以提高运行效率和经济效益。根据负荷的大小调整投入并联运行变压器的台数，使变压器都运行在效率比较高的状态，提高经济效益。

（4）可以减少备用容量，并可随着用电量的增加，分期分批地安装新的变压器，以减少初投资。

二、理想并联运行的条件

并联运行的变压器有不同的容量、结构和绕组连接方式，但又必须有相同的一次侧、二次侧电压。因此，理想的并联运行应满足下列条件：

（1）空载时各变压器相应的二次侧电压必须相等且同电位，才能保证并联的各个变压器内部不会产生环流。

（2）负载时各变压器所分担的负载电流应该与它们的容量成正比例，才能保证各变压器均可同时达到满载状态，充分利用全部装置的容量。

（3）负载时各变压器的负载电流都应同相位，则总的负载电流等于各负载电流的代数和，这样使得当总的负载电流为一定值时，每台变压器所分担的负载电流均为最小，因而每台变压器的铜损耗为最小，运行最为经济。

三、实际并联运行的条件

上述并联运行的条件是理想情况下的要求，但实际操作过程中很难完全达到，所以下面就着重介绍一下变压器并联运行实际要求的条件。

（1）并联运行的各变压器必须有相同的电压等级，有相同的联结组别。使得并联运行不会形成环流。

并联运行的变压器一次侧和二次侧分别接在公共母线上，即有相同的电压，因此要求它们具有相同的额定电压。则其变比也相等；同时，要求要有相等的联结组别，才能保证并联运行后不会形成环流。如图 3–14 所示，若变比或联结组别不同，二次侧输出电压大小或者相位不相同，会形成如图中虚线所示的环流 I_c。实际中一般要求并联的各变压器的变比间的差值要求限制在 0.5% 以内。

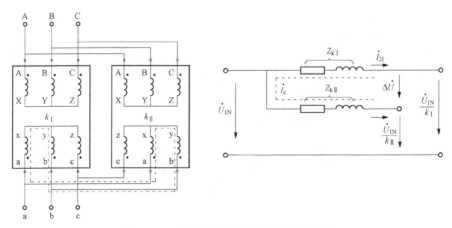

图 3–14　变比或联结组别不同时形成环流

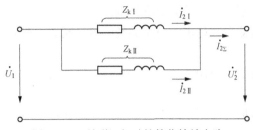

图 3-15　并联运行时的简化等效电路

（2）并联运行的各变压器有相同的短路电压，使得各变压器所分担的负载与其额定容量成正比例，充分利用变压器的容量。

并联运行的各变压器负载运行时归算到一次侧后的简化等效电路如图 3-15 所示。由等效电路可得

$$\left. \begin{array}{l} \dot{I}_{\mathrm{I}} = \dfrac{Z_{\mathrm{kII}}}{Z_{\mathrm{kI}} + Z_{\mathrm{kII}}} \dot{I}_{2总} \\[4mm] \dot{I}_{\mathrm{II}} = \dfrac{Z_{\mathrm{kI}}}{Z_{\mathrm{kI}} + Z_{\mathrm{kII}}} \dot{I}_{2总} \end{array} \right\} \tag{3-2}$$

$$\frac{\dot{I}_{\mathrm{I}}}{\dot{I}_{\mathrm{II}}} = \frac{Z_{\mathrm{kII}}}{Z_{\mathrm{kI}}} \tag{3-3}$$

又因为并联运行时，一次侧、二次侧母线电压分别相等，则有

$$\frac{I_{\mathrm{I}}}{I_{\mathrm{II}}} = \frac{\sqrt{3} U_{1\mathrm{N}} I_{\mathrm{I}}}{\sqrt{3} U_{1\mathrm{N}} I_{\mathrm{II}}} = \frac{S_{\mathrm{I}}}{S_{\mathrm{II}}} = \frac{Z_{\mathrm{kII}}}{Z_{\mathrm{kI}}} \tag{3-4}$$

则有

$$S_{\mathrm{I}} : S_{\mathrm{II}} = \frac{1}{Z_{\mathrm{kI}}} : \frac{1}{Z_{\mathrm{kII}}} = \frac{S_{\mathrm{NI}}}{Z_{\mathrm{kI}} \times (\sqrt{3} U_{1\mathrm{N}} I_{1\mathrm{NI}})} : \frac{S_{\mathrm{NII}}}{Z_{\mathrm{kII}} \times (\sqrt{3} U_{1\mathrm{N}} I_{1\mathrm{NII}})} = \frac{S_{\mathrm{NI}}}{u_{\mathrm{kI}*}} : \frac{S_{\mathrm{NII}}}{u_{\mathrm{kII}*}} \tag{3-5}$$

上式说明，如果保证并联运行的各变压器所分担的负载与其容量成正比，短路电压标幺值必须相等。只有这样，各变压器才能同时达到满载，使变压器并联总输出容量最大，为各变压器的代数和。

（3）并联运行的各变压器短路电阻与短路电抗的比值相等，使各变压器负载电流同相位。

要使并联运行的各变压器负载电流同相位，根据式（3-3）可知，各变压器要有相同的阻抗角，即短路电阻与短路电抗的比值相等。

四、并联运行时的负载分配计算

由以上分析可见，并联运行的变压器，变比相同比较容易实现，但短路电压和短路阻抗很难做到相同，而且容量越大的变压器，其短路电压也较大。下面假设各变压器有相同的变比，但有不同的短路电压，其负载分配计算如下。

由式（3-5）可见，各变压器分配的负载大小与短路阻抗大小成反比

$$\begin{array}{l} \beta_{\mathrm{I}} : \beta_{\mathrm{II}} = \dfrac{I_{\mathrm{I}}}{I_{\mathrm{NI}}} : \dfrac{I_{\mathrm{II}}}{I_{\mathrm{NII}}} = \dfrac{\sqrt{3} U_{\mathrm{NI}} I_{\mathrm{I}}}{\sqrt{3} U_{\mathrm{NI}} I_{\mathrm{NI}}} : \dfrac{\sqrt{3} U_{\mathrm{NII}} I_{\mathrm{II}}}{\sqrt{3} U_{\mathrm{NII}} I_{\mathrm{NII}}} = \dfrac{S_{\mathrm{I}}}{S_{\mathrm{NI}}} : \dfrac{S_{\mathrm{II}}}{S_{\mathrm{NII}}} \\[4mm] \qquad = \dfrac{1}{u_{\mathrm{kI}*}} : \dfrac{1}{u_{\mathrm{kII}*}} = \dfrac{1}{Z_{\mathrm{kI}*}} : \dfrac{1}{Z_{\mathrm{kII}*}} \end{array} \tag{3-6}$$

并联运行的变压器总的负载为

$$S_\Sigma = \beta_I S_{NI} + \beta_{II} S_{NII} + \cdots + \beta_n S_{Nn} \qquad (3-7)$$

由上述公式可见，各变压器的负载分配与该变压器的额定容量成正比，与短路电压标幺值成反比。如果各变压器的短路电压都相同，则变压器的负载分配只与额定容量成正比。在这种条件下，意味着各变压器可同时达到满载，总的装置容量能够得到充分利用；如果各变压器的短路电压不相同，则短路电压小的变压器，负载系数较大〔由式（3-5）可见〕，随总负载增加时，先达到满载。

【例3-1】某变电站有两台变压器并联运行：

I：$S_N = 3200(kVA)$，$U_{1N}/U_{2N} = 35/6.3(kV)$，$U_k = 0.069$；

II：$S_N = 5600(kVA)$，$U_{1N}/U_{2N} = 35/6.3(kV)$，$U_k = 0.075$。

试求：（1）输出总负荷 $S=8000kVA$ 时，每台分担多少负荷？（2）输出最大总负荷为多少？

解：（1）根据已知条件可得

$$\begin{cases} \beta_I : \beta_{II} = \dfrac{1}{|Z_{kI}^*|} : \dfrac{1}{|Z_{kII}^*|} = U_{kII}/U_{kI} = 7.5/6.9 \\ \beta_I S_{NI} + \beta_{II} S_{NII} = 8000 \end{cases}$$

由上述方程解得：$\beta_I = 0.956$、$\beta_{II} = 0.881$，则

第 I 台分担的负荷：$S_I = \beta_I \cdot S_{NI} = 0.956 \times 3200 = 3065(kVA)$；

第 II 台分担的负荷：$S_{II} = \beta_{II} \cdot S_{NII} = 0.881 \times 5600 = 4935(kVA)$。

（2）并联运行的变压器，短路电压小的先满载，所以设变压器 I 满载运行，即 $\beta_I = 1$，代入 $\beta_I : \beta_{II} = U_{kII}/U_{kI} = 7.5/6.9$，得 $\beta_{II} = 0.92$。

所以 $\quad S_{max} = \beta_I S_{NI} + \beta_{II} S_{NII} = 1 \times 3200 + 0.92 \times 5600 = 8352(kVA)$

这时两台并联运行的变压器最大负荷为 8352kVA。

【例3-2】两台变压器并联运行，额定容量 $S_{NI} = 6300kVA$，$S_{NII} = 5000kVA$，联结组均为 Yy0，短路阻抗：$Z_{kI*} = 0.07$，$Z_{kII*} = 0.075$，$U_{1N}/U_{2N} = 35/6.3kV$，不计阻抗角差别。试计算这两台变压器并联组最大容量、最大输出电流和利用率。

解：由于变压器 I 的短路阻抗标幺值小，先达到满载，令 $\beta_I = 1$，则

$$\beta_I : \beta_{II} = \frac{1}{Z_{kI*}} : \frac{1}{Z_{kII*}} = \frac{1}{0.07} : \frac{1}{0.075}，得 \beta_{II} = 0.933。$$

并联组最大容量为

$$S_\Sigma = \beta_I S_{NI} + \beta_{II} S_{NII} = 1 \times 6300 + 0.933 \times 5000 = 10\,965(kVA)$$

最大输出电流

$$I_{2m} = \frac{S_\Sigma}{\sqrt{3} U_{2N}} = \frac{10965}{\sqrt{3} \times 6.3} = 1004.9(A)$$

利用率为

$$\frac{S_\Sigma}{S_I + S_{II}} = \frac{10\,965}{6300 + 5000} \times 100\% = 97.04\%$$

小　结

按其磁路结构，三相变压器的磁路结构分为各相磁路彼此独立的三相组式变压器和各相磁路彼此相关的三相芯式变压器两种。

三相变压器的联结组别由绕组的连接方式和联结组标号组成，其中联结组标号代表了一次侧、二次侧线电动势的相位差，由于正好是 30° 的倍数，所以该标号可以用时钟表法。如果把一次侧线电动势当作分针始终指向 12 点的位置，二次侧线电动势作为时针，便会指向钟表的整点，整点数即代表联结组的组别号。

三相变压器的磁路结构和联结组别会对绕组中感应电动势的波形产生影响，为了使其波形趋近于正弦波，最好让一次侧、二次侧绕组中的一个为三角形连接。见表 3-1。

表 3-1　　　　　　　三相变压器磁路结构与联结组别对电动势波形的影响

变压器		$i_{\mu3}$	Φ_3	相电动势	应用
Yy	芯式	无	弱（走漏磁路）	正弦	1800kVA 以上不可用
Yy	组式	无	强（走主磁路）	尖峰	不可用
YNy		有（经中线）	无	正弦	可用
Yyn		有（经中线）	弱	正弦	同 Yy 接法
Yd（Dy）		有（Δ 中有）	可略去	接近正弦	可用

为了提高电网的质量和供电可靠性，提高变压器的运行效率和节约投资成本，电力系统一般都将多台变压器并联运行。为了保证并联运行的各变压器在空载时绕组之间无环流，各变压器的变比和联结组标号应该相等；为了保证并联运行的各变压器在负载时按与其容量成正比地分担负载，短路阻抗应该相等；为了保证负载时并联运行各变压器的二次侧绕组电流同相位，短路阻抗的阻抗角应该相同。

思 考 题

3-1　三相组式变压器和三相芯式变压器在磁路结构上各有什么特点？

3-2　三相变压器的联结组别由哪些因素决定的？

3-3　是否任何变压器联结组都可以用时钟表示法表示？为什么？

3-4　为什么三相组式变压器不能采用 Yy 连接?而三相芯式变压器可以采用呢？

3-5　Yd 接法的三相变压器中，三次谐波电动势在 d 接法的绕组中能形成环流，基波电势能否在 d 接法的绕组中形成环流呢？

3-6　Yy 接法的三相组式变压器，相电动势中有无三次谐波电动势？线电动势中有无三次谐波电动势?为什么？

3-7　为什么 Yyn 接法不能用于三相组式变压器，却可用于三相芯式变压器？

3-8　一台 Yd 连接的三相变压器，一次侧加对称正弦额定电压，作空载运行，试分析：（1）一次侧、二次侧相电流和线电流中有无三次谐波成分。（2）主磁通及一次侧、二次侧相电势中有无三次谐波成分。一次侧、二次侧相电压和线电压中有无三次谐波成分。

3-9　变压器并联运行的理想条件是什么？实际选择条件是什么？

习　题

3-1　有一三相变压器，其一次侧、二次侧绕组的同极性端和一次侧端点的标志如图 3-16 所示。试把该变压器接成 Dd2、D y9、Y d7、Y y4，并画出它们的电动势相量图（设相序为 A、B、C）。

3-2　变压器的一次侧、二次侧绕组按图 3-17 连接。试画出它们的电动势相量图，并判明其联结组别。（设相序为 A、B、C）

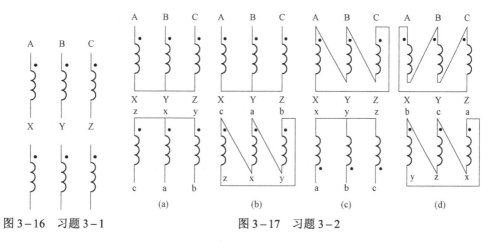

图 3-16　习题 3-1　　　　　　　　图 3-17　习题 3-2

3-3　当有几台变压器并联运行时，希望能满足哪些理想条件？如何达到理想的并联运行？

3-4　变比不同的变压器如果并联运行会产生什么现象？为什么？

3-5　设有两台变压器并联运行，变压器 I 的容量为 1000kVA，变压器 II 的容量为 500kVA，在不容许任一台变压器过载的条件下，试就下列两种情况求该变压器组可能供给的最大负载。

（1）当变压器 I 的短路电压为变压器 II 的短路电压的 90%时，即 $u_{kI*} = 0.9u_{kII*}$。

（2）当变压器 II 的短路电压为变压器 I 的短路电压的 90%时，即 $u_{kII*} = 0.9u_{kI*}$。

3-6　有两台三相变压器并联运行，均为 Yd11 联结组，变压器数据如下：

变压器 I：5600kVA，6000/3050V，$z_{k*} = 0.055$；

变压器 II：3200kVA，6000/3000V，$z_{k*} = 0.055$。

两台变压器的短路电阻和短路电抗之比相等，试求空载时每一台变压器的环流电流值及其标幺值。

3-7　某工厂由于生产发展,用电量由 500kVA 增加到 800kVA。原有变压器 $S_N = 560kVA$，$U_{1N}/U_{2N} = 6300/400V$，Yyn0 连接，$u_k = 5\%$。今有三台备用变压器如下：

变压器 I：$S_N = 320kVA$，$U_{1N}/U_{2N} = 6300/400V$，Yyn0，$u_k = 5\%$；

变压器 II：$S_N = 240kVA$，$U_{1N}/U_{2N} = 6300/400V$，Yyn0，$u_k = 5.5\%$；

变压器Ⅲ：$S_N = 320 kVA$，$U_{1N}/U_{2N} = 6300/400V$，Yyn0，$u_k = 5.5\%$。

试求：（1）在不允许任何一台变压器过载的情况下，选哪一台变压器进行并联运行最合适？（2）如果负载再增加，要用三台变压器并联运行，再加哪一台合适？这时最大总负载容量是多少？各台变压器的负载程度如何？

3-8 设有两台变压器并联运行，其数据见表 3-2。试求：（1）该两变压器的短路电压 U_k 分别为多少？（2）当该变压器并联运行，且供给总负载为 1200kVA，问每一变压器各供给多少负载？（3）当负载增加时哪一台变压器先满载？设任一台变压器都不容许过载，问该两变压器并联运行所能供给的最大的负载是多少？（4）设负载功率因数为 1，当总负载为 1200kW，求每一变压器二次侧绕组中的电流。

表 3-2   并联运行的变压器数据

变 压 器	I	II
S_N	500kVA	1000kVA
U_{1N}	6300V	6300V
U_{2N}	400V	400V
在高压侧测得的短路 实验数据	250V 32A	300V 82A
联结组	Y d11	Y d11

第四章　电力系统中的特殊变压器

本章简要介绍几种电力系统中常用的特殊变压器的基本结构、工作原理和运行特性，包括：三绕组变压器、自耦变压器、互感器、分裂变压器及有载调压变压器。

第一节　三绕组变压器

在发电厂和变电站内，通常需要把几种不同电压等级的输配电系统联系起来。采用三绕组变压器，可将发电厂中发出来的 U_1 电压的电能，转换成 U_2、U_3 电压的电能输送到不同的电网，使得设备更加简单、经济、维护管理方便。

一、基本结构

三绕组变压器的铁心一般为心式结构，每一个铁心柱上套有三个绕组，即高压绕组 1、中压绕组 2 和低压绕组 3，如图 4-1 所示。其中一个绕组为一次侧绕组，另外两个为二次侧绕组。为了绝缘的方便，三绕组变压器总是将高压绕组放在最外层。一般说来，相互间传递功率较多的绕组应当靠得近些。对于升压变压器，低压绕组从电网吸收电功率，分配到中、高压绕组，所以将低压绕组放在中层，中压绕组放在内层，如图 4-1（a）所示，这样可使漏

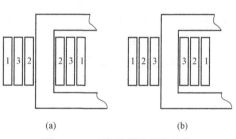

图 4-1　三绕组变压器的结构
（a）升压变压器；（b）降压变压器

磁场分布均匀以获得良好的运行性能。对于降压变压器，高压绕组从电网吸收电功率，分配到中、低压绕组，为了绝缘方便将低压绕组放在内层，如图 4-1（b）所示。

二、基本工作原理

假设绕组 2、3 的各物理量都归算到绕组 1 的一侧（归算方法参考双绕组变压器），并忽略励磁电流，则参考双绕组变压器的简化等效电路，可得三绕组变压器的简化等效电路如图 4-2 所示。

根据等效电路可得

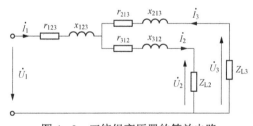

图 4-2　三绕组变压器的等效电路

$$\dot{I}_1 + \dot{I}_2' + \dot{I}_3' = 0 \tag{4-1}$$

利用三个绕组的自感和两两间的互感可以列出各绕组的电压平衡方程如下

$$\left.\begin{array}{l} \dot{U}_1 = \dot{I}_1 r_1 + j\dot{I}_1\omega L_1 + j\dot{I}_2'\omega M_{12}' + j\dot{I}_3'\omega M_{13}' \\ -\dot{U}_2' = \dot{I}_2' r_2' + j\dot{I}_1\omega M_{21}' + j\dot{I}_2'\omega L_2' + j\dot{I}_3'\omega M_{23}' \\ -\dot{U}_3' = \dot{I}_3' r_3' + j\dot{I}_1\omega M_{31}' + j\dot{I}_2'\omega M L_3' + j\dot{I}_3'\omega M_{32}' \end{array}\right\} \tag{4-2}$$

由式（4-1）可得 $\dot{I}_3' = -\dot{I}_1 - \dot{I}_2'$，代入式（4-2），则有

$$\dot{U}_1 + \dot{U}_3' = \dot{I}_1[r_1 + j\omega(L_1 - M_{12}' - M_{13}' + M_{23}')] - \dot{I}_3'[r_3' + j\omega(L_3' - M_{31}' - M_{33}' + M_{12}')]$$

$$= \dot{I}_1(r_{123} + jx_{123}) - \dot{I}_3(r_{312} + jx_{312}) \qquad (4-3)$$

$$= \dot{I}_1 Z_{123} - \dot{I}_3 Z_{312}$$

式（4-3）中
$$\begin{cases} r_{123} = r_1 \\ r_{213} = r_2' \\ r_{312} = r_3' \end{cases} \text{和} \begin{cases} x_{123} = \omega(L_1 - M_{12}' - M_{13}' + M_{23}') \\ x_{213} = \omega(L_2' - M_{21}' - M_{23}' + M_{13}') \\ x_{312} = \omega(L_3' - M_{31}' - M_{32}' + M_{12}') \end{cases}$$

综合上述三式可得

$$\left. \begin{aligned} \dot{U}_1 - \dot{I}_1 Z_{123} &= -\dot{U}_2 - \dot{I}_2' Z_{213} \\ \dot{U}_1 - \dot{I}_1 Z_{123} &= -\dot{U}_3 - \dot{I}_3' Z_{312} \\ \dot{I}_1 + \dot{I}_2' + \dot{I}_3' &= 0 \end{aligned} \right\} \qquad (4-4)$$

可见，式（4-4）与等效电路图 4-2 相对应。

由于忽略了励磁电流，等效电路中的感抗表示的是漏抗性质，它们可认为是常数。但每一个漏抗都由该绕组的自感和三个绕组之间的互感组合而成，所以三绕组变压器中，两个二次侧绕组之间是相互影响的，任何一个二次侧绕组端电压的变化不仅决定于本绕组负载电流的大小及功率因数，而且还与另一个二次侧绕组的负载电流大小和功率因数有关。

三、组合参数的实验测定

三绕组变压器的等效电路参数可以用三次短路实验来测定，每次短路实验在两个绕组之间进行，第三个绕组开路。此时实验完全相当于双绕组变压器的短路实验。

第一次：在绕组 1 施加低电压，绕组 2 短路，绕组 3 开路。测得短路阻抗 Z_{k12}，由等效电路图 4-2 可知，$Z_{k12} = Z_{123} + Z_{213}$。

第二次：在绕组 1 施加低电压，绕组 3 短路，绕组 2 开路。测得短路阻抗 Z_{k13}，$Z_{k13} = Z_{123} + Z_{312}$。

第三次：在绕组 2 施加低电压，绕组 3 短路，绕组 1 开路。测得短路阻抗 Z_{k23}，$Z_{k23} = Z_{213} + Z_{312}$。

由以上三式可求得

$$\left. \begin{aligned} Z_{123} &= \frac{Z_{k12} + Z_{k13} - Z_{k23}}{2} \\ Z_{213} &= \frac{Z_{k12} + Z_{k23} - Z_{k13}}{2} \\ Z_{312} &= \frac{Z_{k13} + Z_{k23} - Z_{k12}}{2} \end{aligned} \right\} \qquad (4-5)$$

根据上式可进一步求出各绕组的电阻和漏抗。

四、三绕组变压器的容量

三绕组变压器的任何一个或两个绕组都可以作为一次侧，而其他两个或一个作为二次侧。功率从一次侧传递到二次侧，即一次侧绕组的有功（或无功）功率等于二次侧绕组的有功（或无功）功率。而二次侧绕组的容量由它可能输出的最大容量确定。实际生产的三绕组变压器，各绕组的容量可以不相等。三绕组变压器的额定容量是指三个绕组中容量最大的一个绕组的容量。为了使产品标准化起见，国家标准对高压、中压和低压各绕组的额定容量规定了几种组合，设额定容量为 100% 时，三个绕组的容量分配可按下列三种进行选择：

　　　　　　　高压　　　中压　　　低压

第一种组合：100%　　100%　　50%；

第二种组合：100%　　50%　　　100%；

第三种组合：100%　　100%　　100%。

第三种组合情况仅用于升压变压器。

第二节　自 耦 变 压 器

　　一次侧和二次侧共用一部分绕组的变压器称为自耦变压器。与普通双绕组变压器一样，自耦变压器也有升压或降压之分，其分析方法相同。下面单相降压自耦变压器为例进行分析。

　　一、基本工作原理

　　忽略漏阻抗压降，自耦变压器的一次侧、二次侧电压关系为

$$\frac{U_1}{U_2} = \frac{N_1}{N_2} = k_a \qquad (4-6)$$

式中　　k_a——自耦变压器的变比，总匝数 N_1 与公共部分匝数 N_2 之比，它相当于普通双绕组变压器的变比。

　　依照图 4-3 所示的正方向，有 $\dot{I} = \dot{I}_1 + \dot{I}_2$，若忽略励磁电流，可得磁动势平衡式

$$\dot{I}_1(N_1 - N_2) + \dot{I}N_2 = 0 \qquad (4-7)$$

$$\dot{I}_1(N_1 - N_2) + (\dot{I}_1 + \dot{I}_2)N_2 = 0 \qquad (4-8)$$

$$\dot{I}_1 = -\frac{N_2}{N_1}\dot{I}_2 = -\frac{1}{k_a}\dot{I}_2 = -\dot{I}_2' \qquad (4-9)$$

　　由式（4-9）看出，自耦变压器中一次侧、二次侧电压和电流关系与普通双绕组变压器相同。它与双绕组变压器的区别只是一次侧、二次侧有一段公共绕组，因而它们之间不仅有磁的联系，还有电的联系。当忽略变压器内部损耗时，电网从一次侧输入自耦变压器的功率全部由二次侧输出。因此自耦变压器的容量：

$$S_N = U_{1N}I_{1N} = U_{2N}I_{2N} \qquad (4-10)$$

　　这里要强调指出，普通的双绕组变压器一次侧、二次侧是通过主磁通传递功率，这部分容量称为电磁容量，也称为绕组容量。而自耦变压器的容量分成两部分：① 通过主磁通传递的容量，即电磁容量；② 直接通过共用绕组部分直接传递能量，这部分称为自耦变压器的传导容量。

　　二、优缺点及其使用场合

　　自耦变压器有如下的优缺点：

　　（1）结构简单，节省材料。变压器的质量和尺寸是由绕组容量决定的。与普通双绕组变压器相比，在相同的额定容量情况下，自耦变压器有较小的绕组容量。因而材料较省，尺寸较小，造价较低。

　　（2）运行效率较高。当绕组中的电流和电压一定时，则不论是双绕组变压器或接成自耦变压器，两种情况下的铜损耗和铁损耗是相同的。但在计算效率时，由于自耦变压器有一部

分是传导功率，其输出功率比双绕组变压器大，故效率较高，可达99%以上。

（3）有较小的电压变化率和较大的短路电流。由于自耦变压器运行时有较小的电压降落，故有较小的电压变化率，这对正常运行是有益的。但发生短路故障时，将有较大的短路电流，从而对断路器提出较高要求，这是不利的。

（4）一次侧和二次侧存在电的联系，即非隔离式，需有可靠的保护措施。在故障情况下，可能使二次侧产生过电压，危及用电设备安全。使用时需要使中心点可靠接地，且一次侧、二次侧都需采取加强防雷保护措施。

在实验室，常用自耦变压器作为可变电压电源。当异步电动机或同步电动机需降压起动时，也常用自耦变压器降压起动。在现代高压电力系统中，常常采用三绕组自耦变压器把电压等级相差不大的输电线路连接起来。这种三绕组自耦变压器实际上只是高、中压是自耦的，低压绕组在电气上是独立的。由于自耦变压器一般采用星形连接方式，这时为了消除三次谐波磁通的影响，往往在变压器中加上一个三角形连接的低压第三绕组，作为附近地区的电源。

第三节 互 感 器

电压互感器和电流互感器又称仪用互感器，是电力系统中经常使用的测量设备。其工作原理与变压器基本相同。使用互感器的作用：① 与小量程的标准化电压表和电流表配合测量高电压、大电流，扩大常规仪表的量程；② 使测量回路与被测回路隔离，以保障工作人员和测试设备的安全；③ 由互感器直接带动继电器线圈，为各类继电保护和微机控制系统提供控制信号。

互感器主要性能指标是测量精度，要求转换值与被测量值之间有良好的线性关系。因此，互感器的工作原理虽与普通变压器相同，但结构上有其特殊的要求。以下将分别分析电压互感器和电流互感器的工作原理以及提高精度的措施。

一、电压互感器

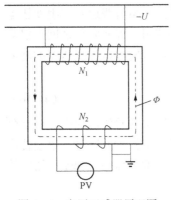

图4-4 电压互感器原理图

电压互感器的一次侧绕组以并联方式接到被测量系统的电压线路上，二次侧绕组接至电压表，或功率表的电压线圈，或电能表的电压线圈。图4-4是电压互感器的原理图。如仪表的个数不止一个，则各仪表的电压线圈都应并联在二次侧。由于电压表或功率表的电压线圈内阻很大，故电压互感器实际上相当于一个空载运行的变压器。

如果忽略励磁电流和漏阻抗压降，则理想情况下 $U_1/U_2 = N_1/N_2$，即 $U_2 = U_1/k$。电压互感器一般是一次侧绕组匝数远大于二次侧绕组匝数，即 $k>1$。因此，利用电压互感器可将高电压变换为低电压来测量。

实际在运行时，电压互感器也存在测量误差问题。影响测量误差主要体现在两方面：① 负载过大，二次则电流过大引起漏阻抗压降变大；② 励磁电流过大，磁路饱和，使得互感器工作在非线性区。因此，为了提高互感器的测量精度和使用安全性，在设计和使用电压互感器时应注意以下问题：

（1）为了提高电压互感器的线性度和减小测量误差。在设计互感器铁心时要选择高磁导率的硅钢片，减小励磁电流和漏磁压降。同时要增加铁心的截面积，保证电压互感器工作于不饱和状态，即线性区。设计电压互感器绕组时要增加导线的截面积，减少绕组的电阻压降。

（2）电压互感器二次侧的负载不能接太多，所接仪表要求具有高阻抗，使得互感器近似于空载运行。

（3）电压互感器在使用时应注意二次侧不能短路，否则将产生大的短路电流。

（4）为了安全起见，电压互感器的二次侧连同铁心，都必须可靠地接地。

我国国家规定，电压互感器二次侧的额定电压为 100V，其精度分为 0.2、0.5、1.0、3.0 和 6.0 五级。这样可以使仪表规格统一，从而降低生产成本。

二、电流互感器

电流互感器的主要结构也与普通变压器相似。不同的是一次侧绕组匝数较少，一般只有一匝或几匝，而二次侧绕组的匝数较多，接线如图 4-5 所示。一次侧绕组串联在被测线路中，二次侧绕组接至电流表，或功率表的电流线圈，或电度表的电流线圈。因为是测量电流，各测量仪表的电流线圈应串联连接。由于电流线圈的电阻值很小，电流互感器可视为处于短路运行状态。

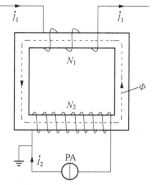

图 4-5　电流互感器原理图

如果略去励磁电流，根据磁动势平衡原理，应有 $\dot{I}_1 N_1 + \dot{I}_2 N_2 = 0$，即 $I_1 = I_2 / k$。电流互感器一般是一次侧绕组匝数远小于二次侧绕组匝数，即 $k < 1$。因此，利用电流互感器可将大电流变换为小电流来测量。

实际在运行时，电流互感器也存在测量误差问题。影响测量误差主要体现在两方面：① 负载过大，二次则电流过大引起漏阻抗压降变大；② 励磁电流过大，磁路饱和，使得互感器工作在非线性区。因此，为了提高互感器的测量精度和使用安全性，在设计和使用电流互感器时应注意以下问题：

（1）为了提高电流互感器的线性度和减小测量误差。在设计互感器铁心时要选择高磁导率的硅钢片，减小励磁电流和漏磁压降。同时要增加铁心的截面积，保证电流互感器工作于不饱和状态，即线性区。设计电流互感器绕组时要增加导线的截面积，减少绕组的电阻压降。

（2）电流互感器二次侧的负载不能接太多，所接仪表要求具有低阻抗，使得互感器近似于短路运行。

（3）电流互感器在使用时应注意二次侧不能开路，否则将产生很高的空载电压，危害人身和设备安全。

（4）为了安全起见，电流互感器的二次侧连同铁心，都必须可靠地接地。

我国国家规定，电流互感器二次侧的额定电流为 1A 和 5A，其精度分为 0.2、0.5、1.0、3.0 和 10.0 五级。这样可以使仪表规格统一，从而降低生产成本。

第四节　分裂变压器

分裂变压器即分裂式绕组变压器，是指变压器每相由一个高压绕组与两个或多个电压和容量均相同的低压绕组构成的多绕组电力变压器。分裂变压器正常的电能传输仅在高、低压绕组之间进行，而在故障时则具有限制短路电流的作用。

分裂变压器主要应用于以下两种场合：

（1）当两台发电机通过一台分裂变压器向系统送电时，分裂变压器的分裂阻抗有效地增大了两台发电机之间的阻抗，从而达到减少短路电流的目的。目前，国外已经得到普遍推广及应用，国内今年来较多地用于光伏发电并网的场合。

（2）当采用一台分裂变压器分成两个分支向两段独立母线供电时，分裂阻抗也使两段母线之间具有较大的阻抗，以减小母线短路时的互相影响。如用于 200MW 以上的大机组厂用变压器。

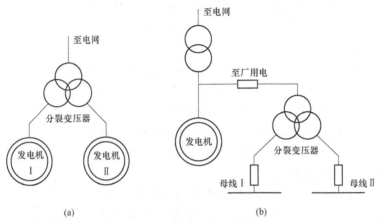

图 4-6　分裂变压器应用接线图
（a）两发电机并网扩容；（b）高压发电厂厂用电变压器

一、分裂变压器的结构

分裂变压器是将其中一个绕组（通常是低压绕组）分裂成电路上不相连而在磁路上只有松散耦合的两个或多个绕组的变压器，分裂绕组容量相同，额定电压相等或相近，可以单独运行或并联运行，可以承担相同或不同负载。各分裂绕组的总容量就是该分裂变压器的额定容量。具有两个低压绕组的分裂变压器通常称为双分裂变压器，其低压绕组的布置方式有辐（径）向分裂和轴向分裂两种。

三相双分裂变压器结构如图 4-7 所示。高压绕组 A、B、C 为不分裂绕组，低压绕组 a_2、b_2、c_2 和 a_3、b_3、c_3 为分裂绕组。不分裂绕组按额定容量设计，双分裂绕组按 50%容量设计。绕组在铁心上的布置可以有多种样式，但要满足：分裂绕组间短路阻抗较大，而分裂绕组与不分裂绕组间短路阻抗较小。图 4-7 给出 A 相的一种布置方式。

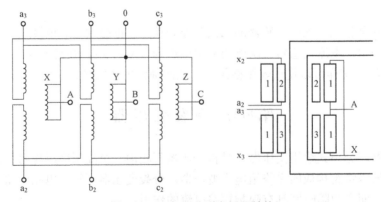

图 4-7　三相双分裂变压器结构
1—高压不分裂绕组；2、3—低压分裂绕组

二、分裂变压器等效电路

双分裂变压器与普通三绕组变压器有相同的等效电路，如图4-8所示，只是参数要求特殊设计。图中$Z_2' = Z_3'$。

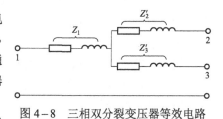

图4-8　三相双分裂变压器等效电路

注意：普通三绕组变压器不能当分裂变压器使用，因为普通三绕组变压器两个低压绕组间磁路耦合紧密，无法起到分裂变压器的作用。

分裂变压器中分裂绕组之间的阻抗称为**分裂阻抗**，用Z_f表示，图4-8中有

$$Z_f = Z_2' + Z_3' \tag{4-11}$$

分裂变压器中一个分裂绕组短路，其他分裂绕组开路，从高压侧测得的阻抗称为**半穿越阻抗**，用Z_{bcy}表示，如图4-8中绕组2开路、绕组3短路，则有

$$Z_{bcy} = Z_1 + Z_3' \tag{4-12}$$

分裂变压器中所有分裂绕组都短路，从高压侧测得的阻抗称为**穿越阻抗**，用Z_{cy}表示，如图4-8

$$Z_{cy} = Z_1 + Z_f / 4 \tag{4-13}$$

分裂阻抗与穿越阻抗之比称为**分裂系数**，用$k_f = Z_f / Z_{cy}$表示，它是分裂变压器的基本参数之一，一般为3～4。

三、分裂变压器的特点

1. 运行方式

分裂变压器有三种运行方式：

（1）分裂运行方式：高压绕组不运行，两个低压分裂绕组的一个作为输入，另一个作为输出，实现能量传递。

（2）半穿越运行方式：任一低压分裂绕组与高压绕组参与运行，其他低压分裂绕组开路。

（3）穿越运行方式：几个低压分裂绕组并联后与高压绕组参与运行，实现能量传递。

2. 优缺点

（1）限制短路电流显著。当分裂绕组的一个支路短路时，由电网供给的短路电流经过分裂变压器的半穿越阻抗比穿越阻抗大，故供给的短路电流要比双绕组变压器小。

（2）当分裂绕组一个支路发生故障时，另一支路母线可以保留较高电压供电（残余电压）。

（3）分裂变压器在制造上复杂，在造价上分裂变压器比同容量普通变压器高。

（4）分裂变压器中对两段低压母线供电时，如两段负荷不相等，两段母线上的电压也不相等，损耗也增大，所以分裂变压器适用于两段负荷均衡，又需限制短路电流的情况。

第五节　有载调压变压器

为了供给稳定的电压、控制电力潮流或调节负载电流，在实现无功功率就地平衡的前提下，当电力系统电压变动超过规定值时，就需要对变压器进行电压调节，保持电力系统电压的稳定。

变压器调压的基本原理，就是在某一侧绕组（一般在高压侧）上设置分接开关，以增加

或减少该侧绕组的匝数，从而改变变压器电压变比，实现调压。这种绕组抽出分接开关以供调压的电路称为调压电路。

一、基本结构

调压电路的调压方式分为两种：

（1）无励磁调压。变压器所有绕组都脱离电源的情况下，变换高压侧绕组分接开关来改变绕组匝数进行调压。

（2）有载调压。在保证不切断负载电流的情况下，变换高压侧绕组分接开关来改变绕组匝数进行调压。

无励磁调压的分接开关接线原理如图 4-9 所示。这种无励磁分接开关为九触头盘形、立式放置，直接固定在变压器的箱盖上。它由接触系统、绝缘系统和操动机构等三部分组成。定触头九个触点分别用螺栓固定在绝缘座上，与绕组的分接引线相连。动触头三个触点同时搭接到相差 120°的三个定触头上形成中性点，用一公用弹簧使动、定触头压紧，保证良好接触。

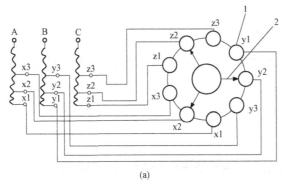

(a)　　　　　　　　　　　　　　　(b)

图 4-9　无励磁分接开关

（a）接线原理图；（b）实物图

有载调压的分接开关可分为电阻式有载分接开关和电抗式有载分接开关，即负载电流从接通分接头到预选分接头的调换过程分别通过电阻过渡或者电抗器过渡来完成，其调换过程如图 4-10 所示。

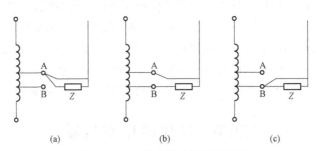

(a)　　　　　　　　　(b)　　　　　　　　　(c)

图 4-10　有载分接开关调换过程

（a）调换前接 A 分接头；（b）调换过程；（c）调换后接 B 分接头

有载分接开关如图 4-11 所示，它由切换开关（包括切换开关本体和切换开关油室）和分接选择器组成。有载分接开关安装到变压器后的结构示意图如图 4-12 所示。

图 4-11 有载分接开关结构

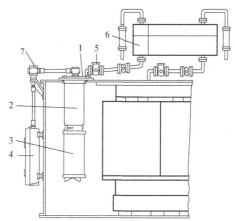

图 4-12 有载调压变压器结构

1—有载分接开关顶部；2—有载分接开关油室与切换开关；
3—分接选择；4—电动机构；5—保护继电器；
6—有载分接开关储油柜；7—角度齿轮

有载分接开关按基本接线方式可分为线性调压、正反调压和粗细调压等三种；按冷却介质可分为真空有载分接开关和油浸式有载分接开关两种。油浸式有载分接开关按其结构又可以分为 V、M、MS、RM、R 型和 G 型等。

二、有载调压的优缺点

1. 有载调压变压器的优点

有载调压变压器的优点有以下几方面：

（1）提高电压合格率。电压合格率是供电质量重要指标之一，及时进行有载调压，可确保电压合格率，从而满足生活及工农业生产的需要。

（2）提高无功补偿能力，提高电容器投入率。电力电容器作为无功补偿装置，其无功功率与运行电压平方成正比。当电力系统运行电压降低，补偿效果降低，而运行电压升高时，对用电设备过补偿，使其端电压升高，甚至超出标准规定，容易损坏设备绝缘，造成设备事故。为防止向电力系统倒送无功功率，而停用无功补偿设备，造成无功装置的浪费和损耗的增加，这时应能及时调整主变压器分接开关，将母线电压调至合格范围，就无需停用电容器的补偿。

（3）降低电能损耗。电力系统配电网络中的电能传输产生的损耗，只有在额定电压附近其损耗值是最小。进行有载调压，经常保持变电站母线电压的合格，使电气设备运行在额定电压状态，将降低损耗，是最为经济合理的。

目前，发达国家对容量在 10MVA 及以上的变压器大都安装了有载分接开关。我国电力系统及用户也越来越多地采用了有载调压变压器。

2. 有载调压变压器的缺点

有载调压变压器的缺点有以下几方面：

（1）不能改变无功需求平衡状态。当系统无功功率缺额时，负荷的电压特性可以使系统在较低电压下保持稳定运行，但如果无功功率缺额较大时，为保持电压水平，有载调压变压器动作，电压暂时上升，将无功功率缺额全部转嫁到主网，从而使主网电压逐渐下降，严重时可能引发系统电压崩溃。例如：1983 年 12 月 27 日的瑞典大停电事故；1987 年 7 月 23 日的日本东京电力系统停电事故。

（2）变压器配置有载调压分接开关，降低了变压器运行的可靠性。1982 年，国际大电网会议变压器委员会提出过一份报告，特别指出了带负荷调节电压的分接开关，不仅自身可靠性下降，同时还增加了变压器整体设计的复杂性。此外，有载调压变压器由于带负荷调整电压，不可避免地产生电弧，其积聚游离变压器油使有载调压变压器中的气体冒出，有时还会引起误动作或误发信号。因此，大容量变压器配置了有载调压分接头，的确给变压器的可靠运行造成了一定的影响。

小　结

　　三绕组变压器有高压、中压和低压三个绕组。一台三绕组变压器相当于两台双绕组变压器，因而在某些应用场合较经济。分析三绕组变压器不能简单地采用主磁通和漏磁通的概念，三绕组变压器的三个绕组间磁路的相互耦合比较复杂，所以采用自感和互感的概念来分析。三绕组变压器等效电路中的电抗是几种电抗的组合，并不是绕组的漏电抗，因此排列在中间位置的绕组其组合电抗可能为负值。三绕组变压器的等效电路参数可通过三个短路实验测定。

　　自耦变压器一次侧、二次侧的电压电流关系与双绕组变压器相似，自耦变压器的特点在于一次侧、二次侧绕组之间不仅有磁的联系而且还有电的联系，故从一次侧传递二次侧的额定容量中包含了电磁容量和传导容量。电磁容量是通过电磁感应传递的，传导容量是通过绕组间电的联系直接传递的。由于绕组容量小于额定容量，故与同容量的双绕组变压器相比，自耦变压器尺寸小、材料省、效率高。但由于短路阻抗标幺值较小，短路电流较大。

　　互感器是电力系统中常用的测量设备。电压互感器运行时近似于变压器的空载运行，因此二次侧绝对不能短路。电流互感器运行时近似于变压器的短路运行，同时一次侧电流由被测电路决定，与二次侧的状况无关，二次侧绝对不能开路。此外，为安全起见。它们的二次侧绕组和铁心应可靠接地。

　　分裂变压器和普通变压器的区别，在于它的低压绕组中有一个或几个绕组分裂成额定容量相等的几个支路，这几个支路之间没有电气联系，仅有较弱的磁联系，而且各分支之间有较大的阻抗，可以有效地限制短路电流，保障非短路支路保留较高的残余电压继续供电。

　　有载调压变压器在电力系统中有着重要的作用，它不仅能稳定负载中心电压，而且也是联络电网、调整负载潮流、改善无功分配等不可缺少的重要设备。因此可以说，有载调压变压器不仅是保证现代化电力系统供电质量的关键设备，同时也可能产生很大的经济效益。

思 考 题

　　4-1　什么是三绕组变压器？在电力系统中如何具体应用？应用三绕组变压器有什么好处？

　　4-2　三绕组变压器一次侧的额定容量与二、三次侧绕组的额定总容量总是相等的吗？为什么？

　　4-3　三绕组变压器的等效电路中的等效电抗与双绕组变压器等效电路中的漏电抗有什么区别？它与哪些因素有关？

　　4-4　三绕组变压器一次侧绕组接额定电压运行，当一个二次侧绕组的负载发生突变时，另一个三次侧绕组的端电压是否发生变化？为什么？

4-5　如何从短路实验测定三绕组变压器等效电路中的各个参数？

4-6　在三绕组变压器中，将二、三次侧绕组短路，一次侧绕组接额定电压，如何计算各绕组的短路电流？

4-7　试说明自耦变压器和普通变压器相比较时有哪些优缺点。为什么变比越接近于1，自耦变压器的优越性也就越为显著？

4-8　什么是自耦变压器的额定容量、绕组容量和传导容量？它们之间的关系是什么？

4-9　电压互感器正常运行时相当于变压器的什么工作状态？其一、二次侧绕组电压关系是怎样的？

4-10　电压互感器产生误差的原因是什么？为什么不能在二次侧接太多的测量仪表？

4-11　电流互感器产生误差的原因是什么？为什么不能在二次侧接太多的测量仪表？

4-12　为什么电压互感器在运行时不允许二次侧短路？电流互感器在运行时不允许二次侧开路？

4-13　普通三绕组变压器为什么不能当成分裂变压器使用？

4-14　试比较双绕组变压器并联运行与采用分裂变压器运行有何区别。（两种运行情况输出容量相当）

4-15　简述有载调压变压器的调压原理。

习　题

4-1　一台三相三绕组变压器，额定容量为 10000/10000/10000kVA，额定电压为 110/38.5/11kV，其联结组为 YNyn0d11，短路实验数据见表 4-1。试计算简化等效电路中的各参数。

表 4-1　　　　　　　　　　习题 4-1 短路实验数据

绕组	短路损耗（kW）	阻抗电压（%）
高—中	111.20	$U_{k12} = 16.95$
高—低	148.75	$U_{k13} = 10.10$
中—低	82.70	$U_{k23} = 6.06$

4-2　有一台三绕组变压器，额定电压为 110/38.5/11kV，YNyn0d11 联结组，额定容量为 10/10/10MVA。短路实验数据见表 3-3，试计算简化等效电路中的各参数。

表 3-3　　　　　　　　　　三绕组变压器短路实验数据

绕组	短路损耗 p_k（kW）	阻抗 U_k（%）
高-中	148.75	10.1
高-低	111.2	16.95
中-低	82.7	6.06

4-3　有一台 5.6MVA、6.6/3.3kV、Yyn0 连接的三相两绕组变压器，$Z_{k*}=0.105$。现将其改接成 9.9/3.3kV 的降压自耦变压器，试求：

（1）自耦变压器的额定容量。

（2）在额定电压下发生稳态短路时的短路电流，并与原来两绕组变压器的稳态短路电流相比较。

4-4　试推导三绕组变压器的电压变化率的表达式。提示：

（1）推导时可参照双绕组变压器电压变化率的求法；

（2）略去 U_2 和 U_3 间的相位差，即近似地认为它们同相；

（3）式中的平方项可略去不计。

4-5　有一台变压器容量 $S_N=5600\text{kVA}$，$U_{1N}/U_{2N}=6.3/3.3\text{kV}$，Yyn 连接，$U_k=10.5\%$，铁损耗 $p_{Fe}=25.5\text{kW}$，铜损耗 $p_{Cu}=62.5\text{kW}$，将其改接为 $U_{1N}/U_{2N}=9.6/3.3\text{kV}$ 的降压自耦变压器，试求：

（1）自耦变压器的额定容量 S_N 与原双绕组时的额定容量 S_N 之比，其中电磁容量、传导容量各为多少？

（2）在额定电压下发生短路，稳定短路电流 I_{kN} 为额定电流 I_N 的多少倍？与原双绕组变压器时的稳定短路电流比较。

（3）改为自耦变压器后，在额定负载 $\cos\theta_2=0.8$ 滞后时效率比未改前提高多少？

第五章　变压器不对称运行和瞬态过程

三相变压器在运行中，可能出现三相负载不对称的情况。例如：变压器带有较大的单相负载、照明负载三相分布不平衡、一相断电检修另外两相继续供电等，都可能引起变压器不对称运行情况。当三相负载电流不对称时，变压器内部阻抗压降也不对称，造成二次侧三相电压不对称。在电力系统中，三相电压是否对称是衡量供电质量的一项重要指标。如果三相电压不对称，会给用电设备带来许多不利影响。

另一种情况，三相变压器在实际运行过程中，有时会受到外界因素的急剧扰动，例如负载突然变化、空载合闸到电源、二次侧突然短路以及受到过电压的冲击等，破坏了原有的稳定状态，其电压、电流和磁通等都要经历一个急剧的变化过程才能达到新的稳定状态。这种从一种稳定状态过渡到另一种稳定状态的过程称为瞬态过程。瞬态过程的时间虽然很短，但可能在变压器绕组中产生极大的过电压和过电流现象，并伴随着产生强大的电磁力。如不采取适当的措施，有可能损坏变压器的绝缘和绕组结构。

本章着重分析三相变压器的不对称运行和瞬态过程，找出它的规律性，对变压器的设计制造和运行都有指导意义。

第一节　对 称 分 量 法

在变压器及交流电机中不对称运行的分析常采用对称分量法。对称分量法是一种线性变换方法，它将任意一组不对称的三相系统的量分解为等效的三个独立系统的三相量，即正序系统量、负序系统量和零序系统量。正序系统三相量大小相等、相位彼此相差120°，相序为abc；负序系统三相量也是大小相等、相位彼此相差120°，但相序为acb；零序系统三相量大小相等、相位相同。

例如 $\dot{U}_a$、$\dot{U}_b$、$\dot{U}_c$ 三相不对称电压，则有

$$\left.\begin{array}{l}\dot{U}_a=\dot{U}_{a+}+\dot{U}_{a-}+\dot{U}_{a0}\\\dot{U}_b=\dot{U}_{b+}+\dot{U}_{b-}+\dot{U}_{b0}\\\dot{U}_c=\dot{U}_{c+}+\dot{U}_{c-}+\dot{U}_{c0}\end{array}\right\} \tag{5-1}$$

其中，$\dot{U}_{a+}$、$\dot{U}_{b+}$、$\dot{U}_{c+}$ 为正序分量，且有

$$\dot{U}_{b+}=a^2\dot{U}_{a+}; \qquad \dot{U}_{c+}=a\dot{U}_{a+} \tag{5-2}$$

其中，$\dot{U}_{a-}$、$\dot{U}_{b-}$、$\dot{U}_{c-}$ 为负序分量，且有

$$\dot{U}_{b-}=a\dot{U}_{a-}; \qquad \dot{U}_{c-}=a^2\dot{U}_{a-} \tag{5-3}$$

其中，$\dot{U}_{a0}$、$\dot{U}_{b0}$、$\dot{U}_{c0}$ 为零序分量，且有

$$\dot{U}_{a0}=\dot{U}_{b0}=\dot{U}_{c0} \tag{5-4}$$

上几式中的 a 称为复数算子，其值为

$$\left.\begin{array}{l} a = e^{j120°} \\ a^2 = e^{j240°} \\ a^2 + a + 1 = 0 \end{array}\right\} \quad (5-5)$$

设以逆时针为正方向，相量乘以 a 表示该相量逆时针旋转 120°，乘以 a^2 表示该相量逆时针旋转 240°。式（5-1）用相量图表示如图 5-1 所示。

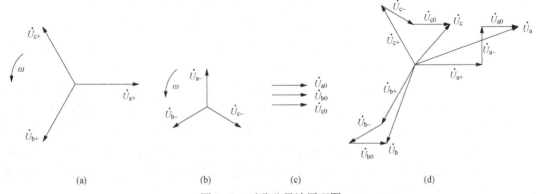

图 5-1　对称分量法原理图

（a）正序分量；（b）负序分量；（c）零序分量；（d）合成的不对称相量

将式（5-2）及式（5-4）代入式（5-1），可得

$$\left.\begin{array}{l} \dot{U}_{a+} = \dfrac{1}{3}(\dot{U}_a + a\dot{U}_b + a^2\dot{U}_c) \\[2mm] \dot{U}_{a-} = \dfrac{1}{3}(\dot{U}_a + a^2\dot{U}_b + a\dot{U}_c) \\[2mm] \dot{U}_{a0} = \dfrac{1}{3}(\dot{U}_a + \dot{U}_b + \dot{U}_c) \end{array}\right\} \quad (5-6)$$

由此可见。如果已知三相不对称电压，根据式（5-4）就能求出其对称分量；反之，如果已知各对称分量，根据式（5-1）就能求出三相不对称电压。这种变换关系是唯一的。图 5-1 是用相量来表示的这种关系。其中（a）、（b）、（c）分别是正序、负序和零序分量，（d）是它们合成后的不对称三相电压。应用对称分量法时要用到叠加原理，因此只能适用于线性系统或近似地线性化系统。

第二节　三相变压器各序阻抗和等效电路

将三相不对称的电压、电流分解成对称分量后，对应于正序、负序和零序系统分别有其等效电路。

之前分析的变压器都是在三相对称的条件下实际上是三相变压器的正序等效电路，其简化电路如图 5-2 所示。对于负序分量而言，其等效电路与正序没有什么不同，因为各相序电流在相位上也是彼此相关 120°，至于是 B 相超前 C 相，还是 C 相超前 B 相，变压器内部的电磁过程都是一样的。所以负序等效电路与正序相似，但如果变压器一次侧所加的电压一般都是三相对称的，因此只有正序分量，没有负序和零序分量，即负序电压和零序电压分量为零，即负序一次侧为短路情况，其等效电路如图 5-3 所示。

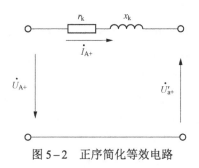

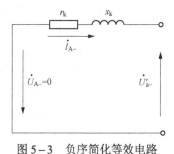

图 5-2　正序简化等效电路　　　　　　图 5-3　负序简化等效电路

正序电流所遇到的阻抗称为正序阻抗。由图 5-2 可得三相变压器的正序阻抗为

$$z_+ = r_k + jx_k \tag{5-7}$$

负序电流所遇到的阻抗称为负序阻抗。由图 5-3 可得三相变压器的负序阻抗为

$$z_- = r_k + jx_k \tag{5-8}$$

可见，变压器的负序阻抗与正序阻抗相同。

由于三相变压器的零序分量大小相等、相位相同，零序分量的等效电路比较复杂，经与变压器的磁路结构和三相变压器绕组的连接方法有关，下面重点讨论三相变压器的零序分量和等效电路。

一、磁路结构对零序系统的影响

三相变压器绕组中的零序电压、电流仍然满足变压器的电压平衡方程，其等效电路必须也是 T 型等效电路，如图 5-4 所示。各相绕组的漏阻抗与相序无关，因此图中的 Z_1、Z_2' 和正负序系统等效电路中的漏阻抗数值相同，区别在于 z_{m0}。它与磁路结构有关。

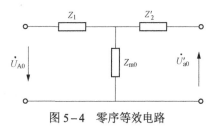

图 5-4　零序等效电路

三相变压器根据磁路结构不同，可分为三相磁路彼此独立的三相组式变压器和三相磁路彼此相关的三相芯式变压器。从性质上来说，由于三相的零序电流在时间上同相位，因而所产生的三相零序磁通及其感应的三相零序电动势、各相均同相位。从量值上来说，零序磁通及其感应电动势的大小与磁路系统有关。

1. 三相组式变压器

三相组式变压器的各相磁路彼此独立，因此各相磁通互不关联，这使得零序电流产生的零序磁通在各自的磁路中流通，每一相产生的磁通所需的励磁电流与正序系统一样。所以三相组式变压器的零序阻抗等于正序阻抗。

$$Z_{m0} = Z_{m+} = Z_{m-} = Z_m \tag{5-9}$$

2. 三相芯式变压器

三相芯式变压器的各相磁路彼此相关，而三相零序电流产生的三相零序磁通大小相等、相位相同，因此无法在铁心中流通，只能通过周围的空气、油箱等构成回路，其路径与 3 次谐波所走的路径一样，是由非铁磁材料构成的。该路径的磁导率比正序磁通路径磁导率小得多，故有 $x_{m0} \ll x_m$。对于一般的电力变压器有 $Z_{m0*} = 0.3 \sim 1.0$，而 $Z_{m*} = 20$ 以上时，$Z_{m0*} = 0.05 \sim 0.1$，可见，$Z_m \gg Z_{m0}$。

二、绕组连接方法对零序系统的影响

三相大小相等、相位相同的零序电流能否流通与三相绕组的连接方式有关。Y 接法中无法流通，YN 接法可以流通，D 接法线电流不能流通零序电流，零序电流在三相绕组中形成环流。如果另一方有零序电流，通过感应也会在 D 接法绕组中产生零序电流。

可见：Yy、Yd、Dy、Dd 四种接法的变压器中均无零序电流。YNd 和 Dyn 接法的变压器，当 YN 或 yn 绕组中有零序电流，d 或 D 绕组中也感应零序电流。YNy 和 Yyn 接法的变压器，当 YN 或 yn 绕组中有零序电流，y 或 Y 绕组中也不会有零序电流。

图 5-5~图 5-8 是 Yyn、YNy、YNd 和 Yd 连接时的零序等效电路。图中，（a）是零序电流的流通情况；（b）是零序等效电路，Z_0 是从该侧看进去的零序阻抗。

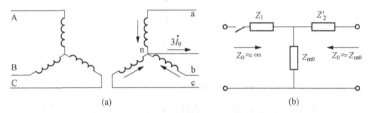

图 5-5　Yyn 连接时的零序等效电路
（a）零序电流的流通情况；（b）零序等效电路

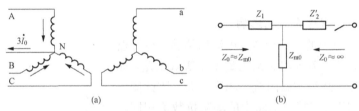

图 5-6　YNy 连接时的零序等效电路
（a）零序电流的流通情况；（b）零序等效电路

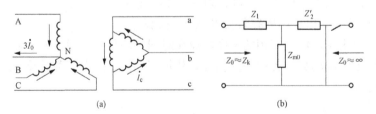

图 5-7　YNd 连接时的零序等效电路
（a）零序电流的流通情况；（b）零序等效电路

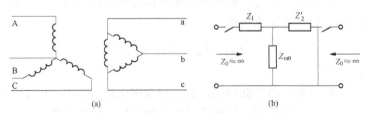

图 5-8　Yd 连接时的零序等效电路
（a）零序电流的流通情况；（b）零序等效电路

三、零序阻抗的测定

由图 5-8 可见，YNd 和 Dyn 接法的三相变
压器 $Z_0 = Z_k$，无需另行测量。Yyn 接法的三相变
压器 Z_0 的测量方法：把二次侧三个绕组首尾串
联接到单相电源上，以模拟零序电流和零序磁
通的流通情况，一次侧开路，如图 5-9 所示。
测量电压 U、电流 I 和功率 P，则从二次侧看的
零序阻抗为

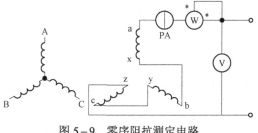

图 5-9 零序阻抗测定电路

$$\left.\begin{array}{l} Z_0 = \dfrac{U}{3I} \\[2mm] r_0 = \dfrac{P}{3I^2} \\[2mm] x_0 = \sqrt{Z_0^2 - r_0^2} \end{array}\right\} \qquad (5-10)$$

对于 YNy 连接的三相变压器。将一次侧绕组串联，二次侧绕组开路，便可测出从一次侧
看的零序阻抗。

第三节   Yyn 连接三相变压器单相运行

本节简单地介绍一下 Yyn 连接的三相变压器单相
运行的情况，作为对称分量法的应用实例。以下的分
析是假设三相变压器连接单相负载、外施电压为对称
三相电压的情况，如图 5-10 所示。

由图 5-10 可见，二次侧电流：$\dot{I}_a = I$，$\dot{I}_b = \dot{I}_c = 0$。
将这三相电流按式（5-6）进行分解得

$$\dot{I}_{a+} = \dot{I}_{a-} = \dot{I}_{a0} = \dot{I}/3 \qquad (5-11)$$

各序的等效电路如图 5-11 所示。

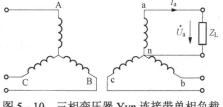

图 5-10   三相变压器 Yyn 连接带单相负载

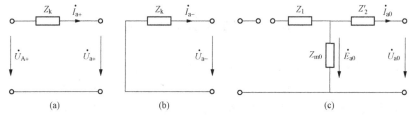

图 5-11   Yyn 连接各序等效电路

（a）正序；（b）负序；（c）零序

正序分量的等效电路如图 5-11（a）所示，Z_k 为短路阻抗，$\dot{U}_{a+}$ 为正序负载压降，$\dot{U}_{A+}$ 为
正序电网电压。其电压平衡方程：

$$\dot{U}_{a+} = \dot{U}_{A+} - \dot{I}_{a+}Z_k \qquad (5-12)$$

负序分量的等效电路如图 5-11（b）所示，电网电压没负序分量。其电压平衡方程：

$$\dot{U}_{a-} = -\dot{I}_{a-}Z_k \tag{5-13}$$

零序分量的等效电路如图 5-11（c）所示，零序电流在 Y 接法中无法流通，即一次侧开路。其电压平衡方程：

$$\dot{U}_{a0} = -\dot{I}_{a0}(Z_2' + Z_{m0}) \tag{5-14}$$

所示加在负载两端的实际电压为

$$\dot{U}_a = \dot{U}_{a+} + \dot{U}_{a-} + \dot{U}_{a0} = \dot{I}_a Z_L = 3\dot{I}_{a+}Z_L \tag{5-15}$$

再根据式（5-12）～式（5-14）可得

$$\dot{U}_{a+} + \dot{U}_{a-} + \dot{U}_{a0} = \dot{U}_a = \dot{U}_{A+} - \dot{I}_{a+}Z_k - \dot{I}_{a-}Z_k - \dot{I}_{a0}(Z_2' + Z_{m0}) \tag{5-16}$$

联立式（5-11）、式（5-15）、式（5-16）解得

$$\dot{I}_{a+} = \frac{\dot{U}_{A+}}{3Z_L + 2Z_k + Z_2' + Z_{m0}} \tag{5-17}$$

绕组的漏阻抗相对较小，若忽略漏阻抗可得

$$\dot{I} = 3\dot{I}_{a+} = \frac{3\dot{U}_{A+}}{3Z_L + Z_{m0}} = \frac{3\dot{U}_A}{3Z_L + Z_{m0}} \tag{5-18}$$

由上式可见，零序励磁阻抗对单相负载电流的影响很大，相当于在负载中增加了一个 $Z_{m0}/3$。由于零序励磁阻抗受磁路结构影响较大，下面分两种磁路结构进行分析。

1. 三相组式变压器

对于三相组式变压器的零序励磁阻抗等于正序励磁阻抗，即 $Z_{m0} = Z_{m+}$，即使负载阻抗很小，负载电流也不大。当负载单相短路时 $Z_L = 0$，负载短路电流为 $I = 3U_A/Z_{m0}$，等于空载电流的 3 倍，所以三相组式变压器在 Yyn 连接时不能带"单相—中线"不对称负载。

2. 三相芯式变压器

对于三相芯式变压器的零序励磁阻抗不大，一般电力系统变压器的零序阻抗标幺值在 $0.3\sim1.0$，因此负载电流主要由负载阻抗 Z_L 来决定。所以三相芯式变压器在 Yyn 连接时可以带"单相—中线"负载。但变压器运行规程规定，中线电流不得超过额定电流的 25%。

第四节　三相变压器空载合闸过程

变压器二次侧开路，将一次侧接入电网的过程称为空载合闸。在稳态运行时，变压器的空载电流很小，一般仅为额定电流的 2%～10%。但在空载合闸过程中却可能出现很大的冲击电流，其值可达稳态空载电流的几十倍甚至上百倍，相当于几倍的额定电流，如不采取适当措施，有可能造成开关跳闸，变压器不能顺利并入电网。下面分析合闸时电流的瞬态过程以及电流增长的原因及其影响。

设电源电压按正弦规律变化，即 $u_1 = \sqrt{2}U_1\sin(\omega t + \alpha)$，如图 5-12 所示，合闸时一次侧的电压平衡方程式为

$$i_1 r_1 + \frac{\mathrm{d}\Psi_1}{\mathrm{d}t} = i_1 r_1 + N_1\frac{\mathrm{d}\Phi_1}{\mathrm{d}t} = \sqrt{2}U_1\sin(\omega t + \alpha) \tag{5-19}$$

式中 Ψ_1——交链一次侧绕组的总磁链；

Φ_1——交链一次侧绕组的总磁通。

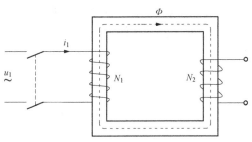

图 5-12 变压器空载合闸

由于绕组的内组 r_1 很小，在合闸的初始瞬间 $i_1 r_1$ 较小忽略不计，则式（5-19）可以化成

$$N_1 \frac{\mathrm{d}\Phi_1}{\mathrm{d}t} = \sqrt{2}U_1 \sin(\omega t + \alpha) \tag{5-20}$$

解得

$$\Phi_1 = -\frac{\sqrt{2}U_1}{N_1\omega}\cos(\omega t + \alpha) + C \tag{5-21}$$

式中 C——Φ_1 的初始条件，若忽略铁心的剩磁，即 $t=0$ 时，$\Phi_1 = 0$，代入式（5-21）得

$$C = \frac{\sqrt{2}U_1}{N_1\omega}\cos\alpha \tag{5-22}$$

根据第二章的分析可知，在稳态时有

$$\Phi_{\mathrm{m}} = \frac{E_1}{4.44fN_1} = \frac{\sqrt{2}E_1}{\omega N_1} \approx \frac{\sqrt{2}U_1}{\omega N_1} = \frac{C}{\cos\alpha} \tag{5-23}$$

式中 Φ_{m} 为稳态时主磁通的幅值，则式（5-21）可化为

$$\Phi_1 = \Phi_{\mathrm{m}}\cos(\omega t + \alpha) + \Phi_{\mathrm{m}}\cos\alpha = \Phi_{\mathrm{m}}' + \Phi_{\mathrm{m}}'' \tag{5-24}$$

式中 Φ_{m}'——主磁通的稳态分量，是按正弦规律变化的相量；

Φ_{m}''——主磁通的瞬态分量，在忽略 r_1 影响时是一个常量，$\Phi_{\mathrm{m}}'' = \Phi_{\mathrm{m}}\cos\alpha = C$（若考虑 r_1

的影响时，会出现衰减，$\Phi_{\mathrm{m}}'' = Ce^{-\frac{r_1}{L_1}t}$），如图 5-13 所示。

由式（5-24）和图 5-13 可见：① 当 $\alpha = 90°$ 时，$\Phi_{\mathrm{m}}'' = 0$，此时合闸不存在过渡过程，变压器励磁涌流最小。② 当 $\alpha = 0°$ 时，$\Phi_{\mathrm{m}}'' = \Phi_{\mathrm{m}}$，变压器励磁涌流最大，在变压器空载合闸过程中的磁通瞬变可达到稳态分量幅值的 2 倍。一般的电力变压器正常运行时的磁通密度为 1.5T～1.7T，铁心处于饱和状态，工作于磁化曲线的 A 点的 Φ_{mA}（见图 5-14）。而在合闸过程中出现瞬变的最大磁通设为 Φ_{mB}，即 $\Phi_{\mathrm{mB}} > \Phi_{\mathrm{mA}}$，铁心饱和度大于稳态的饱和状态。根据磁化曲线可知，这时的励磁电流 i_1 可

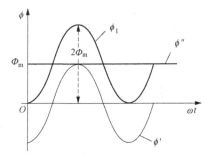

图 5-13 变压器空载合闸时的磁通曲线

达到正常运行空载电流的 100 倍以上，故空载合闸电流可达到额定电流的 3～5 倍以上。

当空载电流比较大时，r_1 不能忽略。电阻 r_1 的存在将使暂态分量逐渐衰减，衰减的快慢决定于时间常数 $T=L_1/r_1$。其中，L_1 为一次侧绕组的全自感。一般小型变压器衰减较快。几个周期后就可达到稳定状态。大型变压器衰减较慢，有的衰减过程可长达 20s 之久。图 5-15 为空载合闸电流的变化曲线。

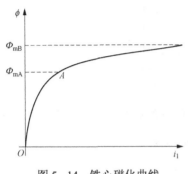

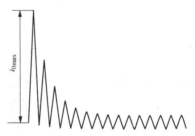

图 5-14　铁心磁化曲线　　　　　　　图 5-15　空载合闸的电流变化曲线

空载合闸电流在最不利的情况下，其最大值也不过几倍额定电流，比短路电流要小得多。虽然有的瞬变过程持续时间较长，也只是在最初几个周期内冲击电流较大，在整个瞬变过程中，大部分时间内的冲击电流都在额定电流值以下。因此，无论从电磁力或温升来考虑，对变压器本身没有多大危害。但在最初几个周期内，冲击电流可能使一次侧过电流保护装置误动作，使变压器脱离电网。为了防止这种现象的发生，加快合闸电流的衰减，可在变压器一次侧串入一个合闸电阻，合闸完后再将该电阻旁路切除。

第五节　三相变压器二次侧突然短路过程

变压器二次侧稳定短路时，短路电流可达到额定电流的 10～20 倍，这时漏抗压降很大，e_1 相对较小，励磁电流略去不计，所以短路时可用简化等效电路来分析。

设一次侧输入的电源电压按正弦规律变化，即 $u_1 = \sqrt{2}U_1\sin(\omega t+\alpha)$，$\alpha$ 为 $t=0$ 时电源电压的初始相位角。变压器二次侧突然短路，如图 5-16 所示。

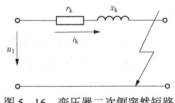

图 5-16　变压器二次侧突然短路

一、突然短路的电流分析

忽略励磁电流的影响，突然短路时的电压平衡方程为

$$i_k r_k + L_k \frac{\mathrm{d}i_k}{\mathrm{d}t} = u_1 = \sqrt{2}U_1\sin(\omega t+\alpha) \qquad (5-25)$$

解得

$$i_k = \sqrt{2}I_k\sin(\omega t+\alpha-\varphi_k) + Ce^{-\frac{t}{T_k}} = i_k' + i_k'' \qquad (5-26)$$

式中　i_k'——突然短路达到稳定时的短路电流分量，$i_k' = \sqrt{2}I_k\sin(\omega t+\alpha-\varphi_k)$；

i_k''——短路电流的暂态分量，$i_k'' = Ce^{-\frac{t}{T_k}}$；

I_k ——稳态短路电流的有效值，$I_k = \dfrac{U_1}{\sqrt{r_k^2 + x_k^2}}$；

φ_k —— i'_k 与 u_1 的相位差，电力变压器中 $x_k \gg r_k$，故 $\varphi_k \approx \dfrac{\pi}{2}$，$\varphi_k = \arctan\left(\dfrac{x_k}{r_k}\right)$；

T_k ——暂态分量的衰减时间常数，$T_k = \dfrac{L_k}{r_k}$；

C ——选定常数，与突然短路的初始条件有关。

变压器空载时或者正常负载时的电流要远远小于短路电流，因此可以假设在 $t=0$ 时刻有 $i_k|_{t=0} = 0$，代入式（5-26）可求得

$$C = \sqrt{2}I_k \cos\alpha \qquad (5-27)$$

代入式（5-26）可得

$$i_k = \sqrt{2}I_k \sin(\omega t + \alpha - \varphi_k) + \sqrt{2}I_k \cos\alpha \cdot e^{-\frac{t}{T_k}} \qquad (5-28)$$

式（5-28）表明，短路电流的大小与短路时刻电源电压 u_1 的初始相位角 α 有关。

（1）当 $\alpha = \dfrac{\pi}{2}$，$\varphi_k \approx \dfrac{\pi}{2}$ 代入式（5-28）可得，此时暂态分量 $i''_k = 0$，突然短路一旦发生就进入稳态，短路电流的数值最小，$i_k = \sqrt{2}I_k \sin\omega t$。

（2）当 $\alpha = 0$，$\varphi_k \approx \dfrac{\pi}{2}$ 代入式（5-28）可得

$$i_k = -\sqrt{2}I_k \cos\omega t + \sqrt{2}I_k e^{-\frac{t}{T_k}} \qquad (5-29)$$

根据式（5-29）可以画出短路电流曲线如图 5-17 所示。从曲线可见 i_k 包含一个稳态电流分量 i'_k 和暂态衰减分量 i''_k，当 $\omega t = \pi$ 时

$$I_{kmax} = \sqrt{2}I_k + \sqrt{2}I_k e^{-\frac{\pi}{\omega T_k}} = \sqrt{2}I_k K_y \quad (5-30)$$

式中，$K_y = \dfrac{I_{kmax}}{\sqrt{2}I_k} = \left(1 + e^{-\frac{\pi}{\omega T_k}}\right)$ 等于突然短路电流最大值与稳态短路电流最大值之比。

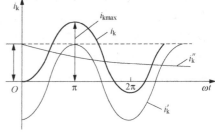

图 5-17　变压器二次侧突然短路电流曲线

K_y 的大小与时间常数 T_k 有关，对于中小型电力变压器 $K_y = 1.2 \sim 1.4$，对于大型电力变压器 $K_y = 1.7 \sim 1.8$。

根据式（5-30）可以求得 I_{kmax} 的标幺值如下：

$$I_{kmax*} = \dfrac{I_{kmax}}{\sqrt{2}I_N} = K_y \dfrac{I_k}{I_N} = K_y \dfrac{U_{1Nph}}{I_N Z_k} \qquad (5-31)$$

式（5-31）表明，I_{kmax*} 与 Z_{k*} 成反比，即短路阻抗的标幺值越小，突然短路电流越大。例如：一台电力变压器 $Z_{k*} = 0.06$，则 $I_{kmax*} = (1.2 \sim 1.8)/0.06 = 20 \sim 30$。这是一个很大的冲击电流，它会在变压器绕组上产生很大的电磁力，严重时可能使变压器绕组变形而损坏。为了限制 I_{kmax*}，Z_{k*} 不宜过小。但从减小变压器电压变化率看，Z_{k*} 又不宜过大。因此在设计变压器时必须全面考虑 Z_{k*} 值的选择。对于不同电压等级、容量的变压器，国家已经

规定 Z_{k*} 的参考值。

二、突然短路过电流的影响

过电流所造成的影响有发热和电磁力两方面。

1. 发热

当突然短路电流很大时，铜损耗按电流平方变化，短路时铜损耗可达到额定铜损耗的几百倍。因此，当变压器发生短路后，其绕组温度急剧升高。所以一切大型电力变压器都有过热保护装置，使在发生短路故障后及时切断电源。

2. 电磁力

变压器绕组各导线上产生的电磁力，其大小等于 $F = BIl$，由于漏磁通密度 $B \propto I$，故导线上承受的电磁力 $F \propto I^2$。变压器在正常稳态运行，导线所承受的电磁力被设计在安全范围内。当突然短路电流达到额定电流的 20～30 倍时，电磁力将达到正常运行时所承受电磁力的 400～900 倍，这将会冲垮绕组、损坏绝缘。

小 结

分析三相变压器不对称运行常用对称分量法。它将三相不对称系统分解为正序、负序和零序三个对称系统，对每个对称系统可以单独处理，然后叠加起来就可得到不对称系统的解。对正序和负序而言，变压器内部电磁过程是相同的，因而正序和负序电流所遇到的阻抗是相同的，即 $Z_+ = Z_- \approx Z_k$；而零序阻抗却不相同，它与变压器的连接方式和磁路结构有关。

运用对称分量法对 Yyn 连接组的变压器带单相负载时的运行分析表明，这种连接组的三相芯式变压器可以带单相负载。而三相组式变压器，则因零序磁通和零序电动势较大，相电压严重不对称，因而这种连接组不能用于三相组式变压器。

变压器空载合闸或二次侧突然短路时会出现过电流现象。空载合闸电流可达额定电流的几倍，对变压器本身并无多大危害，但往往使过电流保护装置误动作，必须采取适当措施。二次侧突然短路电流可达额定电流的 20～30 倍，这样大的冲击电流会使绕组发热严重，并且使处在漏磁场中的绕组受到很大的电磁力而损坏。因此除在线路保护上采取适当措施外，对绕组结构也应采取相应措施。

思 考 题

5−1 如何应用对称分量法把一不对称的三相系统转化成正序、负序和零序系统？应用这种转换的目的性何在？

5−2 为什么变压器的正序阻抗和负序阻抗相同？为什么变压器的零序阻抗不同于正序阻抗和负序阻抗？是什么因素决定变压器零序阻抗的大小？

5−3 为什么变压器的零序阻抗不仅与绕组连接组有关且与铁心的磁路结构有关？

5−4 为什么 Yyn0 连接法决不可以用于三相变压器组，却可以用于三相芯式变压器？对于后者又为什么要对中线电流加以限制呢？

5−5 为什么在分析稳态运行时只需列出复数方程，而在分析瞬态过程中必须列出微分方程？

5-6　变压器空载电流很小，为什么空载合闸电流却可能很大？

5-7　将额定电压为 10kV 的变压器，空载合闸到 3kV 的交流电源上，问空载合闸电流比额定电流大还是小，能否产生很大的合闸电流，为什么？

5-8　变压器在什么情况下空载合闸电流最大？如果磁路不饱和，空载合闸电流的最大值是多少？

5-9　变压器在什么情况下突然短路电流最大？大致是额定电流的多少倍？对变压器有何危害？

5-10　变压器突然短路电流的大小与什么有关系？为什么大容量变压器的 Z_{k*} 设计得大些？

5-11　变压器运行时可能出现哪些过电压？如何防护？

5-12　变压器空载合闸电流的暂态分量与突然短路电流的暂态分量比较，哪一个衰减得慢？为什么？

习　题

5-1　将下列不对称的三相电流和电压分解为对称分量：

（1）三相不对称电压，$\dot{U}_A = 220$（V），$\dot{U}_B = 220 \angle{-100°}$（V），$\dot{U}_C = 220 \angle{-250°}$（V）。

（2）$i_A = 100\sqrt{2}\sin(\omega t)$（A），$i_B = 100\sqrt{2}\sin(\omega t - 150°)$（A），$i_C = 100\sqrt{2}\sin(\omega t - 240°)$（A）。

5-2　有一台三相变压器，$S_N = 60\,000\text{kVA}$，$U_{1N}/U_{2N} = 220/11\text{kV}$，Yd11 连接组，参数 $r_{k*} = 0.008$，$x_{k*} = 0.072$，试求：

（1）高压方的稳态短路电流 I_k 及其标幺值 I_{k*}。

（2）在最不利的情况下发生二次侧突然短路时短路电流的最大值 I_{kmax} 和 I_{kmax*}。

5-3　一台三相变压器，$S_N = 800\text{kVA}$，$U_{1N}/U_{2N} = 10/6.3\text{kV}$，Yd11 连接组，短路损耗 $p_{kN} = 11.45\text{kW}$，阻抗电压 $U_k = 5.5\%$，试求：

（1）高压侧绕组稳态短路电流及倍数。

（2）当短路时电源电压初始相位角为 0 时，求短路电流的最大值。

5-4　有一台 60MVA、220/11kV、Yd11 连接的三相变压器，$r_{k*} = 0.008$，$x_{k*} = 0.072$，试求：

（1）高压侧的稳态短路电流值及其为额定电流的倍数。

（2）在最不利的条件下发生突然短路时，最大的短路电流是多少？

（3）如果不考虑衰减，最大短路电流是多少？

5-5　有三台单相变压器，每台变压器有如下数据：短路电压 $U_{k*} = 0.05$，短路电压有功分量 $U_{a*} = 0.02$，空载损耗 $p_0 = 0.01P_N$，空载电流 $I_0 = 0.05I_N$。把这三台单相变压器联接成 Yyn0，外施电压是对称三相电压，电压值为额定值。试问：

（1）当二次侧空载是时，一次侧、二次侧的相电压和线电压是否对称，为什么？

（2）当二次侧接有对称三相负载，一次侧、二次侧的相电压和线电压是否对称，为什么？

（3）当二次侧仅只一相接有电阻性负载，$r_{L*} = 1$，其余两相空载，求一次侧、二次侧相电流，一次侧、二次侧的相电压和线电压。

第二篇

直流电机

直流电机是旋转电机的主要类型之一。直流电机包括直流电动机和直流发电机。直流电动机具有良好的启动性能和调速性能，因此广泛应用于要求调速平滑，调速范围大等对调速要求较高的电气传动系统中，如电力机车、无轨电车、轧钢机起重设备等。但直流电机与交流电机相比较，具有结构较复杂、造价较高、维护不便等缺点，使直流电机的应用受到一定的限制。随着电力电子技术的发展，晶闸管整流电源已越来越多地替代直流发电机。但直流发电机发出的直流电在稳定性、平滑性和可靠性方面仍优于静止整流装置，所以在供电质量要求较高的场合仍采用直流发电机。

本篇主要介绍直流电机的基本原理、基本结构，分析直流电机的磁路和电路系统，研究直流电机的电磁过程和运行特性。

第六章　直流电机的基本原理和电磁关系

第一节　直流电机的工作原理

对于旋转电机，根据运动状态可将整个电机分为静止不动的定子和旋转的转子两大部分。直流电机的工作原理可用如图 6-1 所示的简化模型来说明，整个模型包括磁极、电刷、线圈和换向片四个基本部件。磁极 N、S 和电刷 A、B 通常位于定子上，静止不动；线圈 abcd 和换向片 1、2 位于转子上，随转轴旋转。在电气连接上，线圈边 ab 与换向片 1 固定连接，线圈边 cd 与换向片 2 固定连接；电刷和换向片之间靠弹簧压力接触连接，两者之间有相对运动。根据电机的可逆性原理，直流电机可分为发电机运行和电动机运行两种运行状态。

一、发电机运行

直流电机的发电机运行模型如图 6-1 所示，电机转子由原动机拖动以逆时针方向旋转，线圈边 ab 和 cd 随转子旋转切割磁场产生感应电动势。根据右手定则，在图 6-1（a）所示瞬间，线圈边 ab 位于 N 极极面下，感应电动势方向为 b 端到 a 端，线圈边 cd 位于 S 极极面下，感应电动势方向为 d 端到 c 端。此时电刷 A 与换向片 1 连接，电刷 B 与换向片 2 连接，线圈和负载 R 构成的闭合回路中电流的方向为 A 刷→R→B 刷→换向片 2→d→c→b→a→换向片 1→A 刷。在图 6-1（b）所示瞬间，线圈和换向片已随转子转过 180°，线圈边 ab 转到 S 极极面下，感应电动势方向为 a 端到 b 端，线圈边 cd 转到 N 极极面下，感应电动势方向为 c 端到 d 端。此时电刷 A 与换向片 2 连接，电刷 B 与换向片 1 连接，线圈和负载构成的闭合回路中电流的方向为 A 刷→R→B 刷→换向片 1→a→b→c→d→换向片 2→A 刷。从上述分析可以看出，作为发电机运行时，线圈中的电流方向与电动势方向相同。虽然线圈边中的电动势和电流方向随转子旋转呈周期性变化，但是由于电刷和换向片之间的相对连接在恰当的时刻（线圈内感应电动势改变方向的时刻）发生了变化，使得电刷间的极性以及流经负载的电流方向始终保持不变。

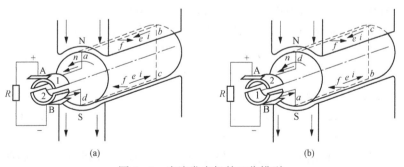

图 6-1　直流发电机的工作模型

（a）线圈边 ab 位于 N 极极面下；（b）线圈和换向片已随转子转过 180°

在产生感应电动势的同时，处于磁场当中的载流导体 ab、cd 受到电磁力的作用。根据左手定则，无论线圈处于何种位置，电磁力形成的电磁转矩均为顺时针方向，与电机旋转方向相反，为阻转矩。

二、电动机运行

直流电机的电动机运行模型如图 6-2 所示，其中 U 为外加直流电压，A 刷与电源的"＋"极相连，B 刷与电源的"－"极相连。在图 6-2（a）所示瞬间，外电流经电刷 A 及与之相接触的换向片 1 进入绕组线圈 $abcd$，线圈内的电流 i 的方向为：A 刷→换向片 1→a→b→c→d→换向片 2→B 刷。i 与磁场相互作用，产生电磁力 f，方向根据左手定则确定。作用在电枢圆周切线方向的电磁力 f 将产生电磁转矩，方向为逆时针。在电磁转矩作用下，电枢以速度 n 按逆时针方向旋转拖动负载。在图 6-2（b）所示瞬间，线圈和换向片已随转子转过 180°，此时电刷 A 与换向片 2 连接，电刷 B 与换向片 1 连接。线圈内的电流 i 的方向为：A 刷→换向片 2→d→c→b→a→换向片 1→B 刷。从上述分析可以看出，虽然某一线圈随转子旋转交替地出现在 N 极和 S 极极面下，但是由于电刷和换向片之间的相对连接在恰当的时刻（线圈边从一个极面进入另一个极面的时刻）发生了变化，使得流经同一线圈边的电流也周期性改变方向。电流和磁场方向的同时改变使得两者之间相互作用产生的电磁转矩方向始终保持不变，这样，转子可以沿同一方向持续旋转。

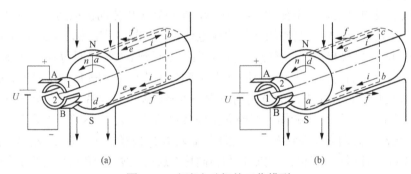

图 6-2 直流电动机的工作模型

（a）外电流经电刷 A 与换向片进入绕组线圈 $abcd$；（b）线圈和换向片已随转子转过 180°

同时，转动的线圈边切割磁场，产生感应电动势 e，按照右手定则，其方向与电流 i 及外加电源电压 U 相反，通常称为反电动势。

从上述分析可以看出，直流电机模型具有以下几个特点：

（1）电刷间的电动势和电流均为直流，而线圈内的电动势和电流均为交流，交、直流之间的转换通过改变电刷和换向片之间的相对连接实现。

（2）由于电刷和磁极都是静止不动的，某一电刷总是与位于同一极面下的导体连接，如上图电刷 A 总是与位于 N 极极面下的导体连接；电刷 B 总是与位于 S 极极面下的导体连接。

（3）电刷和换向片之间的相对连接与导体内感应电动势方向在同一时刻改变，即电刷和换向片之间的相对连接改变时，导体的感应电动势正好为零。

（4）发电机中的导体电流方向与电动势方向相同；电动机中的导体电流方向与电动势方向相反。

对于单线圈的直流电机模型，线圈的感应电动势是脉动的，相应的线圈电流和电磁转矩也都是脉动的。实用的直流电机都有多个线圈，它们沿电枢表面均匀分布，相邻两线圈的感应电动势在相位上互差一个小角度。将均匀分布的线圈串联，则它们的电动势相互叠加，通过互补作用可获得一个稳定的直流电动势，则相应的线圈电流和电磁转矩也都是稳定的。

第二节　直流电机的基本结构

直流电机的结构包括静止的定子和旋转的转子两大部分，定子部分包括机座、主磁极、换向极、电刷装置、端盖和轴承等；转子部分包括电枢铁心、电枢绕组、换向器、风扇和转轴等。图6-3为直流电机的结构示意图。

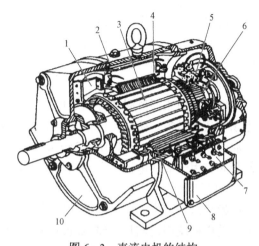

图6-3　直流电机的结构

1—风扇；2—机座；3—电枢；4—主磁极铁心；5—电刷装置；6—换向器；7—接线板；8—接线盒；9—励磁绕组；10—端盖

1. 主磁极

主磁极用来产生气隙磁场，并使电枢表面的气隙磁通密度按一定波形沿空间分布。图6-4为电励磁直流电机主磁极结构示意图。电励磁主磁极包括主磁极铁心和励磁绕组。为了减少电枢旋转时齿、槽依次掠过极靴表面所形成的磁密变化造成的铁心损耗，主磁极铁心通常用1~1.5mm厚的导磁钢片叠压而成。主磁极铁心上套有励磁绕组，各磁极的励磁绕组串联连接成一路，以保证各主磁极励磁绕组的电流相等。多路励磁绕组之间可串联，也可并联。主磁极必须成对出现，励磁绕组的绕向应保证其通电后产生的主磁极磁场按N极、S极交替排列。

大的直流电机在极靴上开槽，槽内嵌放补偿绕组，与电枢绕组串联，用以抵消极靴范围内的电枢反应磁动势，从而减少气隙磁场的畸变，改善换向，提高电机运行可靠性。

2. 换向极

换向极用于改善直流电机的换向性能。换向极由换向极铁心和换向极绕组组成。其铁心可用整块钢制成或用1~1.5mm厚的导磁钢片叠压而成。换向极绕组与电枢绕组相串联，由于要通过的电枢电流较大，通常采用较粗的矩形截面导体绕制而成，其匝数较少。图6-5为

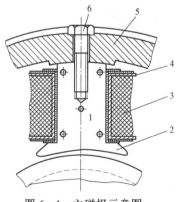

图6-4　主磁极示意图

1—主磁极铁心；2—极靴；3—励磁绕组；4—绕组绝缘；5—机座；6—螺杆

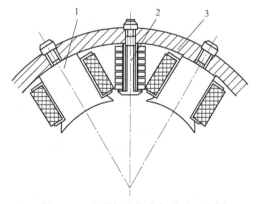

图6-5　主磁极和换向极分布示意图

1—主磁极；2—换向极；3—机座

主磁极和换向极分布示意图。为了避免磁路饱和，换向极下的气隙长度通常大于主磁极下的气隙长度。换向极安装在两相邻主磁极之间，其数目一般与主磁极数相等。小功率直流电机可少装或不装换向极。

3. 机座

直流电机的机座用来固定主磁极、换向极、端盖等，并借助底脚将电机固定在基础上。同时，直流电机的机座是磁极间的磁通路径（称为磁轭），所以用导磁性好、机械强度较高的钢板焊接而成，或用铸钢制成。

4. 电枢铁心

电枢铁心用来通过磁通并嵌放电枢绕组，是主磁路的一部分。虽然直流电机主磁极产生的磁场可认为是恒定磁场，但由于电枢在磁场内旋转，因此电枢铁心内的磁通是交变的，为减少涡流和磁滞损耗，通常用 $0.35 \sim 0.5\text{mm}$ 厚的两面涂有绝缘漆的硅钢片叠压而成。冲片上均匀分布有用于嵌放电枢绕组的槽和用于散热的轴向通风孔。

5. 电枢绕组

电枢绕组是产生感应电动势和电磁转矩，实现机电能量转换的关键部件。容量较小的直流电机的电枢绕组用圆形电磁线绕制而成，而大多数直流电机的电枢绕组均用矩形绝缘导线绕制成定形线圈，然后嵌入电枢铁心的槽中，如图 6-6 所示。线圈与铁心之间以及上、下层线圈之间都必须妥善绝缘。为了防止电枢旋转时离心力的作用，绕组在槽内的部分用绝缘槽楔固定，而伸到槽外的端接部分则用非磁性钢丝扎紧在线圈支架上。

6. 换向器

换向器是直流电机特有的关键部件，其与电刷配合将电枢绕组内部的交流电动势转换成电刷间的直流电动势。换向器的质量好坏将直接影响直流电机的运行可靠性。换向器由许多称为换向片的、彼此互相绝缘的铜片组合而成，有多种结构形式。换向器由 V 型套筒、换向片、云母片（换向片间的绝缘）和压紧圈等组成紧密整体，图 6-7 为常见的一种形式。小型换向器用热固性环氧树脂热压成整体。电枢绕组端部嵌放在换向片端部槽内，并焊接在一起。

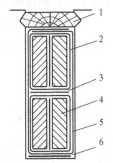

图 6-6　电枢绕组在槽内的原理图

1—槽楔；2—线圈绝缘；3—层间绝缘；4—导体；
5—槽绝缘；6—槽底绝缘

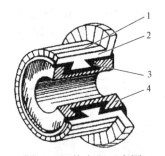

图 6-7　换向器示意图

1—片间绝缘；2—换向片；3—绝缘层；4—V 型套筒

7. 电刷装置

电刷装置由电刷、刷握、刷杆、刷杆座和汇流条等构成，如图 6-8 所示。电刷放在刷握上的刷盒内，用弹簧将电刷压紧与换向器表面紧密接触，保证电枢转动时电刷与换向器表面有良好的接触。图 6-9 为电刷和刷握的一种。电刷装置与换向器配合将转动的电枢绕组和静止的外电路联通,同时将绕组内部的交变电动势和电流转化为电刷之间的直流电动势和电流。

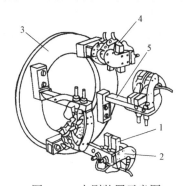

图 6-8 电刷装置示意图

1—电刷;2—刷握;3—座圈;4—弹簧压板;5—刷杆

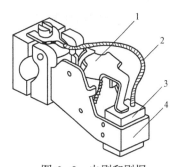

图 6-9 电刷和刷握

1—弹簧压板;2—铜丝辫;3—电刷;4—刷握

8. 气隙

定、转子之间的气隙是主磁路一部分,其大小直接影响运行性能,小型直流电机为 1~3mm,大型直流电机可达 12mm。

第三节 直流电机的额定值

额定值是电机生产企业按国家标准对电机产品在指定工作条件下(即额定工作条件)所规定的一些量值。主要额定值通常标在电机的铭牌上。直流电机的主要额定值有以下几种:

(1)额定功率 P_N,指直流电机的额定输出功率,单位为 W 或 kW。

(2)额定电压 U_N,指额定状态下电机出线端的电压,单位为 V。

(3)额定电流 I_N,指额定状态下电机出线端的电流,单位为 A。

(4)额定转速 n_N,指直流电机转轴上的转速,单位为 r/min。

此外,直流电机铭牌上还标有电机型号,绝缘等级,额定励磁电压 U_{fN},额定励磁电流 I_{fN} 等说明电动机特点的内容。而额定效率 η_N、额定转矩 T_N、额定温升 θ_N 等通常不标注在铭牌上。直流电机的额定功率对直流电动机而言是指它的轴上的输出机械功率,其表达式为 $P_N = U_N I_N \eta_N$;而对直流发电机则指发电机输出的电功率,其表达式为 $P_N = U_N I_N$。

第四节 直流电枢绕组

一、电枢绕组概述

电枢绕组是电机机电能量转换的枢纽,其结构比较复杂,运行中容易出故障,因此,在设计电枢绕组时,应考虑以下要求:

(1)在一定的导体数下能产生尽可能大的电动势,并具有良好的波形。

(2)能承受足够大的电流及由此产生的电磁力和电磁转矩。

(3)结构简单,运行可靠,维护和检修方便。

(4)具有良好的换向性能。按照绕组的连接方法,电枢绕组可分为以下三种形式:① 叠绕组,包括单叠绕组和复叠绕组;② 波绕组,包括单波绕组和复波绕组;③ 蛙绕组,即叠绕和波绕混合的绕组。上述绕组中，单叠绕组和单波绕组是最基本的，本书仅介绍这两种绕组。图 6-10 为单匝和两匝叠绕组线圈示意图，图 6-11 为单匝和两匝波绕组线圈示意图。实用直流电枢绕组匝数通常都比较多，但为使图形简洁，后续所有绕组均以单匝示意。

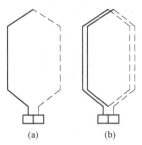

图 6-10　叠绕组线圈

（a）单匝线圈；（b）两匝线圈

图 6-11　波绕组线圈

（a）单匝线圈；（b）两匝线圈

1. 绕组线圈

直流电机的电枢绕组由结构形状相同的绕组线圈组成。绕组线圈是指两端分别与两片换向片连接的单匝或多匝线圈。每一个线圈都包含线圈边和端接线两个部分，线圈边是放在槽内能切割磁通而感应电动势的有效边。端接线是线圈在铁心端部（槽外）的部分，不切割磁通，因此不产生感应电动势，仅作为连接线。为了便于嵌线，每个线圈的一个线圈边放在某一个槽的上层（称为上层边），另一个线圈边则放在另一个槽的下层（称为下层边），如图 6-12 所示。

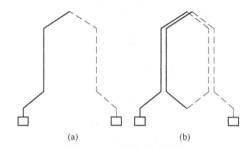

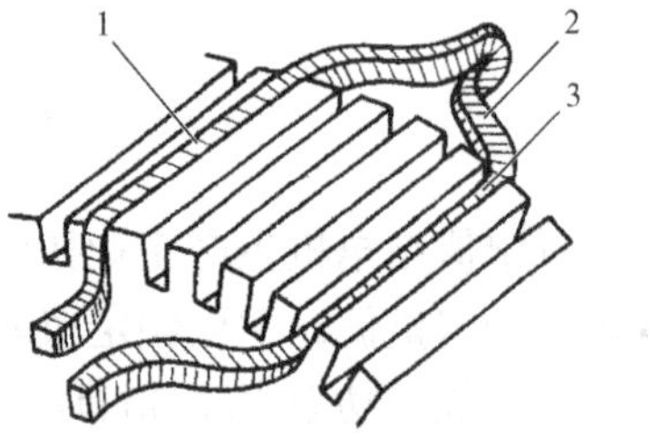

图 6-12　电枢绕组线圈在槽内的嵌放

1—上层边；2—端接线；3—下层边

为了改善电机的性能，需要用尽可能多的分布线圈组成电机绕组，由于结构、工艺等因素，电枢铁心表面不能开太多的槽。因此，有些电机的线圈数多于槽数，这时每槽的上下层各放多个线圈边，图 6-6 为每槽内每层安放两个线圈边的绕组。电枢表面所开的嵌线槽称为实槽，数量用 Z 表示。每一个实槽内每层放置 C 个线圈边，如将实槽内每一列上、下线圈边所占的槽内空间看成是一个虚槽，数量用 Z_e 表示，则实槽数 Z 和虚槽数 Z_e 之间的关系为

$$Z_e = CZ \qquad (6-1)$$

为了正确地说明线圈边所在的位置，本书统一用虚槽数作为绕组分析时的计数单位。由于每个线圈有两个线圈边、每个虚槽的上下两层可以放置两个线圈边、每个换向片与两个线圈边相连接，所以同一电机的线圈数 S、虚槽数 Z_e 和换向片数 K 必然相等，即

$$S = Z_e = K \qquad (6-2)$$

2. 绕组节距

绕组的连接规律是由节距来确定的，电枢绕组的节距有：第一节距 y_1、第二节距 y_2、合成节距 y 和换向器节距 y_k。图 6-13 为绕组连接规律示意图。

（1）第一节距 y_1。每一个线圈的两线圈边在电枢表面跨过的距离，即同一线圈的上层边到下层边之间的距离，通常用虚槽数表示，如图 6-13 所示。习惯上认为绕组展开图上从左

到右为节距的正方向，而且线圈的第一节距总是为正，也就是在绕组展开图中线圈的下层边位于上层边的右侧。

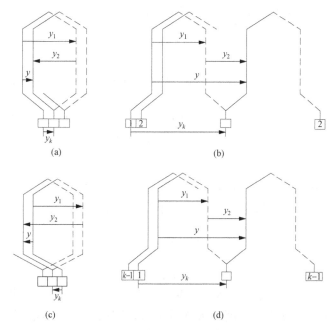

图 6-13　绕组连接规律示意图

（a）单叠右行绕组；（b）单波右行绕组（$p=2$）；（c）单叠左行绕组；（d）单波左行绕组（$p=2$）

　　由于线圈边都是嵌放在槽内，故用虚槽数表示的第一节距 y_1 必须为整数。为使线圈中的感应电动势最大，y_1 所跨的距离应等于或接近一个极距 τ，因为这种情况下线圈两圈边的电动势总是相加的。用虚槽数表示的极距 τ 为

$$\tau = \frac{Z_e}{2p} \qquad\qquad (6-3)$$

式中　p——电机主磁极的极对数。

　　由于 y_1 必须为整数，但有时 Z_e 不能恰好被 $2p$ 整除，因此应按下式确定第一节距 y_1

$$y_1 = \frac{Z_e}{2p} \pm \varepsilon \qquad\qquad (6-4)$$

式中　ε——小于 1 的分数，用来将 y_1 凑成整数。当 $\varepsilon=0$ 时，为整距线圈；ε 前取正号时，为
　　　　长距线圈；ε 前取负号时，为短距线圈。

　　（2）第二节距 y_2。与同一换向片相连的两个圈边之间的距离，即前一个线圈的下层圈边到后一线圈的上层圈边在电枢表面跨过的距离，称为绕组的第二节距，通常用虚槽数表示。

　　（3）合成节距 y。相串联的两个相邻线圈的对应线圈边在电枢表面跨过的距离，称为绕组的合成节距，通常用虚槽数表示。合成节距 y 等于 y_1 和 y_2 的代数和，即

$$y = y_1 + y_2 \qquad\qquad (6-5)$$

　　在叠绕组中，y_1 为正数，y_2 为负数，因此叠绕组中的合成节距 y 可能是正值（右行绕组），

也可能是负值（左行绕组）。在波绕组中，y_1 和 y_2 都为正数，则 y 也是正数。

（4）换向器节距 y_k。同一线圈两端所连接的两个换向片在换向器表面跨过的换向片数称为绕组的换向器节距。换向器节距总是等于合成节距，即

$$y_k = y \qquad\qquad (6-6)$$

3. 场移

为了使绕组各线圈能沿着电枢表面分布，相邻线圈在磁场中必须移过一定的距离，场移 m 用虚槽数或换向片数来表示。

对于叠绕组来说，相邻的两个线圈处于同一极面下，为了使绕组能分布开，y_2 的绝对值不能等于 y_1。显然，叠绕组的场移 m 与合成节距 y 相等，即

$$m = y \qquad\qquad (6-7)$$

对于波绕组，相串联的两个线圈处于相邻的两个同极性的磁极面下，为了使绕组能分布，合成节距 y 不能恰好等于一对极距，场移 m 等于合成节距与一对极距之差，即

$$m = y - \frac{K}{p} \qquad\qquad (6-8)$$

如果从第一线圈出发，经过 p 对极，串联了 p 个线圈后仍不满 K 个换向片，则第 $p+1$ 个线圈将落在第一线圈的左边，称为左行绕组，此时场移 m 为负数。如果从第一线圈出发，经过 p 对极，串联了 p 个线圈后已超过 K 个换向片，则第 $p+1$ 个线圈将落在第一线圈的右边，称为右行绕组，此时场移 m 为正数。

在实际使用中，为使绕组端接线较短，叠绕组常采用右行，波绕组多采用左行，在下面的分析中，都按此进行。

二、单叠绕组

电枢绕组绕制时，如电枢上的任何两个串联线圈都是后一个紧叠在前一个的上面，这种绕组称为叠绕组。在叠绕组中，若 $y = y_k = 1$，这是一种最简单的叠绕组，称为单叠绕组。单叠绕组绕线时，每一个线圈在电枢表面移过一个虚槽，直到最后一个线圈的末端与第一个线圈的首端相连而形成闭合绕组。

【例 6-1】 某直流电机参数如下：$2p = 4$，$S = K = Z_e = 20$，绕制一单叠右行整距绕组。

解：

（1）节距计算。由于是单叠右行绕组，所以

合成节距 $\qquad\qquad\qquad\qquad y = y_k = 1$

第一节距 $\qquad\qquad\qquad\qquad y_1 = \dfrac{Z_e}{2p} \pm \varepsilon = \dfrac{20}{4} \pm \varepsilon = 5$

第二节距 $\qquad\qquad\qquad\qquad y_2 = y - y_1 = 1 - 5 = -4$

（2）绕组连接表。为连接和分析绕组时方便，可绘制绕组连接表。连接表的编号原则：线圈、线圈的上层边、线圈上层边所在的虚槽以及与线圈上层边相连的换向片都具有相同的编号；而线圈的下层边则用它所在槽的编号加撇表示。线圈上层边与下层边之间的用实线连接；两线圈之间的虚线表示通过换向器上的换向片将两个线圈串联起来。

图 6-14 为本例的绕组连接表，由图可见，依次连接完 20 个线圈后，又回到了第一个线圈，说明直流电机电枢绕组总是自行闭合的。

图 6-14　绕组连接表

　　（3）绕组展开图。根据上述绕组连接表，可画出单叠绕组的展开图如图 6-15 所示。展开图是假设把电枢从某一齿中间沿轴向切开而展开成一个平面的绕组连接图。图 6-15 中上线圈边及其连接线画成实线，而下线圈边及其连接线画成虚线。主磁极在绕组的上方，N 极的磁力线方向指向纸面，S 极的磁力线从纸面穿出。假定电枢以转速 n 旋转，旋转方向在展开图表示为从左到右，则可得出各线圈上的感应电动势方向和电刷电位的正负极性如图 6-15 所示。

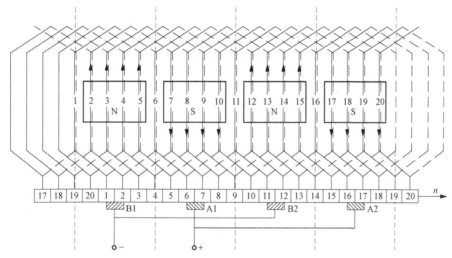

图 6-15　单叠绕组展开图

　　由于一般绕组线圈的端接线都是对称的，所以以每一线圈所连接的两片换向片的分界线位于该线圈的轴线上。以 1 号线圈为例，线圈 1 接换向片 1、2，而线圈 1 的轴线位于槽 3 和槽 4 的正中间，故换向片 1、2 的分界线与槽 3 和槽 4 的中间线重合。根据绕组连接表上的线圈之间的连接关系即可完成绕组展开图的绘制。

　　（4）电刷的放置。主磁极的宽度大约为极距的 0.7 倍，各主磁极 N、S 极交替、均匀地分布在电枢外的圆周上，相邻两主磁极之间的中心线称为电枢上的几何中性线。电机空载时，处于几何中性线的电枢表面上的磁通密度为零，故位于几何中性线处的线圈边的感应电动势为零。图 6-15 中槽 1、6、11、16 中的线圈边的感应电动势均为零，槽 2、3、4、5 和槽 12、13、14、15 中线圈边的感应电动势朝上，槽 7、8、9、10 和槽 17、18、19、20 中线圈边的感应电动势朝下。这样，4 个电动势为零的线圈把整个电枢绕组闭合电路分成 4 段，每段由位于一个主磁极下的 4 个电动势方向相同的串联线圈组成，相邻段电动势方向相反。由于电机结构对称，这 4 段电动势数值相等，因此，整个闭合回路内的总电动势为零，故电枢绕组内不会产生环流。

　　电刷的位置是根据正负电刷之间得到最大电动势这一原则来确定的。根据这一原则，电刷应与位于几何中性线上的线圈边所连接的换向片相连接，即放置在主磁极轴线下的换向片上，也称这种情况是电刷放在几何中性线上，如图 6-15 所示。按照上述原则放置电刷后，当线圈短距或者端接不对称时，每个电刷与换向片的连接有可能是不对称的，如下文单波绕组电刷的放置。这样，每个主磁极下都有一个电刷，故直流电机的电刷个数与电机极数相同。在实际直流电机中，电刷宽度是根据电刷的电流密度和换向情况而定的，一般刷宽约为换向片宽的 1.5～3 倍，但画图时习惯只画成一个换向片宽度。

（5）绕组的并联支路数。图 6-16 是对应于图 6-15 所示绕组展开图的电路图。由图 6-16 所示的电枢绕组电路图可见，电刷 A1、A2 是正极性的，而 B1、B2 负极性的。对外连接时，将同极性的电刷连接在一起。在图 6-16 所示的瞬间，从电刷外面看绕组时，电枢绕组线圈组成了 4 条并联支路。当电枢旋转时，线圈的位置也随之移动，被电刷短路的线圈也交替更换，但从电刷外面看绕组时，仍然是一个有 4 条支路的电路。实际上从绕组展开图可见，上线圈边处在同一磁极下的线圈串联起来形成一条支路，它们的电动势方向相同。本例中，直流电机有 4 个磁极，故有 4 条并联支路。如果极数增多，并联的支路也随之增多，故单叠绕组的特点：绕组的并联支路数等于电机的极数。也就是说，单叠绕组的并联支路数恒等于电机的磁极数，即

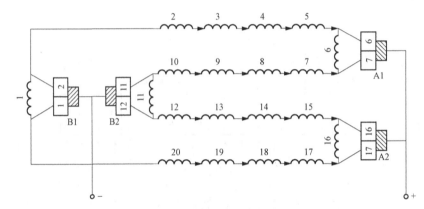

图 6-16　对应图 6-15 所示绕组展开图的电枢绕组电路图

$$a = 2p \qquad\qquad (6-9)$$

式中　a——并联支路数。

设每一支路的电流为 i_a，则电枢电流 I_a 为各支路电流之和，即

$$I_a = a i_a \qquad\qquad (6-10)$$

由以上两式可见，为增大电枢电流 I_a，应增加并联支路数，即增加主磁极数，但电机结构等因素使得主磁极数不能任意增加，这时可采用复叠绕组，使支路数成倍增加。有关复叠绕组的内容可参考其他有关资料。

三、单波绕组

当电机的极数和绕组的线圈数一定时，欲获得比单叠绕组更大的电枢电动势，只有减少并联支路数并增加每一支路串联线圈数，因此，把电枢上所有处于相同极性下的线圈都串联起来构成一条支路。这样，相邻两串联线圈的对应边的距离为两个极距，形成图 6-13（b）、（d）所示的波浪形，故称为波绕组。6-13（b）、（d）中的绕组将所有相同极性的线圈串联后回到原来出发的换向片 1 相邻的换向片上，则该绕组称为单波绕组。

单波绕组的第一节距 y_1 与单叠绕组的一样，等于或接近一个极距 τ。其合成节距接近于 2τ，但不能等于 2τ，否则，绕组由出发点串联 p 个线圈而绕电枢一周后，又回到原出发点而闭合，无法和其他线圈串联。

单波绕组是这样绕制的：绕组从某一换向片出发，沿电枢圆周和换向器绕了一周后，回到原来出发的那个换向片相邻的换向片上，再由此绕第二周、第三周……，最后将全部线圈串联完毕并与最初出发的换向片相连而构成一闭合绕组。因此，单波绕组的换向器节距必须

满足以下关系：

$$py_k = K \pm 1，\text{或} \quad y = y_k = \frac{K \pm 1}{p} = \text{整数} \tag{6-11}$$

式（6-11）中如取"＋"号，则绕行一周后，比出发的换向片前进一片，为右行绕组；如取"－"号，则比出发的换向片后退一片，则为左行绕组。左行绕组的端接线较短，故波绕组中常用左行绕组。

【例6-2】 某直流电机参数如下：$2p=4$，$S=K=Z_e=19$，绕制一单波左行短距绕组。

解：

（1）节距计算。绕组为单波左行短距绕组，故有

合成节距
$$y = \frac{K-1}{p} = \frac{19-1}{2} = 9$$

第一节距
$$y_1 = \frac{Z_e}{2p} \pm \varepsilon = \frac{19}{4} \pm \varepsilon = 5$$

第二节距
$$y_2 = y - y_1 = 9 - 5 = 4$$

（2）绕组连接表。根据计算出来的节距数据，采用例6-1相同的方法，可画出波绕组的绕组连接表如图6-17所示。按此绕组连接表，所有线圈依次串联，最终绕组将构成一个闭合回路。

图6-17　单波绕组连接表

（3）绕组展开图。对于端接线对称的波绕组，每一线圈所连接的两片换向片应对称地位于该线圈轴线的左右两侧。根据绕组连接表，画图时从换向片1开始，将它接到槽1的上线圈边，再接到槽6的下层边，然后接到换向片10，这样便画完了第一个线圈；再将换向片10接至槽10的上线圈边，开始画第二个线圈；由于所有线圈的节距相等，按第一个线圈的连接规律继续画下去，便可将全部19个线圈依连接表的次序串联起来，最后回到换向片1而构成一个闭合绕组。绕组的展开图如图6-18所示。

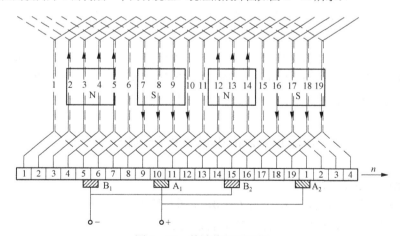

图6-18　单波绕组展开图

（4）电刷的放置。与叠绕组相同，波绕组的电刷也应放置在换向器的几何中性线上。对于端接线对称的波绕组，电刷仍应放置在主磁极轴线处的换向片上，如图 6-18 所示。由于每个主磁极都对应一条几何中性线，几何中性线数与电机主磁极数 $2p$ 相同，故电刷的组数仍为 $2p$。

（5）绕组的并联支路数。在图 6-19 所示瞬间，线圈 1、10、11 被连在一起的正电刷 A_1、A_2 所短路，线圈 6、15 被连在一起的负电刷 B_1、B_2 短路；线圈 5、14、4、13、3、12、2 串联在一起，这些线圈的上线圈边都处在 N 极下，各线圈中的电动势方向相同；而线圈 16、7、17、8、18、9、19 串联在一起，这些线圈的上线圈边都处在 S 极下，各线圈中的电动势方向也相同。

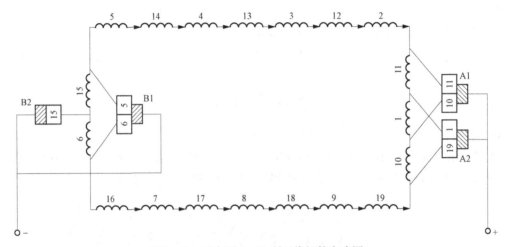

图 6-19 对应图 6-18 所示绕组的电路图

从上面分析可知，单波绕组的并联支路数与极对数无关，恒等于 2。每一条支路上线圈边处于同一极性下的所有线圈，各线圈的电动势方向相同。当电枢旋转时，各线圈的位置随之移动，被电刷短路的线圈也交替更换，但从电刷外面看绕组时仍是两条并联支路。故单波绕组的主要特点：并联支路数与磁极数无关，恒等于 2，即

$$a=2 \tag{6-12}$$

因为只有两个并联支路，理论上只需要两个电刷就足够了，如上例中只保留 A_1B_1，而 A_2B_2 可以省略，不影响电机的功率。但是实际设计中，还是保留全额的电枢，以减少电刷的电流密度，提供工作可靠性。

实用中直流电枢绕组除单叠和单波绕组外，还有复叠、复波和混合绕组。双叠绕组 $y=2$，可以看成是两个单叠绕组组合而成，并联支路数为极数的 2 倍。双波绕组 $y=(K\pm2)/p$，可以看成是两个单波绕组组合而成，并联支路数 $a=4$。混合绕组由一套波绕组和一套叠绕组按一定规律组合而成。就使用而言，各种绕组的主要区别是并联支路数的多少。通常根据电机所需电流的大小和电压的高低来选择绕组的形式。

第五节 直流电机磁场与电枢反应

一、直流电机空载气隙磁场

直流电动机空载运行时，电枢电流 $I_a \approx 0$，主磁极所产生的恒定磁场就是直流电动机的空载磁场。图 6-20 为四极电机空载磁场的分布情况。

1. 磁通与磁动势

从图 6-20 可见，励磁磁动势所产生的主磁极磁通分为两部分：大部分磁通的路径为主

磁极→气隙→电枢铁心齿部→电枢铁心轭部→电枢铁心齿部→气隙→另一个主磁极→定子轭部→返回原主磁极，并与电枢绕组和两个极的励磁绕组相交链，是实现机电能量转换的媒介，称为主磁通，用 Φ_0 表示；另一小部分磁通不经过电枢铁心而仅通过极间气隙，或主磁极邻近的铁磁材料和空隙形成闭合回路，并仅与励磁绕组相交链，不会在电枢绕组中感应电动势参与机电能量转换，称为漏磁通，用 Φ_σ 表示。电机实现机电能量转换依靠主磁通 Φ_0 来完成，而漏磁通仅仅影响电机的运行性能。

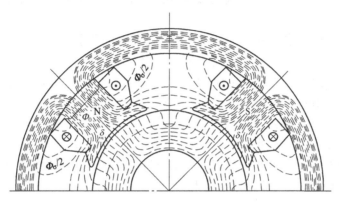

图 6-20 直流电机空载时的磁场分布

设空载时每极主磁通为 Φ_0，漏磁通为 Φ_σ，则通过每个主磁极铁心中的总磁通为

$$\Phi_0 + \Phi_\sigma = \left(1 + \frac{\Phi_\sigma}{\Phi_0}\right)\Phi_0 = k_\sigma \Phi_0 \tag{6-13}$$

式中 k_σ ——主磁极漏磁系数，其大小与磁场分布情况有关，通常 $k_\sigma = 1.15 \sim 1.25$。

主磁通回路可以分成 5 部分，即主磁极（2 段）、气隙（2 段）、电枢铁心齿部（2 段）、电枢铁心轭部和定子轭部，如图 6-21 所示。

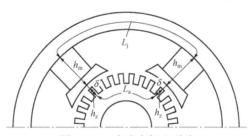

图 6-21 直流电机主磁路

δ—气隙计算长度；h_z—齿计算高度；h_m—主磁极计算高度；L_j—定子轭平均长度；L_a—转子轭平均长度

根据全电流定律，产生主磁通 Φ_0 所需的励磁磁动势 F_0 为

$$F_0 = \oint_l H \mathrm{d}l = \sum_{k=1}^{n} H_k l_k \tag{6-14}$$

式中 H_k ——各段磁路的平均磁场强度；

l_k ——各段磁路的平均计算长度。

由于主磁通回路的励磁磁动势 F_0 由相邻两个磁极励磁绕组共同产生，所以磁动势与励磁电流的关系为

$$F_0 = 2I_f N_f \qquad\qquad (6-15)$$

式中　N_f——励磁绕组匝数。

2. 主磁场分布

主磁通所对应的气隙磁通密度的分布情况如图 6-22 所示。在不计齿槽影响时，磁极面下磁阻较小且较均匀，故磁通密度较高，而两极之间的气隙处，磁通密度明显降低，磁通密度沿曲线平滑下降，称为边缘磁通，气隙磁场的磁密曲线呈笠帽形的平顶波。

3. 磁化曲线

直流电机的磁化曲线是指电机的主磁通与励磁磁动势的关系曲线 $\Phi_0 = f(F_0)$，如图 6-23 所示。该曲线可根据式（6-14）在给定不同的主磁通 Φ_0 下求一系列 F_0 的值后作出。从图 6-23 可以看出，磁化曲线在 Φ_0 较小时几乎是一条直线，因为当 Φ_0 较小时，铁磁部分的磁路没有饱和，铁磁部分所需的磁动势远小于气隙所需的值而可以忽略不计，因此 Φ_0 与磁动势 F_0 的关系与 Φ_0 与磁动势 F_δ 的关系几乎相同，而后者是线性关系。磁化曲线起始部分的直线段延长所得直线即为气隙磁化曲线 $\Phi_0 = f(F_\delta)$，简称气隙线。Φ_0 增大到一定程度后，由于铁磁部分的磁路开始饱和，铁心部分所需的磁动势将迅速增加，磁化曲线开始偏离气隙线向下弯曲，Φ_0 越大，磁化曲线弯曲程度也越大。

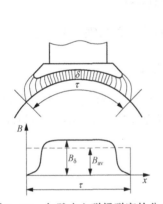

图 6-22　气隙中主磁场磁密的分布

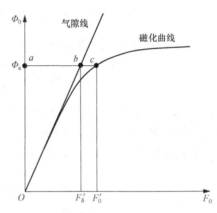

图 6-23　电机的磁化曲线

电机空载时，在额定转速下，产生额定电压所对应的磁通 Φ_a 所需磁动势为 F_0'，同一磁通下的气隙磁动势为 F_δ'，如图 6-23 所示，定义饱和系数

$$k_\mu = \frac{F_0'}{F_\delta'}$$

一般电机中，饱和系数 $k_\mu = 1.1 \sim 1.35$。饱和系数的大小对电机的运行性能和经济性有较大的影响。为了经济地利用铁磁材料，电机的额定工作点一般设计在磁化曲线开始弯曲的"膝点"附近。磁化曲线的横坐标也可以用 I_f 表示，其与 F_0 只差一个匝数。

二、直流电机的电枢磁场

当电枢电流 $I_a \neq 0$ 时，气隙磁场由励磁电流 I_f 产生的励磁磁动势 F_f 和由电枢电流 I_a 产生的电枢磁动势 F_a 共同建立。由电枢电流产生的磁场称为电枢磁场。

为了后续分析的方便，首先介绍电枢表面电流分布的特点：以相邻两个与电刷连接的导体为界，它们之间的导体电流流向相同；以与电刷连接的导体为界，其两侧导体电流流向相反。也就是说，与电刷连接的导体是电枢表面导体电流流向的分界线。以图 6-15 所示绕组为例，在图示时刻，第 1、6、11、16 号槽内的导体与电刷连接。1 号槽到 6 号槽之间的导体电流方向相同，6 号槽到 11 号槽之间的导体电流方向相同，而 6 号槽左右两边导体电流方向相反。事实上，各种绕组形式的电枢电流分布均有上述特点。

　　1. 电刷放置在几何中性线时的电枢磁场

　　分析时假设电枢槽内总有效串联导体数为 N，并均匀分布在电枢表面上，不计齿槽影响；电刷位于换向器几何中性线上，其电枢磁场的分布如图 6-24（a）所示，为使图形更加直观，图中电刷直接画在与其相连接的导体之上，该导体正好位于两极交界的位置（交轴）。虽然随着电枢转动，组成各支路的线圈在轮换，各个导体内部的电流在交变，但是由于电刷是电枢表面上电流流向的分界线，而电刷在空间上是静止不动的，所以，从空间看，由这些电流产生的电枢磁动势和磁场在空间上也是固定不动的。这时电枢磁动势的轴线与交轴重叠，故称这种电枢磁动势为交轴电枢磁动势。

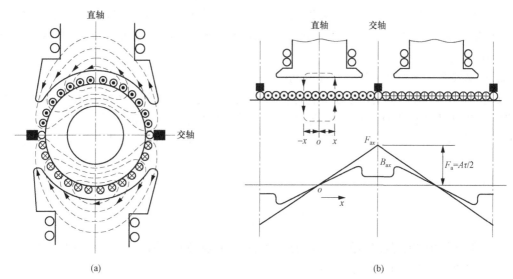

图 6-24　电刷放在几何中性线上时的电枢磁动势和磁场
（a）电枢磁场；（b）电枢磁动势和磁场分布

　　在图 6-24 中的交轴处，将电机切开并展成一条直线，以主磁极轴线与电枢表面的交点 o 作为坐标的原点。则根据全电流定律，在一个极距范围内，取一经过距原点 $\pm x$ 处的闭合回路如图 6-24（b）所示，则被此回路所包围的电枢导体总电流数为

$$\sum i = \frac{2x}{\pi D_a} N i_a \qquad (6-16)$$

式中　N——电枢总导体数；

　　　　D_a——电枢外直径；

　　　　i_a——导体电流。

　　该总电流数即为消耗在该回路的总磁动势，假设铁心不饱和，忽略铁心中的磁动势，则总磁动势降落在两个气隙上，则 x 点处一个气隙的电枢磁动势为

$$F_{ax} = \frac{1}{2}\left(\frac{2x}{\pi D_a} Ni_a\right) = \frac{Ni_a}{\pi D_a} x = Ax \qquad (6-17)$$

式中 A——电枢表面线负荷，$A = \dfrac{Ni_a}{\pi D_a}$。

由式（6-17）可以画出沿电枢表面电枢磁动势的分布曲线 $F_{ax}=f(x)$，如图 6-24（b）所示。由图可见，电枢磁动势沿空间分布呈三角形，在直轴处其值为零，而在交轴处达到最大值

$$F_a = F_{aq} = \frac{A\tau}{2} = \frac{NI_a}{8pa} \qquad (6-18)$$

电枢磁场沿气隙的磁通密度空间分布为

$$B_{ax} = \mu_0 H_{ax} = \mu_0 \frac{F_{ax}}{\delta'} = \mu_0 \frac{Ax}{k_\delta \delta} \qquad (6-19)$$

尽管离磁极中心线越远，磁动势越大，但由于极间气隙增大幅度比磁动势增大幅度要大得多，该处的磁密 B_{ax} 反而减小。气隙电枢磁密 B_{ax} 沿电枢表面呈马鞍形分布，如图 6-24（b）中曲线 B_{ax} 所示。

2. 电刷偏离几何中性线时的电枢磁场

实际电机中，由于装配误差或其他原因，电刷有可能偏离几何中性线，设其偏离角度为 β，相当于在电枢表面上移过弧长为 b_β 的距离，这时电枢表面电流流向的分界线也随电刷同时移动，如图 6-25（a）所示。为了便于分析电枢反应，可将电枢电动势分为两部分来研究，一部分是 2β 角以外的（$\tau-2b_\beta$）范围内的导体电流产生的交轴电枢磁动势，如图 6-25（b）所示，其最大值为

$$F_{aq} = A\left(\frac{\tau}{2} - b_\beta\right) \qquad (6-20)$$

另一部分是由 $2b_\beta$ 范围内的导体电流产生的直轴电枢磁动势，该磁动势的轴线在主磁极轴线上，如图 6-25（c）所示，其最大值为

$$F_{aq} = Ab_\beta \qquad (6-21)$$

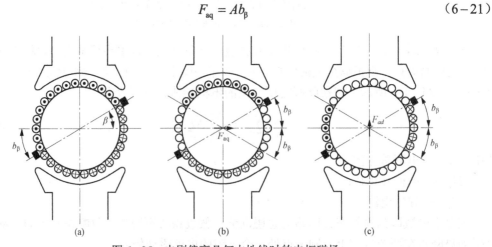

图 6-25 电刷偏离几何中性线时的电枢磁场
（a）电枢磁动势 F_a；（b）交轴分量 F_{aq}；（c）直轴分量 F_{ad}

　　图 6-26 画出了当电刷偏离几何中性
线上时的电枢磁动势在电枢表面上的空间
分布曲线。图中 n_g 和 n_e 分别表示直流电机
作为发电机和作为电动机时,要使电枢电流
按图示分布所应有的转向,两者的方向之所
以不同是因为作为发电机运行时电流的方
向与感应电动势相同,而作为电动机运行时
电流的方向与感应电动势相反。曲线 1 为电
刷移过 β 角度后的电枢磁动势空间分布曲
线,它仍为三角形波,只是整个波随电刷移
过了 β 角度,曲线 2 表示交轴磁动势分量
$F_{aq}(x)$,曲线 3 表示直轴磁动势分量 $F_{ad}(x)$,
曲线 1 即为曲线 2 和曲线 3 之和。

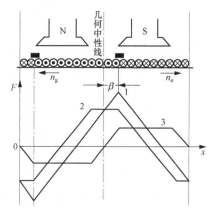

图 6-26　电刷偏离几何中性线上时的磁动势分布曲线

三、电枢反应

　　电机负载运行时,电机的磁场由主磁极的励磁磁动势和电枢磁动势共同产生,致使负载
时气隙磁场与空载时不同。电枢电流产生的电枢磁场对主磁极励磁磁动势建立的气隙磁场产
生影响,使气隙磁场发生畸变的作用称为电枢反应。电枢反应可分交轴电枢反应和直轴电枢
反应。

　　1. 交轴电枢反应

　　当电刷放在换向器几何中性线上时,电枢磁场轴线与主磁极轴线正交(即成 90° 电角度),
电枢磁动势全部为交轴磁势,故此时只有交轴电枢反应。由励磁磁势和电枢磁势共同建立的
合成磁场如图 6-27(a)所示。交轴电枢反应对气隙磁场的影响程度与电机磁路的饱和程度
有关。

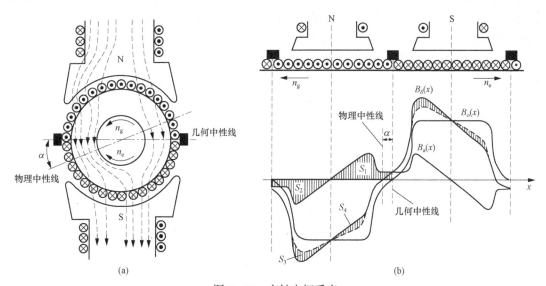

(a)　　　　　　　　　　　　　　　　　　　　(b)

图 6-27　交轴电枢反应

(a)合成磁场;(b)磁路不饱和时的合成磁场

　　当磁路不饱和时，磁路的磁阻为常值，此时可用迭加法来求负载运行时气隙中的合成磁场，如图 6-27（b）所示。图中呈笠帽形分布的 $B_0(x)$ 表示空载时由励磁磁势所建立的主磁场沿电枢表面的分布，呈马鞍形分布的 $B_a(x)$ 表示电枢磁势单独建立的电枢磁场沿电枢表面的分布。把曲线 $B_0(x)$ 和 $B_a(x)$ 迭加，即得到负载运行时气隙合成磁场沿电枢表面的分布曲线 $B_\delta(x)$。交轴电枢反应对气隙磁场的影响如下：

　　（1）每个主磁极下的磁场，一半被削弱，另一半被加强，被削弱的数量［见图 6-27（b）中的 S_1 面积］等于被加强的数量［见图 6-27（b）中的 S_2 面积］。我们称电枢进入极面处的磁极极尖为前极尖，电枢离开极面处的极尖为后极尖。对发电机来说，前极尖磁场被减弱，后极尖磁场被加强；对电动机而言则正好相反。

　　（2）使气隙磁场发生畸变。随着磁场分布畸变，电枢上磁密为零的位置也随之移动。通常将电枢圆周上通过磁密为零之处的直线称为物理中性线。空载时物理中性线与几何中性线重合。负载时，对发电机来说，物理中性线顺电枢旋转方向前移了一角度 α；而对电动机来说则逆转向偏移 α 角度。

　　磁路饱和时，磁路磁阻已不是常数，它随磁密的不同而变化，因此无法使用迭加法。对发电机而言，负载时后极尖处磁场被加强，使铁心饱和程度提高，铁心磁阻增大；而前极尖处磁场被削弱，使该处铁心饱和程度降低，磁阻减少。由图 6-27 可见，由于后极尖处磁路饱和程度提高，使该处的实际磁通密度分布曲线比图中不计饱和时的磁通密度分布曲线 $B_\delta(x)$ 要低；而前极尖处磁路饱和程度略有降低，使其实际的磁通密度要比图中曲线 $B_\delta(x)$ 稍有提高。将此实际曲线（虚线）与不饱和时的曲线（实线）进行比较，可见电枢反应使后极尖磁通增加的数量小于使前极尖磁通减少的数量（面积 $S_4 < S_3$），即负载时的每极合成磁通比空载时要减少一些。故当磁路饱和时，交轴电枢反应不仅使气隙磁通畸变，而且还有去磁作用。

　　2. 直轴电枢反应

　　当电刷偏离换向器几何中性线上时，电枢磁势可分解为直轴电动势和交轴电动势两个分量，因此电机中同时存在交轴电枢反应和直轴电枢反应。其中交轴电枢反应对气隙磁场的影响和前面分析过的一样，下面分析直轴电枢反应。

　　由图 6-28 可见，直轴电枢磁势与励磁磁势的轴线同在一条直线上，因此直轴电枢反应将直接影响主磁极下磁通量的大小。当 F_{ad} 的方向与励磁磁势的方向相反时，它使主磁极下

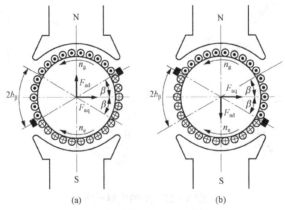

图 6-28　直轴电枢反应和交轴电枢反应

（a）去磁；（b）增磁

磁通减少，即起去磁作用，如图 6-28（a）所示；而当 F_{ad} 的方向与励磁磁势的方向相同时，则使主磁极下磁通增加，即起到增磁作用，如图 6-28（b）所示。结合移刷方向来分析，可得以下结论：当电机作为发电机运行时，如电刷顺电枢旋转方向从几何中性线移开，则直轴电枢反应起去磁作用，如果逆着电枢旋转方向移动则直轴电枢反应起增磁作用；而当电机作为电动机运行时，得到的结论恰好与发电机时的相反。

第六节　感应电动势和电磁转矩

为了便于分析，假设电枢表面光滑无齿，电枢绕组线圈均匀地分布在电枢表面，绕组为整距线圈，电刷位于换向器几何中性线上。不计被电刷短路的线圈导体数。

一、电枢绕组的感应电动势

电枢旋转时，电枢绕组切割气隙磁场，产生感应电动势。电枢绕组感应电动势是指正、负电刷间支路的感应电动势，它等于支路中各串联导体感应电动势之和。由于电枢是旋转的，电刷是静止的，电刷间的感应电动势并不是某几个固定导体的感应电动势之和，而是电刷间固定区域内的导体感应电动势之和。组成叠绕组每条支路的上线圈边（即导体）均匀地分布在一个磁极下，下线圈边均匀地分布在另一不同极性的磁极下；组成波绕组每条支路的上线圈边均匀地分布在同一极性的磁极下，下线圈边均匀分布在不同极性的磁极下。因此，可以认为构成一条支路的所有导体均匀地分布在一个极面范围内，而且所有导体的感应电动势都是相互叠加的。

设电枢总导体数为 N，则每一条支路中的串联导体数为 N/a。每条支路电动势

$$E_a = \sum_{i=1}^{N/a} e_i = \sum_{i=1}^{N/a} B_i l v = l v \sum_{i=1}^{N/a} B_i \qquad (6-22)$$

式中　e_i——支路中第 i 根导体的感应电动势；

　　　B_i——第 i 根导体处的气隙磁通密度值；

　　　l——电枢表面沿轴向的有效计算长度，m；

　　　v——导体切割气隙磁场的速度，其值为 $v = 2p\tau\dfrac{n}{60}$；

　　　p——电机极对数；

　　　τ——极距，m；

　　　n——电机转速，r/min。

由于构成一条支路的所有导体均匀地分布在一个极面范围内，所以，当串联导体数 N/a 足够大时

$$\sum_{i=1}^{N/a} B_i = \frac{N}{a} B_{av} \qquad (6-23)$$

式中　B_{av}——每极平均磁密。若每极总磁通量为 Φ，则每极平均磁密 $B_{av} = \dfrac{\Phi}{S} = \dfrac{\Phi}{l\tau}$；

　　　S——电枢表面每极有效面积，m²。

整理，得

$$E_a = \frac{pN}{30a}\Phi n = C_e \Phi n \qquad (6-24)$$

式中　C_e——电动势常数，$C_e = \frac{pN}{30a}$。当 Φ 的单位为 Wb，n 的单位为 r/min 时，感应电动势

E_a 的单位为 V。

由式（6-24）可以看出，直流电机制成后，电枢电动势仅与每极总磁通量和转速有关，而与每极下磁密分布情况无关。

当绕组为短距线圈时，在一个支路中有部分线圈的两有效边的电动势相互抵消，使导体的平均电动势减少，因此电枢绕组的电动势也随之减少，但直流电机中短距是很小的，故短距对电枢电动势的影响不大。当电刷在换向器几何中性线上时，电枢电动势最大；如电刷偏离几何中心线时，支路中也有部分导体的电动势相互抵消，电枢绕组的电动势也将减小。

二、直流电机的电磁转矩

当电枢绕组中有电流流通时，电枢导体将受到电磁力作用，产生电磁转矩。从微观角度分析电磁转矩的步骤与分析感应电动势的步骤相同。直流电机电磁转矩应是电枢所有 N 根导体所产生的电磁转矩的总和，由于结构及参数的对称性，该转矩等于一个极面下所有导体所产生的电磁转矩的 $2p$ 倍，即

$$T = \sum_{i=1}^{N} T_i = 2p \sum_{i=1}^{N/2p} B_i l i_a \frac{D_a}{2} = 2p l i_a \frac{D_a}{2} \sum_{i=1}^{N/2p} B_i \qquad (6-25)$$

式中　T_i——第 i 根导体受到的电磁转矩；

　　　　i_a——支路电流，等于电枢电流除于支路数，即 $i_a = I_a/a$；

　　　　D_a——电枢外直径，$D_a = \frac{2p\tau}{\pi}$。

实际计算时，与计算感应电动势一样，用 B_{av} 替代实际磁密 B_i，则电磁转矩

$$T = p l i_a D_a \sum_{i=1}^{N/2p} B_i = p l \frac{I_a}{a} \frac{2p\tau}{\pi} \frac{N}{2p} \frac{\Phi}{l\tau} = \frac{pN}{\pi a} \Phi I_a = C_T \Phi I_a \qquad (6-26)$$

式中　C_T——转矩常数，$C_T = \frac{pN}{\pi a} = \frac{30}{\pi} \frac{pN}{30a} = 9.55 C_e$，当 Φ 的单位为 Wb，I_a 的单位为 A 时，

　　　　电磁转矩 T 的单位为 N·m。

式（6-26）表明，电磁转矩与每极磁通和电枢电流的乘积成正比。

【例 6-3】 某四极直流发电机铭牌数据如下：$P_N = 20$kW，$U_N = 230$V，$n_N = 1500$ r/min，$\eta_N = 85\%$。电机的电枢槽数为 36 槽，每槽 12 个导体，电枢绕组为单叠绕组。试求：

（1）该电机的额定电流。

（2）如额定情况下电枢回路电阻压降为端电压的 8%，问额定时的每极磁通为多少？

解：

（1）对于发电机，$P_N = U_N I_N$，则额定电流

$$I_N = \frac{P_N}{U_N} = \frac{20 \times 10^3}{230} = 86.96 \text{（A）}$$

（2）对于发电机，其内部感应电动势大于端电压，额定时

$$E_a = (1 + 8\%)U_N = (1 + 8\%) \times 230 = 248.4 \ (V)$$

电枢总导体数：$N = 36 \times 12 = 432$，单叠绕组的并联支路数 $a = 2p = 4$。

电动势常数：

$$C_e = \frac{pN}{30a} = \frac{2 \times 432}{30 \times 4} = 7.2$$

每极磁通：

$$\Phi = \frac{E_a}{C_e n} = \frac{248.4}{7.2 \times 1500} = 0.023 \ (Wb)$$

小 结

作为机电能量转换装置，直流电机既可运行于发电机状态，又可运行于电动机状态。不管运行于何种状态，其内部均同时存在电生磁、磁生电和电磁作用产生力三种现象。

直流电机的结构特点是具有换向器和电刷的组成的换向装置，换向装置的作用是实现电枢绕组中的交流感应电动势与电刷间的直流电动势之间的转换。

电枢绕组是直流电机的核心部件，电枢绕组在磁场中旋转将产生感应电动势，其内部通过的电流与磁场相互作用产生电磁转矩。直流电枢绕组的主要特点：① 是闭合绕组。每个线圈的两个端点与两片不同换向片连接，每片换向片与两个不同线圈边连接，整个绕组通过换向片连成一体，形成闭合回路；② 绕组均为双层绕组，线圈数、换向片数和虚槽数相等；③ 绕组的并联支路数取决于绕组的形式。单叠绕组的支路数 $a = 2p$，而单波绕组支路数 $a = 2$。

电刷的位置是根据正负电刷之间得到最大电动势这一原则来确定的，根据这一原则，电刷应与位于几何中性线上的线圈边所连接的换向片相连接。

直流电机磁场的性质、大小和分布对电机的运行性能有重要影响。空载时，电机内部磁场由励磁绕组单独激励，是一个恒定磁场。负载时，电机内部同时存在主极励磁磁动势和电枢磁动势，当电刷位于几何中性线时，为交轴电枢反应。电枢反应使气隙磁场的大小和分布发生变化，对于电动机，交轴电枢反应使得前极尖处的磁场得到增强，而后极尖处的磁场被削弱；发电机的情况则相反。磁场畸变对电机运行的影响主要：① 由于磁路饱和，磁场畸变将使每极总磁通有所减少；② 磁场畸变后，使交轴处磁场不为零，极面下磁密分布不均，从而使换向片间电动势分布也不均，不利于换向。当电刷偏离几何中性线时，电机不仅有交轴电枢反应，还有直轴电枢反应。对于电动机，顺着电枢转向移电刷，直轴电枢反应的为去磁作用，反之为助磁作用；发电机的情况则相反。

直流电机电枢绕组的感应电动势 $E_a = C_e \Phi n$，即感应电动势与每极磁通量及转速成正比。直流电机的电磁转矩 $T = C_T \Phi I_a$，即电磁转矩与每极磁通量及电枢电流成正比。

注意：虽然单根单体的感应电动势和所受的电磁力都与其所处位置的磁感应强度成正比，但由于电枢绕组的电动势和所受的电磁转矩反映的是整个电枢的总量，所以其大小只与每极总磁通量成正比，而与磁场分布情况无关。

思 考 题

6-1　直流发电机是怎么发出直流电流？如果没有换向器，电机能否发出直流电流？

6-2　试判断下列情况下，电刷两端电压性质：

（1）磁极固定，电刷与电枢同步旋转。

（2）电枢固定，电刷与磁极同步旋转。

6-3　在直流发电机中，为了把交流电动势转变成直流电压而采用了换向器装置；但在直流电动机中，加在电刷两端的电压已经是直流电压，那么换向器的作用是什么呢？

6-4　直流电机的主磁极铁心、电枢铁心和磁轭都是磁路的一部分，它们分别由什么材料构成？为什么要这样选用材料？

6-5　从原理上看，直流电机电枢绕组可以只用一个线圈做成，但实际的直流电机用很多线圈串联组成，为什么？是不是线圈越多越好？

6-6　何谓主磁通？何谓漏磁通？漏磁通的大小与哪些因素有关？

6-7　为什么直流电机的电枢绕组必须是闭合绕组?闭合回路中会有环流吗？

6-8　单叠绕组与单波绕组在绕法、节距、并联支路数上的主要区别是什么？

6-9　一台4极单叠绕组的直流电机，问：

（1）如果取出相邻的两组电刷，只用剩下的另外两组电刷是否可以？对电机的性能有何影响？端电压有何变化？此时发电机能供给多大的负载（用额定功率的百分比表示）？

（2）如有一线圈断线，电刷间的电压有何变化？此时发电机能供给多大的负载？

（3）若只用相对的两个电刷是否能够运行？

（4）若有一极失磁，将会产生什么后果？

6-10　如果是单波绕组，上题的结果如何？

6-11　何谓电枢反应？电枢反应对气隙磁场有何影响？直流发电机和直流电动机的电枢反应有哪些共同点？又有哪些主要区别？

6-12　直流电机空载和负载运行时，气隙磁场各由什么磁动势建立？负载时电枢回路中的电动势应由什么样的磁通进行计算？

6-13　一台直流电动机，磁路是饱和的，当电机带负载以后，电刷逆着电枢旋转方向移动了一个角度，试问此时电枢反应对气隙磁场有什么影响？

习 题

6-1　试计算下列绕组的节距 y_1、y_2 和 y_k，绘制绕组展开图，安放主极及电刷，求并联支路数。

（1）右行单叠绕组：$2p=4$，$Z=S=16$；

（2）左行单波绕组：$2p=4$，$Z=S=15$。

6-2　一台2极发电机，空载时每极磁通为0.3Wb，每极励磁磁动势为3000A。现设电枢圆周上共有电流8400A并作均匀分布，已知电枢外径为0.42m，若电刷自几何中性线前移20°机械角度，试求：

（1）每极的交轴电枢磁动势和直轴电枢磁动势各为多少？

（2）当略去交轴电枢反应的去磁作用和假定磁路不饱和时，试求每极的净有磁动势及每极下的合成磁通。

6－3　一台 4 极直流发电机，单波绕组，$S=95$，每个线圈的串联匝数 $N_c=3$，$D_a=0.162m$，$I_N=36A$，电刷在几何中性线上，试计算额定负载时的线负荷及交轴电枢磁动势。

6－4　一台 4 极直流发电机，当 $n=1000 \text{ r/min}$，每极磁通 $\Phi=4\times10^{-3}\text{Wb}$ 时，$E_a=230V$，试求：

（1）若为单叠绕组，则电枢绕组应有多少导体？

（2）若为单波绕组，则电枢绕组应有多少导体？

6－5　某四极直流电动机铭牌数据如下：$P_N=20kW$，$U_N=220V$，$n_N=1500r/min$，$\eta_N=84\%$。电机的电枢槽数为 37 槽，每槽 12 个导体，电枢绕组为单波绕组。试求：

（1）该电机的额定电流。

（2）如额定情况下电枢回路电阻压降为电源电压的 8%，问额定时的每极磁通为多少？

第七章　直 流 发 电 机

第一节　直流电机的励磁方式

电机的运行特性与励磁绕组获得励磁电流的方式，即励磁绕组与电枢绕组间的连接方式有很大的关系，直流电机的各种励磁方式如图7−1所示。

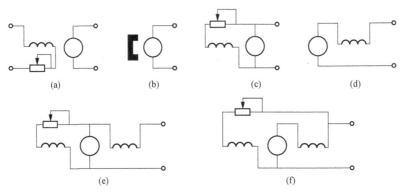

图7−1　直流电机的励磁方式

（a）他励；（b）永磁式；（c）并励；（d）串励；（e）短复励；（f）长复励

1. 他励

如图7−1（a）所示为他励励磁方式，励磁绕组与电枢绕组在电路上相互独立，励磁电流的大小与电枢端电压和电枢电流无关，一般情况下励磁电流远小于电枢电流，励磁绕组的匝数较多，截面积较小。

图7−1（b）所示由永磁体做成的主磁极也可视为他励的一种，只是其磁场不可调节。

2. 并励

励磁绕组与电枢绕组并联，由同一直流电源供电，如图7−1（c）所示。因励磁回路自成一路，所以一般也与他励一样，设计成具有较小的励磁电流，较多的励磁绕组匝数。

3. 串励

励磁绕组与电枢绕组串联，如图7−1（d）所示。此时电枢电流和励磁电流相等，由于电枢电流较大，所以串励绕组的截面积大，匝数少。

4. 复励

复励电机同时具有并励绕组和串励绕组。根据串、并励绕组和电枢绕组之间的连接顺序可以把复励分为短复励和长复励，并励绕组和电枢绕组并联后再与串励绕组相串联称为短复励，如图7−1（e）所示；串励绕组和电枢绕组串联后再与并励绕组相并联，称为长复励，如图7−1（f）所示。根据串、并励绕组磁势方向之间的关系可以把复励分为积复励和差复励，并励绕组和串励绕组产生的磁动势相互叠加的称为积复励，相互抵消的称为差复励。

对于直流发电机，当采用并励、串励和复励等励磁方式时，励磁电流由其自身提供，所以统称为自励。直流电动机则无自励提法。

第二节　直流发电机的基本方程式

本节以常用的并励直流发电机为例分析直流发电机的基本方程式，其他励磁方式发电机的基本方程式可参照本节分析方法自行推导。

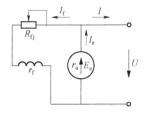

图 7-2　并励直流发电机原理图

一、电动势平衡方程式

如图 7-2 所示，用原动机将直流发电机拖动到某一恒定的转速，则会在电枢绕组中产生感应电动势 E_a，其方向如图所示。发电机带载后在电枢和负载电阻所构成的回路中将产生电流 I_a，电流方向与感应电动势方向一致，该回路电动势方程式如下：

$$E_a = U + I_a R_a + 2\Delta U_b \qquad (7-1)$$

式中　　U——电枢端电压；

$2\Delta U_b$——正、负电刷接触电压降，通常取 $2\Delta U_b = 2V$；

R_a——电枢回路总电阻，通常 $R_a = r_a + R_{aj}$，即包括电枢绕组电阻 r_a，电枢回路串接调节电阻 R_{aj}。有时，定义 R_a 还包括正、负电刷接触电阻，此时则式（7-1）要改为 $E_a = U + I_a R_a$。

对于直流发电机，为了提高输出电压，电枢回路通常不串接调节电阻 R_{aj}，这时，电压方程式简单，为

$$E_a = U + I_a r_a + 2\Delta U_b \qquad (7-2)$$

励磁回路中的电压平衡方程式为

$$U = I_f (r_f + R_{fj}) = I_f R_f \qquad (7-3)$$

式中　　r_f——励磁绕组的电阻；

R_{fj}——励磁回路中的外接电阻，用于调节励磁电流；

R_f——励磁回路总电阻。

发电机的电枢电流

$$I_a = I + I_f \qquad (7-4)$$

式中　I——负载电流。

【例 7-1】某他励发电机，励磁电阻保持不变，将转子的转速提高 20%，问空载电压 U_0 会提高多少？若是一台并励发电机，则空载电压升高得多还是少？

解：

根据：$U_0 = E_a = C_e \Phi n$，C_e 等于常数，空载电压与每极磁通 Φ、转速 n 成正比。

（1）他励发电机，设励磁电压 U_f 等于空载电压，并保持不变，励磁总电阻也保持不变，励磁电流 $I_f = \dfrac{U_f}{R_f}$，也不会变化，则每极磁通 Φ 为常数，那么转速 n 提高 20%，则空载电压也提高 20%，即 $U_0' = 20\% U_0$。

（2）若改为并励发电机，励磁电压等于直流发电机发出的空载电压，随着转速 n 提高 20%，如果不考虑励磁电压因素，空载电压也提高 20%，实际并励电机的励磁电压会相应提高，当励磁总电阻不变时，励磁电流必然要增加，每极磁通量 Φ 也增加，最后空载电压增加的程度比他励发电机要大，即大于 20%，即 $U_0' > 20\% U_0$。

二、功率平衡方程式

将发电机电动势平衡式（7-1）乘以电枢电流 I_a，得

$$E_a I_a = U I_a + I_a^2 R_a + 2\Delta U_b I_a = UI + U I_f + I_a^2 R_a + 2\Delta U_b I_a \qquad (7-5)$$

式中　$E_a I_a$——发电机的电磁功率，用 P_M 表示；

　　　UI——发电机输出的电功率，用 P_2 表示；

　　　$U I_f$——并励回路电阻损耗，也称并励回路铜损耗，用 p_f 表示；

　　　$I_a^2 R_a$——电枢回路电阻损耗，也称电枢回路铜损耗，用 p_a 表示；

　　　$2\Delta U_b I_a$——电刷的接触损耗，用 p_b 表示。

由此，式（7-5）可改写为

$$P_M = P_2 + p_f + p_a + p_b \qquad (7-6)$$

上式是发电机电枢回路的电功率平衡式，原动机输入到发电机轴上的是机械功率 P_1，该功率扣除旋转部分的损耗以后才得到上述式子中的电磁功率 P_M。旋转部分的损耗包括：

（1）机械损耗 p_{mec}，包括轴承摩擦损耗、电刷摩擦损耗、转动时的空气摩擦损耗（也称通风损耗）。

（2）铁心损耗 p_{Fe}，简称铁损耗电枢转动时主磁通在电枢铁心内交变而引起的磁滞损耗和涡流损耗。

（3）杂散损耗 p_{ad}，又称附加损耗，产生的原因比较复杂，如电枢齿槽对磁场的影响，磁场畸变的影响，金属紧固件上的铁损耗，换向电流产生的损耗等。附加损耗很难准确计算，通常采用估计方法，取值为电机额定功率的 0.5%～1.0%。

上述旋转部分的损耗统称为空载损耗，用 p_0 表示，即

$$p_0 = p_{mec} + p_{Fe} + p_{ad} \qquad (7-7)$$

则并励发电机的机械功率平衡式为

$$P_1 = P_M + p_0 \qquad (7-8)$$

将式（7-6）和式（7-7）代入式（7-8）得并励发电机的功率平衡方程式为

$$P_1 = P_2 + p_a + p_b + p_f + p_{mec} + p_{Fe} + p_{ad} = P_2 + \Sigma p \qquad (7-9)$$

式中 $\Sigma p = p_a + p_b + p_f + p_{mec} + p_{Fe} + p_{ad}$ 为并励直流发电机的总损耗，故并励发电机的效率为

$$\eta = \frac{P_2}{P_1} = \frac{P_1 - \Sigma p}{P_1} = 1 - \frac{\Sigma p}{P_1} \qquad (7-10)$$

如果把不随负载电流变化的 p_f、p_0 称为不变损耗，随负载电流变化的 p_a、p_b 称为可变损耗，可以证明，当电机中的可变损耗等于不变损耗时，电机的效率最高。直流发电机的额定效率与电机的额定功率有关，通常是电机的额定功率越大，其额定效率也越高，一般范围是：10kW 以下的效率 $\eta = 70\%～85\%$，10kW～100kW 的效率 $\eta = 80\%～91\%$，100kW～1000kW 的

效率 $\eta = 86\% \sim 94\%$，$1000kW \sim 10\,000kW$ 的效率 $\eta = 91\% \sim 96\%$。

三、转矩平衡方程式

将并励发电机的机械功率平衡式（7-8）除以机械角速度 Ω 便可得到作用在旋转体上的转矩平衡式

$$\frac{P_1}{\Omega} = \frac{P_M}{\Omega} + \frac{p_0}{\Omega}$$

$$T_1 = T + T_0 \tag{7-11}$$

式中 T_1——原动机输入到发电机的驱动转矩，$T_1 = P_1 / \Omega$；

T——电磁作用产生的电磁转矩，$T = P_M / \Omega$；

T_0——发电机的空载转矩，$T_0 = p_0 / \Omega$。

上式表明，直流电机作为发电机运行时，由原动机拖动电枢以恒定转速 n 旋转。这时，原动机驱动转矩 T_1 与 n 同方向，当发电机接上负载，电枢绕组流过电流 I_a，它与气隙磁场相互作用产生制动性电磁转矩 T，因此原动机驱动转矩 T_1 除克服空载制动转矩 T_0 之外，还必须与电磁转矩 T 相平衡，从而保证电枢恒速旋转。

【例7-2】 一台并励直流发电机数据如下：$P_N = 46kW$，$U_N = 230V$，$n_N = 1000r/min$，极对数 $p = 2$，电枢电阻 $r_a = 0.03\Omega$，一对电刷压降 $2U_b = 2V$，励磁回路电阻 $R_f = 30\Omega$。试求：额定运行时发电机电磁功率、电磁转矩为多少？

解： 发电机的额定电流

$$I_N = \frac{P_N}{U_N} = \frac{46 \times 10^3}{230} = 200 \text{（A）}$$

励磁电流

$$I_f = \frac{U_N}{R_f} = \frac{230}{30} = 7.67 \text{（A）}$$

额定负载时电枢电流

$$I_{aN} = I_N + I_f = 200 + 7.67 = 207.67 \text{（A）}$$

额定负载时电枢电动势

$$E_a = U_N + I_{aN} r_a + 2\Delta U_b = 230 + 207.67 \times 0.03 + 2 = 238.2 \text{（V）}$$

发电机电磁功率

$$P_M = E_a I_a = 238.2 \times 207.67 = 49\,467 \text{（W）}$$

电磁转矩

$$T = \frac{P_M}{\Omega} = \frac{49\,467}{2\pi n_N / 60} = \frac{49\,467 \times 60}{2\pi \times 1000} = 472.6 \text{（Nm）}$$

电磁转矩还可以根据以下方法计算

$$C_e \Phi = \frac{E_a}{n_N} = \frac{238.2}{1000} = 0.238\,2$$

$$T = C_T \Phi I_{aN} = 9.55 C_e \Phi I_{aN} = 9.55 \times 0.238\,2 \times 207.67 = 472.4 \text{（N·m）}$$

第三节　他励直流发电机的运行特性

直流发电机运行时，可测得的物理量通常有发电机的端电压 U、输出电流 I、励磁电流 I_f 以及电机转速 n 等。其中，转速 n 由原动机的转速所决定，通常要求发电机在额定转速 n_N 下运行。因此，U、I 和 I_f 三个量中的某一物理量保持不变时，其余两个物理量之间的关系曲线可以表征发电机的性能，直流发电机的特性主要包括空载特性、负载特性、外特性和调节特性等四种。

一、空载特性

空载特性是当 $n=$ 常值、$I=0$ 时，$U_0=f(I_f)$ 的关系曲线。空载时，他励发电机的端电压 U_0 和电枢电动势 E_0 相等，因此，空载特性也可写为 $E_0=f(I_f)$，它可以用实验方法直接测取，实验时的线路如图 7-3 所示。实验时保持 $n=n_N$，将开关 K 打开使 $I=0$，调节励磁回路中的可调电阻 R_{fj}，使 I_f 逐渐由零单调增大直至空载电压 $U_0=(1.1\sim1.3)U_N$，然后再将 I_f 逐渐单调降为零；再将励磁电流 I_f 反向单调增大直至空载电压 $U_0=-(1.1\sim1.3)U_N$，然后再将 I_f 逐渐单调降为零。在此实验中读取相应的 U_0 和 I_f 数值，即可得到基本上闭合的与磁滞回线形状相同的空载特性曲线，如图 7-4 所示，通常将磁滞曲线的平均曲线作为直流发电机的空载曲线，如图 7-4 中的虚线所示。

由于铁磁材料中存在剩磁，因此当 $I_f=0$ 时，电枢两端仍有一定的剩磁电压，直流发电机的剩磁电压为额定电压的 2%～4%。当转速不变时，E_0 与 Φ_0 成正比，励磁磁势 F_0 与 I_f 成正比，因此，空载特性曲线的纵、横坐标换个比例系数，就是该电机的磁化曲线。设计电机时，可通过磁路计算求得空载特性，一般情况下，电机的额定工作点设计在额定转速下的空载特性的开始弯曲处，如图 7-4 中的 C 点所示。

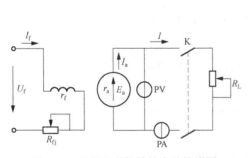

图 7-3　他励发电机特性实验接线图

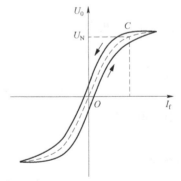

图 7-4　他励发电机空载特性

根据 $E_a=C_e\Phi n$，空载电动势 E_a 与转速 n 成正比，已知某一转速下的空载特性，即可以根据比例关系求得其他任意转速下的空载特性。

二、负载特性

负载特性是指 $n=$ 常值、$I=$ 常值时，$U=f(I_f)$ 的关系曲线，此特性可采用图 7-3 所示的实验电路来求取。实测时，除要保证转速 n 恒定外，还需要随端电压变化调节负载电阻 R_L，从而保证负载电流 I 保持不变。

图 7-5 中的曲线 1 是空载特性，曲线 2 是负载特性。由图可知，当励磁电流 I_f 增加时，两条曲线都是上升的，所不同的只是在同一励磁电流 I_f 下，两者的电压是不同的。造成两者差异的原因是：① 负载电流产生的电枢反应的去磁（或助磁）作用；② 电枢回路电阻上的电压降。前者引起负载运行时感应电动势数值不同于空载时的数值，而后者则导致电枢端电压低于感应电动势。

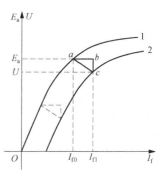

图 7-5　他励发电机负载特性

三、外特性

外特性是指 $n=$ 常值、$I_f=$ 常值时，$U=f(I)$ 的关系曲线，此特性可采用图 7-3 所示的实验电路求取。在保持转速和励磁电流不变的条件下，调节负载电阻 R_L，使输出电流 I 从零增加到额定值，并在允许的范围内过载。如图 7-6 所示，他励发电机的外特性通常为一条略微下降的曲线，图中 C 点为其额定工作点。负载运行时，引起他励发电机的端电压低于空载电压的原因有：① 电枢回路的电阻压降；② 电枢反应的去磁作用引起的电枢电动势下降。由电动势方程式 $U=E_a-I_aR_a$ 可知，随着负载电流的增加，发电机的端电压将逐步下降。

为了说明端电压随负载电流 I 变化而变化的程度，引入了电压变化率的概念。电压变化率是指转速为额定值时，发电机从额定负载（$I=I_N$，$U=U_N$）过渡到空载（$I=0$，$U=U_0$）时，电压升高的数值对额定电压的百分比，即

$$\Delta U = \frac{U_0 - U_N}{U_N} \times 100\% \qquad (7-12)$$

一般他励发电机的电压变化率为 5%～10%。

注意：由于发电机电枢电动势与转速和励磁电流有关，改变转速或励磁电流，将得到不同的外特性。

四、调节特性

调节特性是当 $n=$ 常值、$U=$ 常值时，$I_f=f(I)$ 的关系。用图 7-3 所示的实验电路来测取调节特性时，应保持电机转速不变，在调节负载电阻 R_L 的同时调节励磁回路电阻 R_{fj}，以保持端电压保持为常值，测出相应的 I_f 和 I 数值，绘制调节特性。

由他励发电机外特性可知，如果励磁电流不变，他励发电机的端电压将随负载电流的增大而下降，因此，为了保持端电压不变，就必须在负载电流增大的同时增大励磁电流以补偿电阻压降及电枢反应的去磁作用。所以，调节特性曲线随负载电流的增大而向上翘，如图 7-7 所示。

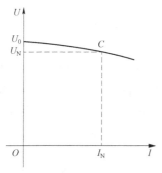

图 7-6　他励发电机的外特性

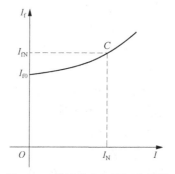

图 7-7　他励发电机的调节特性

第四节　自励发电机的电压建起

自励发电机由于不需要有另外的直流电源供给励磁，使直流发电机的运行、使用比较方便，其中并励发电机是最常用的一种。并励发电机励磁回路的励磁电压和电枢的端电压 U 相等。当电机由原动机拖动旋转起来，启动初始，励磁电流也为零，使并励发电机能自己产生稳定的励磁电流和端电压，称为并励发电机的电压建起。

并励直流发电机的接线图如图 7-8 所示。并励发电机的励磁电流是由电机本身的电枢电动势产生的，为了使发电机在励磁电流为零的情况下电枢就有感应电动势而向励磁绕组提供电流，电机磁路中必须有剩磁存在。当存在剩磁时，电机在额定转速下运行时，发电机端点将有一个微弱的剩磁电压。由于励磁绕组与电枢并联，便有一个微弱的励磁电流通过，并产生一个微弱的励磁磁势。如果励磁绕组的接法和电机转向的配合使励磁磁势的方向与电机剩磁的方向一致，则会使电机内的磁通增加，由它产生的电枢电动势也将增大。随着电枢电动势的增大，励磁电流又将增大并引起磁通的进一步增加，如此反复下去，发电机的电压就能自励建起。

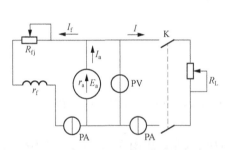

图 7-8　并励直流发电机接线图

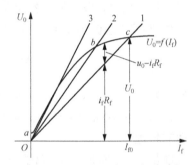

图 7-9　并励发电机的自励过程

在发电机自励过程中，电枢端电压 u_0 和励磁电流 i_f 都在不断变化，自励建压的动态过程中励磁回路的电压平衡方程式为

$$u_0 - i_f R_f = L_f \frac{\mathrm{d}i_f}{\mathrm{d}t} \tag{7-13}$$

式中　　R_f——励磁回路的总电阻；

　　　　L_f——励磁回路电感。

图 7-9 表示并励发电机的自励过程，曲线 abc 表示发电机在转速为 n_N 时的空载特性曲线。一般情况下励磁电流 I_f 为发电机额定电流 I_N 的 1%～5%，因此可忽略它流经电枢绕组时产生的电枢反应和电枢回路的电阻压降，电枢电压 U_0 近似等于电动势 E_0，所以并励发电机在自励过程中，电枢端电压 U_0 与励磁电流 I_f 的关系曲线 $U_0 = f(I_f)$ 可用发电机的空载特性曲线替代。当电阻 R_f 保持不变时，励磁回路电阻压降与励磁电流 I_f 成正比，因此可在图 7-9 中用一从原点出发的直线来表示，其斜率就是励磁回路总电阻 R_f，通常称此直线为励磁回路的电阻线，简称场阻线。

开始自励时，$u_0 > 0$，而 $i_f R_f = 0$，其差值为正，$\mathrm{d}i_f/\mathrm{d}t$ 为正，i_f 将随时间增大。自励过程初期，随着励磁电流的增大，u_0 上升的速度大于 $i_f R_f$ 上升的速度，u_0 与 $i_f R_f$ 之间的差值持续增大，$\mathrm{d}i_f/\mathrm{d}t$ 也持续增大，i_f 上升的速度越来越快。随着 i_f 的上升，磁路开始逐步饱和，u_0 上升的速度开始小于 $i_f R_f$ 上升的速度，u_0 与 $i_f R_f$ 之间的差值逐步减小，$\mathrm{d}i_f/\mathrm{d}t$ 也逐步减小，i_f 上升的速度越来越慢。到了场阻线与空载特性交点 c 点后，$u_0 - i_f R_f = 0$，故 $\mathrm{d}i_f/\mathrm{d}t = 0$，$i_f$ 将停止增加，u_0 也不再升高，自励过程达到了稳定状态。可见场阻线与空载特性的交点即为发电机自励的稳定点。

根据上述分析，并励发电机的自励条件为

（1）电机磁路有剩磁，磁化曲线有饱和现象。若无剩磁，可用外加直流电源向励磁绕组通电获得剩磁。电机磁路中有铁磁材料，其空载特性有饱和现象，这样才能使空载特性与场阻线有交点。

（2）励磁绕组接法和电枢旋转方向应正确配合。剩磁电动势产生的微小励磁电流必须能使气隙磁场得到增强，才能使感应电动势逐渐加大。如果最初的微小励磁电流所产生的磁动势方向与剩磁方向相反，则剩磁将被削弱，发电机的电压不能建起。最初微小励磁电流所产生磁场的方向，取决于电枢绕组与励磁绕组的相对连接以及电枢的旋转方向。假设图 7-10（a）中励磁磁势方向与剩磁磁势方向相同，电压能建起，则图 7-10（b）表示电枢绕组与励磁绕组之间的相对连接发生变化，而电枢旋转方向不变，此时电压不能建起；图 7-10（c）表示电枢绕组与励磁绕组间的相对连接以及电枢旋转方向同时发生变化，此时电压也能建起，但是电刷间电动势极性倒转；图 7-10（d）表示电枢旋转方向发生变化，而电枢绕组与励磁绕组的相对连接不变，此时电压也不能建起。

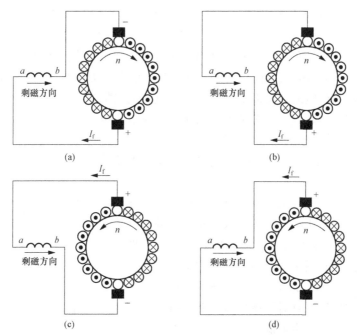

图 7-10 自励建压时励磁绕组与转向的配合

（a）励磁磁动势方向与剩磁磁动势方向相同；（b）电枢绕组与励磁绕组之间的相对连接发生变化；

（c）电枢绕组与励磁绕组间的相对连接；（d）电枢旋转方向发生变化

（3）励磁回路总电阻应小于与发电机运行转速对应的临界电阻。改变励磁回路总电阻 R_f 可以改变场阻线的斜率，从而改变场阻线与空载特性交点的位置，也就是改变空载电压值。

增大 R_f，则场阻线与空载特性的交点向原点移动，空载电压逐步下降，当励磁回路总电阻增大到某一数值时，场阻线（见图7-9中的直线3）与空载特性相切，由于此时场阻线与空载特性没有固定的交点，故空载电压不稳定。与上述场阻线对应的励磁回路电阻称为发电机自励的临界电阻，称此场阻线为发电机在该转速下自励的临界场阻线。当励磁回路电阻大于临界电阻时，空载电压下降到接近剩磁电压，即发电机不能自励。

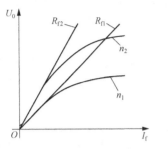

图7-11 转速对发电机自励建压的影响

由于感应电动势与转速成正比，所以空载特性曲线随转速的变化而变化，临界电阻总是和某一转速相对应的。如图7-11所示，当发电机转速为 n_1 时，其自励的临界电阻为 R_{f1}，此时发电机空载电压小而不稳定，增大原动机的转速至 n_2，则可以获得大而稳定的空载电压，此时发电机自励的临界电阻增大到 R_{f2}。

第五节　自励发电机的外特性

一、并励发电机的外特性

并励发电机的外特性是指 n=常值、R_f=常值时，$U=f(I)$ 的特性曲线。可用图7-8所示的实验线路测取。实验时，保持 $n=n_N$，先调节 R_f 使发电机自励建压，然后合上开关 K，并调节 R_L 使发电机达到额定运行状态，即 $U=U_N$，$I=I_N$。此后保持 R_f 不变，求取不同负载时的发电机端电压，即可得到外特性曲线 $U=f(I)$，如图7-12所示。

由图7-12可知，当负载电阻 R_L 逐步减少至零时，电机端电压也随之下降至零。负载电流 I 在开始时随负载电阻的减少而增大，但到了某一最大值 I_{cr}（称为临界电流）之后，负载电阻继续减少时，负载电流却反而减少，一直到负载电阻降到零时，电流降到仅由剩磁电动势和电枢回路电阻决定的短路电流 I_{k0}。一般并励发电机的临界电流为额定电流的 2～3 倍，但短路电流 I_{k0} 却常小于额定电流。这种电流拐弯现象是并励发电机外特性的一个特点。

比较图7-12中他励发电机和并励发电机的外特性可以发现，在同样的空载电压和同样的负载电流下，并励时端电压比他励时低。这是因为他励时，当负载电阻 R_L 减少时，使端电压下降的原因只有两个，即电枢回路的电阻压降和电枢反应的去磁作用。而在并励时，除了上述两个原因外还有第三个原因，即当端电压下降时励磁电流也随之减少，从而引起电动势和端电压的进一步降低。

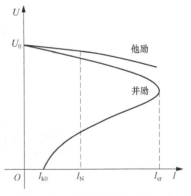

图7-12 并励发电机的外特性

并励发电机外特性拐弯的现象是由第三个原因和磁路饱和现象引起的。当电机运行在磁路比较饱和区域，R_L 减少时，电机端电压下降所引起的电枢电动势减少的程度不大，因此负载电流将随 R_L 的减少而增大；但当电机运行在磁路饱和程度较低的区域，R_L 减少时，电机端电压下降，I_f 成比例减少所引起的电枢电动势减少的程度较大，故负载电流将随 R_L 的减少而减少。当电枢直接短路时，端电压为零，励磁电流为零，电枢电流仅由剩磁电动势所产生，因此短路电流不会很大。但是，这并不说明并励发电机可以任意短路，这是因为短路过程要经过临界电流，临界电流为额定电流的 2～3 倍，而突然短路，瞬变短路电流更高，这些都可能损坏电机。

二、复励发电机的外特性

复励发电机的接线图如图 7−1（e）、（f）所示。在复励发电机中，并励绕组起主要作用，以保证空载时能产生额定端电压。负载运行时，串励绕组起助磁作用，以补偿负载时电枢反应的去磁作用和电枢回路的总电阻压降，使发电机的端电压仍保持额定电压，此时称为平复励；若串励绕组磁动势过补偿，使负载时额定电压大于额定电压，则称为过复励；反之，欠补偿时，则称为欠励磁。

复励发电机负载运行时，若为差复励接法，则随着负载电流的增加，发电机气隙的合成磁场和电枢电动势将进一步减少，导致发电机端电压迅速下降，其外特性接近于恒流源特性，故差复励发电机常用作直流电焊发电机。图 7−13 为各种励磁方式发电机的外特性比较。

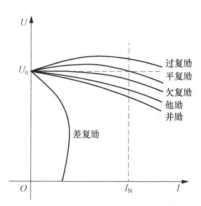

图 7−13　各种励磁方式发电机的外特性比较

【例 7−3】一台并励直流发电机，$P_N = 19\text{kW}$，$U_N = 230\text{V}$，$n_N = 1450\text{r/min}$，$2\Delta U_b = 2\text{V}$，电枢回路各绕组的总电阻 $r_{a75} = 0.183\Omega$，励磁绕组每极匝数 $N_f = 880$ 匝，$I_{fN} = 2.79\text{A}$，并励绕组电阻 $r_f = 81.1\Omega$，当转速为 1450r/min 时测得电机的空载特性见表 7−1，试求：

（1）欲使空载产生额定电压，励磁电路应串入多大电阻？

（2）电机的电压变化率 ΔU。

（3）在额定运行的情况下电枢反应的等效去磁安匝数 F_{aqd}。

表 7−1　　　　　　　　　　例 7−3 并励直流发电机空载特性

I_f（A）	0.37	0.91	1.45	2.0	2.38	2.74	3.28
E_0（V）	44	104	160	210	240	258	275

解：（1）根据 $U_0 = 230\text{V}$，在空载曲线上查得 $I_{f0} = 2.253\text{A}$

所以

$$\sum R_{f0} = \frac{U_0}{I_{f0}} = \frac{230}{2.253} = 102.7\ (\Omega)$$

故励磁回路应串入的电阻

$$R_f = \sum R_{f0} - r_f = 102.7 - 81.1 = 20.97\ (\Omega)$$

（2）电机额定时励磁电阻

$$\sum R_{fN} = \frac{U_N}{I_{fN}} = \frac{230}{2.79} = 82.44\ (\Omega)$$

在空载曲线 $I_f = 2.74 \sim 3.28$ 范围内线性插值，得到电压

$$U_0 = 258 + \frac{275 - 258}{3.28 - 2.74} \times (I_f - 2.74) = 171.74 + 31.48 I_f$$

将 $I_f = \dfrac{U_0}{\sum R_{fN}} = \dfrac{U_0}{82.44}$ 代入上式得到空载端电压 $U_0 = 277\text{V}$。

故电压变化率

$$\Delta U = \frac{U_0 - U_N}{U_N} \times 100\% = \frac{277 - 230}{230} \times 100\% = 20.4\%$$

（3）额定电流

$$I_N = \frac{P_N}{U_N} \times 100\% = \frac{19\,000}{230} \times 100\% = 82.61\,（\text{A}）$$

$$I_{aN} = I_N + I_{fN} = 82.61 + 2.79 = 85.4\,（\text{A}）$$

额定条件下电机的感应电动势

$$E_{aN} = U_N + I_{aN}r_a + 2\Delta U_b = 230 + 85.4 \times 0.183 + 2 = 247.6\,（\text{V}）$$

用线性插值法在空载特性上查得等效励磁总电流

$$I_f' = 2.38 + \frac{2.74 - 2.38}{258 - 240} \times (247.6 - 240) = 2.532\,（\text{A}）$$

额定情况下电枢反应等效去磁安匝数

$$F_{aqd} = N_f(I_{fN} - I_f') = 880 \times (2.79 - 2.532) = 227\,（\text{A}）$$

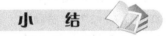

小　结

　　直流电机的性能随励磁方式的不同有很大的差异，按励磁方式可分为他励、并励、串励和复励直流电机。不同励磁方式直流电机，其内部物理量之间的关系不同；同一励磁方式的直流电机，运行在发电机状态和运行在电动机状态时，其内部物理量之间的关系也不同。分析直流电机的特性之前首先要明确其励磁方式和运行状态。

　　直流电机的损耗包括励磁回路铜损耗、电枢回路铜损耗、电刷接触损耗、机械损耗、铁心损耗和杂散损耗。

　　直流发电机的外特性反映其端电压随着负载电流变化的情况，标志输出电压的质量。负载特性表示在某一负载电流下，端电压随着励磁电流而变化的情况。当负载电流为零，该特性曲线称为空载特性，它是反映该电机磁路状况的重要曲线。调节特性表示为维持端电压为常值时，励磁电流随着负载电流而变化的情况。直流发电机的主要性能参数有电压变化率和效率。

　　自励发电机能自己建立起稳定端电压，但是自励建压需要满足下列条件：① 电机磁路有剩磁，磁化曲线有饱和现象；② 励磁绕组接法和电枢旋转方向应正确配合；③ 励磁回路总电阻应小于与发电机运行转速对应的临界电阻。

思　考　题

　　7－1　直流发电机有哪几种励磁方式？分别对不同励磁方式的发电机列出电流 I、I_a、I_f 的关系式。

　　7－2　他励直流发电机由空载到额定负载，端电压为什么会下降？并励发电机与他励发电机相比，哪一个的电压变化率大？

7-3　提高直流发电机的转速，问在他励方式下运行和并励方式下运行时，哪一种运行方式下空载电压升高得较多？

7-4　有一台并励发电机不能自励，若采用了以下措施后，该机能电压建起，那么原先不能自励的原因是什么？

（1）改变原动机转向。

（2）提高原动机转速。

7-5　并励发电机在下列情况空载电压将如何变化？

（1）每极磁通减少 10%。

（2）励磁电流 I_f 减少 10%。

（3）励磁回路电阻增加 10%。

习　题

7-1　一台并励直流发电机，$P_N = 35\text{kW}$，$U_N = 115\text{V}$，$n_N = 1450 \text{ r/min}$，电枢电路各绕组总电阻 $r_a = 0.0243\Omega$，一对电刷压降 $2\Delta U_b = 2\text{V}$，并励电路电阻 $R_f = 20.1\Omega$。求额定负载时的电磁转矩及电磁功率。

7-2　一台复励发电机，$P_N = 6\text{kW}$，$U_N = 230\text{V}$，$n_N = 1450 \text{ r/min}$，$I_{fN} = 0.741\text{A}$，$p = 2$，单波绕组，电枢电路各绕组总电阻 $r_a = 0.816\Omega$，一对电刷压降 $2\Delta U_b = 2\text{V}$，额定负载时的杂散损耗 $p_{ad} = 60\text{W}$，铁损耗 $p_{Fe} = 163.5\text{W}$，机械损耗 $p_{mec} = 266.3\text{W}$，试求额定负载时发电机的输入功率、电磁功率、电磁转矩及效率。

7-3　一台并励发电机，$P_N = 9\text{kW}$，$U_N = 230\text{V}$，$n_N = 1450 \text{ r/min}$，包括电刷接触电阻在内的电枢回路总电阻 $R_a = 0.516\Omega$，满载时电枢反应的去磁作用相当于并励绕组励磁电流 0.05A。当转速为 1000 r/min 时测得的磁化曲线数据见表 7-4。试求：

（1）额定运行时的励磁电流和励磁电阻。

（2）空载电压和电压变化率。

（3）若将励磁方式改为他励，励磁电压220V，励磁回路电阻保持前值不变，求空载电压、满载电压和电压变化率。

表 7-4　　　　　　　　　　　　　习题 7-3 用表

I_f（A）	0.64	0.89	1.38	1.73	2.07	2.75
E_0（V）	70	100	150	172	182	196

7-4　一台直流发电机，$P_N = 82\text{kW}$，$U_N = 230\text{V}$，每极并励磁场绕组为 900 匝，在以额定转速运转，空载时并励磁场电流为 7.0A 可产生端电压 230V，但额定负载时需 9.4A 才能得到同样的端电压，不计电枢绕组压降，试求：

（1）额定负载时电枢反应去磁安匝数。

（2）若将该发电机改为平复励，问每极应加接串励绕组多少匝？

第八章 直流电动机

第一节 直流电动机的基本方程式

本节以常用的并励直流电动机为例分析直流电动机的基本方程式，其他励磁方式电动机的基本方程式可参照本节分析方法自行推导。

一、电动势平衡方程式

并励直流电动机各物理量的正方向按电动机惯例规定，如图8-1所示。根据电路定律可以列出直流电动机的电动势平衡方程式为

$$U = E_a + I_a(r_a + R_{aj}) + 2\Delta U_b = E_a + I_a R_a + 2\Delta U_b \quad (8-1)$$

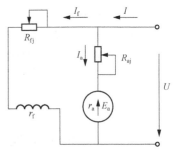

图8-1 并励直流电动机电路图

励磁回路中的电压平衡方程式为

$$U = I_f(r_f + R_{fj}) = I_f R_f \quad (8-2)$$

电源流入电动机的电流

$$I = I_a + I_f \quad (8-3)$$

二、功率平衡方程式

将电动机电动势平衡式（8-1）乘以输入电动机的电流 I，得

$$UI = U(I_a + I_f) = (E_a + I_a R_a + 2\Delta U_b)I_a + UI_f$$

整理，得

$$UI = E_a I_a + I_a^2 R_a + 2\Delta U_b I_a + UI_f \quad (8-4)$$

上式中 UI 为电源输入电动机的功率，用 P_1 表示。等式右边各项所表示的功率或损耗与发电机中的定义相同，改为功率或损耗表示可得直流电动机电路中的功率平衡式

$$P_1 = P_M + p_a + p_b + p_f$$

电磁功率 P_M 转化为机械能后，扣除铁心损耗 p_{Fe}、机械摩擦损耗 p_{mec} 和附加损耗 p_{ad} 等空载损耗之后，剩余部分的才是传递给负载的机械功率 P_2，即

$$P_M = P_2 + p_{mec} + p_{Fe} + p_{ad} = P_2 + p_0 \quad (8-5)$$

则并励直流电动机的功率平衡方程式为

$$P_1 = P_2 + p_a + p_b + p_f + p_{mec} + p_{Fe} + p_{ad} = P_2 + \Sigma p \quad (8-6)$$

式中 $\Sigma p = p_a + p_b + p_f + p_{mec} + p_{Fe} + p_{ad}$ 为并励直流电动机的总损耗，并励直流电动机的效率为

$$\eta = \frac{P_2}{P_1} = \frac{P_1 - \Sigma p}{P_1} \quad (8-7)$$

三、转矩平衡方程式

将并励电动机的机械功率平衡式（8-5）除以机械角速度Ω便可得到作用在旋转体上的转矩平衡式

$$\frac{P_{M}}{\Omega}=\frac{P_2}{\Omega}+\frac{p_0}{\Omega}$$
$$T=T_2+T_0 \qquad\qquad (8-8)$$

式中　T——电磁作用产生的电磁转矩，$T=P_M/\Omega$；

　　　T_2——电动机输出到负载的机械转矩，$T_2=P_2/\Omega$；

　　　T_0——电动机的空载转矩，$T_0=p_0/\Omega$。

【例8-1】 一台并励直流电动机，$U_N=220V$，$I_N=80A$，额定运行时，电枢回路总电阻$R_a=0.099\Omega$，励磁回路电阻$R_f=110\Omega$，$2\Delta U_b=2V$，附加损耗占额定功率 1%，额定负载时的效率85%，求：（1）额定输入功率；（2）额定输出功率；（3）总损耗；（4）电枢回路铜损耗；（5）励磁回路铜损耗；（6）电刷接触电阻损耗；（7）附加损耗；（8）机械损耗和铁损耗之和。

解：

（1）输入功率：　　　　　　　$P_1=U_N I_N=220\times80=17\,600$（W）

（2）输出功率：　　　　　　　$P_2=P_1\eta_N=17\,600\times0.85=14\,960$（W）

（3）总损耗：　　　　　$\sum p=P_1-P_2=17\,600-14\,960=2640$（W）

（4）励磁电流：　　　　　　　$I_f=\dfrac{U_N}{R_f}=\dfrac{220}{110}=2$（A）

电枢电流：　　　　　　$I_a=I_N-I_f=80-2=78$（A）

电枢回路铜损耗：　　　$p_a=I_a^2 R_a=78^2\times0.099=602.3$（W）

（5）励磁回路铜损耗：　　　　$p_f=2\Delta U_b I_a=2\times78=156$（W）

（6）电刷接触电阻损耗：　　　$p_b=2\Delta U_b I_a=2\times78=156$（W）

（7）附加损耗：　　　$p_{ad}=1\%P_2=0.01\times14\,960=149.6$（W）

（8）机械和铁损耗之和：

$$p_{mec}+p_{Fe}=P_1-(P_2+p_f+p_a+p_b+p_{ad})$$
$$=17\,600-(14\,960+440+602.3+156+149.6)$$
$$=1292.4\text{（W）}$$

第二节　直流电动机的工作特性

直流电动机的工作特性通常是指在电压 $U=U_N$，励磁电流 $I_f=I_{fN}$，电枢回路不串入外加电阻的条件下，直流电动机的转速 n、电磁转矩 T、效率 η 和输出功率 P_2 之间的关系曲线，即 n、T、$\eta=f(P_2)$。

一、并励直流电动机的工作特性

图 8-2 为用实验法测取并励电动机工作特性的线路图。试验时，应首先调节 R_{fj}，使电动机输出功率为额定值 P_N 时的转速为 n_N，此时的励磁电流即为额定励磁电流 I_{fN}，实验过程中应保持 $I_f=I_{fN}$ 不变。在上述条件下，改变电动机的负载，测取不同负载下的转速 n、负载

转矩 T_2 和输出功率 P_2，便可绘出如图 8-3 所示的并励电动机的工作特性。

1. 转速特性

转速特性是指 $U=U_N$，$I_f=I_{fN}$ 时，$n=f(P_2)$ 的关系曲线。将电动势表达式 $E_a=C_e\Phi n$ 代入电动机电动势平衡式（8-1），可求得转速公式如下：

$$n=\frac{U-I_aR_a}{C_e\Phi} \tag{8-9}$$

由上式可见，在 $U=U_N$，$I_f=I_{fN}$ 的条件下，影响电动机转速的因素有两个，即电枢回路的电阻压降 I_aR_a 和电枢反应的影响。当电枢电流 I_a 增加时，电阻压降 I_aR_a 增大使转速趋于下降，但电枢反应常为去磁的，使 Φ 减小而使转速趋于上升，因此它们对转速的影响相互抵消，使电动机的转速变化很小。为使电动机能稳定运行，电动机的转速特性应为向下倾斜的特性。

空载转速 n_0 和额定转速 n_N 之差用额定转速的百分比来表示，称为电动机的转速变化率，用 Δn_N 表示，即

$$\Delta n_N=\frac{n_0-n_N}{n_N}\times100\% \tag{8-10}$$

由于负载变化时并励电动机的转速变化很小，转速变化率通常为 3%～8%，这种转速随负载变化不大的转速特性称为硬特性。

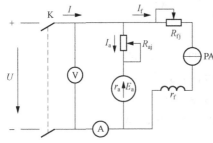

图 8-2　并励电动机实验线路图

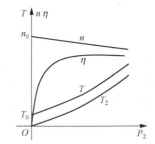

图 8-3　并励电动机工作特性

2. 转矩特性

转矩特性是 $U=U_N$，$I_f=I_{fN}$ 时，$T=f(P_2)$ 的关系曲线。由输出转矩 T_2 与输出功率 P_2 的关系式

$$T_2=\frac{P_2}{\Omega}=\frac{P_2}{2\pi n/60} \tag{8-11}$$

可见，如果转速 n 不变，则 $T_2=f(P_2)$ 是一条通过坐标原点的直线。实际上 P_2 增大时，n 将略微下降，因此曲线 $T_2=f(P_2)$ 将稍微向上弯曲。在 $T_2=f(P_2)$ 的曲线上加上空载转矩 T_0，即可得到电磁转矩 T 与 P_2 的关系曲线 $T=f(P_2)$。

3. 效率特性

效率特性是 $U=U_N$，$I_f=I_{fN}$ 时，$\eta=f(P_2)$ 的关系曲线。电动机的效率公式见式（8-7），对应的效率曲线如图 8-3 所示。可以证明，当电动机中的可变损耗等于不变损耗时，电动机的效率为最大。

二、串励直流电动机的工作特性

串励电动机励磁电流 I_s 等于电枢电流 I_a，工作特性是指当 $U = U_N$ 时，n、T、$\eta = f(P_2)$ 的关系曲线。当电枢电流随负载变化时，励磁电流和气隙磁通也随之变化，因此它的转速特性、转矩特性与并励电动机差别很大。串励电动机的实验接线图如图 8-4 所示。

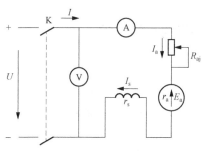

图 8-4　串励电动机实验线路图

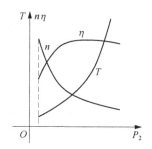

图 8-5　串励电动机工作特性

1. 转速特性

当输出功率 P_2 增加时，$I_s = I_a$ 随之增加，引起气隙磁通 Φ 的增加，同时使电枢回路电阻压降 $I_a R_a$ 增加，由转速公式可知，这两种原因都将使转速降低，故随着输出功率的增加，转速迅速下降，转速特性如图 8-5 所示。当串励电动机负载很小时，$I_s = I_a$ 很小，Φ 也小，这时为了产生一定的反电动势 E_a 和电网电压 U 相平衡，电动机转速将会非常高，这种现象称为飞速。因此，串励电动机不允许空载运行，以免电动机受到破坏。串励电动机的负载功率一般不小于额定功率的 1/4，串励电动机的转速变化率定义为

$$\Delta n_N = \frac{n_{1/4} - n_N}{n_N} \times 100\% \qquad (8-12)$$

式中　$n_{1/4}$——电动机在 1/4 额定功率时的转速。

2. 转矩特性

串励电动机的转速 n 随输出功率 P_2 的增加而迅速下降，因此负载转矩 T_2 将随 P_2 的增加而迅速上升，由于 $T = T_2 + T_0$，故 $T = f(P_2)$ 的关系曲线将随 P_2 的增加而很快地上翘，如图 8-5 所示。当电动机磁路未饱和时磁通 Φ 与 I_a 成正比，故 $T \propto I_a^2$，当磁路处于高饱和状态时，磁通 Φ 近似为常数，则 $T \propto I_a$，所以电动机运行于额定输出功率 P_2 附近时，可认为 $T \propto I_a^\alpha$，$1 < \alpha < 2$。因此，串励电动机的电磁转矩以大于电枢电流一次方的比例而增加，这使得串励电动机具有较大的启动转矩和过载能力。串励电动机过载时转速会自动下降，使电动机输出功率不会有大的变化，从而保护电动机不因负载过重而损坏，而当负载减轻时转速又会自动上升，提高生产效率。这些特点对于负载转矩变化范围大的生产机械，如电力机车等特别有利。

三、复励直流电动机的工作特性

复励直流电动机的实验接线图如图 8-6 所示。为避免运行时发生不稳定现象，复励直流电动机常接成积复励。由于复励电动机既有并励绕组又有串励绕组，因此它的工作特性就介

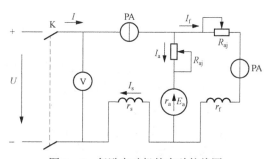

图 8-6　复励电动机的实验接线图

于并励和串励电动机两者之间。当复励电动机中并励绕组起主要作用时，它的工作特性接近于并励电动机。但与并励电动机相比有以下特点：当电枢反应的去磁作用很强时仍能获得下降的转速特性，从而保证电动机的稳定运行；当复励电动机中串励绕组起主要作用时，其工作特性接近于串励电动机，但空载运行时有一定的转速，因此没有飞速的危险。

第三节　直流电动机的机械特性

直流电动机的机械特性是指在 $U=U_N$，$I_f=I_{fN}$，$r_a+R_{aj}=$ 常数的条件下，电动机转速 n 和电磁转矩 T 之间的关系，即 $n=f(T)$，当电枢回路没有外加电阻 R_{aj} 时的机械特性称为自然机械特性（或称固有机械特性）。除了自然机械特性，还可用人为的方法改变电动机的机械特性，得到人为机械特性，以更好地满足生产机械的需要。

根据式（6−29）和式（8−9），就可以获得直流电动机机械特性的一般表达形式：

$$n=\frac{U}{C_e\Phi}-\frac{r_a+R_{aj}}{C_eC_T\Phi^2}T \tag{8-13}$$

式中　U——电枢端电压，V；

$\quad\quad C_e$——电动势常数；

$\quad\quad C_T$——转矩常数；

$\quad\quad r_a$——电枢回路总电阻，Ω；

$\quad\quad R_{aj}$——电枢回路外接电阻，Ω；

$\quad\quad \Phi$——每极有效磁通，Wb；

$\quad\quad T$——电磁转矩，Nm；

$\quad\quad n$——转速，r/min。

一、并励直流电动机的机械特性

1. 并励直流电动机的自然机械特性

电源电压及每极磁通均为额定值，电枢回路不串接电阻，此时的机械特性称为自然机械特性，表达式为

$$n=\frac{U_N}{C_e\Phi_N}-\frac{r_a}{C_eC_T\Phi_N^2}T=n_0-\beta T \tag{8-14}$$

$$\beta=\frac{r_a}{C_eC_T\Phi_N^2}$$

$$n_0=\frac{U_N}{C_e\Phi_N}$$

式中　n_0——额定电压、额定励磁时所对应的理想空载转速；

$\quad\quad \beta$——自然机械特性的斜率。

自然机械特性曲线如图 8−7 所示，为一条向下倾斜的直线，由于直流电动机中的 r_a 很小，$r_a\ll C_eC_T\Phi_N^2$，所以 β 很小，这种机械特性就称为硬特性。

2. 并励直流电动机人为机械特性

人为改变电枢端电压 U、电枢回路总电阻 R_a 和每极磁通 Φ 中的一项或多项，获得的机械

特性称为人为机械特性（或称人工机械特性）。为了保证电动机安全可靠运行，电枢端电压和每极磁通通常不能大于其额定值，而电枢回路电阻则只能增大不能减小。对应于不同情况，可以直接从机械特性的一般表达形式获得相应的人为机械特性表达式。下面只分析改变 U、R_a 和 Φ 中的一项参数的人为机械特性，同时改变多项参数的人为机械特性可自行分析。

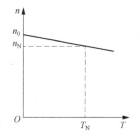

图8-7 并励直流电动机自然机械特性

（1）电枢回路串接电阻的人为机械特性。保持电源电压 U_N 及每极磁通 Φ_N 不变，在电枢回路串入电阻 R_{aj}，相应的机械特性表达式为

$$n = \frac{U_N}{C_e \Phi_N} - \frac{r_a + R_{aj}}{C_e C_T \Phi_N^2} T = n_0 - \beta' T \qquad (8-15)$$

显然，对于不同的 R_{aj} 值，就有不同的特性曲线。从特性表达式可以看出，电枢回路串入电阻后，理想空载转速 n_0 并没有发生变化，而 β' 值随 R_{aj} 的增大而增大，此时特性曲线变软。电枢回路串电阻的人为机械特性是一组通过 n_0 点的放射形曲线，如图8-8（a）所示。

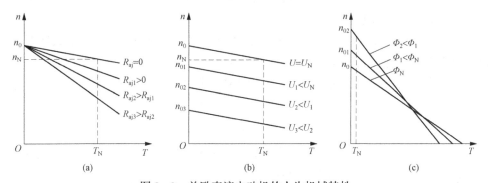

图8-8 并励直流电动机的人为机械特性
（a）电枢回路串电阻；（b）降低电枢端电压；（c）减弱主磁通

（2）改变电源电压的人为机械特性。保持每极磁通 Φ_N 不变，电枢回路不串接电阻，降低电源电压，相应的机械特性表达式为

$$n = \frac{U}{C_e \Phi_N} - \frac{r_a}{C_e C_T \Phi_N^2} T = n_0' - \beta T \qquad (8-16)$$

同样，对于不同的电压值，就有不同的特性曲线。随着 U 的下降，理想空载转速 n_0' 减小，但各条曲线的斜率 β 保持不变，所以改变电源电压的人为机械特性是一组与自然机械特性曲线平行的曲线，如图8-8（b）所示。

（3）减弱主磁通的人为机械特性。保持电源电压 U_N 不变，电枢回路不串接电阻，增大励磁回路外接电阻 R_{fj} 以减弱主磁通 Φ，相应的机械特性表达式为

$$n = \frac{U_N}{C_e \Phi} - \frac{r_a}{C_e C_T \Phi^2} T = n_0'' - \beta'' T \qquad (8-17)$$

同样，对应于不同的 Φ 值，就有不同的特性曲线。随着磁通 Φ 的减小，理想空载转速 n_0'' 增大，特性曲线的斜率 β'' 也随之增大，如图8-8（c）所示。

并励电动机运行时，应该注意励磁回路切不可使其断路。当励磁回路断路时，气隙中的磁通将骤然降至微小的剩磁，电枢回路中的感应电动势也将随之减小，电枢电流将急剧上升。由 $T = C_T \Phi I_a$，如负载为轻载，电动机转速将迅速上升，直至加速到危险的高值，造成"飞车"；若负载为重载，电磁转矩克服不了负载转矩，电动机将停转。不管是何种情况，电枢电流都将达到额定电流的十几倍，将对电动机造成严重损害。

二、串励直流电动机的机械特性

串励直流电动机中串励绕组电流 $I_s = I_a$，因此随着负载的变化，电动机磁路的饱和程度变化很大。当负载不大时，电动机磁路处于不饱和状态，磁通 Φ 与 I_a 成正比，即 $\Phi = C_1 I_a$，则

$$T = C_T \Phi I_a = \frac{C_T}{C_1} \Phi^2 \qquad (8-18)$$

将式（8-20）代入直流电动机表达式（8-13）中，可得串励电动机的机械特性为

$$n = \frac{U}{C_e \sqrt{C_1/C_T} \sqrt{T_{em}}} - \frac{r_a + r_s + R_{aj}}{C_e C_1} \qquad (8-19)$$

式中　r_s——串励绕组电阻。

由式（8-21）做出的串励电动机的机械特性曲线为一对双曲线，随着负载转矩的增大，电动机转速将很快下降，如图8-9所示。

如负载过大时，磁路处在高饱和状态，磁通 Φ 近似为常值，设 $\Phi = C$，则机械特性为

$$n = \frac{U}{C_e C} - \frac{r_a + r_s + R_{aj}}{C_e C_T C^2} T \qquad (8-20)$$

即负载较重时串励电动机的机械特性接近于一条直线，如图8-9所示。

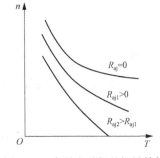

【例 8-2】一台长复励接法的复励直流电动机，$P_N = 14kW$，$U_N = 220V$，$n_N = 1600r/min$，$2\Delta U_b = 2V$，额定电枢电流 $I_{aN} = 70A$，电枢回路电阻 $r_a = 0.1\Omega$，并励回路总电阻 $R_f = 300\Omega$，并励绕组每极匝数 $N_f = 2800$ 匝。若其他条件不变，仅将串励绕组反接，当电流 $I_a = 70$ A 时，转速为 $n = 1796$ r/min。把该电动机的并励绕组改为他励时且将转速保持在 1600 r/min 下测得的空载特性见表8-1，试求：

（1）该电动机在串励绕组反接前是积复励还是差复励？

（2）电枢反应的去磁作用相当于多少并励励磁电流（设电枢反应的去磁作用与电枢电流成正比）？

（3）串励绕组的匝数为多少？

图 8-9　串励电动机的机械特性

表 8-1　　　　　　　　　**例 8-2 复励直流电动机空载特性**

I_f / (A)	0.3	0.4	0.5	0.6	0.7	0.8	0.9	1.0
E_0 / (V)	110	140	168	188	204	218	231	240

解：额定并励绕组励磁电流为

$$I_{fN} = \frac{U_N}{R_{fN}} = \frac{220}{300} = 0.73 \ (A)$$

电动机额定电流为

$$I_N = I_{aN} + I_{fN} = 70 + 0.73 = 70.73 \ (A)$$

额定运行时电枢电动势为

$$E_{aN} = U_N - I_{aN}r_a - 2\Delta U_b = 220 - 70 \times 0.1 - 2 = 211 \ (V)$$

额定运行时

$$C_e\Phi_N = \frac{E_{aN}}{n_N} = \frac{211}{1600} = 0.132$$

（1）串励绕组反接后

$$C_e\Phi = \frac{E_{aN}}{n_N} = \frac{211}{1796} = 0.117\,5$$

由于串励绕组反接后，$C_e\Phi < C_e\Phi_N$，故该电动机在串励绕组反接前是积复励电动机。

（2）为了便于计算，将空载特性中的 U_0 化为 $C_e\Phi$ 的形式，见表 8-2。

表 8-2　　　　　　　　[例 8-2]将空载特性中的 U_0 化为 $C_e\Phi$ 的形式

I_f（A）	0.3	0.4	0.5	0.6	0.7	0.8	0.9	1.0
$C_e\Phi$	0.0688	0.0875	0.1050	0.1175	0.1275	0.1363	0.1444	0.1500

利用插值法，求取在转速 $n_N = 1600 \text{r/min}$ 时，产生 $E_a = 211\text{V}$ 的等效励磁电流

$$I_{f0} = \frac{211 - 204}{218 - 204} \times (0.8 - 0.7) + 0.7 = 0.75 \ (A)$$

串励绕组反接前该电动机为积复励电动机，根据积复励电动机磁势平衡关系，有

$$I_{f0} = I_{fN} + I_s - I_{faq} = 0.73 + I_s - I_{faq} = 0.75 \ (A)$$

差复励时 $C_e\Phi = 0.117\,5$，查表得等效励磁电流 $I'_{f0} = 0.6\text{A}$。

根据差复励电动机磁势平衡关系，有

$$I'_{f0} = I_{fN} - I_s - I_{faq} = 0.73 - I_s - I_{faq} = 0.6 \ (A)$$

联立求解可得：$I_{faq} = 0.055$（A），$I_s = 0.075$（A）

即此时电枢反应的去磁作用相当于并励绕组电流 $I_{faq} = 0.055\text{A}$。

（3）串励绕组每极匝数为

$$N_s = \frac{I_s N_f}{I_{aN}} = \frac{0.075 \times 2800}{70} = 3$$

第四节　直流电动机的启动

电动机带负载运行时，根据力学基本常识，当电动机输出转矩大于负载转矩时，电动机将加速运行；当电动机输出转矩等于负载转矩时，电动机将匀速运行；当电动机输出转矩小于负载转矩时，电动机将减速运行。

启动是指电动机转速从零上升到稳定转速的过程。直流电动机的启动应满足如下基本要

求：有足够大的启动转矩、启动电流应限制在安全范围内、启动时间要短、启动设备应可靠等。

一、直接启动

直接启动是直接将电枢绕组接到额定电压直流电源的启动方法。启动时，为了在一定的启动电流下获得尽可能大的启动转矩，应保证有足够大的励磁电流。在启动瞬间，电动机电枢仍处于静止状态，转速 $n=0$，反电动势 $E_a = C_e \Phi n = 0$，若忽略励磁绕组电感的影响，启动电流

$$I_{st} = \frac{U - E_a}{r_a} = \frac{U_N}{r_a} \qquad (8-21)$$

额定运行时，电枢绕组反电动势 $E_a = C_e \Phi n_N$ 一般可以达到额定电压 U_N 的 90%以上，施加在电枢绕组电阻上的电压小于额定电压的 10%，所以，直接启动电流可以达到额定电流的十几倍。如此大的启动电流将使电动机的换向恶化，产生严重的火花，而且与电流成正比的转矩将损坏拖动系统的传动机构。所以，只有微型及小型直流电动机才允许直接启动，用于电力拖动的直流电动机通常不允许直接启动，而应采取措施限制启动电流，一般控制启动电流 $I_{st} = 1.5I_N \sim 2I_N$。

直接启动的优点是不必另加启动设备，操作简便，启动转矩很大。严重的缺点是启动电流很大。根据式（8-21），可采用两种方法限制启动电流：① 降低电源电压；② 在电枢回路串入电阻。

二、降低电源电压启动

启动时控制电源电压

$$U = I_{st} r_a = (1.5 \sim 2) I_N r_a$$

此时启动转矩为额定转矩的 1.5～2 倍，随着转速上升，电枢绕组反电动势增大，电枢电流及电磁转矩逐渐下降，为保持启动转矩不变，加快启动过程，应随转速上升逐渐升高电压，直至达到额定值。

降压启动需要有专用的可调直流电源，小容量直流电动机可用晶闸管整流装置作为可调直流电源，容量较大的直流电动机一般用直流发电机组作为可调直流电源。为使启动时电动机的励磁电流不受端电压的影响，降压启动时电动机应采用他励的励磁方式。

降压启动有一系列的优点：启动电流小；启动过程能量损耗少；启动设备还能满足电动机高性能调速和正/反转的要求。缺点是启动设备投资大。因此，这种方法一般只用于需要经常启动的大容量直流电动机中。

三、电枢回路串电阻启动

电枢回路串入电阻 R_{aj} 后，启动电流可以控制在允许的范围内。与降压调速一样，为使启动过程中有足够大的电磁转矩，应随着转速上升，逐步地切除串入的电阻。由于电枢回路电流较大，电枢回路电阻很难通过滑动变阻的方式切除，通常采用短接方式切除，即随转速上升逐级切除串入的电阻，所以也称为电阻分级启动法。理论上，启动电阻级数越多启动过程越平稳，但是考虑到控制线路的复杂性，启动电阻的级数不宜过多。

并励直流电动机电枢回路串电阻启动接线如图 8-10（a）所示，为保证启动时有足够大的磁通，励磁回路所串电阻应调到最小值，操作时先闭合 K1，再闭合 K2，并随转速上升依

次闭合 K3、K4 和 K5。启动过程的机械特性运行曲线如图 8-10（b）所示。其中 T_1 为每级的最大转矩，T_2 为每级的切换转矩，为使启动过程比较平稳，通常使每级的最大转矩和切换转矩分别相等，并且 $T_1=(1.5\sim2)T_N$，$T_2=(1.1\sim1.2)T_N$。

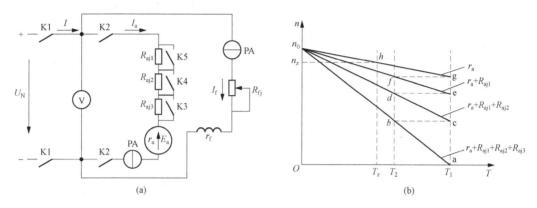

图 8-10　并励直流电动机电枢回路串电阻启动

（a）接线图；（b）机械特性运行曲线

第五节　直流电动机的制动

在生产过程中，常常需要采取措施尽快地使电动机停转或迅速地从高速运行降到低速运行，而在下放位能性负载时，为了避免高速下放带来的危险，需要采取措施限制下放速度。这种使电动机转速下降或限制电动机转速上升的行为称为制动。制动的本质是消耗系统多余的动能，做法是在轴上施加一个与运动方向相反的转矩。制动方式分机械制动和电气制动两种，机械制动是依靠机械摩擦力形成制动转矩；电气制动则是依靠电磁力形成制动转矩。电气制动有能耗制动、反接制动和回馈制动三种。

一、能耗制动

能耗制动线路图如图 8-11 所示，制动前电动机处于电动机运行状态，电磁转矩方向与转速方向相同，如图 8-11（a）所示，对应的工作点见图 8-11（d）中的 a 点。制动时，电动机的电枢回路从电源脱开，并立即串接制动电阻 R_{aj} 后形成闭合回路，如图 8-11（b）所示，由于机械惯性，状态切换瞬间电动机的转速仍保持原方向不变，感应电动势的方向也不变，不考虑电枢回路电感的影响，此时电枢回路电流方向变成与感应电动势同方向，与电动时的方向相反，电流与磁场作用产生的电磁转矩也与电动时相反，也就是与转速方向相反，电动机进入制动状态。此时电动机的机械特性表达式为

$$n=-\frac{r_a+R_{aj}}{C_eC_T\Phi_N^2}T \qquad (8-22)$$

对应的特性曲线是一条通过原点穿过二、四象限的直线，如图 8-11（d）中的直线 bc 所示。制动开始瞬间，工作点从 a 点转移到 b 点。

在电磁转矩及负载转矩的共同作用下，电动机 $n\downarrow\rightarrow E_a\downarrow\rightarrow I_a\downarrow\rightarrow T\downarrow$，当速度下降为零时，感应电动势、电枢电流及电磁转矩也都下降为零，根据负载类型的不同，电动机将进入不同

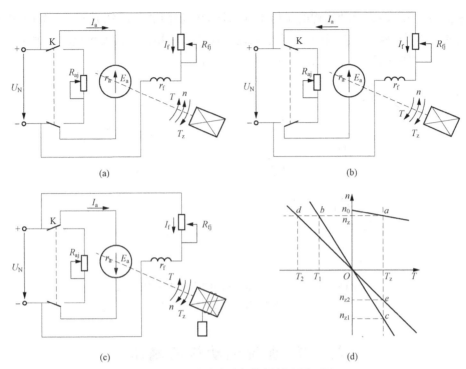

图 8-11　并励电动机能耗制动原理图

的状态。若负载为反抗性负载，此时负载转矩也突降为零，电动机将停机；若负载为位能性负载，此时负载转矩大小及方向均保持不变，电动机在负载转矩作用下将反向启动，相应的感应电动势、电枢电流及电磁转矩也将反向。此时电磁转矩方向与转速方向仍然相反，电动机仍处于制动状态，如图 8-11（c）所示。随着转速的上升，感应电动势、电枢电流及电磁转矩也都同时增大，当电磁转矩与负载转矩相平衡时，电动机达到新的平衡状态，工作点为 c 点。

　　串入电枢回路的电阻越小，则开始制动瞬间制动转矩越大，制动速度越快。若负载为位能性负载，则负载下放的速度越慢，如图 8-11（d）中的 de 所示，极端情况下，若制动时电枢回路不串电阻，制动电流接近直接启动电流；反之串入电枢回路的电阻越大，则开始制动瞬间制动转矩越小，制动速度越慢。若负载为位能性负载，则负载下放的速度越快，如图 8-11（d）中的 bc 所示。

　　从能量转换角度看，制动过程电力拖动系统的动能转换成电能，消耗在电枢回路电阻上，电源不再输入功率，这是能耗制动所独有的特点。

二、反接制动

1. 转速反向的反接制动

转速反向反接制动的原理如图 8-12（a）所示。电动机进入转速反向反接制动的条件有两个：① 负载为位能性负载；② 电枢回路必须串接一个足够大的电阻，使得电动机的启动转矩 T_{st} 小于负载转矩 T_z，对应的机械特性如图 8-12（b）中的曲线 2 所示。假设制动前电动机工作在固有机械特性下，工作点为 a 点，电动机以 n_{z1} 的速度提升重物。电枢回路串入电阻 R_{aj} 后，电动机工作点从 a 点平移到曲线 2 上的 b 点。由于电磁转矩小于负载转矩，

$n\downarrow\rightarrow E_a\uparrow\rightarrow I_a\uparrow\rightarrow T\uparrow$，当速度降到零时，电磁转矩仍然小于负载转矩，电动机将反向启动，开始进入转速反向的反接制动状态。此时感应电动势也随转速改变方向，其值为负，电枢电流

$$I_a = \frac{U_N - E_a}{r_a + R_{aj}}$$

继续增大，电磁转矩也继续增大。当电磁转矩与负载转矩平衡时，电动机以稳定的速度放重物，工作点为图 8-12（b）中的 d 点。

处于制动状态时，电压 $U>0$，电枢电流 $I_a>0$，表明电网输入电动机的电功率 $P_1>0$；而此时电动势 $E_a<0$，转化为机械能的电磁功率 $P_M<0$，即实际情况是重物位能转换成机械能输入电动机转化为电能。这两部分能量都消耗在电枢回路电阻上，可见转速反向反接制动是很耗能的制动方式。

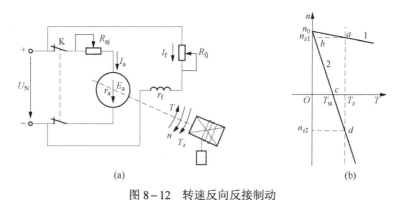

图 8-12 转速反向反接制动

（a）原理图；（b）机械特性

2. 电源反向的反接制动

电源反向的反接制动常用于快速停机，其接线图如图 8-13 所示。图 8-13（a）中电磁转矩与转速同方向，电动机处于电动状态，其工作点为图 8-13（e）中的 a 点。此时将电源反接并在电枢回路串入电阻 R_{aj}，如图 8-13（b）所示。此时电枢电流

$$I_a = \frac{-U_N - E_a}{r_a + R_{aj}}$$

显然，若不串接电阻 R_{aj}，瞬间电枢电流将达到额定电流的二、三十倍，很可能将绕组烧毁。此时电流方向与电动时相反，相应的电磁转矩也与电动时相反，电动机处于制动状态，工作点转移到图 8-13（e）中的 b 点。在电磁转矩及负载转矩的共同作用下，电动机 $n\downarrow\rightarrow E_a\downarrow\rightarrow I_a\downarrow\rightarrow T\downarrow$，当速度下降为零时，感应电动势也为零，但是电枢电流及电磁转矩都不为零，如图 8-13（e）中的 c 点所示。此后电动机的运行状态将视负载性质及大小而定：① 负载为反抗性负载时，电动机能否反向启动取决于 T_c 与 T_z 的大小关系，若 $|T_c|<|T_z|$，电动机无法反向启动，处于堵转状态；若 $|T_c|>|T_z|$，电动机将反向启动，并最终稳定工作在 d 点，各物理量的方向如图 8-13（c）所示。② 负载为位能性负载时，在电磁转矩及负载转矩的共同作用下，电动机一定会反向启动进入反向电动状态。此后电动机速度将持续上升并超过理想空载转速进入回馈制动状态。

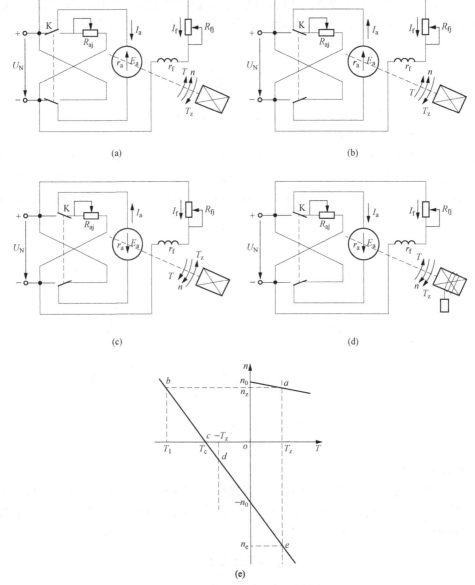

图 8-13 并励直流电动机反接制动

三、回馈制动

回馈制动的特点是电动机的转速大于理想空载转速，感应电动势大于电源电压，使得电枢电流方向与电源电压方向相反，能量从电动机回馈到电源，是一种节能的制动方式。回馈制动主要包括以下两种类型：

1. 转速上升的回馈制动

在电源反向反接制动过程中，当电动机速度下降为零后，若负载为位能性负载，且制动电源不切除，电动机将反向启动，其速度将持续上升并超过理想空载转速。此时电动机转速为负，电磁转矩为正，电枢电流方向与电源电压方向相反，如图 8-13（d）、（e），电动机处于回馈制动状态。为了限制重物下放速度，进入制动状态后可将串入电枢回路的电阻切除，或者降低电源电压。

此外，由直流电动机驱动的电车在下坡时，电车作用在电机上的转矩方向与转速方向一致，在拖动转矩的作用下，电动机的速度将超过理想空载转速，此时电磁转矩为负，成为制动转矩，电动机处在回馈制动状态。机械特性运行图如图 8-14 所示。

2. 电压下降的回馈制动

如图 8-15 所示，在降压调速过程中，如果电压下降幅度太大，使得降压后的理想空载转速 n_{01} 低于降压前的电动机转速 n_z，则降压后的感应电动势大于电源电压，电流方向与电动势方向相同，与电压方向相反，电动机处于回馈制动状态，如图 8-15 中 bn_{01} 段。

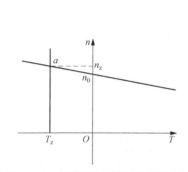

图 8-14　机车下坡过程的回馈制动

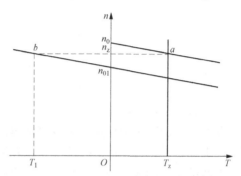

图 8-15　降压调速过程的回馈制动

第六节　直流电动机的调速

为了提高生产率和保证产品具有较高的质量，大量的生产机械要求在不同的情况下以不同的速度工作，这就要求人们以一定的方法来改变生产机械的工作速度，以满足生产的需要，这种人为地改变电动机转速的行为称为调速。

直流电动机机械特性的一般表达形式见式（8-13），由于电动机稳态运行时电磁转矩与总负载转矩相平衡，其值由负载转矩决定，所以可以通过改变电源电压、改变电枢回路总电阻和改变励磁磁通等三种方法改变直流电动机的转速。

一、改变电枢电源电压调速（降压调速）

考虑到绝缘材料的耐压限制，改变电枢电源电压调速时电源电压通常只在额定电压之下进行调节，简称降压调速。电枢电源电压变化瞬间，由于机械惯性，转速不会突变，所以电压变化幅度对调速性能有很大的影响。在改变电枢电源电压调速时，保持励磁电流不变，即电动机主磁通 Φ 恒定，如图 8-16 所示，假设调速前电源电压为 U_N，速度为 n_a，现采用分级调压的方法使其速度降到 n_b。若每次电压下降幅度较小，则电磁转矩变化幅度及系统受到的冲击也较小，调速过程比较平稳，如图 8-16 中电压降到 U_1 后，电动机的工作点从 a 点跳变到 c 点，并沿新的特性曲线移动到 d 点，随后再进行下一级降压。如果电源电压可以连续调节，则可实现无级调速。若降压幅度较大，可使电动机工作在回馈制动状态，将系统速度下降释放的动能的一部分回馈到电源中，如电压直接从 U_N 降到 U_3。为避免电压降幅过大导致的激烈冲击，可以实行多级降压回馈的方法进行调速，如电压先从 U_N 降到 U_2，等速度下降到 n_{01} 以后再降到 U_3。

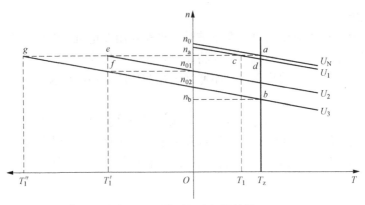

图 8-16　降压调速机械特性

　　降压调速可以连续平滑地无级调速，机械特性硬，低速时稳定性高，调速范围大，效率高，无论是轻载或重载均有明显的调速效果。但需要有可调的直流电源，设备投资大，维护要求高，而且只能在额定转速以下调节。

二、改变电枢回路电阻调速（串电阻调速）

　　串电阻调速机械特性如图8-17所示，在外加电枢电压恒定的情况下，电枢回路电阻越大，机械特性曲线的斜率越大，与负载特性的交点越低，即电动机的转速越低。如果电动机带位能性负载，且电枢回路串的电阻足够大，电动机的稳定转速将为负值，此时电动机处于转速反向的反接制动状态，可用于下放重物。

　　串电阻调速是有级调速，随着所需转速的降低，效率降低，特性曲线变软，调速范围较小，只能在额定转速之下调节，轻载时调速效果不明显，但投入少，操作简便，适用于调速性能要求不高的设备（如起重机等）。

三、改变励磁电流调速（弱磁调速）

　　在外加电枢电压恒定的情况下，减弱磁通的人为特性见式（8-17），带恒转矩负载时的机械特性运行图如图8-18所示，由于正常运行时

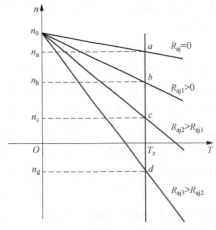

图 8-17　串电阻调速机械特性

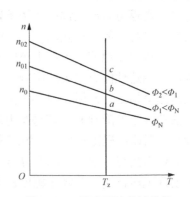

图 8-18　弱磁调速机械特性

$$n_0 = \frac{U_N}{C_e \Phi} \gg \frac{r_a}{C_e C_T \Phi^2} T_z = \Delta n$$

所以，减弱磁通后n_0上升的幅度大于Δn上升的幅度，电动机的转速将上升。

注意：当电动机带额定恒转矩负载时，因磁通Φ减小，而$T=C_T\Phi I_a=T_N=C_T\Phi_N I_{aN}$。显然，$I_a>I_{aN}$，长时间运行对电动机非常不利。所以，弱磁调速一般不用于恒转矩负载的调速，而用于恒功率负载的调速。

由于励磁回路电流相对电枢电流要小得多，改变励磁电流控制方便，弱磁调速可以连续平滑调速，其转速可以在额定转速之上进行调节。但由于转速只能从额定速度往上调，最高转速受机械强度和换向能力限制，弱磁调速的调速范围不大。弱磁调速和降压调速或电枢串电阻调速配合使用可以获得更大的调速范围。

【例 8-3】一台他励直流电动机，$P_N=5.0\text{kW}$，$U_N=220\text{V}$，$I_N=27\text{A}$，$n_N=1000\text{r/min}$，电枢回路总电阻$R_a=0.4\Omega$。不计电枢反应作用，电动机带额定恒转矩负载，试求：

（1）电枢回路中串入电阻$R_{aj}=0.8\Omega$，求稳定后的转速和运行状态。

（2）电枢回路中串入电阻$R_{aj}=8.0\Omega$，求稳定后的转速和运行状态。

（3）采用降压调速使转速降低到 800r/min，求所施加的电源电压。

（4）如将磁通减少 10%，求稳定后的电流和转速。

（5）采用能耗制动以 500r/min 的速度下放重物，求电枢回路应串的电阻。

（6）采用反接制动以 500r/min 的速度下放重物，求电枢回路应串的电阻。

（7）采用回馈制动以 500r/min 的速度下放重物，求所施加的电源电压。

解： 根据额定运行时的电枢回路电压平衡式，得

$$C_e\Phi_N=\frac{E_{aN}}{n_N}=\frac{U_N-I_N R_a}{n_N}=\frac{220-27\times0.4}{1000}=0.209\,2$$

根据$T=C_T\Phi I_a$，当$\Phi=\Phi_N$不变时，电动机带额定恒转矩负载所需的电枢电流$I_a=I_N=27\text{A}$。

（1）当电枢回路中串入电阻$R_{aj}=0.8\Omega$电阻后，稳定转速

$$n=\frac{U_N-I_N(R_a+R_{aj})}{C_e\Phi_N}=\frac{220-27\times(0.4+0.8)}{0.209\,2}=896.7\,(\text{r/min})$$

由于$U>0$、$n>0$，此时电动机处于电动状态。

（2）当电枢回路中串入电阻$R_{aj}=8.0\Omega$电阻后，稳定转速

$$n=\frac{U_N-I_N(R_a+R_{aj})}{C_e\Phi_N}=\frac{220-27\times(0.4+8.0)}{0.209\,2}=-32.5\,(\text{r/min})$$

由于$U>0$、$n<0$，此时电动机处于转速反向的反接制动状态。

（3）采用降压调速使转速降低到 800r/min 时，所施加电源电压

$$U=C_e\Phi_N n+I_N R_a=0.209\,2\times800+27\times0.4=178.16\,(\text{V})$$

（4）如将磁通减少 10%，稳定后的电流

$$I_a=\frac{T_N}{0.9C_e\Phi_N}=\frac{I_N}{0.9}=\frac{27}{0.9}=30\,(\text{A})$$

稳定转速

$$n=\frac{U_N-I_a R_a}{0.9C_e\Phi_N}=\frac{220-30\times0.4}{0.9\times0.209\,2}=1104.7\,(\text{r/min})$$

（5）能耗制动时电源电压为零，电枢回路应串电阻

$$R_{aj}=\frac{U-C_e\Phi_N n}{I_a}-R_a=\frac{0-0.209\,2\times(-500)}{27}-0.4=3.47\,(\Omega)$$

（6）转速反向的反接制动才可用于稳定下放重物，此时电源电压为额定电压，电枢回路应串电阻

$$R_{aj} = \frac{U_N - C_e \Phi_N n}{I_a} - R_a = \frac{220 - 0.209\,2 \times (-500)}{27} - 0.4 = 11.62\,(\Omega)$$

可见以同样的速度下放同样的重物，反接制动时电枢回路应串电阻远大于能耗制动，其损耗也必然远大于采用能耗制动时的损耗。

（7）采用回馈制动下放重物时，为减少损耗，电枢回路不串电阻，所施加电源电压

$$U = C_e \Phi_N n + I_N R_a = 0.209\,2 \times (-500) + 27 \times 0.4 = -93.8\,(V)$$

小　结

　　机械特性是直流电动机最重要的运行特性，直流电动机机械特性包括自然机械特性和人工机械特性，改变电动机的机械特性可以改变电动机的转速并使其工作在不同的状态。

　　直流电动机有较好的启动性能，启动设备比较简单。直流电动机启动转矩与启动电流成正比，所以启动转矩比较大。

　　直流电动机的制动方式有三种：能耗制动、反接制动和回馈制动，其中反接制动又可分为转速反向的反接制动和电源反向的反接制动。从耗能情况看，反接制动最耗能，回馈制动最节能，能耗制动介于两者之间。

　　直流电动机有良好的调速性能，常用调节电枢外施电压、电枢回路中串电阻和调节励磁电流三种方法。

思　考　题

　　8-1　要想改变并励电动机、串励电动机及复励电动机的旋转方向，应该怎样处理？

　　8-2　并励电动机运行时励磁回路发生断路将会出现什么现象？

　　8-3　串励电动机为什么不能空载运行？复励电动机能否空载运行？

　　8-4　一台并励直流电动机，额定运行时电枢电阻压降为电源电压的5%，现将励磁回路断路，试就下列两种情况判断该机将减速还是加速？此时电枢电流分别为多少？

　　（1）当剩磁为每极磁通的1%时；

　　（2）当剩磁为每极磁通的10%时。

习　题

　　8-1　并励直流电动机，$P_N = 7.2$kW，$U_N = 110$V，$n_N = 900$ r/min，$\eta_N = 85\%$，电枢回路总电阻 $R_a = 0.08\Omega$（包括电刷接触电阻），在额定负载时突然在电枢回路中串入 0.5Ω 电阻，不计电枢回路中的电感和电枢反应的影响，试求：

　　（1）电阻串入后瞬间的电枢反电动势、电枢电流和电磁转矩。

　　（2）若总制动转矩不变，求达到稳定状态后的转速。

　　8-2　串励电动机 $U_N = 220$V，$I_N = 40$A，$n_N = 1000$ r/min，电枢回路总电阻 $R_a = 0.5\Omega$（包

括电刷接触电阻）。若制动总转矩保持为额定值，外施电压减到 150V，试求此时电枢电流 I_a 及转速 n（假设磁路不饱和）。

8－3　已知他励直流电动机 $P_N = 10\text{kW}$，$U_N = 220\text{V}$，$I_N = 54\text{A}$，$n_N = 1500\text{r/min}$，包括电刷接触电阻在内的电枢回路总电阻 $R_a = 0.35\Omega$，带位能性额定负载运行，试求：

（1）采用电源反接制动时，允许的最大制动转矩为 $2T_N$，电枢回路至少应串入多大的电阻？

（2）若电动机转速下降为零后电源不切除，系统最终的稳定转速为多少？此时电动机处于何种工作状态？

（3）若电源反接后转速下降到 $0.2n_N$ 时，切换到能耗制动，允许的最大转矩也为 $2T_N$，此时电枢回路至少应串入多大的电阻？对应的系统稳定转速为多少？

第九章　直流电机的换向

直流电机工作时，虽然电刷间的电压和电流都是直流的，但是电枢绕组中的电动势和电流都是交变的，交/直流之间的转换是通过旋转的换向器和静止的电刷配合完成的。当旋转的电枢绕组线圈从某一支路经过电刷底下而进入另一支路时，该线圈中的电流从一个方向转换成相反的方向，这种线圈中的电流方向的变换称为换向。换向是一切装有换向器电动机的一个共性问题，它对电动机的正常运行有重大的影响，是直流电机的关键问题之一。

第一节　直流电机的换向过程

图 9−1 为一个单叠绕组线圈电流的换向过程，其中线圈 1 为正在换向的线圈。图中假设电刷宽 b_s 等于换向片宽 b_k，电刷固定不动，换向器以 v_k 线速度从右向左运动。由图 9−1（a）可见，当电刷仅与换向片 1 相接触时，线圈 1 属于电刷右边的一条支路，线圈 1 中的电流为 i_a，方向为逆时针，用 $+i_a$ 表示；当电刷与换向片 1 和 2 同时接触时，线圈 1 被电刷短路，如图 9−1（b）所示，此时其内部的合成电动势和电流将是我们后续研究的重点；当电刷仅与换向片 2 相接触时，线圈 1 属于电刷左边的支路，线圈中的电流也为 i_a，但电流方向与原来的相反，为顺时针方向，用 $-i_a$ 表示，如图 9−1（c）所示。由此分析可见，当电刷从换向片 1 换到换向片 2 时，线圈 1 中的电流从 $+i_a$ 变化到 $-i_a$，即发生了 $2i_a$ 的变化，电流的这种变化过程称为换向过程。

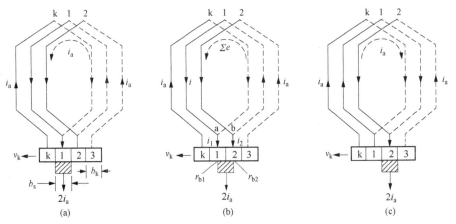

图 9−1　单叠绕组线圈电流换向过程
（a）换向开始；（b）正在换向；（c）换向结束

正在换向的线圈（见图 9−1 中的线圈 1）称为换向线圈；换向线圈中的电流称为换向电流；换向过程中，换向线圈边在电枢表面移过的距离称为换向区域；从换向开始到换向结束所需的时间，即线圈被电刷短路的整个时间，称为换向周期，用 T_k 表示，换向周期较短，通常只有几毫秒。

第二节　换向的电磁原理

一、换向线圈的电动势

换向时，换向线圈中存在着两种不同性质的电动势，分别为旋转电动势和电抗电动势。

1. 旋转电动势

当电枢旋转时，换向线圈切割换向区域内的磁场而感应的电动势称为旋转电动势，用 e_k 表示。换向区域内存在的磁动势有：交轴电枢反应磁动势、换向极磁动势和主极磁动势。换向器内的旋转电动势可用下式计算

$$e_k = 2N_y B_k l v_a \qquad (9-1)$$

式中　N_y——换向线圈的匝数；

　　　B_k——换向区域磁场的磁通密度；

　　　l——换向线圈圈边的有效长度；

　　　v_a——电枢表面的线速度。

2. 电抗电动势

由于在换向周期内，换向线圈中的电流从 $+i_a$ 变化到 $-i_a$，故由其产生的与换向线圈交链的漏磁通也随之变化，从而在换向线圈中产生感应电动势 e_r，称为电抗电动势。这种电动势的方向总是阻碍换向线圈中电流的变化，因此是阻碍换向的。至于换向电流产生的气隙磁通则与非换向线圈产生的气隙磁通一并考虑在电枢反应磁通中。电抗电动势又可分为自感电动势和互感电动势。自感电动势 e_L 是换向线圈本身的漏磁通所产生的；互感电动势 e_M 是当电刷宽度大于一个换向片宽度时，同时进行换向的其他换向线圈通过互感作用而在所研究的换向线圈中感应的漏磁互感电动势，则该换向线圈总的电抗电动势为

$$e_r = e_L + e_M = -(L_y + M)\frac{\mathrm{d}i}{\mathrm{d}t} = -L_r \frac{\mathrm{d}i}{\mathrm{d}t}$$

$$L_r = 2N_y^2 l\lambda \qquad (9-2)$$

式中　L_y——换向线圈的漏电感；

　　　M——同时进行换向的其他线圈对所研究的换向线圈之间的漏磁互感；

　　　L_r——换向线圈等效合成漏感，可用下式表示；

　　　λ——换向线圈的等效比漏磁导，其意义：当所有的换向线圈只有一匝，线圈通过的电流为 1A 时，它们共同产生的漏磁通与所研究的换向线圈交链的磁链数，对换向线圈总有效长度 2l 之比就等于 λ。直流电机的 λ 值在 $(4\sim 8)\times 10^{-6}$H/cm 范围内。

由于换向电流随时间而变化的规律比较复杂，因此电抗电动势瞬时值 $e_r = f(t)$ 的计算也很困难。工程上常采用在换向周期 T_k 内的电抗电动势的平均值来表示，即

$$e_{rav} = \frac{1}{T_k}\int_0^{T_k} e_r dt = \frac{1}{T_k}\int_0^{T_k}\left(-L_r\frac{di}{dt}\right)dt$$

$$= \frac{1}{T_k}\int_{+i_a}^{-i_a}(-L_r)di = L_r\frac{2i_a}{T_k} \tag{9-3}$$

可见电抗电动势是随负载而变化的，电动机的负载越大，则 e_{rav} 也越大。

当电刷宽度 b_s 等于换向片宽度 b_k，且忽略换向片间绝缘厚度时，换向周期为

$$T_k = \frac{b_s}{v_k} = \frac{b_k}{v_k} = \frac{b_k}{v_a\dfrac{D_k}{D_a}} \tag{9-4}$$

式中　v_k、v_a——换向器和电枢的表面线速度；

　　D_k、D_a——换向器和电枢的直径。

考虑到每个线圈匝数 $N_y = \dfrac{N}{2S} = \dfrac{N}{2K}$，换向器周长 $kb_k = \pi D_k$，线负载 $A = \dfrac{Ni_a}{\pi D_a}$，可得电抗电动势的平均值为

$$e_{rav} = 2N_y l\lambda A v_a \tag{9-5}$$

若 $b_s > b_k$，则同时被电刷短路的线圈数增加，等效合成漏电感 L_r 变大，但换向周期 T_k 也随电刷加宽而变大，因此计算电抗电动势时应考虑这些因素。根据式（9-5）可知电抗电动势平均值与电枢的线负载 A 和电枢表面的线速度 v_a 有关，电动机的线负载越大、转速越高，则 e_{rav} 越大，换向越困难。

换向线圈中的合成电动势是 e_k 和 e_r 的代数和，即 $\sum e = e_k + e_r$。由于 e_k 的大小和方向受换向极磁动势的影响，所以在设计换向极时，应使 $e_k \approx -e_r$，使得 $\sum e \approx 0$，以利于换向。

二、换向线圈中的电动势平衡方程式

在图9-1（b）中，i 为线圈1中换向电流，i_1 和 i_2 分别表示引线1和引线2经换向片1、2流到电刷的电流；r_y、r_1、r_2 分别为线圈1、引线1、引线2的电阻；r_{b1}、r_{b2} 分别为换向片1、2与电刷间的接触电阻。根据图9-1（b）所选取的电流和电动势的正方向，可得换向线圈的电动势方程式为

$$ir_y + i_1r_1 + i_1r_{b1} - i_2r_{b2} - i_2r_2 = \sum e \tag{9-6}$$

对于常用的碳质电刷，电阻 r_1、r_2 和 r_y 远小于电刷接触电阻，可认为 $r_1 = r_2 = r_y \approx 0$，则换向线圈的电动势方程式可简化为

$$i_1r_{b1} - i_2r_{b2} = \sum e \tag{9-7}$$

三、换向线圈中电流变化规律

考虑到电刷接触电阻受多种因素影响，而且电抗电动势 e_r 取决于换向电流的变化规律，导致 $\sum e$ 也随时间变化，所以，直接从式（9-7）求解换向电流随时间变化是很困难的。为了便于分析，假定：

（1）电刷与换向片之间是面接触，即电流均匀分布在它们的接触面上。

（2）电刷与换向器间单位面积上的接触电阻是一个常数，即接触电阻与接触面积成反比。

（3）换向线圈中的合成电动势 $\sum e$ 在换向周期内保持不变，计算时取换向周期内的平均值。

由上述假定可求出接触电阻 r_{b1} 和 r_{b2} 随时间而变化的关系。设 S 和 r_b 为一换向片与电刷完全接触时的接触面积和接触电阻；以开始换向瞬间作为时间起点；S_1、S_2 分别表示时间为 t 时换向片 1 和 2 与电刷的接触面积。可得

$$\left.\begin{aligned} \frac{r_{b1}}{r_b} &= \frac{S}{S_1} = \frac{T_k}{T_k - t} \\ \frac{r_{b2}}{r_b} &= \frac{S}{S_2} = \frac{T_k}{t} \end{aligned}\right\} \tag{9-8}$$

从而可得 r_{b1} 和 r_{b2} 的表达式为

$$\left.\begin{aligned} r_{b1} &= r_b \frac{T_k}{T_k - t} \\ r_{b2} &= r_b \frac{T_k}{t} \end{aligned}\right\} \tag{9-9}$$

根据电路定律，对于图 9-1（b）中的 a 点和 b 点，有以下电流表达式

$$\left.\begin{aligned} i_1 &= i_a + i \\ i_2 &= i_a - i \end{aligned}\right\} \tag{9-10}$$

将式（9-9）和式（9-10）代入式（9-7），对换向电流 i 求解，可得

$$i = i_a\left(1 - \frac{2t}{T_k}\right) + \frac{\sum e}{r_{b1} + r_{b2}} = i_L + i_k \tag{9-11}$$

式中　i_L——直线换向电流，$i_L = i_a\left(1 - \dfrac{2t}{T_k}\right)$；

　　　i_k——附加换向电流，$i_k = i\dfrac{\sum e}{r_{b1} + r_{b2}}$。

根据 $\sum e$ 的大小及方向不同，可以将直流电机的换向分为三种情况：

1. 直线换向（$\sum e = 0$）

当换向线圈中的电抗电动势和旋转电动势大小相等，方向相反时，$\sum e = 0$，即 $i_k = 0$，换向电流只有 i_L 分量，随时间线性变化，如图 9-2（a）所示，故称为直线换向。直线换向的特点是换向电流 i 均匀地从 $+i_a$ 变到 $-i_a$，据式（9-11）可知，此时电流 i_1 均匀地从 $2i_a$ 变到 0，而电流 i_2 均匀地从 0 变到 $2i_a$。由于换向过程电刷与换向片 1 的接触面积均匀减小，与换向片 1 的接触面积均匀增大。所以，换向周期任一瞬间电刷下的电流密度都是均匀分布的，故电刷接触层中的损耗和发热都较小，是一种理想的换向情况。

2. 延迟换向（$\sum e > 0$）

在一般情况下，换向电动势 e_k 和电抗电动势 e_r 并不恰好互相抵消，若 $e_r > e_k$，则 $\sum e > 0$。由式（9-11）可见，这时换向线圈中除了直线换向电流外，还有附加换向电流 i_k 存在。由于电抗电动势起阻碍换向线圈中电流变化的作用，故 i_k 与线圈开始换向时的电流同方向，这时换向电流改变方向的时刻将比直线换向时延迟一段时间，即当 $t = T_k/2$ 时，换向电流尚未下降到零，换向电流 $i = f(t)$ 如图 9-2（c）中的曲线 2 所示。因此，把 $\sum e > 0$ 时的换向称为延迟换向。

　　延迟换向时，由于附加电流 i_k 的存在，i_k 与图 9-2（b）中 i_1 的方向相同，而与 i_2 的方向相反，相应地使后刷边（换向器滑出边）的电流密度变大，前刷边（换向器滑入边）的电流密度减小。当 $\sum e$ 过大时，后刷边的电流密度可能会很大，当电刷滑离换向片 1 时，电流回路突然断路，换向回路中的电磁能量通过空气释放，这将会导致在后刷边出现火花放电。

　　3. 超越换向（$\sum e < 0$）

　　当 $\sum e < 0$ 时，即起帮助换向作用的旋转电动势 e_k 抵消 e_r 后还有剩余，这时附加换向电流 i_k 的方向与延迟换向时的相反，换向电流的变化如图 9-2（c）中的曲线 3 所示。当 t 未到 $T_k/2$ 时，换向电流已降至零。由于换向电流改变方向的时刻比直线换向时超前，故称为超越换向。

　　在超越换向时，$\sum e < 0$，由图 9-2（c）可知，此时前刷边的电流密度大于后刷边的电流密度，故当过度超越换向时，前刷边的电流密度过大，有可能在前刷边产生火花。

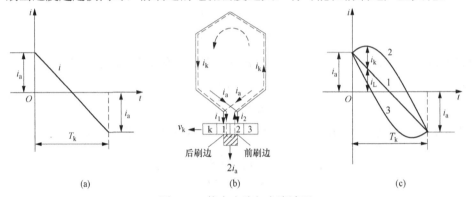

图 9-2　换向电路与电流波形

（a）直线换向；（b）$\sum e > 0$ 时的换向电路；（c）换向电流曲线

1—直线换向；2—延迟换向；3—超越换向

第三节　产生火花的原因

　　直流电机在运行时，电刷与换向器之间会产生火花，微弱的、呈蓝色的火花并不影响电机的正常工作。但当电刷下的火花范围较大，且较明亮而呈白色或红色时，将会烧灼换向器和电刷，使其表面粗糙和留有灼痕，这些后果又会使火花进一步加剧而导致严重的烧灼现象，如此恶性循环直到电动机不能继续正常运行甚至烧毁。我国对电机火花进行了分级，具体可见相关技术标准。

　　直流电机运行时产生火花的原因很多，有机械、电磁、电化学、电热等多种因素都可影响换向，从而引起火花。其主要原因可分为机械性和电磁性两类。

　　1. 机械性原因

　　产生火花的机械方面的原因主要是换向器、转子和电刷装置等方面的缺陷，包括换向器偏心、换向片间的云母绝缘突出、转子平衡不良、电刷在刷握盒中松动、电刷压力不适当以及电刷和换向器接触表面粗糙等。上述大多数原因是使电刷和换向器接触不良或发生振动因而产生火花；另一部分原因则先导致下面介绍的电磁性原因，再由后者引起火花。

　　2. 电磁性原因

　　产生火花的电磁性原因是附加换向电流 i_k 的存在，只要 i_k 建立的换向回路的磁场能量很大，或由 i_k 引起的接触点上的热能损耗很大，就有可能产生火花。

当直流电机换向为直线换向时，不会产生火花。严重延迟换向时，在 $t=T_k$ 时，i_k 的数值不为零，仍有较大的数值，因而必伴随有较大的电磁能量，由于能量不能突变，在换向结束而换向回路被断开瞬间，这部分电磁能量要释放出来，从而产生火花。当过分超越换向时，前刷边也可能出现火花，因为一方面前刷边的电流密度很大，另一方面由于在换向开始时电刷与换向片只在少数点上接触，导致电刷与换向片之间的电压降增大，该处能量损耗很大，可能使前刷边过热而产生火花。

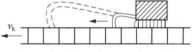

图 9-3 换向器上环火的形成

当电动机承受冲击负载或突然短路时，电枢电流急剧增加，换向元件中的电抗电动势 e_r 也随之立即变大。相应之下，由于换向极铁心中的涡流屏蔽作用，B_k 以及 e_k 的变化会滞后，以致 e_r 会在短时间内远大于 e_k，造成过度延迟换向，从后刷边产生强烈的电弧，并随换向器运动而拉长，加上电动力的作用，拉长速度有可能会超过换向器线速度 v_k，如图 9-3 所示。此外，由于电枢电流激增导致电枢反应加强，磁场畸变更严重，从而使得换向器上某些换向片间的电压显著上升而产生电位差火花，并使换向器周围空气电离。这样，电磁性火花和电位差火花汇合在一起，严重时形成跨越正、负电刷之间的电弧，使整个换向器被一圈火环所包围，称为环火。

第四节 改善换向的方法

改善换向的目的在于消除电刷下的火花。产生火花的主要原因有机械方面和电磁方面两类。机械方面的原因通常都可通过改进制造工艺及加强电机维护来解决。这里重点介绍消除由于电磁性原因而引起火花的方法。

附加换向电流 i_k 是引起换向火花的基本原因。因此，为改善换向就必须从减小 i_k 入手，具体途径是减小换向电路合成电动势 $\sum e$ 和增加换向回路电阻。通常采用设置换向极和移动电刷的方法来减小换向电路合成电动势 $\sum e$。

1. 设置换向极

设置换向极是改善换向最有效的方法，除少数小容量直流电机外，一般直流电机几乎都装有换向极。

换向极设置在几何中性线上，如图 9-4 所示。这样能保证换向区域正好在换向极下面。换向极的作用是在换向区域内建立一个适当的外磁场，通常称为换向磁场，用 B_k 表示其磁通密度。为了产生所需的换向极磁场 B_k，换向极磁动势除了抵消交轴电枢反应磁动势 F_{aq} 外，还应克服换向极磁路中的磁压降，若忽略磁路中的铁心磁压降，则每个换向极所需的磁动势为

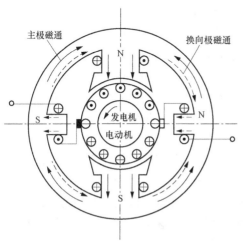

图 9-4 设置换向极改善换向

$$F_k = F_{aq} + F_{\delta k} = \frac{A\tau}{2} + \frac{B_k}{\mu_0} k_{\delta k} \delta_k \tag{9-12}$$

式中　$F_{\delta k}$——一个换向极气隙磁动势；

　　　B_k——换向极下的气隙磁通密度；

　δ_k、$k_{\delta k}$——换向极下的气隙长度和气隙系数。

　　B_k 的大小是根据所需的 e_k 来决定的，理想情况下，电动势 e_k 和 e_r 在换向周期内任一瞬间都应互相抵消，但实际上很难做到这一点，因为 e_k 和 e_r 随时间变化的规律是不同的，e_k 决定于 B_k 在换向区域分布的波形，e_r 则由换向电流随时间而变化的规律来决定。因此，只能做到在换向周期内它们的平均值相互抵消，即在数值上 $e_k = e_{rav}$，而 $e_k \propto B_k$，$e_{rav} \propto I_a$，可得

$$B_k \propto I_a \tag{9-13}$$

　　因此，为了使 B_k 在任何负载下都能与 I_a 成正比，必须将换向极绕组和电枢绕组串联，同时在设计电动机时应使换向极磁场所经磁路不饱和，这通常用增大换向极下气隙和降低其铁心磁密等方法来实现。

　　由于电抗电动势 e_r 的方向总是阻止换向电流变化的，即 e_r 的方向与换向线圈开始换向以前的电流方向相同，因此换向电动势 e_k 的方向就必须与上述电流方向相反。这样，根据右手定则就可确定换向极的极性如图 9-4 所示。由此图可得以下结论：当电机作为发电机运行时，换向极的极性应与在它下面的电枢导体要进入的主极的极性相同；而当电机作电动机运行时，则与在它下面的电枢导体刚离开的主极极性相同。普遍来说，换向极的磁动势方向总是与交轴电枢反应磁动势的方向相反。

　　2. 移动电刷位置

　　在没有换向极的电机中，可用移动电刷的方法来改善换向。将电刷从几何中性线移开一个适当的角度，使换向区域也从几何中性线移开而进入主极下，从而利用主磁场来代替换向极所产生的换向磁场。

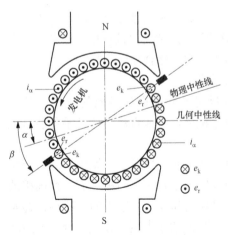

图 9-5　移动电刷改善换向

　　当电机作发电机运行时，电刷应自几何中性线顺着电枢旋转方向移过一个适当的角度，而当电机作电动机运行时，则应逆着电枢旋转方向移动，如图 9-5 所示（图中仅表示了发电机的旋转方向）。由图可见，电刷移动的角度 β 应大于物理中性线移动的角度 α，具体大小须使移动电刷以后换向线圈中能产生适当大的 e_k，以使 e_k 和 e_r 互相抵消。

　　移动电刷法有很大的缺陷，这是因为 e_k 不能随电枢电流 I_a 成正比地变化，当负载变化时，就需要不断地调节电刷位置，这在实际上是无法做到的；而移刷后产生的直轴电枢反应将使发电机的端电压下降而使电动机的转速上升。因此，实际上移刷的方法较少采用。

　　3. 选用合适的电刷

　　选用合适的电刷对换向有很大的影响。从改善换向性能考虑，希望电刷的接触电阻大一

些，但相应的接触电压降 ΔU_b 也较大，这会引起电刷接触处损耗和发热的增加。因此选用电刷时，必须根据不同电机的具体运行情况来考虑。对换向并不困难的中小型电机可采用接触电阻较小的石墨电刷，而对换向比较困难的电机则可使用接触电阻较大的碳－石墨电刷。

4. 采用补偿绕组

防止环火最常用、最有效的方法是设置补偿绕组。装设补偿绕组的目的是尽量消除由于电枢反应所引起的气隙磁场畸变，从而减少产生电位差火花的可能性。在负载较大或负载变化较剧烈的大型直流电机中，常在主极极靴的槽中嵌放补偿绕组。补偿绕组是分布绕组，为使在任何负载下都能抵消电枢反应磁动势，补偿绕组应与电枢绕组相串联。通常，绕组设计为轴向同心式，跨极靴嵌放（即两个元件边对称地安放在两相邻磁极极靴下的对应槽内）如图9-6所示。

补偿绕组的磁动势分布曲线呈梯形波，如图9-6中的曲线2所示。由图可见，电枢反应磁动势分布曲线1绝大部分被抵消，仅在两主极之间留下不大的三角形波磁动势。因此，装有补偿绕组后，换向极所需的磁动势可大为减少。装补偿绕组会使直流电机用铜量增加，电机结构变复杂，因此仅在换向比较困难而负载较大或变化剧烈的大、中型直流电机中得到应用。

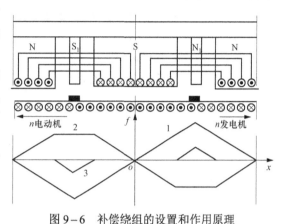

图9-6 补偿绕组的设置和作用原理

小 结

换向是直流电机的关键问题之一，它对电机的正常运行影响极大。换向是指电枢绕组线圈从某一支路经过电刷底下而进入另一支路时，该线圈中的电流方向改变的过程。根据换向的电磁原理，直流电机的换向可分为三种情况：直线换向，无附加换向电流，不会产生火花；延迟换向，后刷边换向电流大，容易产生火花；超越换向，前刷边换向电流大，容易产生火花。

产生火花的原因包括机械原因、电磁原因和化学原因等，冲击负载或短路等原因导致的强烈延迟性电磁火花与电位差火花汇合将形成环火，环火极易烧毁电机。

通过设置换向极、移动电刷、选用合适的电刷，以及采用补偿绕组等方法都可以改善换向。

思 考 题

9-1 换向回路中有哪些电动势？它们各是什么原因引起的？对换向各有什么影响？

9-2 换向极的作用是什么？其安装位置在哪里？绕组连接有何要求？如果将换向极绕组的极性对调，运行时会有什么问题？

9-3 为什么换向极下的空气隙要比主磁极下的空气隙大？为什么换向极绕组的匝数比

主磁极要少得多？

9-4　一台直流电机，轻载运行时换向情况良好，当带上额定负载时，后刷边出现火花，问应如何调整换向极下气隙或换向极绕组的匝数，才能改善换向？

9-5　有一直流电动机装有换向极，且在额定运行时换向良好，当发生下列情况时，对换向有何影响？

（1）当负载电流大幅度增加。

（2）当负载电流大幅度减少。

（3）当转速升高。

（4）当换向极绕组有一部分匝数短路。

（5）当换向极绕组开路。

（6）当电刷接触电阻增加。

（7）当电刷顺着旋转方向移动一个小角度（分电动机和发电机两种状态）。

第三篇

交流电机的共同部分

交流电机主要分为同步电机和异步电机两类。按转子结构形式的不同，同步电机又分为凸极同步电机和隐极同步电机；异步电机又分为鼠笼式异步电机、绕线式异步电机和换向器式异步电机。

同步电机主要用作发电机，也可作电动机或调相机使用，但一般同步电机作为发电机使用较多。现在国内外生产、生活中所用的交流电能，几乎全部都是同步发电机发出的。在使用时，不仅把同一个发电厂中的各台同步发电机并联起来，还把分散在各地区的若干个发电厂，通过升压变压器和高电压输电线彼此再并联起来，形成一个巨大的电力系统，联合供应交流电能。比例较少的一部分同步电机作为同步电动机运行，例如空气压缩机、轧钢机等，其突出的优点是转速固定，且能够调节同步电动机的励磁电流来改善电网的功率因数。

异步电机主要用作电动机，有时也用作发电机。异步电机用作电动机，拖动各行各业的各种生产机械，成为电力系统中的主要负载，吸收电网有功功率和滞后无功功率。异步电机作为发电机使用，发出交流电的品质不如同步发电机发出的交流电，因此用处较少，主要在特殊场合使用。

两类电机虽然励磁方式和运行特性有很大差别，但电机内部发生的电磁现象和机电能量转换的原理却基本上是相同的，因此，交流电机存在许多共同性的问题，如绕组、电动势及磁动势问题，电机发热与冷却等问题。它们具体是指交流绕组型式，交流绕组中流过电流时，又有产生磁动势和磁通的问题，交变磁通交链绕组感应电动势的问题，交流电流在绕组中产生铜损耗，交变磁通在铁心中产生铁心损耗，旋转的转子产生机械损耗，损耗使电机发热和采用对应的散热措施等问题。这些共性的问题可以统一来进行研究，本篇按绕组、绕组电动势、绕组磁动势、发热和冷却共四章分别介绍。

第十章　交流绕组理论

第一节　交流绕组构成原则

一、对交流绕组的要求

交流绕组是电机中能量转换必不可少的关键部件，电机的电动势与磁动势特性都和交流绕组的构成有关。要分析交流电机的原理和运行问题，必须先对交流绕组的构成和连接规律有一个基本的了解。交流绕组是指同步电机的电枢绕组和异步电机的定子、转子绕组，因同步电机的电枢绕组和异步电机的定、转子绕组流通的都是交流电流，所以称为交流绕组。

交流绕组分类形式多种多样，可按相数分为单相和多相绕组；按层数分为单层和双层绕组；按每极每相槽数分为整数槽和分数槽绕组；按绕制法分为叠绕组和波绕组。现代电力与主要动力驱动的交流电机都是三相绕组，本章着重介绍三相整数槽绕组。

交流绕组形式多样，但其构成原则基本相同，即

（1）三相绕组合成电动势和磁动势的波形要接近正弦。

（2）三相绕组各相电动势和磁动势要对称，各相阻抗相等。

（3）绕组用铜量省、散热容易、制造方便。

以上对交流电机绕组的要求，从原理上看，可以归纳为对绕组感应电动势和产生磁动势的要求。对于三相交流电机来说，要求三相绕组能感应出波形接近正弦、有一定数值的三相对称电动势；要求当三相绕组中流过对称电流时，能产生接近圆形的旋转磁动势。三相对称电动势或电流，是指三相基波电动势或电流的有效值大小相等，在时间相位上互差 120° 电角度。三相对称绕组，是指三相绕组形式一样，绕组轴线位置在空间上互差 120° 电角度。

二、绘制绕组展开图有关概念

为了描述三相绕组展开图，下面介绍几个术语。

1. 电角度

设转子均匀分布 p 对磁极（N 和 S），当转子转动时，主极磁场切割定子导体感应交变电动势。不难看出，当转子旋转一周，几何上定义为 360° 机械角，若转子为一对极（$p=1$），导体感应电动势交变一周，电角度为 360°，即一对磁极距对应的角度为 360° 电角度；若转子有两对极（$p=2$），导体感应电动势交变 2 周，电角度为 720°，因此，电角度与机械角度之间的关系为

$$电角度 = p×机械角度 \tag{10-1}$$

2. 每极每相槽数 q

设电机总槽数 Z、极对数 p、相数 m，则每极每相槽数 q 为

$$q = \frac{Z}{2pm} \tag{10-2}$$

q 的单位为槽，当 q 等于 1 称为集中绕组，q 大于 1 称为分布绕组。分布绕组中，当 q

为整数称为整数槽绕组，q 为分数称为分数槽绕组。本节重点介绍整数槽分布绕组。

3. 槽距角 α

相邻两槽之间的电角度为槽距角，也等于相邻两槽导体感应电动势相位差角，单位为电角度。根据电角度概念，一个圆周机械角为 $360°$，电角度为 $p×360°$，均匀分配给 Z 个槽，每槽占得电角度等于槽距角，即

$$\alpha = \frac{p×360°}{Z} \qquad (10-3)$$

4. 极距 τ

相邻两磁极（N 与 S）之间对应位置两点圆弧距离称为极距，根据单位不同有两种表示方法：

一种用 m 或 cm 为弧长单位，常用在电机磁路、电磁参数计算。

$$\tau = \frac{\pi D}{2p} \qquad (10-4)$$

式中　D——定子内圆直径或转子外圆直径。

另一种用所跨槽数为单位，常用在绕组绘制分析：

$$\tau = \frac{Z}{2p} \qquad (10-5)$$

5. 节距 y

一个线圈通常有许多匝，每一匝都有两条有效边和连接这两条边的两个连接跨线，有效边称为线圈边，跨线称为端部。一个线圈的两个圈边所跨槽数称为节距 y。线圈根据节距取值不同分为整距线圈（$y=\tau$）、短距线圈（$y<\tau$）、长距线圈（$y>\tau$）。

整距线圈获得的感应电动势最大，因为线圈两个圈边分别在磁场 N、S 对应位置，感应电动势大小相等、相位差 $180°$ 电角度，整个线圈电动势等于两个圈边电动势代数相加；短距线圈两个圈边的电动势相位差小于 $180°$ 电角度，整个线圈的电动势小于整距线圈，但考虑削弱高次谐波电动势，常采用短距线圈设计；长距线圈作用与短距一样，由于端部较长，用铜量大，不是很常用。

6. 相带

相带指每极每相绕组占有的电角度范围。一般采用 $60°$ 电角度相带，指每极有 $180°$ 电角度，被三相均分，每相占 $60°$。计算式有：

$$相带 = q\alpha \qquad (10-6)$$

7. 槽电动势星形图

槽电动势星形图是指各槽导体感应正弦电动势，用矢量表示构成的一个星形辐射图。图 10-1 所示，各矢量长度相等表示各槽电动势有效值相等，各矢量互差 α 电角度表示各槽电动势相位差。

【例 10-1】某三相交流绕组 $Z=24$、$p=2$、$m=3$，试计算每极每相槽数、槽距角，并画出电动势星形图。

解：

每极每相槽数

$$q = \frac{Z}{2pm} = \frac{24}{2×2×3} = 2 \ （槽）$$

槽距角

$$\alpha = \frac{p \times 360}{Z} = \frac{2 \times 360}{24} = 30°（电角度）$$

设第一个槽导体电动势相位为零，其他依次滞后槽距角，顺时针为相位滞后，画出槽电动势星形图如图 10-1 所示。可见它由 2 个相同的星形图重合，1~12 槽为一对极下星形图，13~24 槽为另一对极下的星形图。

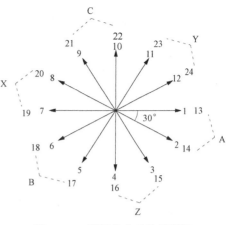

图 10-1　槽导体电动势星形图

8. 分相

分相是指每极下槽分配给三相，其原则是

（1）每极每相占有 q 个槽。

（2）三相对称，互差 120° 电角度。

图中分配给各相槽号，符号表示：

A——若是 N（或 S）极下 A 相绕组，X——S（或 N）极下 A 相绕组；

B——若是 N（或 S）极下 B 相绕组，Y——S（或 N）极下 B 相绕组；

C——若是 N（或 S）极下 C 相绕组，Z——S（或 N）极下 C 相绕组。

假设一对极有 12 个槽，1~6 在 N 极下，7~12 在 S 极下，根据分相结果有：

N 极下 1、2 槽给 A 相，S 极下 7、8 槽也是 A 相；

N 极下 5、6 槽给 B 相，S 极下 11、12 槽也是 B 相；

S 极下 9、10 槽给 C 相，N 极下 3、4 槽也是 C 相。

第二节　三相单层绕组

单层绕组的每个槽只有一个线圈边，线圈采用整距绕组，线圈个数等于槽数的一半。单层绕组的嵌线比较方便，没有层间绝缘，槽的利用率比较高。单层绕组电动势与磁动势的波形比双层短距绕组稍差，故一般用在 10kW 以下的小型电机中，线圈多为多匝、散下的软线圈。按照单层绕组线圈的形状和端部的连接方式，单层绕组分为叠绕组、链式绕组、交叉式绕组和同心式绕组，其中链式绕组、同心式绕组和交叉式绕组是在叠绕组嵌线基础上，端部重新改接而成的，下面分别加以说明。

一、单层叠绕组

绕组嵌线时，相邻的两个串联线圈中后一个线圈紧叠在前一个线圈上，这种绕组称为叠绕组。图 10-2，某三相四极 24 槽绕组展开图，$Z=24$、$m=3$、$p=2$、每相并联支路数 $a=1$。

根据计算，得：$\alpha=30°$、$q=2$、$y=\tau=6$。其槽电动势星形图及分相见图 10-1。

由图可见，一对极内，一种极性下的 A 相（如 1、2 槽线圈），与另一个相反极性下的 A 相（如 7、8 槽线圈）感应电动势方向相反，构成了两个整距线圈的两条边，线圈编号为 1 和 2；同理，13、14 槽与 19、20 槽构成另一对极下两个整距线圈的两条边，线圈编号为 13 和 14。如图 10-3 所示，电机绕组展开图演变过程。A 相绕组展开图沿磁极移动方向移过 4 个槽，即 120° 电角度，就是 B 相绕组展开图；再移过 4 个槽，即 C 相绕组展开图。这样绕制而成的三相绕组是对称的，即三相绕组形式、匝数一样，绕组轴线互差 120° 电角度。

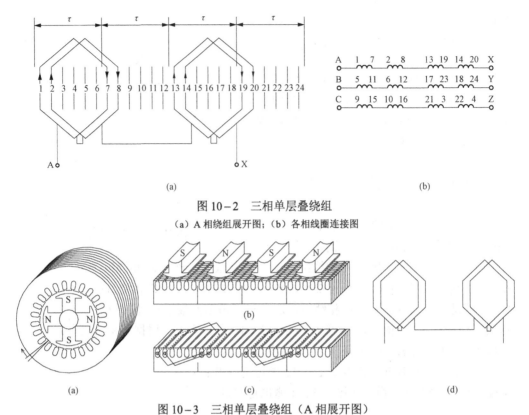

(a)　　　　　　　　　　　　　　　　　　　　　(b)

图 10-2　三相单层叠绕组

（a）A 相绕组展开图；（b）各相线圈连接图

(a)　　　　　　　　　(b)　　　　　　　　　(c)　　　　　　　　　(d)

图 10-3　三相单层叠绕组（A 相展开图）

（a）绕组嵌放铁心及四极分布；（b）展开成平面；（c）绕组嵌放位置；（d）绕组展开图

一个整距线圈的两条边，一定跨在 N、S 两种极性下，当磁极旋转或移动时，两条边的感应电动势和电流方向相反，根据并联支路数 $a=1$，图 10-2（a）所示，4 个线圈串联成一条支路，此时电动势最大；图 10-2（b）所示，以并联支路数 $a=1$ 画出 A 相及其他各相的线圈连接顺序。也可以根据需要，1、2 两线圈串联组成一个线圈组，可以连接成最小单元的一条支路，13、14 两线圈串联构成另外一条支路，两个支路并联，此时输出电流加倍，但电动势大小减半。单层绕组线圈组的个数等于极对数 p，最大并联支路数等于极对数 p。

二、链式绕组

链式绕组的线圈具有相同的节距，就绕组的外形来看，似长链子，一环套一环。链式绕组实际上是从叠绕组演变而来的，图 10-2，保持线圈有效边电动势、电流方向不变，将端部改接，见图 10-4，线圈感应电动势、输出电流全部没有变化，但线圈形式上变成短距（跨了 5 个槽），端部用铜较省，且保持每个线圈的大小相同，绕制方便。这种绕组主要用在每极每相槽数 $q=2$ 的小型四极、六极感应电机中。

三、交叉式绕组

上面所示的链式绕组是 $q=2$ 的情况，当此时属于同一相带的两个线圈其端部分别向两侧连接，且节距相等。若 q 为奇数，$q=3$，则一个相带内的槽数无法均分为二，只能一边多、一边少，此时就形成了交叉式绕组。交叉式绕组也是从单层叠绕组，采用形式上的短距演变过来的，这样更节省端部用铜见图 10-5。图中四极、36 槽，$q=3$，在叠绕组下，节距为 3×9，在交叉式绕组下，节距为 1×7 和 2×8。

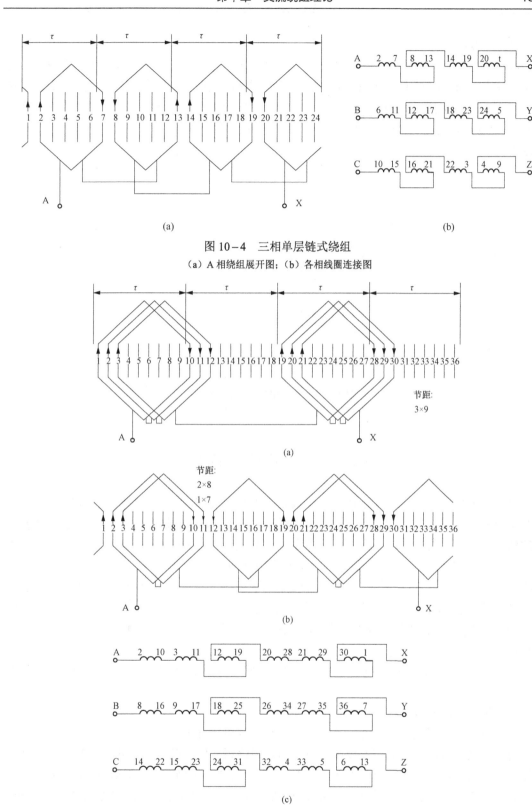

(a)　　　　　　　　　　　　　　　　　　　　　　　(b)

图 10-4　三相单层链式绕组

（a）A 相绕组展开图；（b）各相线圈连接图

(a)

(b)

(c)

图 10-5　三相单层叠绕组与交叉式绕组

（a）A 相单层叠绕组；（b）A 相单层交叉式绕组；（c）各相线圈连接图

四、同心式绕组

同心式绕组是由线圈节距不同，线圈轴线位置一致的多个线圈组成的。从图10-2演变而来的同心式绕组见图10-6，变化前后绕组总感应电动势、输出电流都没有变化。同心式绕组应用的优点：嵌线方便，端部交叠层数少、便于布置、散热好。适合于 $q=4$ 或 $q=6$ 的二极或四极电机。缺点：线圈节距不等，绕制不便，端部较长，用铜较多。

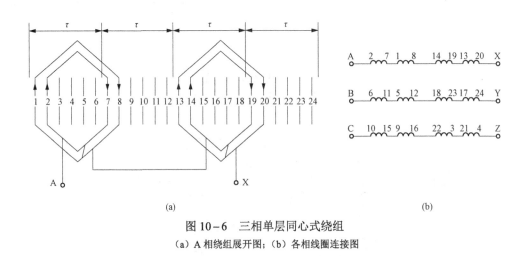

(a)　　　　　　　　　　　　　　　　　　　(b)

图10-6　三相单层同心式绕组

（a）A 相绕组展开图；（b）各相线圈连接图

第三节　三相双层绕组

现代 10kW 以上的三相交流电机，其定子绕组一般均采用双层绕组。双层绕组的每一个槽嵌放上、下两个线圈边。绕组理论规定，靠近槽口的线圈边称为上层边，靠近槽底的线圈边称为下层边。上层边与下层边之间的线圈有层间绝缘。任何一个线圈的两条边，一定是一条边放在某槽上层，另一条边放在相离 y 槽的槽下层。其中 y 就是线圈的节距，通常取短距。可以看出，双层绕组的线圈数等于槽数，因此双层绕组的线圈总数是单层绕组线圈数的 2 倍，双层绕组每个线圈占半个槽空间，其匝数是单层绕组线圈匝数的一半。所以双层绕组线圈总匝数没有增加，其感应电动势大小没有增大。采用双层绕组的主要目的是：

（1）可以选择最有利的节距，构成短距、分布绕组来改善线圈电动势和磁动势的波形。

（2）所有线圈具有同样的尺寸，便于绕制。

（3）线圈端部形状排列整齐，有利于散热和增强机械强度。

可见，采用双层绕组的重要原因可以采用短距绕组，例如某三相、四极、24 槽，采用短节距 $y=5$。画出槽电动势星形图见图10-1，根据线圈数等于槽数，分配给 A 相的槽有 1、2、7、8、13、14、19、20 共 8 个槽。说明 A 相线圈有 8 个，其上层圈边分别放在以上 8 个槽，用"实线"画出，下层圈边根据节距决定放在相应的槽里，用"虚线"画出，见图10-7（a），各相线圈连接顺序见图10-7（b）。

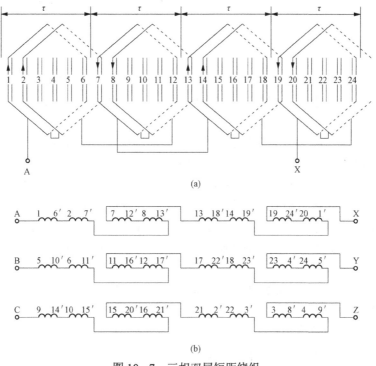

图 10-7 三相双层短距绕组

(a) A 相绕组（$a=1$）；(b) 各相线圈连接顺序

　　每极下 A 相两个线圈串联，构成一个线圈组，一相共有 4 个（即 $2p$ 个）线圈组，是单层线圈组个数的 2 倍，每一个线圈组可以组成最小单元的支路，这样，双层绕组的并联支路数可以是 $a=1$、2、3 等，最大并联支路数等于线圈组个数。双层绕组线圈组的个数为 $2p$，最大并联支路数为 $2p$。图 10-8 所示，4 极电机，一相（A 相）绕组可以连接成支路数等于 1、2、4 三种。若电机为 6 极，则并联支路数 $a=1$、2、3、6 四种。一相绕组线圈数一定时，若支路数少，相电动势就大，相电流就小；反之，支路数多，相电动势小，相电流就大。

　　图 10-7 明显是双层短距绕组（$y=5<\tau=6$）。判断绕组是否整距绕组，不能从形式上看。要用 q 个线圈组成的一个线圈组的整体来看，一个线圈组的两个导体边位置相位差是否为 180° 电角度，如果是 180° 电角度，就是整距线圈绕组，否则就是短距或长距线圈绕组。图 10-4 链式绕组，单个线圈看似短距，实际上该绕组是 $q=2$ 的两个线圈组成的分布线圈组，即图 10-2 所示，显然，线圈组两个边相位差是 180° 电角度，也就是说，该绕组实质上是整距绕组。

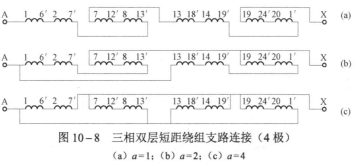

图 10-8 三相双层短距绕组支路连接（4 极）

(a) $a=1$；(b) $a=2$；(c) $a=4$

小 结

三相交流绕组是电机的关键部件。交流绕组的构成原则是力求获得较大的基波电动势，尽量减少谐波电动势，且保持三相电动势的对称，同时要提高导线的利用率和良好的工艺性。

三相交流绕组形式很多，本章主要以单层绕组和双层绕组为例说明。单层绕组的优点：没有层间绝缘，槽内利用率高，嵌线方便，特别在中、小电机中采用软的散下线圈表现明显。改变单层绕组端部的连接方式，将单层叠绕组形式改成链式绕组、交叉式绕组和同心式绕组。其中链式绕组、交叉式绕组构成了形式上的短距，节省端部用铜，同心式绕组可以减少端部层叠数，便于嵌线。单层绕组主要用于 10kW 以下的小型电机。双层绕组的优点：可以利用短距和分布的办法来改善感应电动势和磁动势的波形，使电机得到较好的电磁性能。双层绕组主要用于中、大型电机。

三相绕组展开图，为了图形清晰通常只画出一相，比如 A 相。画绕组展开图大致有以下几个步骤：

（1）确定每极每相槽数 q。

（2）画出槽电动势星形图，有 p 个重叠。

（3）采用 60° 相带分相，使三相绕组对称，B 相滞后 A 相 120°，C 相滞后 B 相。

（4）把每极下同一相带内（A 相）的线圈串联起来组成一个线圈组。

（5）根据并联支路数，把 A 相所有线圈组串联或并联，构成 A 相绕组。

注意不同极性下的线圈组相互串联时要反向连接，以免电动势互相抵消；相互并联时也要反向连接，以免支路之间形成环流。如设计交流发电机绕组，支路数等于 1，感应相电动势最大，相电流最小；并联支路数越多，感应输出相电动势越小，输出相电流就越大。最大支路数等于线圈组个数，单层绕组线圈组个数等于极对数 p，双层绕组线圈组个数等于极数 $2p$。因为线圈总数一定，无论支路数多少，输出相电动势与相电流乘积大小不变，也就是发电机输出的容量不变。

其他 B、C 相绕组形式与 A 相绕组完全一样，只要将 A 相绕组依次顺移 120° 电角度的槽数即为 B 相和 C 相绕组。与变压器一样，每相绕组有两个出线端，三相绕组共有A、X、B、Y、C、Z 六个接头，其接法有丫和△两种基本形式，线电压和线电流计算也不同。

思 考 题

10-1　一个整距线圈的两条边，在空间上相距的电角度是多少？如果电动机有 p 对极，在空间上相距的机械角度是多少？

10-2　什么是槽电动势星形图？如何利用槽电动势星形图来进行相带划分？

10-3　为什么要选择双层绕组？双层绕组线圈总匝数是不是比单层要多一倍？

10-4　选择绕组并联支路数的依据是什么？不同支路数，绕组容量是否相同？

10-5　为什么三相绕组主要用 60° 相带？120° 相带可以用吗？为什么？

10-6　某三相、4 极、24 槽绕组，如图 10-7 所示，若支路数等于 2，如何连接？

10-7　单层、双层绕组的线圈组个数有何不同？各线圈组连接有何不同？

10-8　为什么单层链式绕组采用短距只是外形上的短距，实质上是整距绕组？

习　题

10-1　有一个三相电机绕组，$Z = 36$，$2p = 6$，$a = 1$，采用单层链式绕组，试求：

（1）画出槽导体电动势星形图；

（2）画出 A 相绕组展开图。

10-2　有一三相电机绕组，$Z = 36$，$2p = 4$，$y = 7\tau/9$，$a = 1$，采用双层叠绕组，试求：

（1）画出槽导体电动势星形图；

（2）画出 A 相绕组展开图。

10-3　已知相数 $m = 3$，极对数 $p = 2$，每极每相槽数 $q = 1$，线圈为双层整距，试求：

（1）画出槽导体电动势星形图；

（2）画出 $a = 1$、2、4 的 A 相绕组展开图。

第十一章　交 流 绕 组 电 动 势

第一节　交流绕组基波电动势

绕组的形式是多样的，但其组成的最基本单元是线圈，推导每相绕组的感应电动势，首先分析一个线圈的电动势，再求出线圈组的电动势，然后根据线圈组间的连接方式求出每相绕组电动势。而一个线圈有多匝，每匝有两个有效导体边。根据图 11-1 每相绕组示意图，每相电动势推导步骤如下。

（1）一根导体电动势 E_{c1}。

（2）由两根导体反串连成的一匝线圈电动势 E_{t1}。

（3）由 N_c 匝线圈串联成的一个线圈电动势 E_{y1}。

（4）由 q 个线圈串联成的一个线圈组电动势 E_{q1}。

（5）由 $2p$ 或 p 个线圈组串、并联而成的一相绕组电动势 E_{ph1}。

以上每步推导计算过程中电动势或磁场，符号下标都有 1，表示电动势或磁场为正弦基波，介绍时有时忽略"基波"二字。

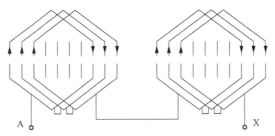

图 11-1　每相绕组组成示意图

一、一根导体感应电动势 E_{c1}

假设主极建立的气隙磁场空间分布为正弦，如图 11-2 所示，其表达式为

$$b = B_{m1} \sin x \tag{11-1}$$

式中　B_{m1}——正弦分布基波磁场幅值。

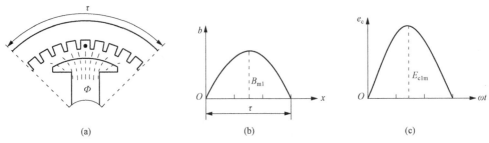

图 11-2　气隙磁场正弦分布时导体感应电动势

(a) 转子主极与定子导体；(b) 主极磁场空间分布；(c) 导体感应电动势波形

当转子以角频率 ω 旋转，在 $t=0$ 时，导体 l 开始进入该主极磁场内，当时间过了 t 秒（s），导体沿主极表面移过 x 弧度长，可见 $x=\tau$ 时，对应感应电动势为半个周期 π，即 x 与 ωt 对应。

根据运动电动势概念，导体电动势的表达式为

$$e_c = blv = B_{m1}lv\sin\omega t = E_{c1m}\sin\omega t \qquad (11-2)$$

式中　e_c——电动势，V；

　　　　l——导体有效长度，即线圈单边有效长，m；

　　E_{c1m}——随时间正弦分布导体电动势基波幅值；

　　　v——导体相对切割主极磁场的速度，$v=2p\tau\dfrac{n}{60}$，m/s；

　　　n——主极旋转速度，r/min；

　　$2p\tau$——一个圆周弧线长，m。

根据电动势幅值，可以得到导体电动势有效值为

$$E_{c1} = \frac{E_{c1m}}{\sqrt{2}} = \frac{B_{m1}lv}{\sqrt{2}} = \frac{\pi}{\sqrt{2}} \cdot \frac{pn}{60} \cdot \Phi_{m1} = 2.22f\Phi_{m1} \qquad (11-3)$$

式中　Φ_{m1}——每极总磁通，等于每极下的平均磁通密度 B_{av} 与面积 S 乘积，Wb。

根据数学公式，正弦分布磁场，平均值 B_{av} 等于幅值 B_{m1} 的 2/π 倍，表达式为

$$\Phi_{m1} = B_{av} \cdot S = \frac{2}{\pi}B_{m1} \cdot \tau \cdot l \qquad (11-4)$$

由式（11-4）可得

$$B_{m1} = \frac{\pi}{2} \times \frac{\Phi_{m1}}{\tau \cdot l} \qquad (11-5)$$

式（11-3），f 为导体感应电动势的频率。若电机为两极，极对数 $p=1$，则转子旋转一周时，定子导体中的感应电动势恰好交变一次；若电机为 p 对极，则转子旋转一周，导体感应电动势将交变 p 次；现设定、转子旋转速度为 n，即转子每秒转过 $n/60$ 周，那么导体感应电动势每秒交变的次数为 $pn/60$，这就是感应电动势的频率（Hz）。

$$f = \frac{pn}{60}$$

若频率为 50Hz，则上式中 $pn=3000$，而 p 值只能为 1、2、3、4、…，那么转子速度 n 只能对应等于 3000、1500、1000、750、…固定这些值，这些速度称为同步速度。

二、一匝线圈电动势 E_{t1}

一匝线圈由两根导体反串连接，当线圈为整距，$y=\tau$，若一根导体位于 N 极下最大磁密处时，另一根导体恰好位于 S 极下最大磁密处，图 11-3（a）、（b）所示，此时两根导体的电动势瞬时值总是大小相等、方向相反。电动势用矢量表示，图 11-3（c）所示，两个电动势矢量相位差 180°，反串连接之后，整距一匝线圈电动势是单根电动势的 2 倍，即两根电动势代数和。

$$E_{t1} = 2E_{c1} = 2 \times 2.22f\Phi_{m1} = 4.44f\Phi_{m1} \qquad (11-6)$$

实际大部分线圈为短距，$y<\tau$，与整距相比，缩短了 $\beta=\tau-y$，β 的单位可以是槽数，也可以将槽数乘以槽距角 α，化成电角度为单位。不过电动势矢量叠加计算时，β 的单位要求用电

角度。见图 11-3（c），短距一匝线圈电动势是两根电动势矢量合成的，合成电动势有效值为

$$E_{t1} = 2E_{c1}\cos\frac{\beta}{2} = 2 \times 2.22 f \Phi_{m1} k_{p1} = 4.44 f \Phi_{m1} k_{p1} \tag{11-7}$$

其中，k_{p1} 为线圈的基波短距系数，它表示线圈短距时感应电动势比整距时要小，打了折扣，即

$$k_{p1} = \cos\frac{\beta}{2} = \frac{E_{t1}|_{y<\tau}}{E_{t1}|_{y=\tau}} \tag{11-8}$$

式中，β 的单位用电角度，其表达式为 $\beta = (\tau - y)\alpha$。

可见短距系数是小于或等于 1 的数据，当线圈取整距时，$\beta = 0$，短距系数等于 1，式（11-7）就等于式（11-6），说明式（11-7）可以作为通式，代表了线圈短距与整距两种情况。

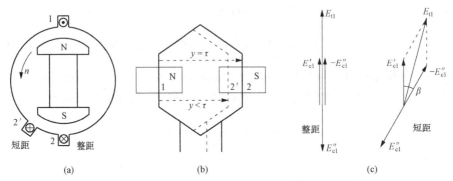

图 11-3　气隙磁场正弦分布时导体感应电动势

（a）一匝整距与短距线圈；（b）线圈展开图；（c）两根导体电动势矢量合成

三、一个线圈电动势 E_{y1}

设一个线圈匝数为 N_c，则该线圈电动势等于匝数乘以一匝电动势，即

$$E_{y1} = N_c E_{t1} = 4.44 f N_c k_{p1} \Phi_{m1} \tag{11-9}$$

上式是根据导体切割磁场感应电动势原理推导出来的一个线圈电动势。还有一种方法可以推导一个线圈电动势，即当与线圈交链的磁通发生交变，根据电磁感应定律，在线圈中会感应电动势，图 11-4 所示，一个线圈匝数为 N_c，主极空间旋转，磁极中心位置转到线圈轴线位置时，图 11-4 中（b）、（c），穿过线圈的磁通量最大，随着主极扫过线圈，交链线圈的磁通量随时间变化规律为

$$\phi = \Phi_{m1}\sin\omega t \tag{11-10}$$

式中　Φ_{m1}——交链线圈的最大磁通，也即每极总磁通，等于磁通时间分量的基波幅值。

线圈取整距时［图 11-4（b）］被交链的磁通就是如此。当线圈取短距时，短了 β 电角度，如图 11-4（c）所示，被交链磁通量的最大值如阴影部分面积，根据傅立叶分解，得到基波分量幅值为 $\Phi_{m1}\cos(\beta/2)$，则磁极产生交链短距线圈基波磁通量变化规律为

$$\phi = \Phi_{m1}\cos\frac{\beta}{2}\sin\omega t \tag{11-11}$$

线圈感应电动势的瞬时表达式为

$$e_{y1} = -N_c \frac{\mathrm{d}\phi}{\mathrm{d}t} = \omega N_c \Phi_{m1} \cos\frac{\beta}{2} \sin(\omega t - 90°) = E_{y1m} \sin(\omega t - 90°) \qquad (11-12)$$

线圈感应电动势的有效值为

$$E_{y1} = \frac{E_{y1m}}{\sqrt{2}} = \frac{2\pi f N_c \Phi_{m1} \cos(\beta/2)}{\sqrt{2}} = 4.44 f N_c k_{p1} \Phi_{m1} \qquad (11-13)$$

可见，式（11-13）推导结果与式（11-9）一样。另外，比较式（11-11）与式（11-12）正弦函数，可以看出线圈感应电动势的相位比磁通要滞后 $90°$ 电角度。

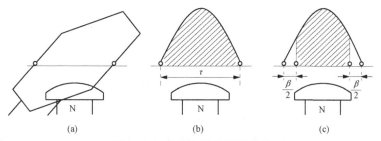

图 11-4　线圈交链的每极磁通

（a）一个 N_c 匝线圈；（b）整距线圈交链磁通最大值；（c）短距线圈交链磁通最大值

四、一个线圈组电动势 E_{q1}

实际电机均采用分布绕组，每个线圈组由 q 个线圈组成，线圈组电动势等于 q 个线圈电动势之和。通常各个线圈匝数相等，分布在相邻的各槽，因此各线圈感应电动势的幅值相等，相位互差一个槽距角 α。如图 11-5 中 $q=3$ 的线圈组电动势等于三个线圈电动势矢量和，即 AB 长。

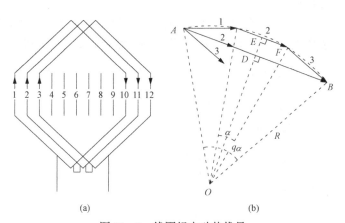

图 11-5　线圈组电动势推导

（a）一个线圈组分布排列；（b）q 个线圈电动势矢量叠加

根据几何关系，O 点是槽电动势星形图中各电动势矢量组成正多边形的圆心，每个边对应的圆心角为槽距角 α，多边形的外切圆半径为 R。

由直角 $\triangle OBD$ 得

$$E_{q1} = \overline{AB} = 2\overline{DB} = 2R \sin\frac{q\alpha}{2} \qquad (11-14)$$

由直角 $\triangle OFE$ 得

$$E_{y1} = 2\overline{EF} = 2R\sin\frac{\alpha}{2} \tag{11-15}$$

比较式（11-14）、式（11-15），一个线圈组电动势为

$$E_{q1} = qE_{y1}\frac{\sin\dfrac{q\alpha}{2}}{q\sin\dfrac{\alpha}{2}} = qE_{y1}k_{d1} \tag{11-16}$$

其中，k_{d1} 为分布系数

$$k_{d1} = \frac{E_{q1}}{qE_{y1}} = \frac{\sin\dfrac{q\alpha}{2}}{q\sin\dfrac{\alpha}{2}} \tag{11-17}$$

它表示线圈组电动势分布时要比集中嵌在一个槽时电动势要小，打了一个折扣，即表示 q 个线圈电动势矢量和与线圈电动势代数和之比。也就是图 11-5（b）中 AB 的弦长与 1、2、3 三段弦长代数和之比。当 q 数据较大时，则槽距角 α 较小，此时，一个线圈组电势 E_{q1} 依然是 AB 的弦长，而每个线圈电势 E_{y1} 较小，即每个线段较短，q 段弦长代数和可以近似等于 AB 的弧线长。根据式（11-17）

$$k_{d1} = \frac{E_{q1}}{qE_{y1}} = \frac{q\text{个线圈电势矢量加}}{q\text{个线圈电势代数加}} = \frac{\overline{AB}\Big|_{\text{弦长}}}{\overset{\frown}{AB}\Big|_{\text{弧长}}} \tag{11-18}$$

五、相绕组电动势 E_{ph1}

根据绕组理论，双层绕组共有 $2p$ 个线圈组，单层绕组共有 p 个线圈组。一个线圈组有 qN_c 匝，是构成并联支路的最小单元。设相绕组并联支路数为 a，对于双层绕组，一条支路由 $\dfrac{2p}{a}$ 个线圈组串联而成，单层绕组由 $\dfrac{p}{a}$ 个线圈组串联而成。一相绕组的相电动势等于支路电动势，相电流等于各支路电流的汇流。因此，

（1）对于双层绕组，相电动势

$$E_{ph1} = \frac{2p}{a}E_{q1} = \frac{2pq}{a}E_{y1}k_{d1} \tag{11-19}$$

（2）对于单层绕组，相电动势

$$E_{ph1} = \frac{p}{a}E_{q1} = \frac{pq}{a}E_{y1}k_{d1} \tag{11-20}$$

无论双层、单层绕组，其相电流为 $I_{ph} = aI_c$，其中 I_c 为支路电流，即线圈电流有效值。为了统一双层绕组与单层绕组电动势表达式，引进符号 N，表示每相一条支路串联匝数，那么，双层绕组

$$N = \frac{2pqN_c}{a} \tag{11-21}$$

则式（11-18）改为

$$E_{ph1} = 4.44 f \frac{qN_c 2p}{a} k_{p1} k_{d1} \Phi_{m1} = 4.44 f N k_{p1} k_{d1} \Phi_{m1} \tag{11-22}$$

单层绕组

$$N = \frac{pqN_c}{a} \tag{11-23}$$

则式（11-19）改为

$$E_{ph1} = 4.44 f \frac{qN_c p}{a} k_{p1} k_{d1} \Phi_{m1} = 4.44 f N k_{p1} k_{d1} \Phi_{m1} \tag{11-24}$$

可见，不论双层或单层绕组，相电动势表达式一样，最后绕组相电动势统一为

$$E_{ph1} = 4.44 f N k_{p1} k_{d1} \Phi_{m1} = 4.44 f N k_{N1} \Phi_{m1} \tag{11-25}$$

其中，k_{N1} 为基波绕组系数，等于基波短距系数与基波分布系数的乘积：

$$k_{N1} = k_{p1} k_{d1} = \cos \frac{\beta}{2} \cdot \frac{\sin(q\alpha/2)}{q\sin(\alpha/2)} \tag{11-26}$$

【例 11-1】某三相 4 极交流绕组，相带为 60° 电角度，试问有几种绕组组合？各有多少总槽数？绕组的基波分布系数如何？

解：

相带为 60° 电角度　　　　　　　　$q\alpha = 60°$（电角度）

总槽数 z 计算　　　　　　　　　$z = \dfrac{p \times 360°}{\alpha}$（槽）

基波分布系数计算　　　　　　　$k_{d1} = \dfrac{\sin \dfrac{q\alpha}{2}}{q\sin \dfrac{\alpha}{2}}$

理论上槽距角为整数，共有 12 种绕组形式，计算见表 11-1。

表 11-1　　　　　　　　　　【例 11-1】用 表

q	1	2	3	4	5	6	10	12	15	20	30	60
α	60	30	20	15	12	10	6	5	4	3	2	1
z	12	24	36	48	60	72	120	144	180	240	360	720
k_{d1}	1	0.966	0.960	0.958	0.957	0.956	0.955	0.955	0.955	0.955	0.955	0.955

计算结果表明，$q=1$，每极每相只有一个线圈，没有分布概念，所以分布系数为 1；当 $q \geq 2$ 时，出现可以分布线圈，则分布系数小于 1；当 $q \geq 10$ 时，每极每相线圈组由足够多个线圈串联而成，串联总电动势等于各线圈电动势代数相加，如图 11-5（b）基本上逼近 AB 的弧线长，所以根据式（11-18），随着 q 的增加，各线圈电动势代数相加值越来越逼近 AB 的弧线长，且略微增大，计算得分布系数略微递减，但基本变化不大，都等于 0.955。

【例 11-2】某三相同步发电机，极数 $2p=2$，转速 $n=3000$r/min，定子槽数 $Z=60$，绕组为双层短距，三相星接法，线圈节距 $y = \dfrac{4}{5}\tau$，每相每支路匝数 $N=20$，主磁极建立的气隙磁场为正弦分布，其基波磁通量

$\Phi_{m1}=1.504Wb$。试求绕组感应电动势的：（1）频率；（2）基波短距系数和分布系数；（3）基波相电动势和线电动势。

解：

（1）绕组感应电动势的频率

$$f = \frac{pn}{60} = \frac{1 \times 3000}{60} = 50 \quad (Hz)$$

（2）绕组基波短距系数和分布系数

$$k_{p1} = \cos\frac{\beta}{2} = \cos\frac{\pi/5}{2} = 0.951$$

$$k_{d1} = \frac{\sin\dfrac{q\alpha}{2}}{q\sin\dfrac{\alpha}{2}} = \frac{\sin\dfrac{10 \times 6^\circ}{2}}{10\sin\dfrac{6^\circ}{2}} = 0.955$$

其中

$$\beta = \tau - y = \frac{\tau}{5} = \frac{\pi}{5}$$

$$q = \frac{Z}{2mp} = \frac{60}{2 \times 3} = 10$$

$$\alpha = \frac{p \times 360^\circ}{Z} = \frac{1 \times 360^\circ}{60} = 6^\circ$$

因此，其基波绕组系数为

$$k_{N1} = k_{p1}k_{d1} = 0.951 \times 0.955 = 0.908$$

（3）基波相电动势和线电动势

$$E_{ph1} = 4.44 fNk_{N1}\Phi_{m1} = 4.44 \times 50 \times 20 \times 0.908 \times 1.504 = 6063 \quad (V)$$

$$E_{L1} = \sqrt{3}E_{ph1} = \sqrt{3} \times 6063 = 10\,500 \quad (V)$$

第二节　交流绕组谐波电动势

一、谐波电动势推导计算

实际上，由于种种原因，气隙磁场不完全按正弦分布，如同步电机主极磁场建立的气隙磁密空间分布为一条平顶波。如图 11-6（a）所示，可以将非正弦分布的磁通密度波按傅里叶级数分解为基波和各次谐波。由于结构对称，谐波分量中只有奇次谐波，没有偶次谐波。其中 3 次、5 次谐波幅值较大，其他高次奇次谐波幅值较小，图 11-6（b）除了基波磁密外，仅画出 3 次、5 次的谐波分量。

设谐波次数为 ν，从图中可以看出，谐波磁场的极对数是基波的 ν 倍，极距是基波的 $1/\nu$ 倍，速度等于基波速度，即随主极一起以同步速度 n_1 旋转，即

$$p_\nu = \nu p, \quad \tau_\nu = \frac{\tau}{\nu}, \quad n_\nu = n_1 \tag{11-27}$$

这些空间谐波磁场将切割定子绕组，感应谐波电动势。ν 次谐波电动势的频率为

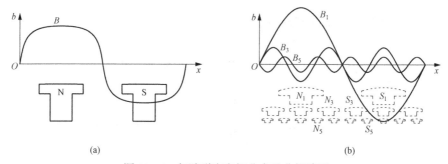

图 11-6　气隙磁密空间分布及分解波形

（a）平顶波磁密波形；（b）分解出奇次谐波磁密波形

$$f_v = \frac{p_v n_v}{60} = v\frac{pn_1}{60} = vf_1 \tag{11-28}$$

v 次谐波电动势的有效值为

$$E_{phv} = 4.44 f_v N k_{Nv} \Phi_{mv} \tag{11-29}$$

其中，Φ_{mv} 为 v 次谐波的磁通量，用 v 次谐波磁场的幅值 B_{mv}、极距 τ_v 和电枢有效长度 l 表示，关系式与基波的式（11-6）类似，为

$$\Phi_{mv} = \frac{2}{\pi} B_{mv}\tau_v l \tag{11-30}$$

k_{Nv} 为 v 次谐波绕组系数，它等于 v 次谐波短距系数和分布系数的乘积。由于基波短距系数中的短距角 β 与分布系数中槽距角 α 都是以电角度为单位，v 次谐波的极对数是基波的 v 倍，故对应谐波的短距角为 $v\beta$，槽距角为 $v\alpha$ 电角度。

$$k_{Nv} = k_{pv}k_{dv} = \cos\frac{v\beta}{2} \cdot \frac{\sin q\dfrac{v\alpha}{2}}{q\sin\dfrac{v\alpha}{2}} \tag{11-31}$$

【例11-3】 某绕组三相四极，槽数 $Z=24$，按下列方式接线，算出其基波和 5 次谐波绕组系数：（1）单层链式绕组；（2）双层短距绕组，节距 $y=5$。

解：

（1）单层链式绕组的基波和 5 次谐波绕组系数

$$k_{N1} = k_{p1}k_{d1} = 1\times\frac{\sin\dfrac{q\alpha}{2}}{q\sin\dfrac{\alpha}{2}} = \frac{\sin\dfrac{2\times30°}{2}}{2\sin\dfrac{30°}{2}} = 0.965$$

$$k_{N5} = k_{p5}k_{d5} = 1\times\frac{\sin\dfrac{q5\alpha}{2}}{q\sin\dfrac{5\alpha}{2}} = \frac{\sin\dfrac{2\times5\times30°}{2}}{2\sin\dfrac{5\times30°}{2}} = 0.259$$

其中，

$$q = \frac{Z}{2mp} = \frac{24}{2\times3\times2} = 2 \ , \quad \alpha = \frac{p\times360°}{Z} = \frac{2\times360°}{24} = 30°$$

（2）双层短距绕组的基波和 5 次谐波绕组系数

$$k_{N1} = k_{p1}k_{d1} = \cos\frac{\beta}{2} \times \frac{\sin\frac{q\alpha}{2}}{q\sin\frac{\alpha}{2}} = \cos\frac{30°}{2} \times 0.965 = 0.932$$

$$k_{N5} = k_{p5}k_{d5} = \cos\frac{5\beta}{2} \times \frac{\sin\frac{q5\alpha}{2}}{q\sin\frac{5\alpha}{2}} = \cos\frac{5\times30°}{2} \times 0.259 = 0.067$$

其中，

$$\beta = \tau - y = \frac{Z}{2p} - y = \frac{24}{4} - 5 = 1（槽）= 30°（电角度）$$

二、谐波电动势削弱方法

（一）谐波电动势的影响

绕组感应电动势考虑了谐波，其相电动势的有效值为

$$E_{ph} = \sqrt{E_{ph1}^2 + E_{ph3}^2 + E_{ph5}^2 + E_{ph7}^2 + \cdots} \tag{11-32}$$

一般来说，高次谐波电动势与基波相比，其值较小，对每相电动势有效值大小影响不大，可以通过调整绕组匝数或调节磁场大小来获得用电设备所需的电压。但高次谐波电动势存在，使电动势波形变坏。作为发电机绕组，一方面会降低供电质量，使用电设备及发电机本身的杂散损耗增大、效率下降、温升增高；另一方面高次谐波还会产生电磁干扰，对通信线路和通信设备造成影响；再者，某次高频谐波会触发电力系统线路，发生并联谐振，产生很大的谐振过电流和过电压。

（二）谐波电动势的削弱方法

1. 改善气隙磁场波形

改善气隙磁场波形，使其接近正弦分布，是消除和减少绕组高次谐波电动势的最有效的方法，图 11-6，采用非均匀气隙，磁极中心为坐标原点，沿两边极弧表面为 ±x，高度为气隙厚度 δ，磁极中心气隙较小，设为 δ_0，沿两边（±x）气隙逐渐变大且相对中心线对称，使气隙磁阻分布呈中间小，两边逐渐变大的趋势，主极磁动势建立的气隙磁密空间波形将接近正弦。根据电机电磁场解析法推导，主极极弧采用非圆弧轨迹设计，使气隙方程为

$$\delta = \frac{\tau}{\pi}\mathrm{asinh}\left(\frac{\sinh\frac{\pi}{\tau}\delta_0}{\cos\frac{\pi}{\tau}x}\right) \tag{11-33}$$

其中，sinh 是双曲正弦，asinh 是双曲反正弦。根据式（11-33）设计主极极弧，可以得到比较理想的正弦分布的气隙磁场波形。

2. 采用短距绕组

据式（11-29），谐波电动势大小与其绕组系数成正比。绕组系数中包含了短距系数，要消除 ν 次谐波电动势，只要取短距线圈，$\beta = \frac{\tau}{\nu}$（槽）或 $\beta = \frac{180°}{\nu}$（电角度）即可，因其短距系数计算为零，则绕组系数与谐波电动势等于零。

$$k_{p\nu} = \cos\frac{\nu\beta}{2} = \cos\left(\frac{\nu}{2} \times \frac{180°}{\nu}\right) = \cos\left(\frac{180°}{2}\right) = 0 \tag{11-34}$$

图 11-7（a）所示，$\beta = \dfrac{\tau}{5}$，短距线圈两个有效边，切割 5 次谐波磁场的极性相同，感应电动势瞬时值 e_5 同大小，同相位，在一个线圈里互相抵消，5 次谐波电动势被完全消除。$\beta = \dfrac{\tau}{6}$，可以兼顾 5 次和 7 次谐波，起到同时削弱 5 次、7 次谐波电动势的目的。

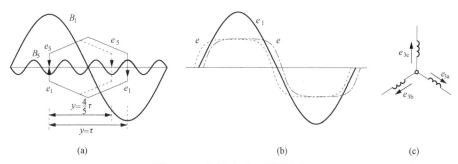

图 11-7　谐波电动势削弱方法

（a）采用短距绕组消除 5 次谐波电动势；（b）采用分布绕组削弱谐波；（c）采用 Y 接法绕组

3. 采用分布绕组

减小绕组谐波分布系数，同样可以减小谐波绕组系数与谐波电动势大小。图 11-7 （b）可见，非正弦（平顶）磁场切割相邻两个线圈，感应电动势的波形也是非正弦，含有一定的谐波电动势分量，两个电动势 e 有相位差，叠加后的电动势 e_1 接近正弦波形，相当于削弱或消除了谐波电动势。也可以根据分布系数计算数据说明问题。

某单层整距分布绕组，三相、四极、24 槽，可计算得：
$$q=2、k_{d1}=0.966、k_{d3}=0.707、k_{d5}=0.259、k_{d7}=-0.259$$

可见，采用分布绕组，5 次、7 次谐波电动势被削弱约 74%，而基波被削弱仅为 3.4%，电动势波形等到明显改善。

4. 绕组采用 Y 接法

三相交流电流中，各相基波电动势大小相等、相位差 120°，而各相 3 次谐波电动势大小相等、相位差 360°。它们瞬时值表达式分别为

$$\begin{cases} e_{A1}=\sqrt{2}E_{ph1}\sin\omega t \\ e_{B1}=\sqrt{2}E_{ph1}\sin(\omega t-120°) \\ e_{C1}=\sqrt{2}E_{ph1}\sin(\omega t-240°) \end{cases} \tag{11-35}$$

和

$$\begin{cases} e_{A3}=\sqrt{2}E_{ph3}\sin 3\omega t \\ e_{B3}=\sqrt{2}E_{ph3}\sin 3(\omega t-120°)=\sqrt{2}E_{ph3}\sin 3\omega t \\ e_{C3}=\sqrt{2}E_{ph3}\sin 3(\omega t-240°)=\sqrt{2}E_{ph3}\sin 3\omega t \end{cases} \tag{11-36}$$

同理，3 的倍数次奇次谐波电动势也是同大小、同相位，如 $\nu=3$、9、15、21、…

图 11-7（c）中，当绕组接成星形，在线电动势中 3 次谐波及 3 的倍数次奇次谐波电动势互相抵消，线电动势没有这些谐波分量，线电动势大小为

$$E_L = \sqrt{3}\sqrt{E_{ph1}^2 + E_{ph5}^2 + E_{ph7}^2 + \cdots}$$ 　　　（11-37）

当绕组接成三角形，3 次谐波及 3 的倍数次奇次谐波电动势被短路，形成内部环流，引起附加损耗与发热，线电动势依然测不出明显的 3 次谐波及 3 的倍数次奇次谐波电动势。因此，发电机三相绕组通常接成星形。

小　结

交流绕组的感应电动势可以用 $e = Blv$ 或 $e = -N\dfrac{\mathrm{d}\phi}{\mathrm{d}t}$ 来确定，结论是一样的。前者是导体切割磁场感应电动势，称为运动电动势；后者穿过绕组的磁通交变感应电动势，称为变压器电动势。推导交流绕组相电动势时，就是从运动电动势概念出发，电动势推导过程：单根导体电动势、一匝线圈电动势、多匝线圈电动势、一个线圈组电动势和每相绕组电动势。计算结果显示，在正弦分布的磁场下，相绕组的电动势计算公式和变压器线圈电动势的计算公式类似，只不过旋转电机由于采用短距和分布绕组，感应电动势大小多乘了一个绕组系数而已。感应电动势的频率取决于主极与导体之间的相对速度和极对数。感应电动势的波形主要取决于主极磁场在气隙内的分布，还与线圈的节距和分布情况等因素有关。

感应电动势中的高次时间谐波，主要是由主极磁场的非正弦分布所引起。为了削弱这类谐波，可以采用改善主极磁场的分布，采用短距和分布绕组等措施，另外三相绕组采用 Y 接法，使感应电动势中的 3 次及 3 的倍数次奇次谐波互相抵消，线电动势中没有这些谐波分量。

思 考 题

11-1　短距系数和分布系数的物理意义是什么？为什么交流电机一般采用短距、分布绕组？

11-2　交流绕组的感应电动势公式如何导出的？它与变压器的电动势公式有何类似之处？

11-3　为什么交流发电机的定子绕组一般都采用 Y 形连接？

11-4　双层短距绕组，要削弱 5 次谐波电动势，节距应取多少？

11-5　双层短距绕组，要削弱 5 次、7 次谐波电动势，节距应取多少？

11-6　试述削弱谐波电动势的方法。

11-7　为什么单层绕组采用短距只是外形上的短距，实质上是整距绕组，短距系数为 1？

11-8　交流绕组采用分布、短距改善电动势波形时，每根导体中的感应电动势是否得到改善？

11-9　为什么分布系数、短距系数总是小于 1？节距 $y > \tau$ 的绕组的短距系数是否大于 1？

11-10　比较交流电机下列各量波形是否相同：气隙磁通密度、定子单根导体感应电动势、定子一个整距线圈感应电动势、定子一个短距线圈感应电动势。

11-11　某交流电机 $2p = 4$，定子上有 3 根导体，互隔 30° 机械角，已知每根导体的感应基波电动势为 10V，感应 3 次谐波电动势为 2V，现将这 3 根导体依次首和尾串联起来，所得的总基波电动势和 3 次谐波电动势各为多少？

习　题

11－1　一台三相 6 极电机，定子双层短距绕组，星形接法，$Z=36$，$a=1$，$y=5$，每个线圈匝数 $N_c=20$ 匝，$f=50$Hz，基波每极磁通 $\Phi_{m1}=3.98\times10^{-3}$Wb，求以下各种电动势有效值：

（1）一根导体的基波电动势。

（2）一匝线圈的基波电动势。

（3）一个线圈的基波电动势。

（4）一个线圈组的基波电动势。

（5）一相绕组的基波电动势。

11－2　有一台三相电机，$Z=48$，$2p=4$，$a=1$，每相一条支路串联匝数 $N=96$，$f=50$Hz，双层短距绕组，星形接法，每极磁通 $\Phi_{m1}=1.115\times10^{-2}$Wb，$\Phi_{m3}=0.365\times10^{-2}$Wb，$\Phi_{m5}=0.24\times10^{-2}$Wb，$\Phi_{m7}=0.093\times10^{-2}$Wb，试求：

（1）节距 y 应选多少才能削弱 5 次、7 次谐波电动势？

（2）此时每相电动势 E_{ph}。

（3）此时线电动势 E_L。

11－3　有一个三相整距线圈绕组，$2p=4$，$a=1$，$q=1$，每槽有两根导体，试求：

（1）若每根导体产生 1V 的基波电动势，每相绕组能产生多大基波电动势？

（2）若 5 次谐波磁密在每根导体感应 0.2V 电动势，每相绕组能产生多大的 5 次谐波电动势？

11－4　一台 50Hz、4 极三相交流电机，定子绕组为双层，每极每相槽数为 3，线圈节距为 7，每个线圈为 1 匝，并联支路数为 1，在气隙基波每极磁通为 0.15Wb 作用下，求此时每相绕组的基波电动势。

11－5　求双层三相交流绕组的基波绕组系数：

（1）极对数 $p=3$，定子槽数 $Z=54$，线圈节距 $y=(7/9)\tau$。

（2）极对数 $p=2$，定子槽数 $Z=60$，线圈节距 $y=12$。

11－6　一台三相 4 极 50Hz 交流电机，$Z=36$，$y=7$、$N_c=10$ 匝，问：

（1）当三相绕组 Y 接法，$a=1$ 时，要产生 380V 基波线电动势，每极基波磁通为多少？

（2）保持基波磁通不变，要求感应 110V 的线电动势，定子绕组应该如何连接？

第十二章　交流绕组磁动势

三相交流绕组中有电流，电流与绕组匝数乘积即为磁动势，有了磁动势才能在电机的磁路里产生磁通，磁动势问题是电机内部能量转换的关键问题。在三相交流电机中，通常有两种绕组，一种是励磁绕组，在绕组中通直流电流，它产生的磁动势比较简单；另一种是交流绕组，在绕组中流过交流电流，它产生的磁动势比较复杂，分析时假设绕组交流电流是随时间按正弦规律变化的，先分析整距线圈磁动势，然后分析分布绕组磁动势，最后分析单相绕组的磁动势。

为了简化分析，假定：

（1）槽内电流集中在槽中心处。

（2）定、转子之间的气隙是均匀的。

（3）铁心不饱和，铁心内磁导率较大，铁心磁压降相对气隙磁压降可以忽略。

第一节　单相绕组磁动势

一、整距线圈的磁动势 f_c

图 12-1 表示一个 N_c 匝 2 极整距线圈产生的磁动势，电流 i_c 正方向从线圈边 A 流出（用 ⊙ 表示），从 X 流入（用 ⊗ 表示）。根据电流方向，载流线圈产生的磁场分布如图 12-1（a）所示，由于结构对称，磁力线分布对称，总共有左右两个磁回路。线圈嵌在定子，磁场由定子建立，相当于定子下半部分有 N 极，上半部分有 S 极。任何一根磁力线从 N 极出发，穿过气隙到转子，再穿过气隙到定子 S 极，经定子铁心回到 N 极形成闭合磁力线。根据全电流定律，任何闭合磁力线所包围的电流代数和都是 $N_c i_c$，即该线圈的磁动势。

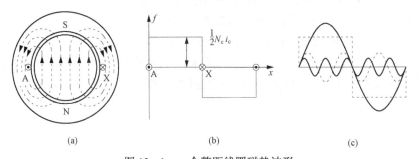

(a)　　　　　　(b)　　　　　　(c)

图 12-1　一个整距线圈磁势波形

（a）整距线圈产生磁场；（b）整距线圈磁势分布；（c）磁势波形分解

类似电动势生成电流，总电动势等于电路各段电压降之和；磁动势建立磁通，总磁动势大小等于沿磁力线各段的磁压降之和，有

$$F = N_c i_c = F_D + F_\delta + F_S + F_\delta \approx 2F_\delta \tag{12-1}$$

$$F_\delta = \frac{1}{2}F = \frac{1}{2}N_c i_c \qquad (12-2)$$

式中定子磁压降 F_D、转子磁压降 F_S 忽略不计，总磁动势 F 等于气隙磁压降 F_δ 的 2 倍。两个气隙磁压降表示一个在 N 极下、另一个在 S 极下的气隙。每极下气隙磁压降等于线圈总磁动势的一半，故后面所有讲到的线圈或绕组磁动势分析理论，都是用气隙磁动势压降来代表，也可以说，交流绕组磁动势分析，就是它在气隙上建立的磁动势问题分析。

若以线圈边 A 为坐标原点，按逆时针沿气隙各点展开，作为位置点的横坐标 x，纵坐标为气隙各处的磁动势值（即磁压降），如图 12-1（b）所示，整距线圈节距 A-X 跨一个极距 τ。由于气隙各点的磁压降都等于线圈总磁动势的一半，所以气隙磁动势分布波形为矩形，正半波表示 N 极下气隙磁动势，负半波表示 S 极下气隙的磁动势。矩形波的幅值为 $\frac{1}{2}N_c i_c$，考虑到线圈电流是正弦交变的，即

$$i_c = \sqrt{2}I_c \sin\omega t \qquad (12-3)$$

可见，矩形分布的气隙磁动势，其幅值随电流大小而交变，最大幅值等于 $\frac{\sqrt{2}N_c I_c}{2}$。其中 I_c 为线圈电流的有效值。由图可得，整距线圈在气隙内建立的磁动势波形是位置不变的，幅值交变的矩形波，称为脉振磁动势。

把整距线圈所生的周期性矩形磁动势波分解为基波和一系列奇次空间谐波，则基波的幅值应为矩形波幅值的 $\frac{4}{\pi}$，其他 ν 次谐波的幅值是基波的 $\frac{1}{\nu}$ 倍，表达式为

$$\begin{aligned}
f_c &= F_{c1}\sin\omega t \sin x + F_{c3}\sin\omega t \sin 3x + F_{c5}\sin\omega t \sin 5x + \cdots \\
&= F_{c1}\sin\omega t \left(\sin x + \frac{1}{3}\sin 3x + \frac{1}{5}\sin 5x + \cdots\right)
\end{aligned} \qquad (12-4)$$

其中

$$F_{c1} = \frac{4}{\pi} \times \frac{\sqrt{2}N_c I_c}{2} = 0.9 N_c I_c \qquad F_{c\nu} = \frac{1}{\nu}F_{c1} = \frac{1}{\nu} \times 0.9 N_c I_c$$

二、线圈组磁动势 f_q

1. 单层整距线圈组磁动势

单层绕组有 p 个线圈组，每个线圈组都有 q 个整距线圈分布排列，串联而成。图 12-2 所示为 $q=3$ 的一对极下线圈组产生的磁动势，图 12-2（b）为每个整距线圈产生的矩形波磁动势，图 12-2（a）为 3 个线圈磁动势叠加，形成阶梯形分布的线圈组磁动势波。沿空间阶梯形分布磁动势依然是位置不变，幅值交变的脉振磁动势。

图 12-2（c）是每个线圈基波磁动势分布波形，3 个基波磁动势幅值相等、空间相位 α 电角度。用矢量表示及运算，与线圈组的基波电动势计算一样，线圈组的基波总磁动势由 3 个相位差 α 电角度整距线圈基波磁动势合成叠加。合成后的磁动势最大幅值等于 3 个整距线圈磁动势幅值的代数和乘以基波分布系数 k_{d1}，表达式为 $F_{q1} = qF_{c1}k_{d1}$。

同理，线圈组的谐波总磁动势由 3 个相位差 $\nu\alpha$ 电角度线圈谐波磁动势合成叠加。合成后的磁动势最大幅值等于 3 个线圈谐波磁动势幅值的代数和乘以谐波分布系数 $k_{d\nu}$，表达式为

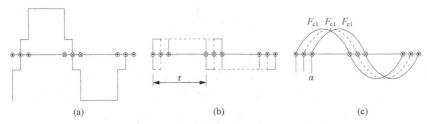

图 12-2　一个单层整距线圈组磁动势波形

（a）线圈组阶梯形分布磁动势；（b）3个线圈磁动势分布；（c）3个线圈基波磁动势波形

$F_{qv}=qF_{cv}k_{dv}$。最后单层整距线圈组的阶梯形分布磁动势表达式为

$$f_q = qF_{c1}\sin\omega t\left(k_{d1}\sin x+\frac{1}{3}k_{d3}\sin 3x+\frac{1}{5}k_{d5}\sin 5x+\cdots\right)$$
$$= F_{q1}\sin\omega t\sin x+F_{q3}\sin\omega t\sin 3x+F_{q5}\sin\omega t\sin 5x+\cdots$$

（12-5）

2. 双层短距线圈组磁动势

双层短距绕组每个极下一个线圈组，有 $2p$ 个线圈组。图 12-3（a）为一对极下两个短距线圈组排列，线圈短 β 电角度。电流方向如图所示，第一个线圈组的上层边为 $\odot$，下层边为 $\otimes$；第二线圈组的上层边为 $\otimes$，下层边为 $\odot$。在保证电流方向不变的情况下，改接端部绕组，将两个线圈组的两个上层边构成一个整距线圈组（上），两个下层边构成另外一个整距线圈组（下），改成了两个空间位置差 β 电角度的整距线圈组，其产生的基波磁动势波形如图 12-3（b）所示。

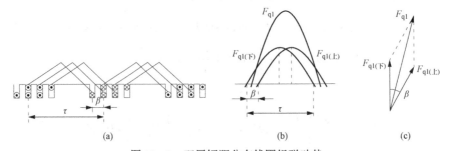

图 12-3　双层短距分布线圈组磁动势

（a）短距线圈槽内布置；（b）改接后整距两个线圈组基波磁动势；（c）基波磁动势矢量合成

图 12-3（c）所示，双层短距线圈组的基波总磁动势等于两个差 β 电角度的整距线圈组基波磁动势矢量运算，与电动势计算一样，合成后的基波总磁动势最大幅值等于 2 个整距线圈组基波磁动势幅值的代数和乘以基波短距系数 k_{p1}，即 $2F_{q1}k_{p1}$。同理，双层短距线圈组谐波总磁动势的最大值为 $2F_{qv}k_{pv}$。最后双层短距线圈组的阶梯形分布磁动势表达式为

$$f_q = 2qF_{c1}\sin\omega t\left(k_{d1}k_{p1}\sin x+\frac{1}{3}k_{d3}k_{p3}\sin 3x+\frac{1}{5}k_{d5}k_{p5}\sin 5x+\cdots\right)$$
$$= 2qF_{c1}\sin\omega t\left(k_{N1}\sin x+\frac{1}{3}k_{N3}\sin 3x+\frac{1}{5}k_{N5}\sin 5x+\cdots\right)$$

（12-6）

三、单相绕组的磁动势 f_{ph}

一相绕组由 p 个线圈组（单层）或 $2p$ 个线圈组（双层）通过串联或并联连接而成。如果

相绕组是多个线圈组串联，每相电动势计算要各个线圈组的电动势叠加。而每相绕组磁动势计算与电动势计算不同，每对极下线圈组产生磁动势主要降落在该对极下气隙磁阻上，各对极下的线圈组产生的磁动势及磁回路组成对称分支分布，它们产生的磁通没有相互交链，磁动势不能再叠加，所以一相绕组的磁动势 f_{ph} 就等于一对极下线圈组产生的磁动势 f_q，单层即式（12−5），双层即式（12−6）。

为了统一单层与双层绕组产生磁动势的表达式，下面以基波磁动势为例：

单层绕组，考虑短距系数 $k_{p1} = 1$，基波磁动势为

$$f_{ph1} = qF_{c1}k_{d1}\sin\omega t\sin x = 0.9qN_cI_ck_{N1}\sin\omega t\sin x \qquad (12-7)$$

双层绕组基波磁动势为

$$f_{ph1} = 2qF_{c1}k_{N1}\sin\omega t\sin x = 0.9\times 2qN_cI_ck_{N1}\sin\omega t\sin x \qquad (12-8)$$

从式（11−23）、式（11−21）、式（11−20），得

$$单层\ qN_c = \frac{aN}{p}；\quad 双层\ 2qN_c = \frac{aN}{p}；\quad 线圈电流\ I_c = \frac{I_{ph}}{a} \qquad (12-9)$$

则式（12−7）和式（12−8）统一为

$$f_{ph1} = 0.9\times\frac{aN}{p}\times\frac{I_{ph}}{a}\times k_{N1}\sin\omega t\sin x = F_{m1}\sin\omega t\sin x \qquad (12-10)$$

其中，$F_{m1}\sin\omega t$ 为基波磁动势幅值，大小随时间按正弦规律变化。F_{m1} 为基波磁动势最大幅值，表达式为

$$F_{m1} = 0.9\frac{Nk_{N1}}{p}I_{ph} \qquad (12-11)$$

同理，谐波磁动势最大幅值为

$$F_{mv} = 0.9\frac{Nk_{Nv}}{vp}I_{ph} \qquad (12-12)$$

每相绕组总磁动势表达式为

$$f_{ph} = F_{m1}\sin\omega t\sin x + F_{m3}\sin\omega t\sin 3x + F_{m5}\sin\omega t\sin 5x + \cdots \qquad (12-13)$$

综上所述，单相绕组磁动势依然是脉振磁动势，有以下几个特点：

（1）磁动势沿空间呈阶梯分布，位置不变，幅值随时间交变，交变频率同电流频率。

（2）阶梯分布波形可以分解出基波和奇次谐波磁动势，各次幅值交变频率一致。

（3）基波磁动势的极对数 p 等于绕组极对数，v 次谐波磁动势的极对数 $p_v = vp$。

（4）基波磁动势的极距 τ 等于绕组极距，v 次谐波磁动势的极距 $\tau_v = \tau/v$。

第二节　三相绕组基波合成磁动势

三相绕组的合成磁动势，可以用三个单相绕组所产生的磁动势逐点相加。为了了解三相绕组的合成磁动势特性，本节主要研究对称三相电流流过对称三相绕组时所产生的合成磁动势，首先从基波磁动势分解开始。

一、单相基波脉振磁动势的分解

单相绕组流过交流电流，产生单相脉振磁动势，其基波表达式见式（8−14）第一项，依据三角函数变换可分解成

$$f_{ph1} = F_{m1} \sin \omega t \sin x = \frac{1}{2} F_{m1} \cos(\omega t - x) - \frac{1}{2} F_{m1} \cos(\omega t + x) = f^+ + f^- \qquad (12-14)$$

单相脉振磁动势分解成两项，分别用 f^+、f^- 表示。其空间波形都是按正弦规律分布，振幅也都是单相脉振磁动势振幅的一半。随着时间的推移，当 $\omega t = 0°$、$90°$、$180°$、$\cdots$，空间波形表达式见表 12−1。波形如图 12−4 所示，横坐标 x 定义为沿气隙圆周的位置坐标，f^+ 随着时间而沿着 x 正轴有规则移动，f^- 沿着 x 负轴有规则移动，它表示该两个磁动势具有旋转性质，且旋转方向相反，磁动势幅值不变。

表 12−1 单相脉振磁动势分解的两个方向旋转磁动势空间波形表达式

瞬时表达式	$\omega t = 0$	$\omega t = \pi/2$	$\omega t = \pi$	$\omega t = 3\pi/2$	$\omega t = 2\pi$
$f^+ = \dfrac{F_{m1}}{2}\cos(\omega t - x)$	$\dfrac{F_{m1}}{2}\cos x$	$\dfrac{F_{m1}}{2}\sin x$	$\dfrac{-F_{m1}}{2}\cos x$	$\dfrac{-F_{m1}}{2}\sin x$	$\dfrac{F_{m1}}{2}\cos x$
$f^- = \dfrac{-F_{m1}}{2}\cos(\omega t + x)$	$\dfrac{-F_{m1}}{2}\cos x$	$\dfrac{F_{m1}}{2}\sin x$	$\dfrac{F_{m1}}{2}\cos x$	$\dfrac{-F_{m1}}{2}\sin x$	$\dfrac{-F_{m1}}{2}\cos x$

从波形移动图可以计算旋转磁动势的转速。当波形移过一个周期 $\omega t = 2\pi$ 电角度时所用时间为

$$t = \frac{2\pi}{\omega} = \frac{2\pi}{2\pi f} = \frac{1}{f} \quad (s) \qquad (12-15)$$

波形移过距离 2π 电角度，相当于 $2\pi/p$ 机械角度。1 转的机械角度为 360，即 2π。波形沿圆周移过距离 L，以 r 为单位，有

$$L = \frac{2\pi/p}{2\pi} = \frac{1}{p} \quad (r) \qquad (12-16)$$

两式相除即为速度

$$n = \frac{L}{t} = \frac{1/p}{1/f} = \frac{f}{p} \quad (r/s) = \frac{60f}{p} \quad (r/min) \qquad (12-17)$$

计算所得速度与绕组流过电流的频率 f、绕组极对数 p 有关。此速度定义为同步速度，基波同步速度用 n_1 表示。

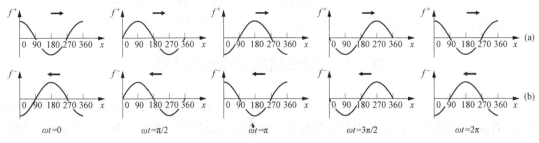

图 12−4 单相脉振磁动势分解两个方向旋转磁动势
（a）正转磁动势；（b）反转磁动势

图 12-5 所示是用空间矢量表示的脉振磁动势的分解情况，矢量 **F+** 和 **F-** 振幅相同，以相同的角速度 ω 向相反方向旋转，其合成磁动势 **F** 不论在任何瞬间，空间位置总在该绕组的轴线处，最大幅值位置不变，大小交变，幅值振荡。

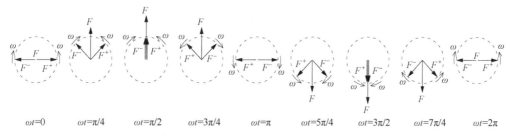

| $\omega t=0$ | $\omega t=\pi/4$ | $\omega t=\pi/2$ | $\omega t=3\pi/4$ | $\omega t=\pi$ | $\omega t=5\pi/4$ | $\omega t=3\pi/2$ | $\omega t=7\pi/4$ | $\omega t=2\pi$ |

图 12-5　单相脉振磁动势分解两个旋转磁动势的矢量表示图

以上分析表明，一个在空间正弦分布随时间按正弦规律变化的脉振磁动势，可以分解为两个旋转磁动势分量，每个旋转磁动势的振幅均为脉振磁动势振幅的一半，它们的旋转方向相反，旋转速度相同，该速度称为同步速度。

二、三相基波合成磁动势

三相对称绕组是指三个 A、B、C 单相绕组形式、跨距、匝数等完全相同，且它们的轴线在空间依次相差 120° 电角度。图 12-6 是两极三相交流电机的定子对称绕组，假设磁动势旋转的正方向为逆时针，那么绕组轴线的相位依次为 A-B-C，即 B 相绕组滞后 A 相绕组 120° 电角度，C 相绕组滞后 B 相绕组 120° 电角度。

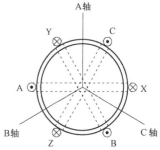

图 12-6　两极三相定子绕组

1. 正转旋转磁动势

三相对称电流是指三相电流大小相等，相位互差 120° 电角度。描述三相对称的电参量瞬时值，可以用公式、旋转矢量投影、波形图三种方式。本节就三相电流瞬时值计算，采用公式和矢量旋转两种方法加以说明。当电流通电的相序也按 A-B-C，其瞬时表达式为

$$\left.\begin{aligned} i_A &= \sqrt{2}I\sin\omega t \\ i_B &= \sqrt{2}I\sin(\omega t-120°) \\ i_C &= \sqrt{2}I\sin(\omega t-240°) \end{aligned}\right\} \tag{12-18}$$

当 $\omega t=0$ 代入式（12-18），计算出各相电流的瞬时值，这些数值等于图 12-7（a）中，电流矢量 **I** 在三相绕组轴线上的投影值。同理，$\omega t=90°$ 各相电流值，即相量 **i** 正方向转过 90° 后的投影值。

三相对称电流流过三相对称绕组，各相产生形式相同，空间位置不同，沿气隙阶梯形分布的单相脉振磁动势，各相绕组的基波磁动势分量表达式为

$$\left.\begin{aligned} f_{A1} &= F_{m1}\sin\omega t\sin x \\ f_{B1} &= F_{m1}\sin(\omega t-120°)\sin(x-120°) \\ f_{C1} &= F_{m1}\sin(\omega t-240°)\sin(x-240°) \end{aligned}\right\} \tag{12-19}$$

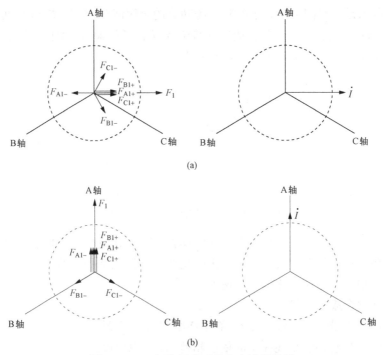

图 12−7 三相绕组磁动势和电流相量图

（a）$\omega t=0$；（b）$\omega t=\pi/2$

其中，各相的时间 ωt 相位取决于电流相位，位置 x 相位取决于绕组轴线的空间相位。与式（12−15）的单相脉振磁动势分解公式一样，各相分别分解两个方向的旋转磁动势，即

$$\left.\begin{aligned}f_{A1} &= \frac{F_{m1}}{2}\cos(\omega t-x) - \frac{F_{m1}}{2}\cos(\omega t+x) = f_{A1}^{+} + f_{A1}^{-} \\ f_{B1} &= \frac{F_{m1}}{2}\cos(\omega t-x) - \frac{F_{m1}}{2}\cos(\omega t+x+120°) = f_{B1}^{+} + f_{B1}^{-} \\ f_{C1} &= \frac{F_{m1}}{2}\cos(\omega t-x) - \frac{F_{m1}}{2}\cos(\omega t+x-120°) = f_{C1}^{+} + f_{C1}^{-}\end{aligned}\right\} \quad （12-20）$$

三相合成磁动势，只要将上式三个表达式相加。后三项反转磁动势大小相等、相位对称，相加结果为零；前三项正转磁动势表达式相同，相加的结果是幅值等于单相幅值 F_{m1} 的 3/2 倍的正转旋转磁动势，即

$$f_{\Sigma 1} = f_{A1} + f_{B1} + f_{C1} = \frac{3}{2}F_{m1}\cos(\omega t-x) = F_1\cos(\omega t-x) \quad （12-21）$$

其中 F_1 为三相基波合成磁动势最大幅值，表达式为

$$F_1 = \frac{3}{2}\times0.9\frac{Nk_{N1}}{p}I = 1.35\frac{Nk_{N1}}{p}I \quad （12-22）$$

2. 反转磁动势

当三相电流的相序任意对调两相，使电流通电的相序按 A−C−B，则式（12−18）和式（12−19）中的 B、C 相的时间相位交换，即

$$\begin{cases} i_A = \sqrt{2}I\sin\omega t \\ i_B = \sqrt{2}I\sin(\omega t - 240°) \\ i_C = \sqrt{2}I\sin(\omega t - 120°) \end{cases} \text{和} \begin{cases} f_{A1} = F_{m1}\sin\omega t\sin x \\ f_{B1} = F_{m1}\sin(\omega t - 240°)\sin(x - 120°) \\ f_{C1} = F_{m1}\sin(\omega t - 120°)\sin(x - 240°) \end{cases} \quad (12-23)$$

用同样的方法推导，得到合成基波磁动势为反转磁动势，其表达式为

$$f_{\Sigma 1} = \frac{3}{2}F_{m1}\cos(\omega t + x) = F_1\cos(\omega t + x) \quad (12-24)$$

3. 同步速度

以上分析三相基波合成旋转磁动势，其正转、反转的磁动势表达式与单相脉振磁动势分解的正、反转磁动势表达式（12-14）相比，形式一样，幅值大 3 倍，所以旋转速度也是基波同步速度，其表达式及其推导见式（12-17）。

同步速度的另外一种推导过程如下：

三相合成基波磁动势 $f_{\Sigma 1} = F_1\cos(\omega t - x)$，最大幅值位置随时间而沿 x 正方向移动，任何时刻，幅值出现在 $\cos(\omega t - x) = 1$，即 $\omega t - x = 0$ 处。由此可得 $x = \omega t$，说明基波磁动势幅值沿圆周移动的电角度 x 等于电流在时间上变化的电角度 ωt。那么幅值位置的旋转速度为

$$n_1 = \frac{dx}{dt} = \omega \text{（电角度/s）} = \frac{\omega}{p} \text{（机械角/s）} \quad (12-25)$$

圆周一转为 2π 机械角，旋转速度以"转"为单位表示

$$n_1 = \frac{\omega}{2\pi p} = \frac{2\pi f_1}{2\pi p} = \frac{f_1}{p} \text{（r/s）} = \frac{60f_1}{p} \text{（r/min）} \quad (12-26)$$

式中　f_1——电流的基波频率；

　　　n_1——三相绕组基波合成旋转磁动势的同步速度。

4. 最大幅值位置

式（12-19）的第一式为 A 相绕组产生的脉振磁动势，表达式与式（12-14）一样，那么 A 相脉振磁动势分解的正、反转磁动势 F_{A1}^+、F_{A1}^- 矢量的初始位置如图 12-5 第一个图一样，如图 12-7（a）所示，同理根据式（12-20）的相位关系，画出 B、C 相分解正、反转磁动势矢量位置。图 12-5 中可见，三个反转磁动势矢量合成为零，三个正转磁动势矢量合成为 F_1，位置与电流相量 $\dot{I}$ 一致。

当 $\omega t = 90°$ 时，A 相电流最大，电流相量 $\dot{I}$ 应转到 A 相绕组轴线上；此时合成磁动势为 $f_{\Sigma 1} = F_1\cos(90° - x) = F_1\sin x$，最大幅值转到 $x = 90°$ 位置，即为 A 相绕组轴线，如图 12-7（b）所示。可以认为，某相电流达到最大时，合成磁动势的幅值就到该相的相轴位置处。

根据以上分析，三相对称电流通入三相对称绕组，可以得出以下结论：

（1）三相合成基波磁动势为幅值不变的圆形旋转磁动势。

（2）转速为同步速度 n_1。

（3）极数等于绕组极数 $2p$。

（4）转向取决于电流相序。

（5）当各相绕组的时轴与相轴重合时，合成基波磁动势最大幅值矢量位置与三相电流相量时空同步。

第三节 三相绕组谐波合成磁动势

前面第二节分析的正弦交流电流通入单相交流绕组，产生单相脉振磁动势，其空间分布波形为阶梯形，按傅里叶级数分解成基波和各次奇次空间谐波，幅值随时间交变。三相绕组对称，通入电流也是正弦对称电流，各相绕组产生的脉振磁动势形式上一样。其中三相绕组的基波磁动势合成已在第三节介绍，本节讨论其他各次奇次谐波磁动势的合成问题，并以 5、7 次谐波为代表加以说明。

设 A 相绕组磁动势如式（12–13）所示，那么 B 相根据电流相位、绕组轴线滞后 120°电角度，C 相根据电流相位、绕组轴线滞后 240°电角度，可以写出它们的磁动势表达式，有

$$
\left.
\begin{aligned}
f_A &= F_{m1}\sin\omega t\sin x + F_{m3}\sin\omega t\sin 3x + F_{m5}\sin\omega t\sin 5x + F_{m7}\sin\omega t\sin 7x + \cdots \\
f_B &= F_{m1}\sin(\omega t - 120°)\sin(x - 120°) + F_{m3}\sin(\omega t - 120°)\sin 3(x - 120°) \\
&\quad + F_{m5}\sin(\omega t - 120°)\sin 5(x - 120°) + F_{m7}\sin(\omega t - 120°)\sin 7(x - 120°) + \cdots \\
f_C &= F_{m1}\sin(\omega t - 240°)\sin(x - 240°) + F_{m3}\sin(\omega t - 240°)\sin 3(x - 240°) \\
&\quad + F_{m5}\sin(\omega t - 240°)\sin 5(x - 240°) + F_{m7}\sin(\omega t - 240°)\sin 7(x - 240°) + \cdots
\end{aligned}
\right\}
\quad (12-27)
$$

三相绕组合成磁动势分析，是分别按次数相同的各次谐波三相逐个合成，再综合而成。

1. 基波磁动势合成

见式（12–21）分析，其合成磁动势为

$$
f_{\Sigma 1} = f_{A1} + f_{B1} + f_{C1} = \frac{3}{2}F_{m1}\cos(\omega t - x)
$$

2. 三次谐波磁动势合成

三次谐波磁动势合成公式表达为

$$
\begin{aligned}
f_{\Sigma 3} &= f_{A3} + f_{B3} + f_{C3} \\
&= F_{m3}\sin\omega t\sin 3x + F_{m3}\sin(\omega t - 120°)\sin 3(x - 120°) + F_{m3}\sin(\omega t - 240°)\sin 3(x - 240°) \\
&= F_{m3}\sin\omega t\sin 3x + F_{m3}\sin(\omega t - 120°)\sin 3x + F_{m3}\sin(\omega t - 240°)\sin 3x \\
&= F_{m3}\sin 3x[\sin\omega t + \sin(\omega t - 120°) + \sin(\omega t - 240°)] \\
&= 0
\end{aligned}
$$

可见，三次谐波合成磁动势为零。这是因为三相电流对称，时间互差 120°，而三个相的三次谐波磁动势空间位置相同，它们脉振幅值随时间交错，互差 120°，互相抵消。同理可见，3 的倍数次奇次谐波，如 9、15、21、…，它们三相合成磁动势均为零。

3. 五次谐波磁动势合成

五次谐波磁动势合成公式表达为

$$
\begin{aligned}
f_{\Sigma 5} &= f_{A5} + f_{B5} + f_{C5} \\
&= F_{m5}\sin\omega t\sin 5x + F_{m5}\sin(\omega t - 120°)\sin 5(x - 120°) + F_{m5}\sin(\omega t - 240°)\sin 5(x - 240°) \\
&= F_{m5}\sin\omega t\sin 5x + F_{m5}\sin(\omega t - 120°)\sin(5x + 120°) + F_{m5}\sin(\omega t - 240°)\sin(5x + 240°) \\
&= \frac{F_{m5}}{2}[\cos(\omega t - 5x) - \cos(\omega t + 5x)] + \frac{F_{m5}}{2}[\cos(\omega t - 5x - 240°) - \cos(\omega t + 5x)]
\end{aligned}
$$

$$+ \frac{F_{m5}}{2}[\cos(\omega t - 5x - 120°) - \cos(\omega t + 5x)]$$

$$= -\frac{3}{2}F_{m5}\cos(\omega t + 5x)$$

五次谐波的旋转速度推导过程类似式（12-25）和式（12-26）的推导，五次谐波幅值出现在 $\cos(\omega t + 5x) = 1$，即 $\omega t + 5x = 0$ 处。由此可得 $x = -\dfrac{\omega t}{5}$，旋转速度为

$$n_5 = \frac{dx}{dt} = -\frac{\omega}{5} （电角度/s） = -\frac{60f_1}{5p} （r/min） = -\frac{n_1}{5} （r/min）$$

可见，三相合成的 5 次谐波磁动势是一个反方向旋转的旋转磁动势，转速是基波速度的 1/5。类推可得，$v = 6k - 1$，如 5、11、17、23、…三相空间谐波合成均为一个转向与基波相反的反向旋转磁动势，转速是基波转速的 $1/v$ 倍。

4. 七次谐波磁动势合成

七次谐波磁动势合成公式表达为

$$f_{\Sigma 7} = f_{A7} + f_{B7} + f_{C7}$$

$$= F_{m7}\sin\omega t\sin 7x + F_{m7}\sin(\omega t - 120°)\sin 7(x - 120°) + F_{m7}\sin(\omega t - 240°)\sin 7(x - 240°)$$

$$= F_{m7}\sin\omega t\sin 7x + F_{m7}\sin(\omega t - 120°)\sin(7x - 120°) + F_{m7}\sin(\omega t - 240°)\sin(7x - 240°)$$

$$= \frac{F_{m7}}{2}[\cos(\omega t - 7x) - \cos(\omega t + 7x)] + \frac{F_{m7}}{2}[\cos(\omega t - 7x) - \cos(\omega t + 5x - 240°)]$$

$$+ \frac{F_{m7}}{2}[\cos(\omega t - 7x) - \cos(\omega t + 7x - 240°)]$$

$$= \frac{3}{2}F_{m7}\cos(\omega t - 7x)$$

可见，三相合成的 7 次谐波磁动势是一个正方向旋转的旋转磁动势，转速大小为基波速度的 1/7。类推可得，$v = 6k + 1$，如 7、13、19、25、…三相空间谐波合成均为一个转向与基波相同的正向旋转磁动势，转速是基波转速的 $1/v$ 倍。

根据以上分析，v 次谐波三相合成磁动势具有以下特性：

（1）$v = 3k$ 次（如 3、9、15、21、…），合成磁动势为零。

（2）其他奇次谐波表达式 $f_{\Sigma v} = \dfrac{3}{2}F_{mv}\cos(\omega t \pm vx)$，其中：

$v = 6k - 1$ 次（如 5、11、17、23、…），取"+"，合成磁动势旋转方向与基波相反；

$v = 6k + 1$ 次（如 7、13、19、25、…），取"-"，合成磁动势旋转方向与基波相同。

（3）v 次谐波的极对数 $p_v = vp$，是基波极对数的 v 倍。

（4）v 次谐波的转速：$n_v = \dfrac{60f}{p_v} = \dfrac{60f}{vp} = \dfrac{n_1}{v}$。

【例 12-1】某 2 极三相双层绕组，槽数 $Z = 36$，每极每相槽数 $q = 6$，线圈节距 $y = 15$，线圈匝数 $N_c = 12$ 匝，并联支路数 $a = 2$，通入 50 Hz 交流电流的每相有效值 $I = 50 A$。试求：

（1）一相绕组产生的基波磁动势幅值。

（2）三相绕组产生的合成磁动势基波幅值及转速。

（3）三相绕组产生的合成磁动势 5 次谐波幅值及转速。

解：（1）每相每条支路匝数

$$N = \frac{2pqN_c}{a} = \frac{2 \times 1 \times 6 \times 12}{2} = 72 \quad （匝）$$

槽距角

$$\alpha = \frac{p \times 360°}{Z} = \frac{1 \times 360°}{36} = 10°$$

极距

$$\tau = \frac{Z}{2p} = \frac{36}{2} = 18 \quad （槽）$$

短距

$$\beta = \tau - y = 18 - 15 = 3 \quad （槽） = 30°$$

基波绕组系数

$$k_{N1} = \frac{\sin\frac{q\alpha}{2}}{q\sin\frac{\alpha}{2}} \times \cos\frac{\beta}{2} = \frac{\sin\frac{6 \times 10°}{2}}{6 \times \sin\frac{10°}{2}} \times \cos\frac{30°}{2} = 0.924$$

一相绕组产生的基波磁动势幅值

$$F_{m1} = 0.9\frac{Nk_{N1}}{p}I = 0.9 \times \frac{72 \times 0.924}{1} \times 50 = 2993.8 \quad （A）$$

（2）三相绕组产生的合成磁动势基波幅值

$$F_{合1} = \frac{3}{2} \times 0.9\frac{Nk_{N1}}{p}I = 1.35 \times \frac{72 \times 0.924}{1} \times 50 = 4490.7 \quad （A）$$

三相绕组产生的合成磁动势基波转速

$$n_1 = \frac{60f}{p} = \frac{60 \times 50}{1} = 3000 \quad （r/min）$$

（3）三相绕组产生的合成磁动势 5 次谐波幅值

$$F_{合5} = \frac{3}{2}F_{m5} = \frac{3}{2} \times 0.9\frac{Nk_{N5}}{5p}I = 1.35 \times \frac{72 \times 0.051}{5 \times 1} \times 50 = 49.6 \quad （A）$$

其中，5 次谐波绕组系数

$$k_{N5} = \frac{\sin\frac{q5\alpha}{2}}{q\sin\frac{5\alpha}{2}} \times \cos\frac{5\beta}{2} = \frac{\sin\frac{6 \times 5 \times 10°}{2}}{6 \times \sin\frac{5 \times 10°}{2}} \times \cos\frac{5 \times 30°}{2} = 0.051$$

三相绕组产生的合成磁动势 5 次谐波转速

$$n_5 = \frac{n_1}{5} = \frac{3000}{5} = 600 \quad （r/min）$$

小　结

　　分析交流绕组的磁动势时，要注意磁动势的性质、大小和空间分布。单相绕组中流入正弦交流电流所产生的磁动势是脉振磁动势，磁动势轴线在空间固定不动，磁动势幅值大小按正弦规律变化。一个脉振磁动势可以分解为两个方向的旋转磁动势，每个旋转磁动势的幅值为脉振磁动势幅值的一半，旋转速度相同，都等于同步速度。

　　对称三相电流流过对称三相绕组所产生的基波磁动势是一个圆形旋转磁动势。由于分布绕组排列，磁动势的空间分布实际上是阶梯形波，因此三相气隙合成磁动势除了基波旋转磁动势以外，还有其他高次谐波旋转磁动势。其中，转向与基波相同的正向谐波旋转磁动势有 $v=6k+1$ 次，即 7、13、19、25、…；转向与基波相反的反向谐波旋转磁动势有 $v=6k-1$ 次，即 5、11、17、23、…。各次谐波磁动势的转速等于基波的 $1/v$ 倍。

　　磁动势与电动势同是交流绕组中发生的电磁现象，因此很多分析方法有类似的地方，如采用短距、分布绕组同样都会影响电动势和磁动势的大小和波形；同样也都可以用来消弱谐波电动势和谐波磁动势。所不同的是电动势大小是时间变化的函数，各线圈组只要串联，电动势就要相加；而磁动势的波形分布是空间函数，幅值大小是时间的函数。各线圈组串联与否，其产生的磁动势都不能叠加，各线圈组磁动势在气隙等各自的空间产生独立的磁场分布。

思 考 题

　　12-1　双层短距绕组，要消除 5 次谐波磁动势，节距应取多少？

　　12-2　双层短距绕组，要力求同时削弱 5 次、7 次谐波，节距应取多少？

　　12-3　为什么说交流绕组产生的磁动势既是时间的函数，又是空间的函数？

　　12-4　脉振磁动势和旋转磁动势各有哪些基本特性？产生脉振磁动势和圆形旋转磁动势的条件有什么不同？

　　12-5　试证明：任一圆形旋转磁动势可以分解为两个振幅相等的脉振磁动势，它们在空间轴上相差 90° 电角度，在时间相位上也相差 90° 电角度。

　　12-6　一台三相电机，本来设计的额定频率为 50Hz，现通以三相对称而频率为 100Hz 的交流电流，问这台电机的合成的基波磁动势的极对数和转速有什么变化？

　　12-7　交流电机绕组的磁动势相加时为什么可以用空间矢量来运算？有什么条件？

　　12-8　三相对称绕组中通以三相对称的正弦电流，是否就不会产生谐波磁动势了？

　　12-9　试分析以下产生磁动势的波形及性质：

　　（1）一个线圈通以直流电流；　　　（2）一个线圈通以交流电流；

　　（3）一个线圈组通以直流电流；　　（4）一个线圈组通以交流电流。

　　12-10　交流绕组的分布和短距对消弱谐波电动势的作用与削弱谐波磁动势的作用有何不同？

习 题

　　12-1　一台三相 4 极电机，定子绕组是双层短距、分布绕组，每极每相槽数 $q=3$，线圈节距 $y=\dfrac{7}{9}\tau$，每相每条支路串联匝数 $N=96$，并联支路数 $a=2$，通入频率 $f_1=50\text{Hz}$ 的三相对称电流，电流有效值为 15A，求：

　　（1）三相合成基波磁动势的幅值和转速。

　　（2）三相合成 5 次和 7 次谐波磁动势的幅值和转速。

　　12-2　一台三相 4 极交流电机，定子绕组为双层绕组，每极有 12 个槽，每个线圈 2 匝，线圈节距 $y=10$，绕组并联支路数 $a=2$，当三相绕组通以 60Hz、30A 的对称正弦电流时，求三相合成基波、5 次谐波、7 次谐波磁动势的幅值与转速。

12-3　某三相 4 极电机、绕组双层、三角形连接、$Z=48$、$y=10$、$N_c=11$、$a=2$，每相电流有效值 $I=12A$，试求：

（1）计算脉振磁动势基波和 3、5、7 次谐波幅值，并写出各相基波脉振磁动势的表达式。

（2）当 B 相电流为最大值时，写出各相基波磁动势的表达式。

（3）计算三相合成磁动势基波和 5、7 次谐波的幅值，并说明各次谐波的转向、极对数和转速。

（4）写出三相合成磁动势的基波和 5、7 次谐波的表达式。

（5）分析基波和 5、7 次谐波的绕组系数值，说明采用短距和分布绕组对磁动势波形有什么影响？

第十三章　电机的发热和冷却

电机是一种能量传递或能量转换形式的装置，在能量传递或能量转换过程中存在铜损耗、铁损耗和机械损耗等。各种损耗部分转变成热量，它导致电机部分部件温度的升高，当温升超过电机绝缘材料的许可限度，将加速绝缘材料的老化，影响电机的寿命。为了使电机温度不至于超过允许的限度，必须对电机进行冷却。发热和冷却是电机的共同性问题，本章介绍电机发热的机理之后，进而提出降低温升的冷却方式。

第一节　电机的温升及温升限度

一、电机常用绝缘材料的容许工作温度

电机常用的绝缘材料，按其耐热等级分为 Y、A、E、B、F、H 和 C 等七级。见第一章绪论部分介绍：有各等级绝缘材料的材质、工艺处理过程和容许的工作温度。电工手册规定，电机设计要求电机或变压器可长期使用，在绝缘材料低于最高容许温度下工作，电机寿命可达 20 年以上。当工作温度超过最高容许工作温度时，电机寿命迅速缩短，温度过高时甚至会烧毁电机。

在选用电机绝缘材料时，要注意以下几点。

（1）一台电机不同部分选用的绝缘材料不同，绝缘结构都由多种绝缘材料组成，通常电机的绝缘等级是由它所采用的主要绝缘材料中的耐热等级最低的那个材料决定的。各种绝缘材料的耐热温度等级见表 1-2。在某些特殊场合，为了提高电机运行可靠性和寿命，还要降低绝缘等级使用，比所选用的绝缘材料最低等级再降一级使用。如某电机选用的绝缘材料有 B 级和 F 级两种，电机绝缘等级定为低于 B 级，即 E 级，则电机容许的工作温度最高为 120℃。

（2）电机工作温度的高低对绝缘材料的寿命有很大影响，电机的使用寿命基本上取决于绝缘材料的寿命。试验表明，绝缘材料的寿命随温度按指数函数下降，基本符合 "8℃" 定律，即当电机工作温度接近最高容许温度时，每当工作温度增高 8℃ 并持续工作，绝缘材料的寿命将缩短一半。如 20 年寿命电机，工作温度接近最高容许温度时，增高 8℃，寿命只剩 10 年；工作温度增高 16℃，寿命剩 5 年，依次类推。

（3）选用绝缘材料要考虑性价比，根据使用场合决定电机绝缘等级。因为一般绝缘材料成本占电机总成本比例较高，尤其选用等级较高的绝缘材料，会大大增加电机的造价。一般使用的电机多用 E 级和 B 级；在高温场合使用的电机，如起重及冶金用电动机，常采用 F 级和 H 级；在特殊场合需要耐高温高压的电机或可靠性要求极高的军工产品配套电机，常采用 C 级绝缘材料。

二、电机的温升和温升限度

电机运行过程中的损耗是电机发热的热源，热量的出现和积累，引起了电机有些部件的温度升高，随着这些部件的温度升高，热量便开始从较高部分向较低部分转移，热流所经过

部分的温度也会升高。当电机的温度高于周围介质的温度时，就向冷却介质散出热量。电机某部分的温度（t）和周围冷却介质的温度（t_0）之差称为电机在该部件的温升，用 τ 表示，即

$$\tau = t - t_0 \quad （℃） \tag{13-1}$$

电机温升的高低，同电机发热量的多少及散热的快慢有关，发热量越大或散热量越小，电机温升就越高，反之，发热量越小或散热量越大，电机温升就越低。

电机温升限度，就是电机温升的最高容许值，用 τ_{max} 表示。当电机某部件所用的绝缘材料等级确定后，部件的最高容许工作温度（t_{max}）就确定了，见表 1-3，此时温升限度为 $\tau_{max} = t_{max} - t_0$，即电机温升限度就取决于周围冷却介质的温度 t_0。考虑到全国各地区和各个季节环境温度的变化很大，t_0 的值因地不同，为了制造出基本上能在全国各地适用的电机，必须统一标准。通常，在海拔 1000m 以下，把周围冷却空气和气体的最高温度规定为 $t_{0max} = +40℃$，最低温度 $t_{0min} = -15℃$。

当周围冷却介质的最高温度一定时，电机各部件的温升限度就确定。这时，为了保证电机的安全运行和具有适当寿命，电机各部件的温升不应超过温升限度。

以上定义的温升限度是基本概念，实际在规定温升限度的同时，应规定具体的测温方法。电机试制以后，必须进行温升试验以确定其实际温升。因为不同的测温方法可以得到不同的温度，温升限度就要略有修改。目前，常用的测温方法有温度计法、电阻法、埋置检温计法，现分别介绍如下。

1. 温度计法

这种方法用无水乙醇等温度计贴附在电机可以接触到的表面直接测定温度，此方法最为简便，但是它只能测得部件的表面温度，而无法测出内部最热点的温度。因此温度计法测得的温升限度要比其他方法规定的稍低一些。

2. 电阻法

这种方法是利用绕组发热时电阻的变化来确定其温度。若绕组在冷态温度为 t_0，即环境室温，可以现场测定，此时绕组测出电阻为 r_0。当绕组温度升高至热态温度 t_1 时，可测出绕组的热态电阻变为 r_1，则热态的绕组温度 t_1 可以根据以下关系式间接计算出来。

当绕组是铜线

$$\frac{r_1}{r_0} = \frac{234.5 + t_1}{234.5 + t_0} \tag{13-2}$$

当绕组是铝线

$$\frac{r_1}{r_0} = \frac{225 + t_1}{225 + t_0} \tag{13-3}$$

式（13-2）、式（13-3）说明，绕组的电阻随温度上升而增大，温度变，电阻也在变。显然电阻法测出的温度是整个绕组的平均温度。

3. 埋置检温计法

这种方法要求事先在电机装配时，在绕组、铁心或其他要测定的位置点埋置多个检温元件。检温元件有热电偶、热电阻和半导体负温度系数检温计三种。电机运行时，测定检温元件中的阻值读数，根据该检温元件温度与阻值给定的关系曲线，换算出（或查曲线得出）测

量点的温度。通常取最高者作为确定绕组温度的依据。此法虽然复杂，但它可以测到接近于电机内部最高热点的温度，因此被大型电机广泛采用。此外，电机关键部件处埋置多个检温元件，可以使用微机巡回检测，不仅可以描绘关键部件的温度分布，而且可以对电机运行时进行自动控制和过热保护。

国家标准中，不同的测温方法对不同电机部件的温升限度规定很具体，参见有关电工手册。比如某交流电机绕组工作环境的空气温度为40℃，采用B级绝缘，当电机功率在200～5000kW之间，用温度计法，温升限度为80℃；用检温计法，温升限度为90℃；最高工作温度等于温升限度加上环境温度。可见其最高工作温度为120～130℃，低于或等于B级绝缘材料最高耐热温度（130℃）。

第二节　电机的定额

一、定额概念

制造厂按国家标准的要求对电机的全部电量（如电压、电流、频率等）和机械量（如转速、转矩等）的数值以及运行的持续时间和顺序所做的规定称为电机的定额。当电机运行时，如果各种电量与机械量都符合技术标准规定的数值，则此种运行情况称为额定运行情况。在额定情况下运行，电机的各种功率、损耗也都有一定的数值。如发电机的额定功率是指铭牌上规定的符合定额的输出电功率，电动机的额定功率是指轴上输出的机械功率。各种损耗将使电机发热，温度升高。电机额定功率和额定运行情况的规定，应使电机的温升和各部分的稳定温度都不超过所有绝缘材料的极限容许温度。由此可见，电机定额实际上主要就是确定电机工作制以及在该工作制下电机额定容量或额定功率。

二、电机的工作制

电机的温升不仅取决于损耗的大小，而且与电机的运行方式有关，即使有同样的损耗，长时间运行的电机与短时间运行的电机温升是不同的，故两种运行方式的电机定额是不同的。电机的工作制分为连续、短时、断续工作几种，具体分述如下。

（1）连续工作电机，是指全部按照规定的电量和机械量的数值，可以长时间地连续运行，电机各部分的温升都能达到实际的稳定值，并且不会超过容许的温升限度。

（2）短时工作电机，是指全部按照规定的电量和机械量的数值运行，从冷态开始在标准的短时持续时间内工作。因为工作时间很短，电机各部分的温升不会达到实际的稳定值或温升限度。由于停机时间远大于工作时间，电机温升不会积累，每下一次起动时，电机的各部分温度实际上已完全散热恢复到冷态温度。

（3）周期性工作电机，是指全部按照规定的电量和机械量的数值运行，有规律地按照相同的周期内运行。一个周期包括规定的额定运行时间和停机时间，额定运行时间占整个周期比例称为负载持续率。国家标准有15%、25%、40%、60%等几种负载持续率，每个周期为10min。在停机时间内电机完全停止能量转换，处于散热阶段。这种工作制电机，各部分的温升也达不到实际的稳定值，散热降温也到不了冷态，温升一般在不高的一定范围内上下波动。

可见，电机应按规定的定额运行，才能保证它的温升不超过容许的温升限度，若不按定额运行，将本来设计成短时或周期性工作电机拿来进行连续工作运行，温升必然大大超过限度，直至烧毁电机。

三、影响电机额定容量的因素

影响电机额定容量的因素有电机的运行方式、绝缘等级、结构形式和周围环境等。在相同用铁、用铜的基础上，额定容量设计规则如下：

（1）短时或断续工作的电机，额定容量可以定得比连续工作要高；

（2）绝缘等级设计高的电机，额定容量可以定得比绝缘等级低很多；

（3）电机结构型式是开启式，散热效果好，其额定容量要比封闭式的电机要高；

（4）工作环境温度低的电机额定容量定得比环境温度高的电机额定容量高。另外，海拔越高，电机温升越大，电机额定容量就定得越小，但当气温随海拔的升高而降低足以补偿海拔对温升的影响时，电机额定容量基本不变；一般大小的湿度对电机运行没有什么影响，不过要是湿度太大就会导致绝缘性能下降，电机额定容量就要减少。

第三节　电机的发热和冷却

一、电机发热的热源

电机的各种损耗是电机发热的热源。这些损耗包括基本铜损耗、基本铁损耗、机械损耗和附加损耗等。

1. 基本铜损耗

交流电机基本铜损耗指定、转子导体流过电流产生的电阻损耗。异步电机有定、转子绕组中交流电流引起的铜损耗；同步电机有电枢绕组交流电流引起的损耗和转子励磁绕组直流电流铜损耗。其中：

异步电机铜损耗为

$$p_{\mathrm{Cu}1} + p_{\mathrm{Cu}2} = m_1 I_1^2 r_1 + m_2 I_2^2 r_2$$

式中　I_1 和 I_2 ——定、转子绕组相电流；

　　　r_1 和 r_2 ——定、转子绕组每相电阻。

同步电机铜损耗为

$$p_{\mathrm{Cua}} + p_{\mathrm{f}} = m_1 I_{\mathrm{a}}^2 r_{\mathrm{a}} + 2p I_{\mathrm{f}}^2 r_{\mathrm{f}}$$

式中　I_{a} ——电枢绕组每相电流；

　　　r_{a} ——电枢绕组每相电阻；

　　　I_{f} ——励磁绕组直流电流；

　　　r_{f} ——每极励磁绕组电阻。

2. 基本铁损耗

电机定、转子铁心、齿部和轭部里通过交变磁通引起的铁损耗，包括磁滞损耗与涡流损耗两部分，单位质量铁磁材料的基本铁损耗：

$$p_{\mathrm{Fe}} = p_{10/50} \left(\frac{f}{50} \right)^{1.3} B_{\mathrm{m}}^2 \quad (\mathrm{W/kg})$$

式中　$p_{10/50}$ ——单位质量磁导材料在 1T，50Hz 磁场下产生的损损耗，W；

　　　f ——磁通交变频率，Hz；

　　　B_{m} ——磁通密度，T。

基本铁损耗：
$$P_{Fe} = K_a p_{Fe} G$$

式中　G——磁导材料质量；

　　　K_a——经验系数。

3. 机械损耗

机械损耗包括轴承、电刷的摩擦损耗，以及风扇消耗的损耗和转子旋转时冷却介质摩擦的通风损耗等。通风损耗与冷却介质有关，氢气质量轻，传热能力强，用氢气作为冷却介质能大大降低通风损耗。机械损耗主要与转速有关，高速电机中机械损耗占总损耗比例较高。

4. 附加损耗

附加损耗又称杂散损耗，是指由于谐波磁动势、漏磁通引起的附加铁损耗和附加铜损耗。具体有：漏磁通在定子端部周围，端盖等金属构件中引起的铁损耗；定、转子磁动势高次谐波分别在定、转子表面感应的高频涡流引起的铁损耗；定、转子齿、槽的磁阻不同引起磁通变化产生脉动损耗；绕组导体中由于集肤效应使电流分布不均匀而引起的额外铜损耗等。这些附加损耗计算比较复杂，且数值相对比较小，一般根据经验，按不同电机型式给出估算值，为额定功率的 0.5%～2.5%。

二、电机传热和散热

电机各部分内部的热量主要通过传导作用传递，在部件表面，散热方式有对流和辐射两种。如电机槽内绕组铜损耗所产生的热量，借传导作用从铜线穿过绝缘传到铁心，再由铁心传到电枢表面，然后借对流和辐射作用，把热量散到周围气体中。由此可见，要降低绕组的温升。一方面应增强电机内部的导热能力，另一方面应增强部件表面的散热能力。

为了使绕组内部的热量较容易地传导到散热表面，应设法减小绝缘层的热阻：例如采用耐压介电强度高、导热性能好的绝缘材料，在确保绝缘性能情况下，尽量减少绝缘层的厚度；同时设法清除槽内可能存在的传热性能差的空气间隙，如用浸漆处理，填满所有导线之间、导线与槽绝缘之间、槽绝缘与铁心之间空隙，使之烘干后成为一体，改善了传热性能，又增强了绝缘性能，提高了机械强度。

物体表面的散热能力与散热面积、冷却空气对表面相对速度等因素有关。显然增大物体散热表面面积、增加冷却介质相对物体表面的流动速度、降低冷却介质的温度等措施可以改善表面散热能力。

三、连续工作方式电机的发热和冷却

电机的发热过程较为复杂，一台电机中又有好几个热源，各部分同时发热，各部分包含各种不同的物质，其导热系数也不相同，因此要准确分析计算电机内部的热交换情况较为困难。为了分析简便，做如下假设：① 电机每个部分看作一个均质等温体，物体各点之间没有温差；② 各部分表面各点散热能力相同；③ 不考虑各个热源之间的热量交换，各部分发热过程分开计算。

某一部分物体的热量平衡式为

$$Q dt = \lambda S \tau dt + cG d\tau \tag{13-4}$$

式中　Q——物体每单位时间（1s）产生的热量，W；

　　　λ——表面散热系数，W/（m²·℃）；

　　　S——散热面积，m²；

　　τ ——物体表面对周围介质的温升，℃；

　　c ——物体的比热，即单位质量，温度每上升 1℃所需的热量，J/（kg・℃）；

　　G——物体的质量，kg。

式（13-4）表示物体在极短时间 dt 间隔内，发出的热量 Qdt，其一部分使物体温度升高 cGdτ，另一部分的热量 $\lambda S\tau\cdot$dt 将散失于冷却介质中。

将式（13-4）两边除以 dt 后，得到温升 τ 的一元微分方程

$$Q = \lambda S\tau + cG\frac{\mathrm{d}\tau}{\mathrm{d}t} \tag{13-5}$$

解式（13-5）方程，可得

$$\tau = \frac{Q}{\lambda S}(1 - \mathrm{e}^{-t/T}) + \tau_0\mathrm{e}^{-t/T} \tag{13-6}$$

式中　T——温升增长的时间常数，即发热时间常数，$T = \dfrac{cG}{\lambda S}$；

　　τ_0 ——物体的初始温升。

式（13-6）可以用来研究物体传热，温升增加的曲线，也可以用来研究物体散热，温升减小的曲线。

　　1. 均质固体的发热曲线

　　如果物体从冷态开始发热，则当 $t=0$ 时，$\tau_0=0$，则式（13-6）可简化为

$$\tau = \frac{Q}{\lambda S}(1 - \mathrm{e}^{-t/T}) = \tau_\infty(1 - \mathrm{e}^{-t/T}) \tag{13-7}$$

式中　τ_∞——稳态温升，物体温升达到的稳态值，$\tau_\infty = \dfrac{Q}{\lambda S}$。

　　均质固体发热曲线如图 13-1 所示。

　　2. 均质固体的冷却曲线

　　如果物体已被加热到温升 τ_0 之后，停止加热，$Q=0$；此时物体开始散热，其温升即从 τ_0 开始下降，最后到达冷态，温升为零。则式（13-6）简化为

$$\tau = \tau_0\mathrm{e}^{-t/T} \tag{13-8}$$

相应的冷却曲线如图 13-2 所示，它的时间常数与同一物体的发热时间常数相同。

　　由曲线可以看出，电机从具有温升为 τ_0 的热态转变到温升为 τ 的另一个热态不是立即完成的，它需要一定的过渡时间，在此时间内温升的变化过程为发热和冷却的过程。

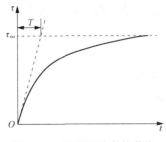

图 13-1　均质固体发热曲线

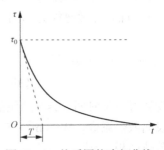

图 13-2　均质固体冷却曲线

综上分析，可以得到以下几点：

（1）均质等温固体的发热和冷却曲线都是指数曲线，最初阶段变化较快，测温的时间间隔要短，随后时间间隔可逐步放长。

（2）单位时间内物体内部产生的热量越大，稳态温升就越高；表面散热能力越强，稳态温升就越低。

（3）发热和冷却的速度取决于发热和冷却时的时间常数。物体的尺寸和容量越大，时间常数就越大；散热能力越好，时间常数就越小；同一物体的发热时间常数与散热时间常数相同。

四、短时和周期工作方式电机的发热和冷却

1. 短时工作制电机

短时工作方式电机，带额定负载的工作时间较短，断电停机时间较长。电机工作时，物体在加热，通常达不到稳态温升，电机就停止工作；随后较长时间的冷却过程，使电机及周围介质的温度回到冷态时的温度，温升降为零；下一次起动时，电机各部分物体均以温升 $\tau = 0$ 开始其发热过程。该物体的发热曲线和冷却曲线如图 13-3 所示。

短时工作制电机绝缘材料的耐热温度是根据其发热曲线最高温升 τ_1 确定的，它的数值小于连续工作时将要达到的稳态温升 τ_∞。因此设计短时工作制电机，与连续工作电机相比，要么降低绝缘材料等级，减少成本；要么绝缘材料等级、用铜、用铁等材料不变，利用尚有的温升余量，增大电机容量设计，同样可以降低电机的单位功率造价。

短时工作制电机的工作时限通常为 15、30、60、90min 四种。电机基于以上设计理念，工作时限不要超过规定时间，否则电机的温升将超过绝缘材料容许的温升限度，使电机寿命缩短，甚至烧毁。

2. 周期工作制电机

周期性工作方式的电机，其一个周期包括一个恒定负载运行时间和一个断电停机或空载运行时间，每次的工作时间和停机时间都是固定的，周期性循环。电机的发热和冷却过程是交替进行的，如图 13-4 所示，周期性工作的电机最高温升也是低于连续运行时的稳态温升 τ_∞。物体的温升不会升到最高值，也不会降到零，是在 $\tau_1 \sim \tau_2$ 相对固定的范围内变化。当电机的定额考虑这个特点时，相对于连续运行电机，周期性工作的电机设计同样可以降低单位功率造价。这样，周期性工作的电机不能拿来进行连续工作，否则一样会使电机过热而损坏。

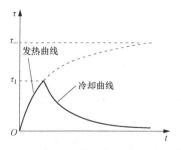

图 13-3　短时工作电机发热和冷却曲线

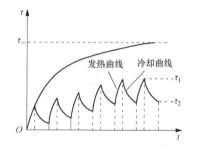

图 13-4　周期工作电机发热和冷却曲线

第四节　电机的冷却方式

电机的冷却决定了电机的散热能力，是降低电机温升的主要措施，冷却直接影响到电机的使用寿命和额定容量大小，可见电机冷却是极其重要的问题。对电机冷却的要求：冷却效果好，各部分不产生局部过热；冷却系统的结构尽可能简单、可靠；冷却过程中消耗功率要小。

电机冷却的主要问题就是确定冷却介质和冷却方式。

一、冷却介质

一般电机的冷却介质分为气体冷却介质和液体冷却介质。

1. 气体冷却

气体冷却即利用空气、氢气或其他气体作为冷却介质。考虑到简化制造工艺和降低成本，大部分电机选用空气冷却；但大型汽轮发电机常用氢气冷却，氢气质量比空气轻十多倍，热容量较空气要大，传热能力比空气高 6 倍多。与空气冷却相比，用氢气冷却的汽轮发电机转子绕组的温升约可降低一半，因此电机容量可提高 20%～25%。

2. 液体冷却

液体冷却即用水、油等作为冷却介质。由于液体的热容量和导热能力比气体大得多，因此用液体作为冷却介质就比用气体冷却介质，其冷却效果好很多。与空气冷却相比，水冷却汽轮发电机的容量可以成倍地提高。

二、冷却方式

1.旋转电机的冷却方式

电机的冷却方式分为外部冷却和内部冷却两大类。外部冷却又称表面冷却，冷却介质只与电机的铁心、绕组端部和机壳的外表面接触，热量要先从内部传导到这些部位，然后再经过辐射传到冷却介质中。内部冷却是用氢气或水通入空心导线中，直接从发热体吸收热量并经冷却介质循环而带走。显然，内部冷却的效果要比外部冷却好得多，水内冷效果又比氢气内冷效果好。但是，内部冷却的冷却系统结构很复杂，造价很高，只被大型、超大型同步发电机所采用。

外部冷却多数用空气冷却，空气的流通通常靠风扇来驱动。按外部冷却系统结构不同，分为自然冷却式、自扇冷却式和他扇冷却式三种。

（1）自然冷却式。自然冷式电机不装任何专门的冷却装置，仅靠部件表面的辐射和冷却介质的自然对流，把电机内部产生的热量带走，故散热能力有限，只适用于几百瓦以下的小型电机中。

（2）自扇冷却式。自扇冷式电机的转子上装有风扇，电机转动时，利用风扇所产生的风压强迫空气流动，吹拂散热表面，从而大大增强了电机的散热能力。自扇冷式根据风扇情况分为内部自扇冷式和外部自扇冷式。内部自扇冷式适合于开启式电机，在端盖内部的转轴上装有内风扇，风扇随转子转动将机外冷却风鼓进机内，吹拂电枢表面从轴向和径向的通风槽中通过。外部自扇冷式适合于封闭式电机，电机除了装有内风扇外，在轴伸的一端，端盖外转轴上装有外风扇，借助外风扇作用将机壳上的热量发散到周围空气中。而此时内风扇继续可以加速电机内部空气循环，使温度分布均匀，热量更易于传到机座上，如图 13-5 所示。

依据气流在电机内部的流动方式，内部自扇冷却式分为径向通风式和轴向通风式两种。

径向通风式冷却空气从两端进入电机内，穿过转子和定子铁心中的径向通风道，由上机座出风。径向通风的优点是通风损耗较小，沿电机轴向的温度分布比较均匀；缺点是因由径向通风道而使电机轴向长度变大，且风扇直径受限制，风压较低。径向通风适用于结构对称的大、中型电机，如图 13-6 所示，为了增大散热面积，铁心沿轴向分为数段叠装，每段之间空出约 10mm 宽

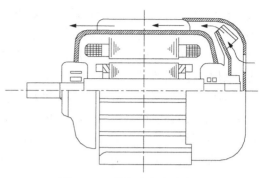

图 13-5　外部自扇冷式电机

的空间，作为径向通风槽。定、转子铁心通风槽要一致，安装时要对齐，否则会增大风阻，影响冷却效果。

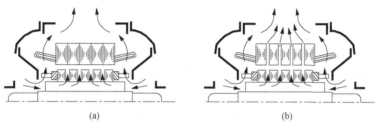

(a)　　　　　　　　　　　(b)

图 13-6　径向通风式电机

（a）转子径向通风；（b）定、转子径向通风

轴向通风式冷却空气从一端进，穿过定、转子铁心中的轴向通风孔，由另一端出风。轴向通风的优点是能够装较大的风扇，因而冷却效果较好，且轴向长度不要加长；缺点是通风损耗大，沿电机轴向温度分布不均匀，出风端温升较高。轴向通风一般适合于中、小型电机，尤其是两端结构不对称的电机，如图 13-7 所示。

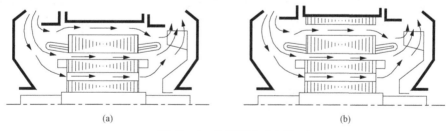

(a)　　　　　　　　　　　(b)

图 13-7　轴向通风式电机

（a）转子轴向通风；（b）定、转子轴线通风

（3）他扇冷却式。他扇冷却依然靠风扇鼓风，只不过风扇不是由电机本身驱动，而是由另外的动力装置独立驱动风扇或鼓风机，将冷却空气通过管道供给。他扇冷却式的优点是可以根据电机负载大小，发热量不同来调节风压，控制风量，以减少轻载时通风损耗；可以避免自扇冷式电机低速运行时通风能力显著下降的问题。他扇冷却式的缺点显然是增加额外的设备投资。

不论自扇冷式还是他扇冷式，如果冷却空气直接取自外界，通过电机内部把热量带出后，

又放出到周围大气，则为开启式通风系统。该通风系统多被中、小型电机采用。为了使空气中的灰尘不被吸入电机，吸入的空气最好经过过滤。如果用一定量的气体在封闭系统内循环，且使这一循环气体通过电机和冷却器，把电机内部的热量带到冷却器，再由冷却器将热量带走，则为封闭循环式通风系统。该通风系统多被大、中型电机采用。

另外，大型同步电机的内部冷却方式也是封闭循环系统，即将冷却介质通入绕组空心导体中，由冷却介质循环将导体内部热量直接带走，出来的介质是热的，经冷却器冷却降温再流入。为了提高冷却效果，常采用氢气和水取代空气作为冷却介质，其中水冷却效果超过氢气。目前，定子绕组采用氢气内冷或水内冷较多，转子绕组采用氢气内冷的较多。效果最好的是定、转子均采用水内冷，称为双水内冷。

2. 变压器的冷却方式

和旋转电机不同，变压器的热源没有机械损耗，只有铁损耗和线圈铜损耗。热量也是先从铁心或绕组内部依靠传导传到表面，然后通过冷却介质对流，不断地将热量散发到箱体外的空气中。变压器的冷却介质为空气和油两种，采用空气为冷却介质的变压器是干式变压器，采用变压器油为冷却介质的是油浸式变压器。

（1）干式变压器。干式变压器的冷却方式有自然风冷式和强迫风冷式两种。这种风冷式是变压器内部传导到铁心和绕组表面的热量，通过辐射方式散发到周围空气中，靠对流风吹走。辐射散热效果较差。自然风冷式靠风自由对流散热，适用于 800kVA 以下；强迫风冷式靠风扇加强风对流，提高散热效果，适用于 800～2500kVA 的变压器。

（2）油浸式变压器。油浸式变压器的冷却方式有自冷式、风冷式和强迫油循环式三种。

自冷式依靠变压器油的自然循环对流，将变压器内部已传导到与油接触的铁心和绕组表面的热量，先通过油的热传导传到油箱内壁，再由内壁传导到油箱外壁，最后靠油箱外表面自然散热到空气中。可见热量的传递全程都是传导方式，比辐射方式效果好。因油箱外表面的散热量与表面积大小成正比，平板式油箱，制作简单，表面积最小，适用于 20kVA 以下的油浸式变压器；加装管型式油箱，热油充满管道，增加了散热面积，适用于 30～2000kVA 的油浸式变压器；带散热器的油箱，散热效果更好，适用于 2500～6300kVA 的油浸式变压器。图 13-8 表示一台油浸式变压器油热对流情况和沿油箱高度方向各部分的温度分布曲线。

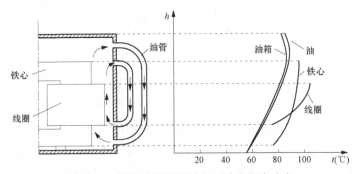

图 13-8　油浸式变压器油热对流和温度分布

风冷式是在自冷式的基础上，另加风扇给邮箱外表面和油管表面吹风，加强散热能力，故适用于 8000～40000kVA 较大容量的油浸式变压器。

强迫油循环式采用油泵把变压器内部的热油抽到箱体外的油冷却器,经风冷却或水冷却后再送回油箱内,强迫油不断地循环,降低整个油箱内的油温,提高了油的热传导效果,能更多、更快地将铁心和绕组的热量带出到箱体表面,这种冷却方式效果最好,故适用于50000kVA 以上的大容量的油浸式变压器。

第五节 电机的防护型式

电机的防护型式是指电机的机壳防护型式,主要分为以下几种。

(1)开启式。这种电机的机壳结构对转动和带电部分没有专门的保护。电工手册规定,其防护型式的符号为 IP11,冷却方式多为自然冷却式。

(2)防护式。这种电机的内部转动和带电部分有必要的机械保护措施,以防止意外的接触,但不显著妨碍电机的通风。其防护型式的符号为 IP22 和 IP23,冷却方式多为自扇冷却式。根据机械保护措施不同,分为

1)网罩式防护。用铁丝网或多孔金属薄板遮盖通风口。

2)防滴式防护。能防止垂直下落的液体或固体直接进入电机内部。

3)防溅式防护。能防止来自与垂直线成 100° 角以内任何方向的液体进入电机内部。

(3)封闭式。这种电机的机壳结构能够阻止机壳内外空气或其他气体的自由交换,但并没有完全密封,可以防止任何方向的液体、固体及尘埃进入电机内部。其防护型式的符号为IP44,冷却方式多为自扇冷却式或他扇冷却式。

(4)防水式。电机机壳的结构能够阻止具有一定压力的水进入电机内部。

(5)潜水式。电机机壳的结构能够阻止具有规定压力的水进入电机内部,并能长期在水中运行。

(6)防爆式。电机机壳的结构足以阻止电机内部的气体爆炸传递到电机外部,从而避免电机外部的可燃气体发生燃烧或爆炸。如加油站、矿井下用电机就是这种。

小 结

电机运行时的损耗主要有铜损耗、铁损耗、机械损耗和附加损耗。各种损耗都变为热量,使电机的温度升高,并向周围的冷却介质散热,最后达到热量稳定,此时电机的稳定温度与周围介质的温度之差称为稳定温升。电机发热状态用温升来衡量,正常电机的稳定温升不能超过其各个部分的温升限度。电机各部分的温升限度是按所用的绝缘材料等级的最高容许温度结合周围冷却介质的最高温度来规定的,我国对周围环境最高温度定为 +40℃。电机各部分的温度测量可用温度计法、电阻法和埋置测温计法。不同的测温法所能测出的温度是不同的,由试验确定的温升限度也是不同的。

电机发热或冷却的过程时,温升是随时间按指数函数增长或下降的。电机工作时的温升与它的工作制有关。电机的工作制有连续工作式、短时工作式和周期性工作式三种。电机定额的规定和电机的工作制、结构型式、绝缘等级、周围环境等因素有关。每台电机只有按定额使用才能保证其温升不超过容许的限度。

电机的冷却方式有自然冷却、自扇冷却、他扇冷却三种。冷却方式主要由电机的容量和

使用场合来确定。风路系统有径向通风和轴向通风两种，各有优缺点。电机的防护型式有多种，视其使用场合而定，不同的防护型式影响其定额和冷却方式的选择。

电机的散热方式主要是传导和辐射。辐射是在气体中传热，而传导在固体和液体中进行，热传递效果比辐射好。改善冷却条件可以降低温升，从而节省材料和提高单机容量。要做到好的冷却效果，首先选择氢气、水或油取代空气作为冷却介质，其次选择强制冷却介质对流、循环等冷却方式。

思 考 题

13－1   电机的温升与什么有关？在长期运行的电机中是否各部分温升都一样？

13－2   电机的额定容量主要受哪些因素的影响？

13－3   旋转电机和变压器运行时主要损耗分别为哪些？

13－4   为什么用温升而不是直接用温度表示电机的发热程度？

13－5   什么是电机的稳定温升？什么是电机温升限度？什么是绝缘材料容许温升？

13－6   试讨论电枢绕组及铁心的容许温升限度应如何确定。

13－7   电机的发热和冷却规律如何？为什么电机运行时开始温升增长较快，之后变慢？

13－8   电机定额的含义是什么？定额主要要确定什么？

13－9   电机通风系统有哪些？通风冷却常采用哪些方法？

13－10   一台已制成的电机被强制冷却后，电机容量可否提高？为什么？

13－11   测量电机绕组温度的方法有哪些？哪种方法测得的数值较低？哪种方法较高？

13－12   电机散热方式有哪几种？旋转电机的主要散热方式是什么？

13－13   变压器的散热与旋转电机的散热有何异同点？

第四篇

异步电机

第十四章 异步电机的基本结构和工作原理

第一节 异步电机的用途与分类

异步电机是交流电机，转子电磁靠感应产生的，所以又称感应电机。异步电机主要作为电动机使用，通常所说的异步电动机基本上可以作为异步电机的代名词。异步电动机作为机械驱动电机，消耗了绝大部分的电力工业的电能，可见异步电动机应用之广。例如，在工业上，它可以拖动风机、泵、压缩机、轧钢机、机床、轻工机械、矿山机械等；在农业上，它可以拖动排灌、抽水等电机，脱粒、碾米、榨油等农产品加工机械；在民用电器上，可以驱动洗衣机、电冰箱、空调机、电风扇、吸尘器、电吹风等电机。

异步电机与其他旋转电机相比，具有结构简单、运行可靠、造价低等优点；但是同时存在调速难、起动性能差、降低电网功率因数等缺点。由于现代电网有很先进、很普及的无功功率动态、静态补偿技术，解决了异步电机大量吸收电网滞后无功功率的需求，提高了电网的功率因数。

异步电机的种类很多，常见的有按定子相数、转子结构不同来分，如：

（1）按定子相数分，有三相异步电动机、单相异步电动机和罩极异步电动机。

（2）按转子结构分，有鼠笼型异步电动机、绕线型异步电动机。其中鼠笼型转子又分单鼠笼型、双鼠笼型和深槽型异步电动机。

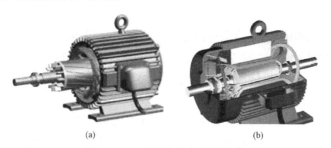

(a)　　　　　　　　　　　　　(b)

图 14-1　三相异步电动机外形

（a）笼型异步电动机；（b）绕线型异步电动机

第二节 异步电机的基本结构

异步电机的基本结构包括静止不动的定子部分和旋转的转子部分，定子、转子之间的气隙；另外还有支撑作用的机座，端盖、轴承和风扇等部件。

一、定子

异步电机的定子由定子铁心、定子绕组和机座三部分组成。

1. 定子铁心

定子铁心是主磁路的一部分,为了减少铁心磁路的磁滞损耗和涡流损耗,铁心由厚 0.5mm

硅钢片叠成，10kW 以上电机，采用双面涂绝缘漆的硅钢片，可以进一步减少铁心内的涡流损耗。叠装长度等于铁心长度，铁心长度根据国家标准、电机容量而定。考虑扣除绝缘漆的厚度，净铁心长度等于叠装长度乘以叠装系数（＜1）。

定子铁心的形状是内圆周均匀带有齿槽的圆环形中空柱状体，如图 14-2 所示。容量小的电机，整个圆形、槽形一次冲剪成型；容量大的电机铁心由扇形拼圆成型。为了便于大容量电机铁心散热，在轴向每隔 30～60mm 留有径向通风沟，每片铁心冲有分布均匀的圆孔，构成轴向通风孔，整个铁心在两端用压板压紧。

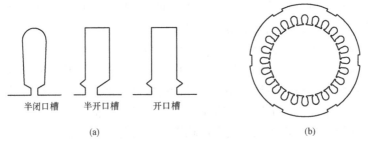

图 14-2　定子冲片及其槽形图

（a）定子槽形；（b）定子铁心

定子铁心又是放置定子绕组的，定子的槽形选择与容量有关。常用的有半闭口槽、半开口槽和开口槽三种。半闭口槽一般为平行齿，槽口宽度小于槽宽的一半，表面齿宽变大，加大主磁通穿过气隙的面积，可以减少主磁路的磁阻，从而降低励磁电流，适用于小型电机的散嵌绕组。半开口槽的槽口宽度大于槽宽的一半，开口槽的槽口槽宽等于槽宽，都属于平行槽，适用于中、大型电机的成型绕组的嵌线。

2. 定子绕组

异步电机的定子绕组如第三篇绕组理论介绍一样，采用单层分布绕组或双层短距分布绕组。定子绕组起了电的通路，产生磁通的作用，因而要有小电阻率，高安匝数磁动势的要求。绕组线圈的材料是铜，小电机线圈是漆包线，中大型电机定子线圈由截面积较大的铜线多根并绕，或截面积矩形的粗铜条线绕制。

对于高压大、中型容量的异步电动机，定子绕组常采用 Y 形连接，接线盒上引出三根出线端；对于低压中、小型异步电动机定子绕组，接线盒引出 6 根出线头，可以根据需要接成 Y 形连接或 D 连接，连接原理和变压器三相绕组接线一样。

3. 机座

异步电机机座主要起固定和支撑定子铁心作用，必须有足够的机械强度和刚度。小电机机座采用铸铝或铝合金，中小型电机的机座一般采用铸铁或合金铸铝，大型电机的机座多采用钢板焊接而成。

二、转子

转子主要由转子铁心、转子绕组和轴三部分组成。

1. 转子铁心

转子铁心也是主磁路的一部分，因而一般也是由厚度 0.5mm 的硅钢片叠成。整个转子铁心形状呈圆柱形，圆心中间开有与轴嵌套的轴孔，外圆周上均匀冲有转子槽形，一般轴孔、槽形、外圆周一次冲剪成型。大型异步电机的转子铁心套在转子支架上，中、小型异步电机的转子铁心则直接安装在电机的转轴上。

转子槽形有平行齿、平行槽、凸形槽、闭口槽和其他特殊槽形等。槽形的选择会影响铸铝转子的电阻大小、槽漏磁通分布和槽集肤效应等情况，从而影响电机的起动性能和运行性能，这些都将在后面的章节介绍。

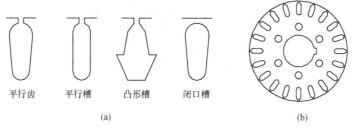

平行齿　　平行槽　　凸形槽　　闭口槽

(a)　　　　　　　　　　　　　　　(b)

图 14-3　转子冲片及其槽形图

（a）转子槽形；（b）转子铁心

2. 转子绕组

异步电机的转子绕组分为鼠笼型和绕线型两种。

（1）鼠笼型绕组。鼠笼型转子的材料可用铝或铜。一般中、小型电机用铸铝，将熔化的铝浇注入转子槽中，形成导条，并与两边的端环和风扇叶片一次铸成。两边端环把所有导条端接起来，如果隐去转子铁心，整个浇注成的绕组形状像个"鼠笼"，所以称为鼠笼型转子绕组。大型电机由于铸铝质量难以保证，通常采用铜条穿入转子槽中，铜条两端焊接在铜环上，同样构成鼠笼型绕组。为了削弱齿谐波，鼠笼型绕组采用斜槽工艺，一般导条一端到另一端，沿圆周倾斜一个槽距。

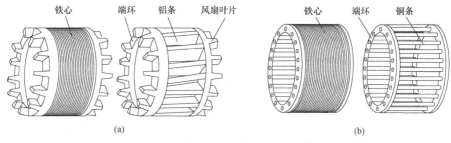

铁心　　端环　　铝条　　风扇叶片　　　　　铁心　　端环　　铜条

(a)　　　　　　　　　　　　　　　　(b)

图 14-4　鼠笼型转子铁心及转子绕组

（a）铸铝转子；（b）铜条焊接转子

鼠笼型转子异步电机总装配图如图 14-5 所示。

（2）绕线型绕组。绕线型转子绕组和定子绕组相似，是用绝缘铜线嵌于转子铁心槽中，因而闭口槽是不能用的。小口槽形适用于小容量电机的散嵌绕组，大口槽形适用于大容量电机的成型绕组。转子绕组通常设计与定子绕组相同的极数和相数，如常见的三相对称绕组，接成 Y 形，引出三根出线端，分别接转子轴上的三个集电环。每个集电环上压有一个电刷，通过电刷与集电环的滑动接触，实现转动与静止的电接触，将外部三相可调电阻串联到转子绕组中，以改善异步电动机的启动性能和调速性能。不用外接电阻时，由提刷装置将电刷提起，并将三相转子绕组短接，保证转子绕组电流流通，消除外接电阻损耗和电刷摩擦损耗。

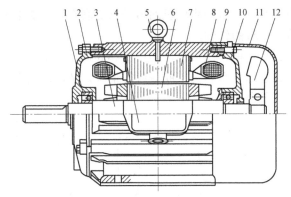

图 14－5　鼠笼型转子异步电机结构

1—轴承；2—后端盖；3—转轴；4—接线盒；5—吊环；6—转子铁心；

7—定子铁心；8—定子绕组；9—机座；10—前端盖；11—风罩；12—风扇

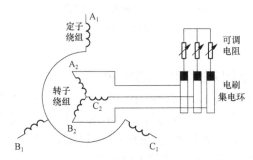

图 14－6　绕线型异步电机绕组连接方式

绕线型转子异步电机总装配图如图 14－7 所示。

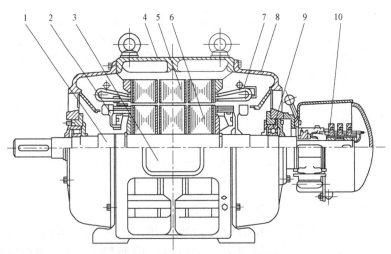

图 14－7　绕线型转子异步电机结构

1—转轴；2—转子绕组；3—接线盒；4—机座；5—定子铁心；

6—转子铁心；7—定子绕组；8—端盖；9—轴承；10—集电环

三、气隙

和其他电机一样，异步电机的定子与转子之间必须有一个气隙。由于该气隙的存在，增加了主磁通路径的磁阻，使异步电机的励磁电流（空载电流）比变压器要大。为了降低电机的空载电流和提高电机功率因数，理论上气隙应当小一些，但气隙太小会增加电机制造工艺难度，在中、小型异步电机中，气隙为 0.2～1.5mm。

第三节　异步电机的铭牌和额定值

每台异步电机的机座上都有一个铭牌，上面标有型号、额定功率、额定频率、额定电压、额定电流、额定转速等技术数据，同时还有绕组连接方式、工作方式、防护等级、绝缘等级、声功率级、温升、质量、出产日期、标准编号、产品编号等信息。其中，主要技术参数定义有：

（1）型号，根据国家标准，如：Y160L1-4。Y 表示 Y 系列三相异步电动机；160 表示机座中心高；L 表示机座号长铁心代号；1 表示铁心长短代号；4 表示极数。

（2）额定功率 P_N，指电动机在额定运行时，转轴输出的机械功率。单位是 W、kW。

（3）额定电压 U_N，指额定运行状态下，加在定子绕组上的线电压。单位是 V、kV。

（4）额定电流 I_N，指电动机在额定电压和额定功率状态下运行时，加入定子绕组的线电流。单位是 A、kA。

（5）额定频率 f_N，国家规定电力电源交变频率，我国额定频率是 50Hz。

（6）额定转速 n_N，指电动机额定状态下运行时的转子速度，单位是 r/min。

另外，绕组连接方式：表示电动机在额定电压下，定子绕组的连接方式，一般有星形联接和三角形联接。工作方式：指电动机的运行方式，一般分为"连续"（代号为 S1）、"短时"（代号为 S2）、"断续"（代号为 S3）。防护等级：指防止人体接触电机内转动部分、带电体和防止固体异物进入电机内部的防护等级。如 IP44，IP 指国标防护，第一个 4 指防固体等级，第二个 4 指防水等级。

异步电动机，$P_N = \eta_N P_{1N}$，其中 η_N 是额定效率，P_{1N} 是额定输入功率。

定子绕组是 m_1 相，$P_{1N} = m_1 U_{1Nph} I_{1Nph} \cos \theta_{1N}$，其中 U_{1Nph}、I_{1Nph} 为额定相电压和相电流。

定子绕组是三相，$P_{1N} = 3 U_{1Nph} I_{1Nph} \cos \theta_{1N} = \sqrt{3} U_{1N} I_{1N} \cos \theta_{1N}$，其中 θ_{1N} 是额定相电压和额定相电流相位差角，$\cos \theta_{1N}$ 为异步电动机额定输入功率因数。

第四节　异步电机的工作原理

一、异步电机的基本工作原理

异步电机主要工作原理：定子三相对称绕组接三相对称电压，在定子绕组中流入对称的三相电流（频率为 f_1），产生三相合成定子基波旋转的磁动势 F_1（磁场），转速为同步速度 n_1（$n_1 = \dfrac{60 f_1}{p}$），基波旋转磁场切割转子导体感应电动势和电流，转子载流导体和磁场相对作用产生电磁力（力矩），驱动转子和联轴的机械负载以转速 n 转动。可见，异步电机的转子速度要小于旋转磁场的速度，即 $n < n_1$，才能使得磁场有一定的相对速度（$n_1 - n$）切割转子导体，才能在转子导体中感应电动势和电流，才能产生力矩，确保转子有一定的速度旋转。

异步电动机的特点在于转子的转速 n 与定子产生的旋转磁场的同步速度 n_1 不同，其差值

（n_1-n）对同步速度 n_1 的比值定义为转差率，用 s 表示，即

$$s = \frac{n_1 - n}{n_1} \tag{14-1}$$

式中，以定子产生的旋转磁场方向为正方向，则 n_1 取正；n 取正或负，根据转子转动方向与旋转磁场方向相同或相反而定。

因定子合成旋转磁场以 n_1-n 切割转子导体，转子导体的感应电动势与电流的频率为

$$f_2 = \frac{p(n_1-n)}{60} = \frac{pn_1}{60} \times \frac{n_1-n}{n_1} = sf_1 \tag{14-2}$$

转子电流同样产生三相合成转子基波旋转磁动势 F_2，F_2 相对于转子的速度为

$$n_2 = \frac{60f_2}{p} = \frac{60sf_1}{p} = sn_1 = n_1 - n \tag{14-3}$$

F_2 相对于定子的速度为

$$n_2 + n = n_1 - n + n = n_1 \tag{14-4}$$

由式（14-4）可见，转子电流产生的旋转磁动势 F_2 的速度与定子电流产生的旋转磁动势 F_1 的速度相同，都等于同步速度 n_1，无论转子速度 n 如何，它们在空间上始终保持相对静止。符合磁动势平衡原则，其合成磁动势产生气隙磁场。

【例 14-1】 有一台 50Hz 三相 4 极异步电动机，其转子的转差率 $s=0.05$，试求：

（1）转子电流的频率 f_2；（2）转子的速度 n；（3）转子磁动势相对于转子的速度 n_2；（4）转子磁动势相对于定子（在空间上）的速度。

解：

（1）转子电流的频率

$$f_2 = sf_1 = 0.05 \times 50 = 2.5 \quad (\text{Hz})$$

（2）转子的速度

$$n = (1-s)\frac{60f_1}{p} = (1-0.05) \times \frac{60 \times 50}{2} = 1425 \quad (\text{r/min})$$

（3）转子磁动势相对于转子的速度

$$n_2 = \frac{60f_2}{p} = \frac{60 \times 2.5}{2} = 75 \quad (\text{r/min})$$

（4）转子磁动势相对于定子的速度等于它相对于转子的速度 n_2 加转子本身的速度 n，即

$$n_2 + n = 75 + 1425 = 1500 \quad (\text{r/min})$$

即等于同步速度 n_1。

二、异步电机的运行状态

异步电机根据转子速度的不同，有三种运行状态。

1. 电动机运行状态

如图 14-8（b）所示，定子绕组产生的旋转磁场以速度 n_1 旋转，转向设为逆时针。在电动机运行状态，转子以速度 n 旋转，$n < n_1$，转子相对定子旋转磁场的转速为 $sn_1 = n_1 - n$，显然这时 $0 < s < 1$。转子导体切割磁场产生感应电动势 e_2，根据右手定则确定电动势方向，N 极下导体电动势方向为 $\otimes$，S 极下导体电动势方向为 $\odot$。转子电流的有功分量与电动势同相。

载流导体在磁场作用下产生电磁力 F_e，电磁力的方向由有功电流方向、磁场极性通过左手定则确定。电磁力乘以力臂（转子半径），对应为电磁转矩 T，方向都是逆时针。电磁转矩驱动电机转子，带机械负载，以逆时针旋转，电动机向负载输送机械功率。

2. 发电机运行状态

当异步电机转轴受到逆时针方向外加驱动转矩 T_1 作用，图 14-8（a）所示，T_1 方向与旋转磁场方向一致，转子会加速，使 $n > n_1$，转差率 s 为负，即 $s < 0$，导体切割磁场的方向与电动机运行时相反，则转子感应电动势 e_2、电磁力 F_e、电磁转矩 T 的方向全部反向。电磁转矩 T 成为制动转矩，与驱动转矩 T_1 平衡。转子从转轴上吸取机械能，从定子绕组向电网输出电功率，异步电机处于发电机运行状态。

3. 电磁制动运行状态

当异步电机转轴受到顺时针方向外加驱动转矩 T_1 作用，图 14-8（c）所示，T_1 方向与旋转磁场方向相反，转子会反转，使 $n < 0$，转差率 $s > 1$。导体切割磁场的方向与电动机运行时相同，切割速度高于电动机运行状态，此时转子感应电动势 e_2、电磁力 F_e、电磁转矩 T 的方向与电动机运行时一致。电磁转矩 T 成为制动转矩，与驱动转矩 T_1 平衡。异步电机处于电磁制动运行状态。

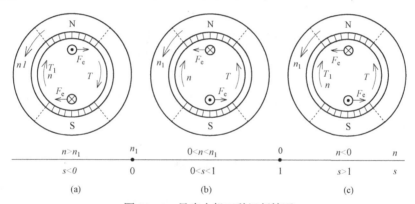

图 14-8 异步电机三种运行情况

（a）发电机运行；（b）电动机运行；（c）制动运行

【例 14-2】有一台 50Hz 的异步电机，额定转速 $n_N = 720$ r/min，空载转差率为 0.0026，试求该电机的极数 $2p$、同步速度 n_1、空载转速 n_0、额定负载时转差率 s_N。

解：根据异步电机气隙合成旋转磁场同步速度公式

$$n_1 = \frac{60 f_1}{p} = \frac{60 \times 50}{p} = \frac{3000}{p}$$

由于异步电机的额定转速接近同步速度，故电机的极对数为

$$p = \frac{3000}{n_1} \approx \frac{3000}{n_N} = \frac{3000}{720} = 4.167$$

取整数为 $p = 4$。

极数 $2p = 2 \times 4 = 8$，电机是 8 极；

同步转速 $n_1 = \dfrac{3000}{p} = \dfrac{3000}{4} = 750$（r/min）；

空载转速 $n_0 = (1-s_0)n_1 = (1-0.002\,6) \times 750 = 748.1$ （r/min）；

额定转差率 $s_N = \dfrac{n_1 - n_N}{n_1} = \dfrac{750 - 720}{750} = 0.04$ 。

小　结

在了解异步电机的基本结构之后，介绍异步电机的基本工作原理。异步电机的定子三相对称绕组接到三相对称电源，产生圆形旋转磁场。普通鼠笼型转子绕组短接，转子绕组感应的电流所产生的磁动势极数与定子相同，在任何转速下转子的磁动势与定子产生的旋转磁动势保持相对静止，才能实现磁动势平衡，进行机电能量转换。

转子转速 n 与定子旋转磁场的转速 n_1（同步速度）不相等，即"异步"，是异步电机运行的基本条件，也是异步电机与同步电机的基本差别。

引进转差率 s 来表示转子转速 n 与同步速度 n_1 之间的关系，即 $s = \dfrac{n_1 - n}{n_1}$。理论上异步电机可以运行在任何 $n \neq n_1$ 的转速，即 $s \neq 0$。结合异步电机的结构，在任何 $s \neq 0$ 的情况下，根据电磁感应定律原理，即定子旋转磁场切割转子导体，用右手定则，判定产生感应电动势和感应电流的方向；再根据电磁力定律，用左手定则，判定载流转子导条在磁场作用下产生电磁力（力矩）的方向，得到电磁转矩 T 的方向，与实际转速 n 方向比较，不难分析异步电机的三种运行状态：即当 $0 < n < n_1$ 或 $0 < s < 1$ 时，异步电机运行在电动机状态；当 $n_1 < n < +\infty$ 或 $-\infty < s < 0$ 时，异步电机运行在发电机状态；当 $-\infty < n < 0$ 或 $1 < s < +\infty$ 时，异步电机运行在电磁制动状态。

思　考　题

14-1　简述三相异步电动机的结构。三相异步电动机按转子结构，可分为哪几类？

14-2　异步电机作发电机运行和作电磁制动运行时，电磁转矩和转子转向之间的关系是否一样？应怎样分析才能区分这两种运行状态？

14-3　异步电动机定子绕组通电产生的旋转磁场转速与电机的极对数有何关系？为什么异步电动机工作时，转子转速总是小于同步转速？

14-4　若异步电动机定、转子绕组极数不同，基波磁动势能否平衡？电机能否正常工作？

14-5　什么是转差率？如何根据转差率的数值来判断异步电机的三种运行状态？三种状态时电磁功率和机械功率的流向如何？

14-6　试述"同步"和"异步"的含义。

14-7　三相异步电动机在正常运行时，它的定子绕组往往可以接成星形或三角形。试问在什么情况下采用这种或那种接法？采用这两种连接方法时，电动机的额定值（功率、相电压、线电压、相电流、线电流、效率、功率因数、转速等）有无改变？

14-8　在绕线型转子异步电动机中，如果将定子三相绕组短接，并且通过集电环向转子三相绕组通入三相电流，转子旋转磁场若为顺时针方向，这时电动机能转吗？转向如何？

14-9　假如一台星形接法的异步电动机，在运行中突然切断三相电流，并同时将任意两相定子绕组立即接入直流电源，这时异步电动机的工作状况如何，试用图分析之。

14-10　当异步电动机运行时，定子电动势的频率是多少？转子电动势的频率为多少？由定子电流产生的旋转磁动势以什么速度切割定子，又以什么速度切割转子？由转子电流产生的旋转磁动势以什么速度切割转子，又以什么速度切割定子？它与定子旋转磁动势的相对速度是多少？

习　　题

14-1　一台三相 4 极异步电机，接到 50Hz 的交流电源上，已知转子的转速为下列 4 种情况，求各种情况下的转差率 s。

（1）1500 r/min；（2）1350 r/min；（3）0 r/min；（4）−500 r/min。

14-2　已知一台三相异步电动机的额定功率 $P_N=4kW$，额定电压 $U_{1N}=380V$，额定功率因数 $\cos\theta_{1N}=0.77$，额定效率 $\eta_N=0.84$，额定转速 $n_N=960r/min$，求该电动机的额定输入电流 I_{1N}。

14-3　已知某异步电动机的额定频率为 $f=50Hz$，额定转速为 $n_N=970r/min$，该电动机的极对数是多少？额定转差率是多少？

14-4　一台三相 8 极异步电动机，电源频率 $f=50Hz$，额定转差率 $s_N=0.04$，试求：（1）额定转速 n_N；（2）额定工作时，将电源相序改变，求反接时的转差率。

第十五章　异步电机的基本电磁关系

第一节　异步电机的磁路

异步电机的磁场分为主磁通和漏磁通两类，其磁路的途径各不相同，对电机能量转换和性能影响也不相同。

一、主磁通 Φ_{m}

由基波旋转磁动势所产生的，通过气隙，并与定、转子绕组同时交链的基波磁通称为主磁通。用 Φ_{m} 表示，在数值上为基波磁场每极的磁通量。异步电机主要靠主磁通实现定、转子之间的能量传递，所以主磁通是影响异步电机性能的重要因素。图 15-1（a）所示为 4 极异步电机中主磁通的 4 个磁回路分布。可见，主磁通中任何一根磁力线都是闭合的，其磁路径包括五段：气隙（2 个）、定子轭（1 个）、定子齿（2 个）、转子齿（2 个）、转子轭（1 个）。

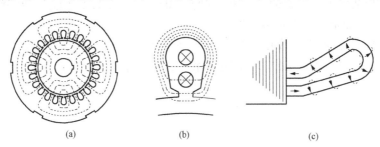

(a)　　　　　　　　(b)　　　　　　　　(c)

图 15-1　异步电机主磁通和漏磁通

（a）4 极主磁通分布；（b）槽漏磁通；（c）端部漏磁通

二、漏磁通 $\Phi_{1\sigma}$

定子三相绕组产生所有磁通，扣除主磁通外，剩下的磁通称为定子漏磁通，用 $\Phi_{1\sigma}$ 表示。定子漏磁通没有穿过气隙，只与定子本身绕组交链，根据其路径不同，可分为

（1）槽漏磁通，穿过槽宽或槽口闭合的漏磁通，图 15-1（b）所示。

（2）端部漏磁通，交链定子绕组端部的漏磁通，图 15-1（c）所示。

槽漏磁通和端部漏磁通都是通过空气等非导磁材料而闭合，磁阻很大，因此磁通量要比主磁通小得多，此外它们只交链定子绕组，不交链转子绕组，不能传递能量。

（3）谐波漏磁通，是气隙总磁通减去基波磁通后所剩下来的磁通，故又称差漏磁通。可见谐波磁通主要是由定子磁动势的高次谐波（v 次）所产生的。谐波磁动势的极对数（$p_v = vp$）和转速（$n_v = n_1/v$）与基波的不同，但谐波磁通的路径与基波磁通相同，都是穿过气隙，同时交链定、转子两套绕组，就会在两套绕组中感应电动势，在转子绕组感应有害的谐波电动势，产生有害的谐波附加转矩；而在定子绕组感应谐波电动势的频率依然为基波频率，即

$$f_{1v} = \frac{p_v n_v}{60} = \frac{vp \cdot \dfrac{n_1}{v}}{60} = \frac{pn_1}{60} = f_1 \tag{15-1}$$

设转子转速为 n，则在转子绕组感应谐波电动势的频率为

$$f_{2v} = \frac{p_v(n_v - n)}{60} = \frac{vp\left(\dfrac{n_1}{v} - n\right)}{60} \tag{15-2}$$

同理，转子电流也将产生漏磁通，包括转子的槽漏磁通、端部漏磁通和谐波漏磁通等。

以上分析可见，异步电机的磁通分为主磁通和漏磁通的分析方法和变压器中所用的一样。异步电机中的定、转子漏磁通（$\Phi_{1\sigma}$、$\Phi_{2\sigma}$）与变压器中的一、二次线圈漏磁通相对应。异步电机中的主磁通 Φ_m 和变压器的主磁通 Φ_m 相对应，但变压器中的主磁通是脉振磁通，磁通量随时间按正弦规律分布，在数值上 Φ_m 代表该磁通量的最大值，也就是同时交链变压器一、二次线圈的最大磁通量；而异步电机中的主磁通是旋转磁通，其磁通密度 B_m 沿气隙圆周按正弦规律分布，并以同步转速 n_1 旋转，在数值上 Φ_m 等于磁密波每半波，即每极下的总磁通量。随着磁密波的旋转，每极下磁通交链绕组的量也是按正弦规律随时间变化的。当该磁极轴线转到与电机绕组轴线一致，且绕组为整距线圈时，绕组交链的磁通最大，就是 Φ_m。

第二节　转子静止时异步电动机的等效电路

正常运行的异步电动机转子总是旋转的，但是，为了便于分析理解，先从转子不转时进行分析，最后再分析转子旋转的情况。笼型异步电动机转子绕组本身被两头端环短路的，当转子静止不动时，其电磁关系与二次短路的变压器运行相似。变压器一次绕组相当于异步电动机定子绕组，变压器的二次绕组相当于异步电动机的转子绕组；变压器主磁通由一次绕组产生，以主铁心为路径，交链一次、二次两套绕组，异步电动机主磁通由定子绕组产生，主磁通穿过气隙，以定、转子铁心为路径，交链定、转子两套绕组。所以研究异步电动机的等效电路，可以借用变压器的电路原理。

一、磁动势平衡式

与变压器相似，根据磁动势平衡，定子磁动势 $\bar{F}_1$ 与转子磁动势 $\bar{F}_2$ 相对静止，其气隙合成磁动势为 $\bar{F}_m$，它们都是空间分布分量，磁动势平衡表达式的相量形式为

$$\bar{F}_m = \bar{F}_1 + \bar{F}_2 \tag{15-3}$$

也可以写成

$$\bar{F}_1 = \bar{F}_m + (-\bar{F}_2) = \bar{F}_m + \bar{F}_{1L} \tag{15-4}$$

其中，

$$\bar{F}_{1L} = -\bar{F}_2 \tag{15-5}$$

称为定子磁动势 $\bar{F}_1$ 中用于平衡转子磁动势 $\bar{F}_2$ 的负载分量。与式（15-4）对应，建立定子磁动势 $\bar{F}_1$ 的电流 $\dot{I}_1$，也可以分解为励磁分量和负载分量，即

$$\dot{I}_1 = \dot{I}_m + \dot{I}_{1L} \tag{15-6}$$

以上式中，$\bar{F}_1$、$\bar{F}_m$ 和 $\bar{F}_{1L}$ 三者在空间上的相位差与产生它们的电流 $\dot{I}_1$、$\dot{I}_m$ 和 $\dot{I}_{1L}$ 在时间上的相位差一致。

根据三相绕组合成磁动势表达式形式，异步电动机磁动势平衡式（15-3）可以写成

$$\frac{m_1}{2} \times 0.9 \times \frac{N_1 K_{N1}}{p} \dot{I}_m = \frac{m_1}{2} \times 0.9 \times \frac{N_1 K_{N1}}{p} \dot{I}_1 + \frac{m_2}{2} \times 0.9 \times \frac{N_2 K_{N2}}{p} \dot{I}_2 \qquad (15-7)$$

其中，m_1、m_2 分别为定子和转子相数，三相异步电动机，通常 m_1 等于 3。一般异步电动机定子绕组与转子绕组相数可以不同，但极数相同，符合磁动势平衡要求。

二、电压平衡式

定子磁动势、转子磁动势和气隙合成磁动势，分别产生磁通，在定、转子绕组感应电动势，其关联式图如下：

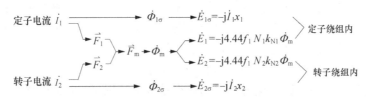

图 15-2　异步电动机定、转子电磁关系

三相异步电动机的三相绕组形式完全一样，电压方程式也是一样，电路分析可以任意用某相绕组。因此在电路分析中，所有电路图、相量图、方程式中的各种物理量均取每相值。如电阻、电抗、匝数等只能有每相值概念，电压、电流、电动势等有线值和相值两种概念，在本节电路分析中全部为每相值。

与二次绕组短路的变压器电路图相似，图 15-3 为转子静止时每相定、转子绕组电路图，其定、转子绕组的电压方程式为

$$\left. \begin{array}{l} \dot{U}_1 = -\dot{E}_1 + \dot{I}_1(r_1 + jx_1) \\ 0 = \dot{E}_2 - \dot{I}_2(r_2 + jx_2) \end{array} \right\} \qquad (15-8)$$

式中　U_1、E_1、I_1、r_1 和 x_1——分别为定子绕组的电压、电动势、电流、电阻和漏抗；

E_2、I_2、r_2 和 x_2——分别为转子绕组的电动势、电流、电阻和漏抗。

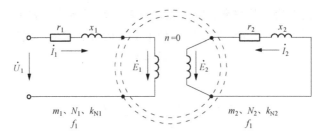

图 15-3　转子静止时异步电机每相定、转子电路

三、参数的折算

变压器为了得到 T 形等效电路，视二次绕组匝数等同于一次绕组匝数，相应二次绕组的参数要进行折算。同样的道理分析异步电动机电路，考虑到异步电动机定子和转子绕组的总有效匝数分别等于 $m_1 N_1 k_{N1}$ 和 $m_2 N_2 k_{N2}$，绕组折算就是视转子绕组的 m_2、N_2、k_{N2} 等同于定子绕组的 m_1、N_1、k_{N1}，则转子绕组与 m_2、N_2、k_{N2} 有关的参数都要向定子方折算，折算过程称为绕组折算。折算的原则依然保持转子磁动势不变，转子上的各种功率和损耗也保持不变。转子绕组中需要折算的参数或参量如下，各参数折算值在符号的右上角加" ′ "。

1. 转子电流 I_2' 计算

根据折算前、后转子磁动势不变，有

$$\underbrace{\frac{m_1}{2} \times 0.9 \frac{N_1 k_{N1}}{p} I_2'}_{（折算后）} = \underbrace{\frac{m_2}{2} \times 0.9 \frac{N_2 k_{N2}}{p} I_2}_{（折算前）} \tag{15-9}$$

得

$$I_2' = \frac{m_2 N_2 k_{N2}}{m_1 N_1 k_{N1}} I_2 = \frac{I_2}{k_i} \tag{15-10}$$

式中 k_i——电流变比，等于定、转子绕组总有效匝数之比，$k_i = \frac{m_1 N_1 k_{N1}}{m_2 N_2 k_{N2}}$。

2. 转子电动势 E_2' 计算

根据折算前、后转子视在功率不变，有

$$\underbrace{m_1 E_2' I_2'}_{（折算后）} = \underbrace{m_2 E_2 I_2}_{（折算前）} \tag{15-11}$$

得

$$E_2' = \frac{m_2 I_2}{m_1 I_2'} E_2 = \frac{m_2}{m_1} k_i E_2 = \frac{N_1 k_{N1}}{N_2 k_{N2}} E_2 = k_e E_2 = E_1 \tag{15-12}$$

式中 k_e——电动势变比，等于定、转子绕组每相有效匝数之比，$k_e = \frac{N_1 k_{N1}}{N_2 k_{N2}}$。

式（15-12）表明，通过电动势折算，转子电动势等于定子电动势，方程式（15-7）可以求解；电路图可以简化形成 T 形等效电路。

3. 转子电阻 r_2' 计算

根据折算前、后转子铜损耗不变，有

$$\underbrace{m_1 I_2'^2 r_2'}_{（折算后）} = \underbrace{m_2 I_2^2 r_2}_{（折算前）} \tag{15-13}$$

得

$$r_2' = \frac{m_2 I_2^2}{m_1 I_2'^2} r_2 = \frac{m_2}{m_1} k_i^2 r_2 = k_e k_i r_2 \tag{15-14}$$

4. 转子电抗 x_2' 计算

同理，根据折算前、后转子无功功率不变，有

$$\underbrace{m_1 I_2'^2 x_2'}_{（折算后）} = \underbrace{m_2 I_2^2 x_2}_{（折算前）} \tag{15-15}$$

得

$$x_2' = \frac{m_2 I_2^2}{m_1 I_2'^2} x_2 = \frac{m_2}{m_1} k_i^2 x_2 = k_e k_i x_2 \tag{15-16}$$

以上计算可见，异步电机绕组折算方法是，电压、电动势折算乘以电动势变比 k_e，电流折算除以电流变比 k_i，电阻、电抗及阻抗折算，乘以阻抗变比 $k_e k_i$。

第三节 转子转动时异步电动机的等效电路

与转子静止状态相比，转子转动后，气隙旋转磁场切割转子绕组的相对速度降低，转子绕组感应电动势和电流的频率不再是 f_1，根据式（14-2），它们的频率 $f_2 = sf_1$。因此转子绕组中与频率有关的电动势、电流及电抗都将发生变化，这些有变化的参数下标加"s"，区别于转子静止状态的参数，如图 15-4 所示。

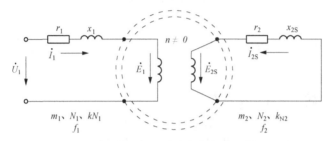

图 15-4 转子转动时异步电机每相定、转子电路

一、电压平衡式

转子转动后，主要影响转子回路的参数，其电压平衡式转子绕组部分修改为

$$\left.\begin{array}{l} \dot{U}_1 = -\dot{E}_1 + \dot{I}_1(r_1 + jx_1) \\ 0 = \dot{E}_{2S} - \dot{I}_{2S}(r_2 + jx_{2S}) \end{array}\right\} \tag{15-17}$$

其中，E_{2S}、I_{2S}、x_{2S} 表示转子转动后转子绕组每相电动势、每相电流及每相电抗，它们的频率等于 f_2。其中，电动势和电抗的表达式分别为

$$\left.\begin{array}{l} E_{2S} = 4.44 f_2 N_2 K_{N2} \Phi_m = 4.44 sf_1 N_2 K_{N2} \Phi_m = sE_2 \\ x_{2S} = \omega L_{\sigma2} = 2\pi f_2 L_{\sigma2} = 2\pi sf_1 L_{\sigma2} = sx_2 \end{array}\right\} \tag{15-18}$$

式中 E_2、x_2——转子静止时的转子绕组每相电动势及电抗，它们的频率等于 f_1。

二、频率折算

从图 15-4 和式（15-17）可见，转子回路的参数频率与定子回路的不同，电路方程式无法联立求解，电路图也不能归并成一个。为此必须将转子参数的频率折算成定子一样的频率，这个折算过程就是频率折算。前面分析表明，转子静止时的参数频率等于定子参数频率，所以，频率折算实际上就是将转动的转子看成静止的转子即可。但是，转动的转子有机械功率，静止的转子没有机械功率，为此电路中引进机械功率模拟电阻，如图 15-5 所示。转子回路电源改成了频率为 f_1 的 E_2，电流频率取决于电源频率，就变成了 I_2。

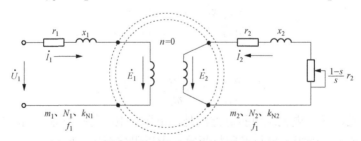

图 15-5 频率折算后异步电动机每相定、转子电路

频率折算与绕组折算的原则一样，保持转子磁动势不变。由于频率折算没有改变转子绕组匝数，要保持转子磁动势不变，只要保持转子电流不变即可。包括转子绕组电流大小和相位都要保持不变。比较图 15-5 和图 15-4，可见，图 15-5 已经满足了这两个条件。如下：

大小：
$$\dot{I}_2 = \frac{\dot{E}_2}{r_2 + jx_2 + \frac{1-s}{s}r_2} = \dot{I}_{2s} = \frac{\dot{E}_{2s}}{r_2 + jx_{2s}} = \frac{s\dot{E}_2}{r_2 + jsx_2}$$

相位：
$$\theta_2 = \arctan\frac{x_2}{r_2/s} = \theta_{2s} = \arctan\frac{x_{2s}}{r_2} = \arctan\frac{sx_2}{r_2} \qquad (15-19)$$

（折算后） （折算前）

可见，折算后转子电路总等效电阻等于 $\dfrac{r_2}{s}$，包括绕组本身电阻 r_2 外，多了一项机械功率模拟电阻 $\dfrac{1-s}{s}r_2$，该电阻上的消耗能量等于转子转动的机械功率，即 $m_2 I_2^2 \left(\dfrac{1-s}{s}r_2\right)$。

三、等效电路

图 15-5，异步电动机转子参数经过频率折算后，转子电动势、电流及电抗的频率都与定子一样，即为 f_1。再经过绕组折算，转子绕组的相数和有效匝数也变成与定子一样，即为 m_1 和 $N_1 k_{N1}$，如图 15-6（a）所示。于是 $\dot{E}_1 = \dot{E}_2'$，定、转子电路的主电动势并为一个，并用励磁阻抗 Z_m 的压降表示。考虑到励磁电流 $\dot{I}_m = \dot{I}_1 + \dot{I}_2'$，可以画出异步电动机的 T 形等效电路，使定、转子回路直接有电的联系。如图 15-6（b）所示。

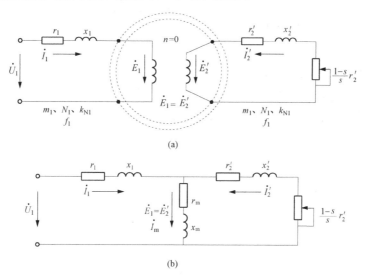

图 15-6 异步电动机频率折算和绕组折算后的等效电路
（a）定、转子电路；（b）T 形等效电路

从等效电路看，当异步电动机起动时，转差率 $s=1$，机械功率模拟电阻等于零，相当于转子绕组短路，使转子电流 I_2 很大，定子电流 I_1 也很大；当异步电动机空载时，转子转速接近于同步速度，$s \approx 0$，模拟电阻趋于 ∞，相当于转子绕组开路，使 $I_2 \approx 0$，定子电流基本上等于励磁电流；当带上负载时，转速下降，转差率增大，模拟电阻减少，使转子电流增大，定子电流也随之加大。

四、基本方程式

根据 T 形等效电路，左边回路可以列出定子绕组电压方程式，右边回路对应转子回路电压方程式，中间的励磁支路对应励磁阻抗压降。基本方程式为

$$
\left.
\begin{aligned}
\dot{U}_1 &= -\dot{E}_1 + \dot{I}_1(r_1 + \mathrm{j}x_1) \\
\dot{E}_2' &= \dot{I}_2'(r_2' + \mathrm{j}x_2') + \dot{I}_2'\frac{1-s}{s}r_2' \\
\dot{E}_1 &= \dot{E}_2' = -\dot{I}_{\mathrm{m}}(r_{\mathrm{m}} + \mathrm{j}x_{\mathrm{m}}) \\
\dot{I}_{\mathrm{m}} &= \dot{I}_1 + \dot{I}_2'
\end{aligned}
\right\}
\qquad (15-20)
$$

式中　　Z_1——定子绕组漏阻抗，$r_1 + \mathrm{j}x_1 = Z_1$；

　　　　Z_2'——转子绕组漏阻抗，$r_2' + \mathrm{j}x_2' = Z_2'$；

　　　　$Z_{2\mathrm{S}}'$——转子回路总阻抗，$\dfrac{1-s}{s}r_2' + Z_2' = \dfrac{r_2'}{s} + \mathrm{j}x_2' = Z_{2\mathrm{S}}'$；

　　　　Z_{m}——励磁阻抗，$r_{\mathrm{m}} + \mathrm{j}x_{\mathrm{m}} = Z_{\mathrm{m}}$。

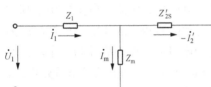

图 15-7　异步电动机定、转子电流计算

用各个阻抗形式表示的 T 形等效电路如图 15-7 所示，该图从纯电路概念更加清晰表示定、转子电流与励磁电流的关系。

五、相量图

在已知异步电动机等效电路参数 r_1、x_1、r_2'、x_2'、r_{m}、x_{m} 及 N_1、N_2 情况下，可以根据式（15-20）基本方程式，画出对应的相量图，如图 15-7 所示，作图步骤如下：

（1）先画 $\dot{I}_2'$，方向任意。

（2）画 $\dot{E}_2'$，据式（15-20）第二式。

（3）画 $\dot{E}_1$ 和 $(-\dot{E}_1)$，据 $\dot{E}_2' = \dot{E}_1$。

（4）画 $\dot{\Phi}_{\mathrm{m}}$，据大小 $= E_1/4.44fN_1K_{\mathrm{N1}}$，方向超前 $\dot{E}_1$ 为 90°。

（5）画 $\dot{I}_{\mathrm{m}}$，据大小 $= E_1/Z_{\mathrm{m}}$，方向超前 $\dot{\Phi}_{\mathrm{m}}$ 铁损耗角 $\alpha_{\mathrm{Fe}} = \arctan(r_{\mathrm{m}}/x_{\mathrm{m}})$。

（6）画 $\dot{I}_1$，据 $\dot{I}_1 = \dot{I}_{\mathrm{m}} + (-\dot{I}_2')$。

（7）最后画 $\dot{U}_1$，据式（15-20）第二式。

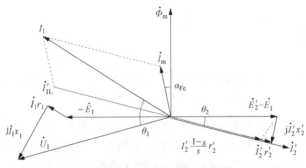

图 15-8　异步电动机相量图

从等效电路和相量图可以看出，异步电动机的定子电流 $\dot{I}_1$ 总是滞后电源 $\dot{U}_1$ 为 θ_1，这是因

为异步电动机产生气隙主磁场、定子和转子漏磁场都要从电源输入一定的感性无功电流。励磁电流越大，定、转子漏抗越大，电机的功率因数 $\cos\theta_1$ 就越低。

第四节　异步电动机等效电路的简化

与变压器类似，异步电动机等效电路的简化，可以将电路中间的励磁支路移到电源端，变成 Γ 形等效电路以简化计算。在变压器中，由于 Z_m 很大，Z_1 和 I_m 都很小，因此励磁支路直接移到电源端，忽略 $Z_1 I_m$ 定子漏阻抗压降，引起的计算误差较小。而在异步电动机中，由于存在空气隙，Z_m 较小，I_m 较大，而且定子绕组的漏阻抗 Z_1 也比变压器一次侧的漏阻抗要大，所以，把励磁支路直接移到电源端将引起较大误差，不能一并简单处理。

一、简化电路的公式推导

图 15-7 电路，定子、转子及励磁支路的电流为

$$\left.\begin{array}{l} \dot{I}_1 = \dfrac{\dot{U}_1}{Z_1 + Z_m // Z'_{2S}} \\[3mm] -\dot{I}'_2 = \dfrac{Z_m}{Z_m + Z'_{2S}}\dot{I}_1 \\[3mm] \dot{I}_m = \dfrac{Z'_{2S}}{Z_m + Z'_{2S}}\dot{I}_1 \end{array}\right\} \tag{15-21}$$

将第一式代入第二式和第三式，整理得到

$$\left.\begin{array}{l} -\dot{I}'_2 = \dfrac{\dot{U}_1}{Z_1 + \left(1 + \dfrac{Z_1}{Z_m}\right)Z'_{2S}} = \dfrac{\dot{U}_1}{Z_1 + CZ'_{2S}} \\[5mm] \dot{I}_m = \dfrac{Z'_{2S}}{Z_m + Z'_{2S}}\dot{I}_1 = \dfrac{\dot{U}_1}{Z_m} \times \dfrac{Z'_{2S}}{Z_1 + CZ'_{2S}} \end{array}\right\} \tag{15-22}$$

式中，修正系数 $C = 1 + \dfrac{Z_1}{Z_m}$ 是复数。根据电路图，输入电流等于上式两个电流汇流，即

$$\left.\begin{array}{l} \dot{I}_1 = \dot{I}_m + (-\dot{I}'_2) = \dfrac{\dot{U}_1}{Z_m} \times \dfrac{Z'_{2S}}{Z_1 + CZ'_{2S}} + \dfrac{\dot{U}_1}{Z_1 + CZ'_{2S}} \\[5mm] = \dfrac{C(Z_m + Z'_{2S})}{CZ_m(Z_1 + CZ'_{2S})}\dot{U}_1 = \dfrac{\left(1 + \dfrac{Z_1}{Z_m}\right)Z_m + CZ'_{2S}}{CZ_m(Z_1 + CZ'_{2S})}\dot{U}_1 \\[5mm] = \dfrac{(Z_1 + CZ'_{2S}) + Z_m}{CZ_m(Z_1 + CZ'_{2S})}\dot{U}_1 = \dfrac{\dot{U}_1}{CZ_m} + \dfrac{\dot{U}_1}{C(Z_1 + CZ'_{2S})} \\[5mm] = \dfrac{\dot{U}_1}{Z_1 + Z_m} + \dfrac{\dot{U}_1}{CZ_1 + C^2 Z'_{2S}} = \dot{I}_{m\Gamma} + \dot{I}_{2\Gamma} \end{array}\right\} \tag{15-23}$$

二、等效电路简化

根据式（15-23）推导，简化后励磁支路电流为 $\dot{I}_{m\Gamma}$，励磁支路的阻抗改为 $Z_1 + Z_m$；比

较式（15-23）和式（15-22）第一式，转子支路电流 $\dot{I}_{2\Gamma} = -\dfrac{\dot{I}_2'}{C}$，转子支路的阻抗改为 $CZ_1 + C^2 Z_{2S}'$。考虑 $r_1 \ll x_1$、$r_m \ll x_m$，忽略 r_1 和 r_m，则 $C = 1 + \dfrac{r_1 + jx_1}{r_m + jx_m} \approx 1 + \dfrac{x_1}{x_m} = c$，修正系数由复数 C 可以简化为常数 c。

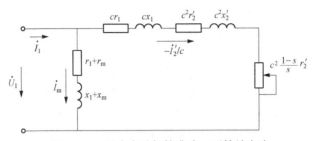

图 15-9　异步电动机较准确 Γ 形等效电路

异步电动机等效电路简化成较准确 Γ 形等效电路，如图 15-9 所示。该电路计算实际转子电流（I_2'）变得简单，没有阻抗并联的复数计算，只有阻抗串联计算。先计算 $I_{2\Gamma}$，再乘以 c 即可。计算式为

$$-\dot{I}_2' = c\dot{I}_{2\Gamma} = c\frac{\dot{U}_1}{cZ_1 + c^2 Z_{2S}'} = \frac{\dot{U}_1}{\left(r_1 + c\dfrac{r_2'}{s}\right) + j(x_1 + cx_2')} \tag{15-24}$$

容量较大的异步电动机，通常 $x_1 < x_m$，则 $c \approx 1$，较准确等效电路进一步变成简化等效电路，如图 15-10 所示。该电路计算工作量又减少，但计算误差进一步加大。可作为估算或定性分析使用。

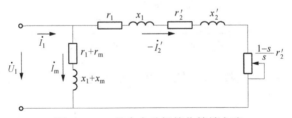

图 15-10　异步电动机简化等效电路

【例 15-1】一台三相 4 极△连接异步电动机数据：$P_2 = 10\text{kW}$、$U_{1N} = 380\text{V}$、$n_N = 1455\text{r/min}$、$r_1 = 1.38\Omega$、$x_1 = 2.42\Omega$、$r_2' = 1.05\Omega$、$x_2' = 4.42\Omega$、$r_m = 8.34\Omega$、$x_m = 80.80\Omega$。试分别用 T 形等效电路、较准确近似 Γ 形等效电路和简化等效电路，计算额定转速时定子电流 I_1、转子电流 I_2' 和励磁电流 I_m。

解：额定转差率为

$$s_N = \frac{n_1 - n_N}{n_1} = \frac{1500 - 1455}{1500} = 0.03$$

设以输入电压为参考轴，因定子绕组△连接，则每相电压为 $\dot{U}_{1N} = 380 \angle 0°$。

（1）应用 T 形等效电路计算，据式（15-21），定子电流、转子电流和励磁电流分别为

$$\dot{I}_1 = \frac{\dot{U}_{1N}}{Z_1 + Z_m // Z'_{2S}} = \frac{380\angle 0°}{1.38 + j2.42 + (8.34 + j80.8) //(1.05/0.03 + j4.42)}$$

$$= 11.74\angle -30.88°$$

$$-\dot{I}'_2 = \frac{Z_m}{Z'_{2S} + Z_m}\dot{I}_1 = \frac{8.34 + j80.8}{35 + j4.42 + 8.34 + j80.8} \times 11.749\angle -30.88°$$

$$= 9.974\angle -9.82°$$

$$\dot{I}_m = \frac{Z'_{2S}}{Z'_{2S} + Z_m}\dot{I}_1 = \frac{35 + j4.42}{35 + j4.42 + 8.34 + j80.8} \times 11.74\angle -30.88°$$

$$= 4.332\angle -86.73°$$

（2）应用较准确近似 Γ 形等效电路计算，修正系数 $c = 1 + \dfrac{x_1}{x_m} = 1 + \dfrac{2.42}{80.8} = 1.03$ 转子电流，据式（15-24）

可得

$$-\dot{I}'_2 = \frac{\dot{U}_{1N}}{(r_1 + c\frac{r'_2}{s}) + j(x_1 + cx'_2)} = \frac{380\angle 0°}{(1.38 + 1.03 \times 35) + j(2.42 + 1.03 \times 4.42)}$$

$$= 9.981\angle -10.55°$$

励磁电流，据电路可得

$$\dot{I}_m = \frac{\dot{U}_{1N}}{(r_1 + r_m) + j(x_1 + x_m)} = \frac{380\angle 0°}{(1.38 + 8.34) + j(2.42 + 80.8)} = 4.535\angle -83.34°$$

定子电流为

$$\dot{I}_1 = \dot{I}_m - \frac{\dot{I}'_2}{c} = 4.535\angle -83.34° + \frac{9.981}{1.03}\angle -10.55° = 11.852\angle -31.99°$$

（3）应用简化等效电路计算，令 $c = 1$，则转子电流、励磁电流和定子电流分别为

$$-\dot{I}'_2 = \frac{\dot{U}_{1N}}{\left(r_1 + \frac{r'_2}{s}\right) + j(x_1 + x'_2)} = \frac{380\angle 0°}{(1.38 + 35) + j(2.42 + 4.42)}$$

$$= 10.266\angle -10.62°$$

$$\dot{I}_m = \frac{\dot{U}_{1N}}{(r_1 + r_m) + j(x_1 + x_m)} = 4.535\angle -83.34°$$

$$\dot{I}_1 = \dot{I}_m - \dot{I}'_2 = 4.535\angle -83.34° + 10.266\angle -10.62° = 12.394\angle -31.07°$$

以上计算可见，利用方法（1）、（2）、（3）分别计算得定子电流（I_1）等于 11.740、11.852、12.394；转子电流（$-I'_2$）分别等于 9.974、9.981、10.266。说明方法（2）比较接近方法（1）的结果，方法（3）误差较大，因此中、小型异步电机计算常用方法（2），计算工程量减少，误差又不大。

第五节　异步电动机的参数及测定

与变压器相同，异步电动机 T 形等效电路也有 6 个参数，即 r_1、x_1、r'_2、x'_2、r_m、x_m。变压器通过空载和短路试验，测定参数；异步电动机同样可以用空载和堵转（短路）试验进行参数测定。不同的是，变压器的空载损耗忽略一次侧绕组电阻损耗时等于铁损耗，而异步电动机空载损耗除了铁损耗外，还包括机械损耗；变压器的短路试验可以将励磁支路开路处理，短路损耗等于一次、二次绕组电阻铜损耗，而异步电动机由于有气隙，励磁支路阻抗相

对小一点，根据容量不同，短路试验的参数处理有别于变压器的办法。

一、空载实验

1. 励磁阻抗参数计算

异步电动机的空载实验要计算 r_m、x_m 两个参数。异步电动机的空载实验指转子不带任何负载，在定子三相对称电源作用下，拖至接近同步速度，$s \approx 0$，转子电路相当于开路。改变输入电压，使定子端电压从 $1.1 \sim 1.3 U_N$ 开始，逐步降低电压，逐点测得输入的相电压 U_0、输入相电流 I_0 和三相总有功损耗 P_0，直到电流开始回升为止。一般计算参数，常取额定输入电压 $U_0 = U_{1Nph}$ 时的数据，根据空载电路有

$$P_0 = m_1 I_0^2 r_1 + p_{Fe} + p_{mec} \tag{15-25}$$

式中　p_{Fe}——铁损耗；

　　　p_{mec}——机械损耗。

由上式分解出铁损耗 p_{Fe} 后，励磁阻抗 r_m、x_m 计算如下：

$$\left.\begin{aligned} r_m &= \frac{p_{Fe}}{m_1 I_0^2} \\ x_0 &= \sqrt{Z_0^2 - r_0^2} \approx Z_0 = \frac{U_0}{I_0} \\ x_m &= x_0 - x_1 \end{aligned}\right\} \tag{15-26}$$

其中，定子漏抗 x_1 有待于短路试验测定。

2. 铁损耗与机械损耗的分解

将异步电动机的铁损耗与机械损耗分开，是异步电动机参数处理有别于变压器的特点之一。分解依据的原理：

（1）$p_{Fe} \propto B_m^2 \propto \Phi_m^2 \propto U_1^2$，铁损耗与输入电压平方成正比。

（2）机械损耗与转速有关，与输入电压无关。

空载实验时，改变输入电压（从 $1.2U_1 \sim 0.3U_1$），多测几点，描绘出 P_0 与 U_0 的关系曲线，如图 15-11（a）所示。由式（15-25）得，将各点的 P_0 分别减去该点定子铜损耗，得到铁损耗与机械损耗之和 p_{0S}，即

$$p_{0S} = p_{Fe} + p_{mec} = P_0 - m_1 I_0^2 r_1 \tag{15-27}$$

根据上式计算各点数据，做出与电压平方的关系曲线，如图 15-11（b）所示。当异步电动机转速不变时，机械损耗是恒值水平线；铁损耗是线性直线，向下延伸与纵轴交点读数即为机械损耗值，因该点 $U_1 = 0$，没有了铁损耗，p_{0S} 就剩下机械损耗。

二、短路（堵转）实验

异步电动机的短路实验要计算 r_1、x_1、r_2'、x_2' 四个参数。异步电动机转子堵住不让转，定子加三相对称低电压，此时 $s = 1$，电路中机械模拟电阻等于零，相当于短路实验。由于短路阻抗较小，输入电压不能加太大，主要监视短路电流。测试时电流从 $1.2I_{1N} \sim 0.3I_{1N}$，每次测出定子输入相电压 U_k、相电流 I_k 和三相总短路损耗 P_k。短路特性曲线如图 15-11（c）所示。参数计算常取 $I_k = I_{Nph}$ 时的数据，短路阻抗计算式为

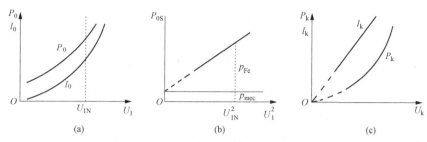

图 15-11　异步电动机空载、短路特性

（a）空载特性；（b）铁损耗和机械损耗分离；（c）短路特性

$$\left.\begin{array}{l} Z_k = \dfrac{U_k}{I_k} \\[2mm] r_k = \dfrac{P_k}{m_1 I_k^2} \\[2mm] x_k = \sqrt{Z_k^2 - r_k^2} \end{array}\right\} \qquad (15-28)$$

式中　r_k——短路电阻；

x_k——短路电抗。根据异步电机的容量不同，分离计算定、转子电阻和漏抗方法不同。

1. 大型异步电机参数计算

大型异步电机，一般励磁阻抗相对于定、转子漏阻抗大很多，励磁电流较小（$I_m < 10\% I_N$）。类似变压器的处理办法，将励磁支路作开路处理，短路阻抗等于定、转子漏阻抗之和，这样

$$\left.\begin{array}{l} r_2' = r_k - r_1 \\[1mm] x_1 = x_2' = x_k/2 \end{array}\right\} \qquad (15-29)$$

其中，r_1 先用电桥法直接测量。

2. 中小型异步电机参数计算

中小型异步电机励磁阻抗大于定、转子漏阻抗的比率没有大型异步电机大，因此励磁电流较大 [$I_m = (20\% \sim 50\%) I_N$]。计算短路阻抗时，励磁支路要与转子支路并联。考虑到短路试验时电压很低，对应主磁通及铁损耗很小，励磁支路可以忽略 r_m，则 $z_m \approx j x_m$，根据短路电路，输入阻抗为

$$Z_k = r_k + j x_k = z_1 + z_m // z_2' \qquad (15-30)$$

整理上式，得

$$\left.\begin{array}{l} r_k = r_1 + r_2' \dfrac{x_m^2}{r_2'^2 + (x_m + x_2')^2} \\[3mm] x_k = x_1 + x_m \dfrac{r_2'^2 + x_2'^2 + x_m x_2'}{r_2'^2 + (x_m + x_2')^2} \end{array}\right\} \qquad (15-31)$$

一般异步电动机有 $x_1 \approx x_2'$，根据空载实验得到数据 $x_0 = x_1 + x_m \approx x_2' + x_m$，那么定、转子电阻和漏抗参数计算式如下：

$$
\left.\begin{array}{l}
r_2' = (r_k - r_1)\dfrac{x_0}{x_0 - x_k} \\[4mm]
x_1 = x_2' = x_0 - \sqrt{\dfrac{x_0 - x_k}{x_0}(r_2'^2 + x_0^2)}
\end{array}\right\}
\tag{15-32}
$$

异步电动机正常额定工作范围内，r_1、r_2' 随绕组温升提高而变大，为了规范标准，电阻值要换算到 75℃；r_m 与铁损耗成正比；x_m 随主磁路饱和度增大而减少，属于非线性变量；x_1、x_2' 对应的漏磁通沿空气闭合，一般不会饱和，所以漏抗通常是不变常数。但是，在起动时的高转差运行，定、转子电流比额定值大很多，此时漏磁磁路中铁心部分达到高度饱和，使整个漏磁路磁阻变大，漏电抗变小。

小　结

从电磁感应的本质来看，异步电动机和变压器相似，变压器两个绕组为一次绕组、二次绕组，属于集中绕组，按实际匝数计算；异步电动机也是两个绕组，定子绕组和转子绕组，属于分布绕组，按有效匝数计算。它们都是一边绕组接电源，励励磁场，另一边绕组由电磁感应原理产生电动势和电流，两边没有直接电的联系。因此可以采用研究变压器的方法来研究异步电机。

首先建立磁动势和电动势平衡方程式，画出相量图，再通过转子绕组折算和频率折算，导出等效电路，这些过程与形式与变压器基本相同。但是考虑结构和带负载的不同，应该注意它们之间的差别，具体有：

（1）变压器是静止的，主磁场是交变脉振磁场，交变磁场穿过二次绕组感应电动势；异步电机是旋转的，主磁场是同步旋转磁场，旋转磁场切割转子绕组而感应电动势。

（2）变压器一次、二次绕组轴线迭合在一起，一次、二次绕组电动势同频率、同相位；异步电机转子正常情况是旋转的，定、转子绕组轴线未迭合，定、转子绕组的电动势频率不等，要采用时-空相量图，画出的相量图才与变压器一样。

（3）变压器是集中绕组，按实际匝数等同原则进行绕组折算；异步电机定、转子可以相数不同，又是分布绕组，所以绕组折算要按总有效匝数等同原则，即 m、N、k_{N1} 一起折算。

（4）变压器二次绕组感应的电动势直接输出供给电负载；异步电动机转子绕组感应的电动势，要经过电磁力定律将电能转换机械能，从转轴上输出机械功率。在等效电路处理上，引进频率折算，即视转动转子（有机械功率输出）为静止转子（没有机械功率输出），导出模拟电阻 $\dfrac{1-s}{s}r_2'$，其上的损耗代表了机械总功率。

（5）变压器主磁通路径没有气隙，异步电动机定、转子之间有气隙，主磁通要两次穿过气隙，主磁路磁阻较大，励磁电流较大，在等效电路的简化工作上要做较多的修正。

（6）异步电机参数测定与变压器的实验原理相同，采用空载试验和短路（堵转）试验，但计算 r_1、x_1、r_2'、x_2'、r_m、x_m 6 个基本参数的处理上，因存在气隙及机械损耗，处理方法比变压器复杂。

思 考 题

15-1　一台已经造好的异步电动机，其主磁通的大小与什么因素有关？

15-2　异步电动机主磁通和漏磁通是如何定义的？有何异同点？主磁通在定、转子绕组中的感应电动势大小和频率是否相同？

15-3　如果电源电压不变，则三相异步电动机的主磁通大小与什么因素有关？

15-4　异步电动机与变压器在额定电压时，空载电流的标幺值哪个大？为什么？

15-5　异步电机转子绕组折算和频率折算的原则是什么？

15-6　异步电动机定子绕组和转子绕组没有直接联系，当负载增加时，定子电流和输入功率会自动增加，为什么？

15-7　异步电动机的等效电路中 $\dfrac{1-s}{s}r_2'$ 代表什么？能否用电感或电容代替？

15-8　异步电动机转子电路中感应电动势的大小、漏电抗大小、转子电流与转子电动势相位差大小与转子转差率有何关系？如果绕线型异步电机的转子串联电抗器，这个电抗数值会随转子而改变吗？为什么？

15-9　异步电动机正常运行时，定、转子频率不同，为什么定、转子的相量图可以画在一起？这时定子相量和转子相量的相位关系说明什么问题？

15-10　异步电动机运行时，为什么说功率因数总是滞后的？而变压器运行时情况如何？

15-11　异步电动机在空载运行、额定运行及堵转运行三种情况下的等效电路有什么不同？当定子外加电压一定时，三种情况下的定、转子感应电动势大小、转子电流、转子功率因数角、定子电流及定子功率因数角有什么不同？

15-12　三相异步电动机的参数如何测定？如何利用参数算出电动机的主要性能数据？

15-13　三相异步电动机的参数测定时，短路电压和空载电压的高低，环境温度的不同对参数测试结果有何影响？

习 题

15-1　一台三相异步电动机，6极、50Hz，如果运行在 $s=0.08$，定子绕组产生的旋转磁动势转速等于多少？转子绕组产生的旋转磁动势相对于定子的转速为多少？旋转磁场切割转子绕组的转速等于多少？

15-2　有一台三相异步电动机，电源频率为 50Hz，转子转速 $n=1400\mathrm{r/min}$，则其转子绕组感应电动势的频率为多少？转子电流产生的旋转磁动势相对于转子转速为多少？相对于定子的速度为多少？

15-3　有一台三相异步电动机，电源频率为 50Hz，额定运行，转子转速 $n_{\mathrm{N}}=1450\mathrm{r/min}$，则定子电流频率为多少？定子电动势的频率为多少？转子电流的频率为多少？转子电动势的频率为多少？

15-4　设有一台 3000V、6极、50Hz 星形连接的三相异步电动机，$n_{\mathrm{N}}=975\mathrm{r/min}$。每相

绕组参数如下：$r_1 = 0.42\Omega$、$x_1 = 2.0\Omega$、$r_2' = 0.45\Omega$、$x_2' = 2.0\Omega$、$r_m = 4.67\Omega$、$x_m = 48.7\Omega$。试分别用 T 形等效电路、较准确地近似等效电路和简化等效电路，计算在额定情况下的定子电流和转子电流。

15—5　某三相异步电动机，$P_N = 10kW$，$U_{1N} = 380V$，$I_{1N} = 19.8A$，4 极，星形连接，$r_1 = 0.5\Omega$。空载实验数据：$U_1 = 380V$、$I_0 = 5.4A$、$P_0 = 0.425kW$、$p_{mec} = 0.08kW$；短路试验数据：$U_k = 120V$、$I_k = 18.1A$、$p_k = 0.92kW$。忽略空载附加损耗，认为 $x_1 = x_2'$，试计算参数 r_2'、x_1、r_m、x_m。

15—6　某三相异步电动机 50Hz、380V、三角形连接，定子绕组每相电阻 $r_1 = 0.4\Omega$，空载机械损耗 100W，设 $x_1 = x_2'$，空载、短路试验数据如下表：

试验内容	线电压（V）	线电流（A）	三相总功率（W）
空载	380	21.2	1340
短路	110	66.8	4140

试求：

（1）该电动机等效电路的各参数。

（2）空载时的功率因数。

（3）短路（堵转）时的功率因数。

第十六章　异步电动机的功率和转矩

第一节　异步电动机的功率和转矩平衡式

一、功率平衡式

异步电动机输入电能，经过电磁能量转换，输出机械能。功率平衡式是指输入、输出的有功功率和电机内部的各有功损耗之间的关系式。在异步电机 T 形等效电路中的有功损耗，就是电阻铜损耗和铁损耗。电抗上的损耗是无功损耗，所以在描述各个有功损耗时，电路图中视电抗不存在，如图 16-1 所示。各种有功功率与损耗的表达式为

输入功率：$P_1 = m_1 U_1 I_1 \cos\theta_1$；

定子铜损耗：$P_{Cu1} = m_1 I_1^2 r_1$；

定子铁损耗：$P_{Fe} = m_1 I_m^2 r_m$；

电磁功率：$P_M = m_2 E_2' I_2 \cos\theta_2 = m_1 E_2' I_2' \cos\theta_2 = m_2 I_2^2 \dfrac{r_2}{s} = m_1 I_2'^2 \dfrac{r_2'}{s}$；

转子铜损耗：$P_{Cu2} = m_2 I_2^2 r_2 = m_1 I_2'^2 r_2'$；

总机械功率：$P_i = m_2 I_2^2 \dfrac{1-s}{s} r_2 = m_1 I_2'^2 \dfrac{1-s}{s} r_2'$。

其中，θ_2 为转子内功率因数角，$\theta_2 = \arctan \dfrac{x_2'}{r_2'/s}$。

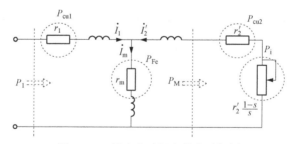

图 16-1　异步电动机各种有功损耗

根据电路图，输入功率 P_1 扣除定子铜损耗 P_{Cu1} 和定子铁损耗后 P_{Fe}，剩下为定子传递到转子的功率，又称电磁功率 P_M；转子电流及其产生的磁通频率很低，1～3Hz，所以转子铁损耗可以忽略不计，电磁功率 P_M 只要减去转子铜损耗后，剩下为转换成机械能的总机械功率 P_i；从 P_i 中再扣除转子的机械损耗 P_{mec} 和杂散损耗 P_{ad}，可得转子轴上输出机械功率 P_2。其功率流程图如图 16-2 所示。功率平衡式为

$$\left. \begin{aligned} P_1 - P_{Cu1} - P_{Fe} &= P_M \\ P_M - P_{Cu2} &= P_i \\ P_i - P_{mec} - P_{ad} &= P_2 \end{aligned} \right\} \qquad (16-1)$$

式中　P_{mec}——机械损耗，包括轴承摩擦损耗和风阻损耗，与转子转速有关；

　　　　P_{ad}——杂散损耗，异步电动机中谐波磁通和基波漏磁通在定、转子导体，铁心及其金属部件中所产生的附加铁损耗和铜损耗。所以**杂散损耗又称附加损耗**，其大小与槽配合、槽开口、气隙大小和制造工艺等因数有关，组成比较复杂。其值通常是经验数据，大型异步电动机约为额定功率的 0.5%，小型铸铝转子异步电动机可达额定功率的 1%～3%。

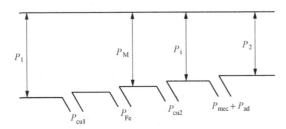

图 16-2　异步电动机功率流程图

根据 P_M、P_{cu2}、P_i 表达式，可以得到

$$\left.\begin{array}{l} P_{Cu2} = sP_M \\ P_i = (1-s)P_M \\ P_M : P_i : P_{Cu2} = 1 : (1-s) : s \end{array}\right\} \qquad (16-2)$$

式（16-2）说明：异步电动机中，转换功率和电磁功率是不同的；传递到转子的电磁功率中，s 倍的部分变为转子铜损耗，$(1-s)$ 倍的部分由电能转换成机械能。转子铜损耗与 s 成正比，这是因为转差变大，意味着转子减速，转子感应电动势与电流增大，转子铜损耗就增大，异步电动机效率降低。

二、转矩平衡式

将式（16-1）中的第三式，除以机械角速度 Ω，可以得到转子转矩平衡式，即

$$T - T_0 = T_2 \qquad (16-3)$$

式中　T——电磁转矩；

　　　　T_0——空载制动转矩；

　　　　T_2——输出转矩。

它们的表达式为

$$T = \frac{P_i}{\Omega}, \quad T_0 = \frac{P_{mec} + P_{ad}}{\Omega}, \quad T_2 = \frac{P_2}{\Omega} \qquad (16-4)$$

其中，机械角速度 $\Omega = \dfrac{2\pi n}{60}$。考虑到总机械功率 $P_i = (1-s)P_M$，转子机械角速度 $\Omega = (1-s)\Omega_1$，电磁转矩又可以写成

$$T = \frac{P_i}{\Omega} = \frac{(1-s)P_M}{(1-s)\Omega_1} = \frac{P_M}{\Omega_1} \qquad (16-5)$$

其中，同步角速度 $\Omega_1 = \dfrac{2\pi n_1}{60}$。

【例 16-1】续【例 15-1】，设该电动机在额定转速时 $P_{mec} + P_{ad} = 130W$，利用已经计算的电流结果，求

此时电动机的功率因数、输入功率、输出功率、效率、输出转矩。

解：如【例 15-1】，当 $\dot{U}_{1N} = 380\angle 0°$ 时，定、转子电流计算结果列在表 16-1：

表 16-1　　　　　　　　　　　　【例 16-1】的定、转子电流计算结果

名称	T 形等效电路	较准确 Γ 形等效电路	简化等效电路
$\dot{I}_1$（A）	$11.740\angle -30.88°$	$11.852\angle -31.99°$	$12.394\angle -31.07°$
$-\dot{I}'_2$（A）	$9.974\angle -9.82°$	$9.981\angle -10.55°$	$10.266\angle -10.62°$

（1）应用 T 形等效电路。

功率因数 $\cos\theta_1 = \cos 30.88° = 0.858$

输入功率 $P_1 = 3U_1 I_1 \cos\theta_1 = 3\times 380\times 11.74\times 0.858 = 11\,486$（W）

输出功率 $P_2 = 3I'^2_2 \dfrac{1-s}{s} r'_2 - (P_{mec}+P_{ad}) = 3\times 9.974^2 \times \dfrac{1-0.03}{0.03}\times 1.05 - 130 = 10\,002$（W）

效率 $\eta = \dfrac{P_2}{P_1}\times 100\% = \dfrac{10\,002}{11\,486}\times 100\% = 87.08\%$

输出转矩 $T_2 = \dfrac{P_2}{\Omega} = \dfrac{10\,002}{2\pi\times 1455/60} = 65.64$（N·m）

（2）应用较准确 Γ 形等效电路。

功率因数 $\cos\theta_1 = \cos 31.99° = 0.848$

输入功率 $P_1 = 3U_1 I_1 \cos\theta_1 = 3\times 380\times 11.852\times 0.848 = 11\,458$（W）

输出功率 $P_2 = 3I'^2_2 \dfrac{1-s}{s} r'_2 - (P_{mec}+P_{ad}) = 3\times 9.981^2 \times \dfrac{1-0.03}{0.03}\times 1.05 - 130 = 10\,146$（W）

效率 $\eta = \dfrac{P_2}{P_1}\times 100\% = \dfrac{10\,146}{11\,458}\times 100\% = 88.56\%$

输出转矩 $T_2 = \dfrac{P_2}{\Omega} = \dfrac{10\,146}{2\pi\times 1455/60} = 66.59$（N·m）

（3）应用简化等效电路。

功率因数 $\cos\theta_1 = \cos 31.07° = 0.857$

输入功率 $P_1 = 3U_1 I_1 \cos\theta_1 = 3\times 380\times 12.394\times 0.857 = 12\,102$（W）

输出功率 $P_2 = 3I'^2_2 \dfrac{1-s}{s} r'_2 - (P_{mec}+P_{ad}) = 3\times 10.266^2 \times \dfrac{1-0.03}{0.03}\times 1.05 - 130 = 10\,604$（W）

效率 $\eta = \dfrac{P_2}{P_1}\times 100\% = \dfrac{10\,604}{12\,102}\times 100\% = 87.62\%$

输出转矩 $T_2 = \dfrac{P_2}{\Omega} = \dfrac{10\,604}{2\pi\times 1455/60} = 69.60$（N·m）

【例 16-2】 一台三相 6 极异步电动机，额定功率 $P_N = 28kW$，$U_{1N} = 380V$，$f_1 = 50Hz$，$n_N = 950r/min$，额定负载时，$\cos\theta_1 = 0.88$，$P_{cu1} + P_{Fe} = 2.2kW$，$P_{mec} = 1.1kW$，$P_{ad} = 0$，计算在额定时的 s_N、P_{cu2}、η_N、I_{1N}。

解：

同步转速 $n_1 = \dfrac{60f}{P} = \dfrac{60\times 50}{3} = 1000$（r/min）

额定转差率 $s_N = \dfrac{n_1 - n}{n_1} = \dfrac{1000 - 950}{1000} = 0.05$

总机械功率 $P_i = P_N + P_{mec} + P_{ad} = 28 + 1.1 + 0 = 29.1$ （kW）

转子铜损耗 $P_{cu2} = \dfrac{s_N}{1 - s_N} P_i = \dfrac{0.05}{1 - 0.05} \times 29.1 = 1.53$ （kW）

输入功率 $P_{1N} = P_i + P_{cu1} + P_{Fe} + P_{cu2} = 29.1 + 2.2 + 1.53 = 32.83$ （kW）

效率 $\eta_N = \dfrac{P_N}{P_{1N}} \times 100\% = \dfrac{28}{32.83} \times 100\% = 85.3\%$

定子电流 $I_{1N} = \dfrac{P_{1N}}{\sqrt{3} U_{1N} \cos\theta_1} = \dfrac{32.83 \times 10^3}{\sqrt{3} \times 380 \times 0.88} = 56.68$ （A）

第二节　异步电动机的机械特性

异步电动机的输出主要体现在转矩和转速上。在电源电压为额定电压的情况下，电磁转矩与转差率的关系 $T = f(s)$ 就称为异步电动机的机械特性，又称 T–s 特性曲线。

一、T–s 机械特性曲线

从式（16–5）及 P_M 表达式可知，电磁转矩 $T = \dfrac{P_M}{\Omega_1} = \dfrac{m_1}{\Omega_1} I_2'^2 \dfrac{r_2'}{s}$，根据转子电流公式可得

$$T = \frac{m_1}{\Omega_1} U_1^2 \frac{\dfrac{r_2'}{s}}{\left(r_1 + c\dfrac{r_2'}{s}\right)^2 + (x_1 + cx_2')^2} \tag{16–6}$$

将不同的转差率 $s = -\infty \sim \infty$ 代入式（16–6），算出对应的电磁转矩 T，描绘出特性曲线如图 16–3 所示。图中 $0 < s < 1$ 或 $0 < n < n_1$ 的范围是电动机运行状态，$s < 0$ 或 $n > n_1$ 的范围是发电机运行状态，$s > 1$ 或 $n < 0$ 的范围是电磁制动运行状态。

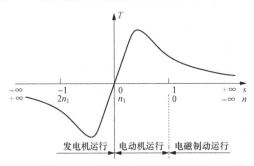

图 16–3　异步电动机的机械特性

电磁转矩的另一种表达式为 $T = \dfrac{P_M}{\Omega_1} = \dfrac{m_1}{\Omega_1} E_2' I_2' \cos\theta_2$，因 $E_2' = E_1 = \sqrt{2}\pi f_1 N_1 k_{N1} \Phi_m$，有

$$T = C_T \Phi_m I_2' \cos\theta_2 \qquad C_T = \frac{m_1}{2\pi n_1/60} \times \sqrt{2}\pi \times \frac{pn_1}{60} \times N_1 k_{N1} = \frac{pm_1}{\sqrt{2}} N_1 k_{N1} \tag{16–7}$$

式中　C_T——转矩系数。

二、电动机运行三个特殊点

1. 额定运行工作点（T_N）

异步电动机运行时，电磁转矩 T 是轴上输出的驱动转矩，负载转矩 T_L 为制动转矩，当 $T > T_L$，电机在加速；$T < T_L$ 电机在减速。在任意稳定工作点，两转矩达到平衡，有 $T = T_L$。当负载达到额定（$T_L = T_{LN}$），此时输出电磁转矩也是额定值。图 16−4 所示，在额定工作点上 $T = T_N$，$s = s_N$，$n = n_N$。一般额定转差率 $s_N = 0.02 \sim 0.05$ 很小，额定转速 n_N 很大，接近同步速度 n_1。

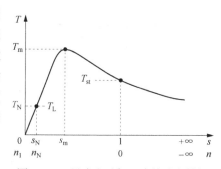

图 16−4　异步电动机三个特殊点转矩

2. 最大转矩工作点（T_m）

从 $T-s$ 机械特性曲线可知，曲线有两个最大点 T_m。一个在电动机运行段，另一个在发电机运行段。用数学求极值法计算，令 $\dfrac{dT}{ds} = 0$，即可求出产生最大转矩 T_m 时的转差率 s_m 为

$$s_m = \pm \frac{cr_2'}{\sqrt{r_1^2 + (x_1 + cx_2')^2}} \tag{16-8}$$

式中　s_m——临界转差率。

将 s_m 代入式（16−6），可以得到最大转矩 T_m

$$T_m = \pm \frac{m_1}{\Omega_1} U_1^2 \frac{1}{2c[\pm r_1 + \sqrt{r_1^2 + (x_1 + cx_2')^2}]} \tag{16-9}$$

其中，"+"号对应于电动机状态最大值；

"−"号对应于发电机状态最大值。

对于大容量电动机，可近似 $c \approx 1$，$r_1 \approx 0$，则式（16−9）简化成

$$\left. \begin{aligned} T_m &= \pm \frac{m_1}{\Omega_1} U_1^2 \frac{1}{2(x_1 + x_2')} \\ s_m &= \pm \frac{r_2'}{x_1 + x_2'} \end{aligned} \right\} \tag{16-10}$$

从式（16−10）可见：

（1）异步电机的最大转矩与定、转子漏抗之和近似成反比。

（2）异步电机的最大转矩与电源电压的平方成正比，如图 16−5（a）所示。

（3）异步电机的最大转矩与转子电阻无关，临界转差率与转子电阻成正比，如图 16−5（b）所示。异步电动机运行时，对于鼠笼式转子，转子电阻无法改变；对于绕线式转子，转子电阻可以通过集电环外接可调电阻来改变。

异步电动机的最大转矩 T_m 与额定转矩 T_N 之比称为过载能力 K_m，又称为最大转矩倍数。最大转矩倍数是异步电动机重要性能指标之一，其表达式为

$$K_m = \frac{T_m}{T_N} \tag{16-11}$$

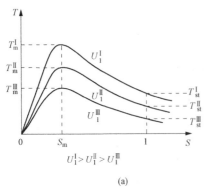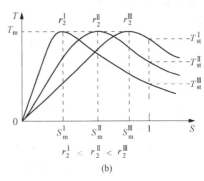

(a)   (b)

图 16-5　电源电压和转子电阻对 $T-s$ 曲线的影响

（a）电源电压变化时；（b）转子电阻变化时

如果负载转矩大于电动机的最大转矩，电动机就会停转。为了保证电动机不因短时过载而停转，异步电动机设计最大输出转矩一般有余量，$K_m = 1.6 \sim 2.5$。

3. 起动转矩工作点（T_{st}）

异步电动机通电瞬间，电机开始起动之时（$n = 0$），将 $s = 1$ 带入式（16-6）可得起动转矩

$$T_{st} = \frac{m_1}{\Omega_1} U_1^2 \frac{r_2'}{(r_1 + cr_2')^2 + (x_1 + cx_2')^2} \qquad (16-12)$$

从此可见：

（1）异步电动机的起动转矩与定、转子漏抗之和近似成反比。

（2）异步电动机的起动转矩与电源电压的平方成正比，如图 16-5（a）所示。

（3）在 $0 < s_m < 1$ 范围内，异步电动机的起动转矩与转子电阻成正比，如图 16-5（b）所示。在 $s_m = 1$ 时，起动转矩出现最大值 $T_{st} = T_m$。

异步电动机的起动转矩 T_{st} 与额定转矩 T_N 之比称为起动转矩倍数 K_{st}，起动转矩倍数也是异步电动机重要性能指标之一，其表达式为

$$K_{st} = \frac{T_{st}}{T_N} \qquad (16-13)$$

如果负载转矩大于电动机的起动转矩，电动机就无法带载起动；要保证异步电动机满载能顺利起动，起动转矩倍数一般要大于 1。笼型异步电动机 $K_{st} = 1 \sim 2$。起动转矩倍数越大，起动加速就越大，起动过程就越短。我国 Y 系列鼠笼式异步电动机 $K_{st} > 1.6$。

应该指出，式（16-12）中起动时参数的数据（r_{2st}'、x_{1st}、x_{2st}'），与正常运行时参数（r_2'、x_1、x_2'）不同。起动时转子绕组集肤效应影响，转子电阻会变大；起动时电流很大，使漏磁通大大增加，引起定、转子齿和槽口部分的局部饱和，定、转子的漏电抗会减小。

三、电磁转矩的公式简化

1. 公式简化过程

假设按大容量电机，近似 $c \approx 1$，$r_1 \approx 0$，则式（16-6）的电磁转矩简化为

$$T = \frac{m_1}{\Omega_1} U_1^2 \frac{r_2'/s}{(r_2'/s)^2 + (x_1 + x_2')^2} \qquad (16-14)$$

从式（16－10）得 $r'_2 = s_m(x_1 + x'_2)$，将式（16－14）与式（16－10）相除，整理得

$$\frac{T}{T_m} = \frac{2(x_1 + x'_2)(r'_2 / s)}{(r'_2 / s)^2 + (x_1 + x'_2)^2} = \frac{2}{s_m / s + s / s_m} \tag{16－15}$$

最后得到简化的 $T-s$ 关系式为

$$T = \frac{2T_m}{s_m / s + s / s_m} \tag{16－16}$$

2. 简化公式应用

通常异步电动机从铭牌或说明书可得到 P_N、n_N、K_m 等数据，应用简化公式步骤如下：

（1）计算额定转矩，$T_N = \frac{P_N}{\Omega} = \frac{P_N}{2\pi n_N / 60} = 9.55\frac{P_N}{n_N}$。

（2）计算最大转矩和额定转差率，$T_m = K_m T_N$ 和 $s_N = (n_1 - n_N) / n_1$。

（3）将 T_m、$s = s_N$、$T = T_N$ 代入式（16－16），解出 $s_m = s_N(K_m + \sqrt{K_m^2 - 1})$。

（4）最后将计算出的数据 T_m 和 s_m 带回式（16－16），得到 $T-s$ 表达式。

【例16－3】续【例15－1】，求该电动机的额定转矩、最大转矩、临界转差率、过载能力。

解：根据【例15－1】已知或计算得数据：

一台三相 4 极△连接异步电动机，$U_{1N} = 380V$、$n_N = 1455r/min$、$r_1 = 1.38\Omega$、$x_1 = 2.42\Omega$、$r'_2 = 1.05\Omega$、$x'_2 = 4.42\Omega$、$r_m = 8.34\Omega$、$x_m = 80.80\Omega$、$s = 0.03$、$c = 1.03$。

（1）额定转矩

$$\begin{aligned}T_N &= \frac{m_1}{\Omega_1}U_{1N}^2 \frac{r'_2 / s}{(r_1 + cr'_2 / s)^2 + (x_1 + cx'_2)^2}\\ &= \frac{3}{2\pi \times 1500 / 60} \times 380^2 \times \frac{1.05 / 0.03}{(1.38 + 1.03 \times 1.05 / 0.03)^2 + (2.42 + 1.03 \times 4.42)^2}\\ &= 66.59(N \cdot m)\end{aligned}$$

（2）最大转矩

$$\begin{aligned}T_m &= \frac{m_1}{\Omega_1}U_{1N}^2 \frac{1}{2c[r_1 + \sqrt{r_1^2 + (x_1 + cx'_2)^2}]}\\ &= \frac{3}{2\pi \times 1500 / 60} \times 380^2 \times \frac{1}{2 \times 1.03 \times [1.38 + \sqrt{1.38^2 + (2.42 + 1.03 \times 4.42)^2}]}\\ &= 157.73(N \cdot m)\end{aligned}$$

（3）临界转差率

$$s_m = \frac{cr'_2}{\sqrt{r_1^2 + (x_1 + cx'_2)^2}} = \frac{1.03 \times 1.05}{\sqrt{1.38^2 + (2.42 + 1.03 \times 4.42)^2}} = 0.152$$

（4）过载能力

用定义公式

$$K_m = \frac{T_m}{T_N} = \frac{157.73}{66.59} = 2.37$$

用简化公式

$$K_m = \frac{T_m}{T_N} = \frac{1}{2} \times \left(\frac{s_N}{s_m} + \frac{s_m}{s_N}\right) = \frac{1}{2} \times \left(\frac{0.03}{0.152} + \frac{0.152}{0.03}\right) = 2.63$$

可见，过载能力计算，用简化公式与定义公式结果有一定的误差。

【例16-4】某6极三相异步电动机，已知 $P_N=3kW$，$n_N=955r/min$，$K_m=2.5$。试计算简化 $T-s$ 表达式和三个特殊工作点转矩值。

解： 简化 $T-s$ 表达式推导，根据以上步骤，过程如下：

（1）额定转矩 $T_N=9.55\dfrac{P_N}{n_N}=9.55\times\dfrac{3000}{955}=30$ （N·m）。

（2）最大转矩 $T_m=K_mT_N=2.5\times30=75$ （N·m）。

额定转差率 $s_N=(n_1-n_N)/n_1=(1000-955)/1000=0.045$ 。

（3）将 T_m、$s=s_N$、$T=T_N$ 代入式（16-16），得

$$s_m=s_N(K_m+\sqrt{K_m^2-1})=0.045\times(2.5+\sqrt{2.5^2-1})=0.216 。$$

（4）最后将计算出的数据 T_m 和 s_m 代回式（16-16），得到 $T-s$ 表达式为

$$T=\frac{2\times75}{0.216/s+s/0.216} \tag{16-17}$$

（5）三个特殊工作点转矩值：

额定工作点，将 $s=0.045$ 代入式（16-17）

$$T_N=\frac{150}{0.216/0.045+0.045/0.216}=29.95 \text{（N·m）}$$

最大转矩点，将 $s=0.216$ 代入式（16-17）

$$T_m=\frac{150}{0.216/0.216+0.216/0.216}=75 \text{（N·m）}$$

起动转矩点，将 $s=1$ 代入式（16-17）

$$T_{st}=\frac{150}{0.216/1+1/0.216}=30.96 \text{（N·m）}$$

应该指出，简化 $T-s$ 特性公式是在考虑 s 较小约定下推导简化而来的，故该式的使用范围宜在 $s=0\sim s_m$ 稳定工作区，且要满足 $c\approx1$，$r_1\approx0$ 假设条件。否则，简化公式将会引起较大误差。本例中，计算结果 T_N 比 T_{st} 精度要高。

第三节　异步电动机的稳定运行条件

一、机械负载类型

异步电动机的电磁转矩是驱动转矩，方向与转子转向相同；机械负载是制动转矩，方向与转子转向相反。异步电动机运行性能好坏，与所驱动的机械负载类型有关。一般机械负载类型是恒功率负载、恒转矩负载或风机类负载，有的是它们中几种特性的组合。

机械负载特性通常是用转矩特性或功率特性来表示，即指 $T_L=f(n)$ 或 $P_L=f(n)$ 的关系曲线。

（1）恒功率负载。是指稳定运行时，负载功率大小不因转速变化而变化，保持恒定不变。如卷扬机、卷纱机、机床等机械负载。

（2）恒转矩负载。是指稳定运行时，负载转矩大小不因转速变化而变化，保持恒定不变。如起重机、轧钢机、输送带等机械负载。

（3）风机类负载。负载转矩是转速平方成正比。如鼓风机、抽水泵、压缩机等机械负载。

因为负载功率大小和负载转矩与转速的乘积成正比，即 $P_L \propto T_L \times n$，则 P_L 与 n 关系比 T_L 与 n 关系要高一次方。例如：恒功率负载、恒转矩负载或风机类负载，转矩 T_L 与转速 n 的关系分别为 $T \propto n^{-1}$、n^0、n^2，功率 P_L 与转速 n 的关系则为 $P \propto n^0$、n^1、n^3。如图 16-6 所示。

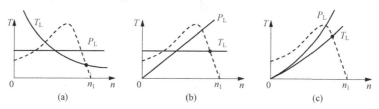

图 16-6　机械负载类型及特性

（a）恒功率负载；（b）恒转矩负载；（c）风机类负载

二、稳定运行条件

异步电动机带机械负载，工作情况如何，可以从特性曲线上分析。图 16-6，虚线为电机的电磁转矩特性（$T-s$ 曲线），它与负载特性 T_L 有 1~2 个交点，哪个交点能稳定运行？哪个交点不能稳定运行？就要看该工作点是否满足异步电机稳定运行条件。判断异步电机特性曲线与负载特性曲线的一个交点是否是稳定运行工作点，通常方法有扰动法和斜率法两种。

1. 扰动法

电磁转矩 T 为驱动，使电机加速，负载转矩 T_L 为制动，使电机减速，以异步电动机带恒转矩负载为例，说明如何用扰动法判断稳定工作点，如图 16-7 所示。

（1）若电动机原来在 a 点工作，受扰动影响，负载转矩突然增大，电机转速下降，工作点偏离到 a'，该点输出电磁转矩 T 增大了；扰动消失后，负载转矩瞬间恢复原来 a 点时的值，此时 $T > T_L$，电机就加速，向 a 点靠近。反之同理，受扰动影响，负载转矩突然减小，电机加速，工作点偏离到 a''，扰动消失后，$T < T_L$，电机就减速，也向 a 点靠近，最终稳定运行在 a 工作点。

（2）若电动机原来在 b 点工作，受扰动影响，负载转矩突然增大，电机转速下降，工作点偏离到 b''（曲线上理论交点应该是 b'），在 b'' 点输出电磁转矩 T 减少了，电机进一步减速，直至停机。反之，扰动影响使负载转矩突然减少，电机加速，同理分析，工作点也是背离 b 点。

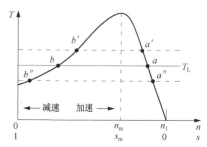

图 16-7　异步电机稳定工作点判断

结论：a 是静态稳定工作点，b 不是稳定工作点。当 $s = 0 \sim s_m$ 或 $n = n_m \sim n_1$ 是稳定工作区，也是稳定运行条件；$s = s_m \sim 1$ 或 $n = 0 \sim n_m$ 是不稳定工作区。

2. 斜率法

斜率法就是在工作点处，根据电磁转矩特性和负载转矩特性的斜率大小来判断运行稳定与否？异步电动机的稳定工作点，其特性斜率要满足以下条件：

$$\frac{\mathrm{d}T}{\mathrm{d}n} < \frac{\mathrm{d}T_L}{\mathrm{d}n} \text{ 或 } \frac{\mathrm{d}T}{\mathrm{d}s} > \frac{\mathrm{d}T_L}{\mathrm{d}s} \tag{16-18}$$

图 16-7，负载特性 $\dfrac{\mathrm{d}T_L}{\mathrm{d}s} = \dfrac{\mathrm{d}T_L}{\mathrm{d}n} = 0$，在 a 点，电磁转矩 $\dfrac{\mathrm{d}T}{\mathrm{d}n} < 0$ 或 $\dfrac{\mathrm{d}T}{\mathrm{d}s} > 0$，满足稳定运行条件，

且工作点在 $s=0\sim s_m$ 区，都满足稳定运行条件；在 b 点，电磁转矩 $\dfrac{\mathrm{d}T}{\mathrm{d}s}>0$ 或 $\dfrac{\mathrm{d}T}{\mathrm{d}s}<0$，不满足式（16-18）的条件，则 $s=s_m\sim 1$ 是不稳定工作区。

以上分析结果可见，在某工作点，当 $\dfrac{\mathrm{d}T}{\mathrm{d}n}<\dfrac{\mathrm{d}T_L}{\mathrm{d}n}$，该工作点是稳定的；当 $\dfrac{\mathrm{d}T}{\mathrm{d}n}=\dfrac{\mathrm{d}T_L}{\mathrm{d}n}$，是临界稳定的；当 $\dfrac{\mathrm{d}T}{\mathrm{d}n}>\dfrac{\mathrm{d}T_L}{\mathrm{d}n}$，是不稳定的。同样都满足稳定运行条件（ $\dfrac{\mathrm{d}T}{\mathrm{d}n}<\dfrac{\mathrm{d}T_L}{\mathrm{d}n}$ ）的两个工作点，斜率大小差别越大，电机转速受负载影响波动就越小，稳定性能越好。图 16-6 不同负载类型，负载特性斜率大小有别，若都由异步电动机驱动，稳定性能差异很大。

第四节　异步电动机的工作特性

一、工作特性

异步电动机在外施电压和频率保持不变条件下，其转速 n、输出转矩 T_2、定子电流 I_1、定子功率因数 $\cos\theta_1$、效率 η 等与输出功率 P_2 之间的关系，称为异步电动机的工作特性。为了使五条特性曲线描绘在同一坐标下，输出功率、输出转矩、定子电流、转速等取相对值，效率和功率因数已经是小于 1 的相对值，直接取实际值。各曲线形状如图 16-8 所示。

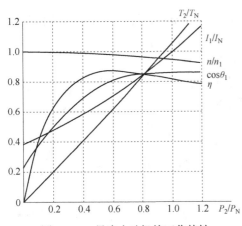

图 16-8　异步电动机的工作特性

1. 转速特性 $n=f(P_2)$

横坐标起点 $P_2=0$，表示异步电动机空载，转速 n 接近于同步速度 n_1，特性曲线起点在 1.0 处；随着负载 P_2 增大，转速 n 随之降低，在额定工作点，转速下降值为 $\Delta n=sn_1$，降 2%～5%很小数值，所以转速特性曲线是降幅很小的硬特性。

2. 输出转矩特性 $T_2=f(P_2)$

根据输出转矩公式 $T_2=\dfrac{P_2}{\Omega}=\dfrac{P_2}{2\pi n/60}$，从空载到满载，若忽略 n 很小降幅，则 $T_2\propto P_2$，特性为起点（0，0），过坐标点（1.0，1.0）线性直线；若考虑 n 略有减少，转矩特性是一条接近该直线并略微上翘的曲线。

3. 定子电流特性 $I_1=f(P_2)$

根据定子电流 $\dot{I}_1=\dot{I}_m+(-\dot{I}_2')$，空载时 $P_2=0$，$I_2\approx 0$。I_2 很小，产生转矩与空载制动转矩平衡。此时 $I_1=I_m$（大型异步电动机 $I_m<10\%I_N$，中、小型异步电动机 $I_m=20\%I_N\sim 50\%I_N$），所以定子电流特性起点不在原点，约在 0.2 以上；随着负载增大，I_2 相应增大，I_1 也随之增大，但不是完全成正比。因此定子电流特性曲线是一条非原点起始的上翘曲线。

4. 输入功率因数特性 $\cos\theta_1=f(P_2)$

从等效电路可见，异步电动机输入阻抗是电阻、电感性的，所以输入电流相位滞后电压相位，滞后角度 $\theta_1<90°$，功率因数 $\cos\theta_1$ 恒小于 1。当电机输入电流有功分量增加，功率因数就增大；当输入电流的无功分量增加，功率因数就减小。

空载时 $P_2=0$，定子电流基本上是励磁电流（主要是无功磁化电流 I_μ），所以功率因数很低，曲线起点为 0.1～0.2。加上负载后，输出的机械功率增加，定子电流中的有功分量也增大，于是功率因数就逐渐提高；通常在额定负载附近，功率因数将达到其最大值。若负载继续增大，由于转差率 s 较大，转子等效电路中 r_2'/s 和转子功率因数 $\cos\theta_2$ 下降得较快，故定子功率因数 $\cos\theta_1$ 又重新下降。

5. 效率特性 $\eta = f(P_2)$

异步电动机效率大小取决于电机内部的损耗，损耗越大，效率越低。与变压器概念一样，异步电机内部损耗分成两类：一类为不变损耗，与负载大小无关，如铁损耗和机械损耗；另一类为可变损耗，随负载增大而增加，如定、转子铜损耗。

空载时 $P_2 = 0$，则 $\eta = 0$，效率特性起点在原点；随着 P_2 增大，效率随之增大。到 50%～60%负载时，其不变损耗等于可变损耗，效率达到最大；在 70%～100%负载范围内，效率都保持较高值；超过额定负载，铜损耗增大较快，效率反而降低。

效率是异步电动机的重要性能指标，要让异步电机更节能降耗运行，注意：

（1）根据负载大小，合理选择异步电动机容量。容量选太大，不仅投资大，而且电机长期工作在轻载，效率和功率因数都很低。容量选太小，电动机长期过载，效率不高，且温升过高，损坏电机或影响电机寿命。

（2）根据负载实际，合理选择异步电动机控制方式。如当负载减轻时，可降低电源电压以减少铁损耗和励磁电流，提高效率和功率因数；如风机、水泵、压缩机类负载大小发生变化，可以采用调速控制，改变电动机转速实现节能运行。

二、工作特性的求取

1. 直接负载法

中、小型异步电动机试验条件许可，工作特性通过直接负载试验法求取，步骤如下：

（1）首先进行空载试验测出电动机的铁损耗 p_{Fe}、机械损耗 p_{mec}（见异步电机参数测定章节），再进行负载试验。

（2）负载试验是在外加电压、频率额定不变下，调节负载，分别测定输入功率 P_1、定子电流 I_1、转差速度 Δn。由此计算输出功率 P_2、转速 n、功率因数 $\cos\theta_1$、效率 η 等。

2. 公式计算法

大型异步电动机，受负载试验条件限制，只能采用公式计算法。公式计算法要求知道Γ形等效电路参数（由设计单位或制造厂家提供），在给定 s 情况下：

（1）用电路求解办法计算出定子电流 I_1、转子电流 I_2'、励磁电流 I_m。

（2）进而计算定子铜损耗 p_{Cu1}、转子铜损耗 p_{Cu2}、电磁功率 P_M、输出功率 P_2、电磁转矩 T、输入功率 P_1 等。

（3）再根据设计经验数据：机械损耗和杂散损耗，计算输出功率 P_2 和效率 η 等。

注意：计算不同工作点，给定 s 值不同。如起动转矩点和最大转矩点，给定 $s=1$ 和 s_m，这时漏抗值取不同值。

小　结

异步电动机的电磁转矩是载流导体在磁场中受力的作用而产生的。在电磁转矩的作用下，电动机转子才能拖动生产机械旋转，向负载输出机械功率，因此电磁转矩是电动机进行机电能量转换的关键。

异步电动机中描述电磁转矩的表达式有两个：① 通过基本概念导出电磁转矩与磁通、转子有功电流的关系 $T = C_\mathrm{T} \Phi_\mathrm{m} I_2' \cos\theta_2$，因磁通与转子电流计算不容易，该表达式更多用以定性分析；② 利用较准确 Γ 形等效电路导出电磁转矩与转差率和电动机参数的关系，

即 $T = \dfrac{m_1}{\Omega_1} U_1^2 \dfrac{\dfrac{r_2'}{s}}{\left(r_1 + c\dfrac{r_2'}{s}\right)^2 + (x_1 + cx_2')^2}$，该式称为异步电动机的机械特性，又称 T—s 曲线，通

常用在定量计算和性能分析。在 T—s 曲线上分析描述了重要的额定运行点、最大转矩点和起动转矩点三个运行点。从而引出了异步电动机的稳定运行判定、过载能力（最大转矩倍数）和起动转矩倍数等，这些都是异步电动机的重要性能指标。

异步电动机在外施电压和频率保持不变条件下，其转速 n、输出转矩 T_2、定子电流 I_1、定子功率因数 $\cos\theta_1$、效率 η 等与输出功率 P_2 之间的关系，称为异步电动机的工作特性。它反映异步电动机运行过程中的主要性能指标和主要运行参数的变化规律。工作特性可以通过等效电路和有关计算公式得到，也可以通过直接负载试验法求得。

思 考 题

16-1 异步电动机的电磁转矩与哪些因数有关，哪些是运行因素，哪些是结构因素？

16-2 试写出异步电动机电磁转矩的三种表达形式：（1）用电磁功率表达；（2）用总机械功率表达；（3）用主磁通、转子电流和转子的内功率因数表达。

16-3 异步电动机带额定负载运行时，且负载转矩不变，若电源电压下降过多，对电动机的 T_m、T_st、Φ_m1、I_1、I_2、s 及 η 有何影响？

16-4 漏抗的大小对异步电动机的运行性能，包括起动转矩、最大转矩、功率因数有何影响，为什么？

16-5 异步电动机在起动和空载运行时，为什么功率因数很低？当满载运行时，功率因数会提高？

16-6 通常的绕线式异步电动机如果：（1）转子电阻增加；（2）转子漏抗增加，各对最大转矩和起动转矩有何影响？

16-7 试分析下列情况异步电动机的最大转矩、临界转差率和起动转矩将如何变化？（1）转子回路中串电阻；（2）定子回路串电阻；（3）降低电源电压；（4）降低电源频率。

16-8 一台笼型异步电动机，原来转子是铜条，后因损坏改成铸铝，如输出同样功率，在通常情况下，s_N、$\cos\theta_1$、η、$I_{1\mathrm{N}}$、s_m、T_m、T_st 有何变化？

16-9 一台 50Hz、380V 的异步电动机若运行于 60Hz、380V 的电网上，设输出功率保持不变，问下列各量是增大还是减小：（1）励磁电抗、励磁电流和电动机的功率因数；（2）同步转速和额定电流时的电动机转速；（3）最大转矩和产生最大转矩时的转差率；（4）起动转矩；（5）电动机效率。

16-10 增大异步电动机的气隙对空载电流、漏抗、最大转矩和起动转矩有何影响？

16-11 三相异步电动机额定运行时的电磁功率、机械功率和转子铜损耗之间有何数量

关系？当电机定子接电源而转子短路且不转时，这台电机是否还有电磁功率、机械功率或电磁转矩？

16-12　三相异步电动机的负载转矩是否任何时候都绝不可超过额定转矩？为什么？

16-13　一台三相异步电动机外加电压的大小与堵转电流有什么关系？与堵转转矩又有什么关系？为什么电磁转矩随外加电压的平方变化？

16-14　为什么三相异步电动机不宜长时间空载、轻载运行？采取什么措施加以改进？

16-15　异步电动机在额定负载或空载运行时，当端电压低于额定电压 10%，对电动机的效率和温升有何影响？

16-16　为什么异步电动机无论处于何种运行状态，功率因数总是滞后的？

习　题

16-1　一台三相异步电动机，额定电压为 380V，定子三角形连接，频率 50Hz，额定功率 75kW，额定转速 960r/min，额定负载时 $\cos\theta_1 = 0.824$，定子铜损耗 474W，铁损耗 231W，机械损耗 45W，附加损耗 37.5W。试求额定负载时：

（1）转差率；（2）转子电流的频率；（3）转子铜损耗；（4）效率；（5）定子电流。

16-2　一台三相异步电动机的输入功率为 10.7kW，定子铜损耗为 450W，铁损耗 200W，转差率为 $s=0.029$，试计算电机的：（1）电磁功率；（2）转子铜损耗；（3）总机械功率。

16-3　一台三相 4 极异步电动机，额定功率 5.5kW，频率 50Hz，在转差率 $s=0.03$ 的情况下运行，定子输入功率为 6.5kW，定子铜损耗 350W，铁损耗 170W，机械损耗 45W，忽略附加损耗，求该机运行时：（1）转速；（2）电磁功率；（3）输出功率；（4）输出机械转矩；（5）效率。

16-4　某三相 4 极异步电动机，5.5kW、50Hz，在某一运行情况下，达到输入的功率为 6.32kW，定子铜损耗为 341W，转子铜损耗为 237.5W，铁损耗为 167.5W，机械损耗为 45W，杂散损耗为 29W，试绘出该电机的功率流程图，并计算这一运行下：

（1）电磁功率、内功率、输出功率、效率。

（2）转差率、转速。

（3）电磁转矩、机械转矩。

16-5　某三相△连接异步电动机，380V、50Hz、1450r/min，定子参数与转子参数如折算到同一方可作为相等，$r_1 = r_2' = 0.742\Omega$，$r_m = 9\Omega$，每相漏抗为每相电阻的 4 倍，可取修正系数 c 为 1.04，试求：

（1）额定运行时输入功率、电磁功率、各种损耗。

（2）最大转矩、过载能力、临界转差率。

（3）要求获得最大起动转矩，转子每相应串多大电阻？（折算到定子侧的数值）

16-6　某三相 8 极异步电动机，$P_N = 260kW$、$U_N = 380V$、$f=50Hz$、$n_N = 722r/min$，过载能力 $K_m = 2.13$，试用简化电磁转矩计算公式求：

（1）产生最大转矩时的转差率 s_m。

（2）当 $s=0.01$、0.02、0.03 时的电磁转矩。

16-7　某三相 4 极异步电动机，150kW、50Hz、380V、△接法，额定负载时 $P_{Cu2} = 2.2kW$、

$P_{\mathrm{mec}}=2.6\mathrm{kW}$、$P_{\mathrm{ad}}=1.1\mathrm{kW}$，每相参数：$r_1=r_2'=0.012\Omega$、$x_1=0.06\Omega$、$x_2'=0.065\Omega$，忽略励磁回路参数，试求：

（1）额定运行时转速、转差率。

（2）额定运行时电磁功率和电磁转矩。

（3）电源电压降低 20%，最大转矩和临界转差率为多少？若负载转矩保持额定值不变，电机是否正常运行？如能正常运行，此时转速为多少？

16－8　某三相异步电动机，$P_{\mathrm{N}}=10\mathrm{kW}$、$U_{1\mathrm{N}}=380\mathrm{V}$、$n_{\mathrm{N}}=1450\mathrm{r/min}$、$r_1=1.375\Omega$、$x_1=2.43\Omega$、$r_2'=1.047\Omega$、$x_2'=4.4\Omega$、$r_{\mathrm{m}}=8.34\Omega$、$x_{\mathrm{m}}=82.6\Omega$、△连接，在额定负载时，$P_{\mathrm{mec}}+P_{\mathrm{ad}}=205\mathrm{W}$。试求：（1）额定运行时电磁转矩；（2）最大转矩及临界转差率。

第十七章　异步电动机的起动和调速

第一节　异步电动机的起动电流和起动转矩

异步电动机起动是指电机从静止状态加速到稳定运转状态的整个过程。异步电动机的良好起动性能要求包括：① 起动电流倍数 I_{1st}/I_N 要小；② 起动转矩倍数 T_{st}/T_N 要大；③ 起动时间要短；④ 起动损耗要小；⑤ 起动设备要简单、可靠；⑥ 起动操作要方便。本节讨论的起动电流和起动转矩，既是异步电动机的性能指标，又是标志异步电动机起动性能的主要指标。

异步电动机额定运行时 $s=0.02\sim0.05$ 很小，起动时 $s=1$ 很大，起动与运行相比，相应地 $\dfrac{r_2'}{s}$ 减少了几十倍。从电流公式（r_2' 在分母）和转矩公式（r_2' 在分子与分母）可以看出，$\dfrac{r_2'}{s}$ 造成电流变化比转矩变化更加明显。根据异步电机较准确 Γ 形等效电路，起动时电流和起动转矩为

$$I_{1st} = \frac{1}{c} \times \frac{U_1}{\sqrt{(r_1 + cr_2')^2 + (x_1 + cx_2')^2}} \quad \text{和} \quad T_{st} = \frac{m_1}{\Omega_1} U_1^2 \frac{r_2'}{(r_1 + cr_2')^2 + (x_1 + cx_2')^2} \quad (17-1)$$

再从转子功率因数角 $\theta_2 = \arctan \dfrac{x_2'}{r_2'/s}$ 看，起动时 $\dfrac{r_2'}{s}$ 减少了几十倍，θ_2 增大很多，转子功率因数减少很多，$\cos\theta_2$ 约为 0.2。再据式（16-7）$T \propto I_2' \cos\theta_2$ 可见，起动时尽管转子电流很大，但转子功率因数很小，即转子有功电流不大，使转矩增大不明显。因此可以得出结论：异步电动机全压直接起动，起动电流比额定电流大很多，约为额定电流的 5～7 倍；但起动转矩比额定转矩大不多，为 1～2 倍。在电网容量允许情况下，异步电动机可以直接带额定负载起动；否则，异步电动机直接起动会引起电网电压下降太大，则需考虑用降压轻载或空载起动方法。

第二节　异步电动机的起动

一、全电压直接起动

这种起动方法就是把异步电动机定子绕组直接接到额定电压的电网上进行起动。直接起动的优点是操作和设备都很简单，但起动电流很大。过大的起动电流会造成较大的线路电压降，影响接在同一台配电网上的其他电器的正常使用；频繁起动的，会使电机过电流发热积累，造成异步电动机过热损坏。

二、降低电压起动

这种起动方法主要针对鼠笼型转子的异步电动机起动。是为了解决全电压直接起动时起

动电流过大的问题。从式（17-1）看出，起动电流与电压成正比，起动转矩与电压平方成正比，可见，降低异步电动机外加电压，可以降低起动电流，但同时降低了起动转矩。起动电流性能指标变好，起动转矩性能指标变坏，综合看没有改善异步电动机的起动性能指标。

根据 $T = \dfrac{P_\mathrm{M}}{\Omega_1} = \dfrac{m_1}{\Omega_2} I_2'^2 \dfrac{r_2'}{s}$，忽略 I_m，有 $I_1 \approx I_2'$ 考虑起动时转差 $s=1$，额定运行时转差 $s=s_\mathrm{N}$，可以推导起动转矩倍数与起动电流倍数的关系为

$$\frac{T_\mathrm{st}}{T_\mathrm{N}} \approx \left(\frac{I_\mathrm{1st}}{I_\mathrm{1N}}\right)^2 s_\mathrm{N} \tag{17-2}$$

笼型异步电动机常用降压起动方法有 4 种：

1. 定子串接电抗器起动

如图 17-1 所示，起动时，开关 K_1 合、K_2 开，电抗器 X 串接在定子绕组中，电源电压被电抗器分压，剩余部分加到异步电机定子绕组上，电压降低了，起动电流减少了。起动完毕时，为了提高运行性能，K_2 合上，切断电抗器（电抗器被短接）。为了比较，降压起动时电流、电压、转矩等参数用 $I_{(\mathrm{j})}$、$U_{(\mathrm{j})}$、$T_{(\mathrm{j})}$ 等符号来表示。

考虑一般异步电机 $r_1 \ll x_1$、$r_2' \ll x_2'$，则起动时输入阻抗 $z_k = (r_1 + r_2') + \mathrm{j}(x_1 + x_2') \approx \mathrm{j}x_k$，主要是电抗性质，串接电抗 X 后，可以看出，电机 M 绕组降压率 K_M 为

$$K_\mathrm{M} = \frac{U_\mathrm{M}}{U_1} = \frac{x_k}{x_k + X} \tag{17-3}$$

根据式（17-1），异步电机起动电流为

$$I_\mathrm{1st(j)} = \frac{U_1}{\sqrt{(r_1 + r_2')^2 + (x_1 + x_2' + X)^2}} \approx \frac{U_1}{x_k + X} \tag{17-4}$$

由于电抗 X，降压起动电流减少了，降压起动电流 $I_\mathrm{1st(j)}$ 与不降压时起动电流 I_1st 相比，有

$$\frac{I_\mathrm{1st(j)}}{I_\mathrm{1st}} = \frac{x_k}{x_k + X} = K_\mathrm{M} \tag{17-5}$$

降压与不降压时起动转矩相比，有

$$\frac{T_\mathrm{st(j)}}{T_\mathrm{st}} = \left(\frac{I_\mathrm{1st(j)}}{I_\mathrm{1st}}\right)^2 = K_\mathrm{M}^2 \tag{17-6}$$

设计电抗 X 的大小，可以根据所需要降低起动电流的比率，即等于电压降率 K_M，由式（17-5）得

$$X = \frac{1 - K_\mathrm{M}}{K_\mathrm{M}} x_k \tag{17-7}$$

2. 用自耦变压器起动

如图 17-2，异步电动机起动时，开关 K 向下打（起动），三相电源接在自耦变压器一次线圈，二次线圈是滑动抽头引出，降低电压后加到异步电机 M 绕组上，限制了起动电流；起动结束后，为了提高运行性能，开关 K 向上打（运行），电源全电压加到电机上。

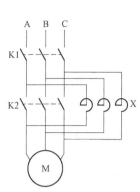

图 17-1 定子串接电抗器起动

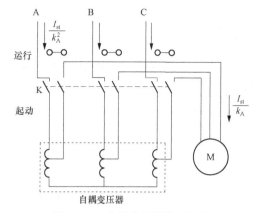

图 17-2 自耦变压器降压起动

与普通变压器概念一样，设自耦变压器变比为 $k_A=U_1/U_2$，则加到电机绕组电压降率 $K_M=1/k_A$，根据式（17-5），输入到电机绕组的起动电流为

$$I_{1st(j)} = K_M I_{1st} = \frac{I_{1st}}{k_A} \qquad (17-8)$$

该电流是自耦变压器输出电流 I_{B2}，除以变比 k_A 才是自耦变压器的输入电流 I_{B1}，也就是电网提供的电流，其值为

$$I_{B1} = \frac{I_{1st}}{k_A^2} \qquad (17-9)$$

根据式（17-6），起动转矩与降压率平方成正比，有

$$T_{st(j)} = K_M^2 T_{st} = \frac{T_{st}}{k_A^2} \qquad (17-10)$$

以上分析可见，用自耦变压器降压，供给电机的电压降为 $1/k_A$ 倍，即降压率为 $1/k_A$，电网提供的起动电流下降了 $(1/k_A)^2$ 倍，电机起动转矩也下降了 $(1/k_A)^2$ 倍。

3. Y－△换接起动

这种起动方法适用于运行接成△的鼠笼型异步电动机。图 17-3 所示，起动时，开关 K 打向Y接法（起动），与△接法相比，这时每相电机绕组施加的电压为 $1/\sqrt{3}$ 倍，即电压降率

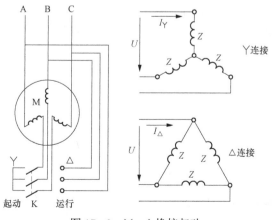

图 17-3 Y－△换接起动

$K_M=1/\sqrt{3}$，起动转矩与电压降平方成正比，降为 1/3 倍；起动相电流与电压成正比，起动相电流降为 $1/\sqrt{3}$ 倍。由于电网提供异步电动机的电流是线电流，考虑 △ 接法线电流是相电流的 $\sqrt{3}$ 倍，那么，丫接法的起动线电流比 △ 接法的起动线电流降为 1/3 倍。

若不进行换接，按 △ 接法起动，每相绕组施加电压为 U，据式（17-1）可得：

起动转矩 $T_{\Delta st}=\dfrac{m_1}{\Omega_1}U^2\dfrac{r_2'}{(r_1+cr_2')^2+(x_1+cx_2')^2}$；

起动电流（线电流）$I_{\Delta st}=\sqrt{3}I_{1st}=\sqrt{3}\dfrac{1}{c}\times\dfrac{U}{\sqrt{(r_1+cr_2')^2+(x_1+cx_2')^2}}$；

若按丫接法起动，每相绕组施加电压 $U/\sqrt{3}$，则起动转矩和起动电流均下降 1/3 倍，

起动转矩 $T_{Yst}=\dfrac{m_1}{\Omega_1}\left(\dfrac{U}{\sqrt{3}}\right)^2\dfrac{r_2'}{(r_1+cr_2')^2+(x_1+cx_2')^2}=\dfrac{1}{3}T_{\Delta st}$；

起动电流（线电流）$I_{Yst}=I_{1st}=\dfrac{1}{c}\times\dfrac{U/\sqrt{3}}{\sqrt{(r_1+cr_2')^2+(x_1+cx_2')^2}}=\dfrac{1}{3}I_{\Delta st}$。

4. 延边△换接起动

这种接法比丫-△换接起动，降压率小一点，起动电流降幅小了一点。牺牲了起动电流，换来起动转矩降幅减少的优势。图 17-4 所示，当异步电机运行时△接法，起动时可以用延边△接法，每相绕组中间引出抽头，将绕组分成两个部分，一部分接成△，一部分接成延伸得丫接法。

根据计算，若中间抽头均分每相绕组，则施加在延边△接法相电压是△接法相电压的 $1/\sqrt{2}$ 倍，即相电压降压率为 $K_M=1/\sqrt{2}$。根据以上同理分析，起动转矩降为 1/2 倍；起动线电流降为 1/2 倍。

三、增加转子回路电阻起动

这种起动方法，要改造异步电机的转子。如采用高起动转矩设计鼠笼异步电机，包括改变鼠笼绕组材料、槽形等以增大转子绕组电阻；或采用绕线型转子，转子绕组回路串接可调电阻等，这些都可以增加转子回路电阻，从而降低起动电流，提高起动转矩，达到改善起动性能的作用。具体的措施如下。

1. 改进笼型电动机转子绕组

一般笼转子都是浇注铝，可以采用高电阻率合金铝（如锰铝或硅铝）浇注，提高转子绕组电阻；或采用减少转子槽形面积设计，转子电阻也会比一般笼型异步电动机大。

一般焊接式鼠笼条采用紫铜，可以采用电阻率更高的黄铜，加大转子绕组电阻。

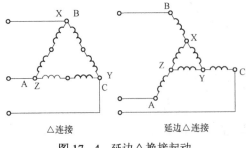

图 17-4　延边△换接起动

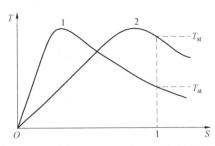

图 17-5　转子电阻增大时机械特性
1—普通异步电机；2—加大转子电阻时机械特性

转子电阻 r_2' 加大，据式（17－1）可见，起动电流减少，起动转矩增加，这种异步电机称为高起动转矩电机；但同时额定转差率也较大，运行段机械特性较软；正常运行时转子损耗加大，效率较低。

高转差率异步电动机适用于如起重冶金或带冲击性负载的机械，如剪床、冲床、锻压机、油田抽油机等，这些机械中也有采用机械惯性较大的飞轮，当冲击负载来到时，转速降落大，由飞轮释放出来的动能，帮助电动机克服高峰负载。

【例17－1】一台三相 4 极△连接异步电动机：P_2=10kW、U_{1N}=380V、I_{1N}=20.33A、T_N=66.59N·m，起动时参数变为 r_1=1.38Ω、x_1=1.62Ω、r_2'=1.05Ω、x_2'=2.42Ω、r_m=8.34Ω、x_m=80.80Ω。试求：

（1）额定电压下直接起动时的起动电流倍数和起动转矩倍数。

（2）采用丫—△换接起动时的起动电流倍数和起动转矩倍数。

（3）采用定子串电抗器降压 $1/\sqrt{3}$ 倍时的起动电流倍数和起动转矩倍数。

（4）采用自耦变压器77%、66%、55%三个抽头降压起动，问应选哪个抽头，保证起动电流最小，且起动转矩倍数 $K_{st}\geq0.8$。

解：首先计算修正系数及额定相电流

$$c = 1 + \frac{x_1}{x_m} = 1 + \frac{1.62}{80.8} = 1.02 \quad I_{ph1N} = \frac{I_{1N}}{\sqrt{3}} = \frac{20.33}{\sqrt{3}} = 11.74 \text{（A）}$$

（1）额定电压下直接起动时。据较准确 Γ 形等效电路，忽略励磁电流，起动电流得

$$\begin{aligned} I_{1st} &\approx -\frac{I_2'}{c} = \frac{1}{c} \times \frac{U_{1N}}{\sqrt{(r_1 + cr_2')^2 + (x_1 + cx_2')^2}} \\ &= \frac{1}{1.02} \times \frac{380}{\sqrt{(1.38 + 1.02\times1.05)^2 + (1.62 + 1.02\times2.42)^2}} \\ &= 78.15(\text{A}) \end{aligned}$$

起动转矩据式（16－12）

$$\begin{aligned} T_{st} &= \frac{m_1}{\Omega_1} U_{1N}^2 \frac{r_2'}{(r_1 + cr_2')^2 + (x_1 + cx_2')^2} \\ &= \frac{3}{2\pi\times1500/60} \times 380^2 \times \frac{1.05}{(1.38 + 1.02\times1.05)^2 + (1.62 + 1.02\times2.42)^2} \\ &= 127.44 \text{（N·m）} \end{aligned}$$

则起动电流倍数

$$\frac{I_{1st}}{I_{ph1N}} = \frac{78.15}{11.74} = 6.66$$

起动转矩倍数

$$\frac{T_{st}}{T_N} = \frac{127.44}{66.59} = 1.914$$

（2）采用丫—△换接起动时，电压下降率为 $1/\sqrt{3}$。由电网供给的起动电流倍数是额定电压下直接起动时 1/3，即 2.22；起动转矩倍数也是额定电压下直接起动时的 1/3，即 0.638。

（3）采用定子串电抗器降压 $1/\sqrt{3}$ 倍时。起动电流倍数是额定电压下直接起动时 $1/\sqrt{3}$，即 3.85；起动

转矩倍数也是额定电压下直接起动时的 1/3，即 0.638。

（4）采用自耦变压器抽头降压起动时。要求起动转矩倍数 $K_{st} = \dfrac{1.914}{k_A^2} \geqslant 0.8$，得到自耦变压器变比 $k_A \leqslant 1.547$，自耦变压器 77%、66%、55% 三个抽头的变比 k_A 分别为 1.299、1.515、1.818。

可见，77% 和 66% 抽头都满足变比 k_A 的要求，但要起动电流最小，应选择 66% 抽头，此时的 $k_A = 1.515 \leqslant 1.547$，电压下降率 0.66。

由电网供给的起动电流倍数是额定电压下直接起动时 0.66^2，即 2.90；起动转矩倍数也是额定电压下直接起动时的 0.66^2，即 0.834。

2. 采用深槽式笼型转子

深槽式异步电机的转子槽形深而窄，其槽深与槽宽之比达 10～20 倍以上，普通异步电机这个比值小于 5。当转子导体通过电流时，槽漏磁通的分布如图 17-6（a）所示。如果将导条看成由若个沿槽高划分的小导体并联而成，则越靠近槽底的小导体交链漏磁通越多，具有越大的漏电抗，而靠近槽口的则漏电抗越小。

起动时，转子电流频率较高（50Hz），漏电抗较大，各个小导体中的电流分配将主要决定于漏电抗，漏电抗越大，则电流越小。这样，在气隙主磁通感应相同的转子电动势作用下，导条电流密度从槽口到槽底，越来越小，电流被挤到主要集中到槽口，如图 17-6（b）所示，这种现象称为挤流效应。挤流效应使得槽底电流很小，相当于槽底导体作用很小，扣除这部分导体，使导体有用的等效面积减少，如图 17-6（c）所示，相当于转子电阻 r_2 增大，减少了起动电流，增大起动转矩，满足了起动要求。如图 17-7 所示，深槽式异步电动机起动转矩明显增大。

起动完毕，电动机正常运行，转子电流的频率很小（1～2Hz），漏电抗很小，挤流效应基本消失。电流在导体中分布主要取决于电阻，由于各小导体电阻相等，导条中电流将均匀分布，导体等效面积恢复变大，转子电阻 r_2 减小，满足了运行性能，减少了转子铜损耗，提高电机效率。

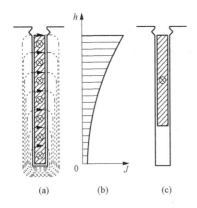

图 17-6　深槽式转子导条中电流挤流效应
（a）漏磁通分布；（b）沿槽高电流密度；（c）有效面积

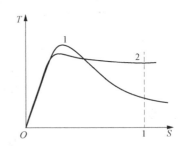

图 17-7　深槽式异步电动机机械特性
1—普通笼型；2—深槽式笼型

3. 采用双笼型转子

双笼型电动机的转子有上、下两套笼，称为上笼和下笼，又称外笼和内笼，如图 17-8

（a）所示，两套笼各自有自己的端环。外笼导条面积较小，又通常用电阻率较大的黄铜或青铜材料制成，使之电阻较大；内笼导条面积较大，常用电阻率较小的紫铜制成，使之电阻较小。双鼠笼电动机也常用铸铝转子，如图17-8（b）所示，这样，上、下笼的导条电阻靠面积不同而不同，上笼面积小，电阻就大；下笼面积大，电阻就小。

　　起动时，转子电流的频率较高，转子漏电抗大于电阻，上、下笼的电流分配取决于漏电抗。由于下笼交链漏磁通较多，漏电抗较大，电流主要走上笼，因此上笼有时又称起动笼。上笼电阻大，即 r_2 增大，限制了起动电流，提高了起动转矩，满足起动性能要求。如图17-9所示，外笼是起动笼，有高起动转矩，见曲线1；内笼运行笼，特性较硬，曲线2所示。

　　正常运行时，转子电流频率很小，漏电抗比电阻要小，上、下笼的电流分配主要取决于转子电阻。电流主要走电阻较小的下笼，即 r_2 减小，满足了运行性能要求，因此下笼有时又称运行笼。

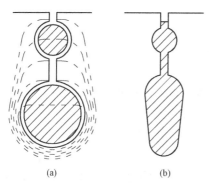

图17-8　双笼型异步电机转子槽形

（a）铜条焊接；（b）双笼铸铝

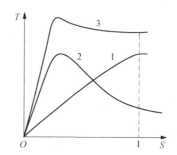

图17-9　双笼型异步电机机械特性

1—外笼；2—内笼；3—合成特性

四、采用绕线式转子

　　图17-10所示，对于绕线式异步电动机，转子绕组可以通过集电环，串接外加可调电阻。起动时，根据限制起动电流大小，调节串接的电阻 R，起动电流和起动转矩为

$$I_{1st} = \frac{1}{c} \times \frac{U_1}{\sqrt{(r_1 + cr_2' + cR')^2 + (x_1 + cx_2')^2}} \qquad (17-11)$$

$$T_{st} = \frac{m_1}{\Omega_1} U_1^2 \frac{r_2' + R'}{(r_1 + cr_2' + cR')^2 + (x_1 + cx_2')^2} \qquad (17-12)$$

式中　R'——串接电阻 R 的折算值，$R' = k_e k_i R$。

　　可见，转子串电阻 R，可以改善起动性能，即降低 I_{1st}，提高 T_{st}。起动过程中，可逐级切除串接电阻，使电机保持较高的电磁转矩，电流又不致过大，加速起动过程。起动完毕后，由提刷装置将电刷举起，同时切断 R 和短接转子绕组，否则会增加电阻 R 损耗和集电环摩擦损耗，降低效率；会使机械特性变软，影响运行性能。

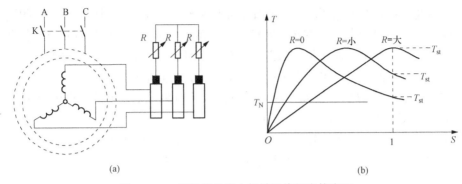

(a)　　　　　　　　　　　(b)

图 17-10　绕线型异步电机转子绕组串接电阻

（a）绕组、集电环、电阻；（b）外接电阻增大时机械特性

选择适当 R，使 $s_m=1$，可以获得最大起动转矩 $T_{st}=T_m$，此时

$$s_m = \frac{c(r_2' + R')}{\sqrt{r_1^2 + (x_1 + cx_2')^2}} = 1 \qquad (17-13)$$

计算可得，串接电阻为

$$R' = \frac{\sqrt{r_1^2 + (x_1 + cx_2')^2}}{c} - r_2' \qquad (17-14)$$

绕线式异步电动机，串接可调电阻，不仅可以用在拖动要求起动转矩大的生产机械，如起重机、球磨机、空压机、皮带输送机及矿井提升机等；而且可以用在运行时调速使用。

五、采用串接频敏变阻器

如果不要求调速，单纯为了改善起动性能，绕线式异步电动机可以采用转子串接频敏变阻器起动。频敏变阻器也可以安装在转子转轴上，与转子绕组一起旋转，使之成为无触点变阻器，如图 17-11（c）所示，也就没有了容易出故障的电刷和集电环。结构示意图如图 17-11（b）所示，是一个三铁心柱的三相电感线圈，铁心材料是较厚的钢板或铁板制成，以增大铁损耗。

当电动机起动时，转子电流频率较高，铁心中的涡流损耗较大，其等效电路如图 17-11（a）所示，对应的 r_m 也较大，使转子回路电阻变大，可以限制起动电流和增大起动转矩，其机械特性类似图 17-7 曲线 2 所示。

起动结束后，转子电流的频率很小，涡流损耗基本没有，r_m 就很小，电路中的 r 是线圈电阻，x 是线圈漏抗，数值都不大，满足运行时较小阻抗的要求。

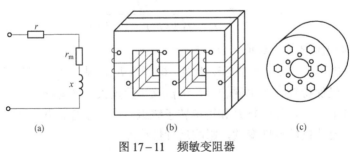

(a)　　　　　　　　(b)　　　　　　　　(c)

图 17-11　频敏变阻器

（a）等效电路；（b）结构示意图；（c）无触点结构

【例17-2】有一台三相4极绕线型异步电动机：50Hz、U_{1N}=380V、定子Y接法、I_{1N}=44A、T_N=153N·m，起动时参数：$r_1=r_2'$=0.2Ω、$x_1=x_2'$=0.62Ω、r_m=1.82Ω、x_m=15.5Ω、$k_e=k_i$=1.2。试求：

（1）起动转矩为最大值时，转子回路中每相应串接的电阻值和此时起动电流倍数。

（2）若要起动转矩倍数不小于1.1，转子回路中每相应串接的电阻值和起动电流倍数。

（3）若要起动电流倍数不大于2，转子回路中每相应串接的电阻值和起动转矩倍数。

解：修正系数和每相电压为

$$c = 1 + \frac{x_1}{x_m} = 1 + \frac{0.62}{15.5} = 1.04 \text{ 和 } U_1 = \frac{380}{\sqrt{3}} = 220 \text{ （V）}$$

（1）当 $T_{st}=T_m$ 时，据式（17-4）串接电阻折算值为

$$R' = \frac{\sqrt{r_1^2 + (x_1 + cx_2')^2}}{c} - r_2' = \frac{\sqrt{0.2^2 + (0.62 + 1.04 \times 0.62)^2}}{1.04} - 0.2 = 1.031 \text{ （Ω）}$$

转子每相串接电阻

$$R = \frac{R'}{k_e k_i} = \frac{1.031}{1.2 \times 1.2} = 0.716 \text{ （Ω）}$$

此时起动电流，据式（17-11）得

$$
\begin{aligned}
I_{1st} &\approx -\frac{I_2'}{c} = \frac{1}{c} \times \frac{U_1}{\sqrt{(r_1 + cr_2' + cR')^2 + (x_1 + cx_2')^2}} \\
&= \frac{1}{1.04} \times \frac{220}{\sqrt{(0.2 + 1.04 \times 0.2 + 1.04 \times 1.031)^2 + (0.62 + 1.04 \times 0.62)^2}} \\
&= 108.65 \text{(A)}
\end{aligned}
$$

起动电流倍数

$$\frac{I_{1st}}{I_{1N}} = \frac{108.65}{44} = 2.47$$

（2）若要起动转矩倍数≥1.1，即 $T_{st} \geq 1.1T_N = 1.1 \times 153 = 168.3$ （N·m）

由式（17-12）得

$$T_{st} = \frac{3}{2\pi \times 1500/60} \times 220^2 \times \frac{0.2 + R'}{(0.2 + 1.04 \times 0.2 + 1.04 \times R')^2 + (0.62 + 1.04 \times 0.62)^2} = 168.3$$

解该方程，得 R'=4.145Ω或 0.149Ω，根据第（1）计算，正确的取 R'=0.149Ω。

此时转子每相串接电阻

$$R = \frac{R'}{k_e k_i} = \frac{0.149}{1.2 \times 1.2} = 0.103 \text{ （Ω）}$$

此时起动电流，据式（17-11）得

$$I_{1st} = \frac{1}{1.04} \times \frac{220}{\sqrt{(0.2 + 1.04 \times 0.2 + 1.04 \times 0.149)^2 + (0.62 + 1.04 \times 0.62)^2}} = 152.80 \text{ （A）}$$

起动电流倍数

$$\frac{I_{1st}}{I_{1N}} = \frac{152.8}{44} = 3.47$$

（3）若要起动电流倍数不大于 2，即 $I_{1st} \leq 2 \times 44 = 88$（A），则

$$I_{1st} = \frac{1}{1.04} \times \frac{220}{\sqrt{(0.2 + 1.04 \times 0.2 + 1.04 \times R')^2 + (0.62 + 1.04 \times 0.62)^2}} = 88$$

解出结果，$R' = 1.573\Omega$，此时转子每相串接电阻 $R = \dfrac{R'}{k_e k_i} = \dfrac{1.573}{1.2 \times 1.2} = 1.093$（Ω）

起动转矩

$$T_{st} = \frac{3}{2\pi \times 1500/60} \times 220^2 \times \frac{0.2 + 1.573}{(2.04 \times 0.2 + 1.04 \times 1.573)^2 + (2.04 \times 0.62)^2} = 283.68 \text{（N·m）}$$

起动转矩倍数

$$\frac{T_{st}}{T_N} = \frac{283.68}{153} = 1.854$$

第三节　异步电动机的调速

　　三相异步电动机的优点是结构简单、价格低、运行可靠，在生产中使用很普遍，为了提高生产效率和保证产品质量，有的生产机械要求在不同的转速下工作，传统异步电动机起动性能和调速性能差，需要吸收电网的滞后无功功率等缺点，不如直流电动机。近几年，随着电力电子技术和微机控制技术的发展以及现代控制理论的应用，促进了交流调速技术的进步。目前，异步电机的交流调速系统在调速性能、可靠性及造价等方面都能与直流调速系统相媲美，未来必将最终取代直流调速系统。

　　根据异步电动机转速公式

$$n = (1-s)n_1 = (1-s)\frac{60f_1}{p} \tag{17-15}$$

由上式可以看出，异步电动机的调速方法有：

（1）改变电机定子绕组极对数 p 调速，称为变极调速。

（2）改变电机供电电源频率 f_1 调速，称为变频调速。

（3）改变转差率 s 调速，常用的有变电压调速、变转子绕组回路串接的电阻调速、串极调速、双馈电机调速等。

一、变极调速

　　在恒定频率（$f_1 = 50\text{Hz}$）下，改变电动机定子绕组的极对数，就可以改变旋转磁场和转子的转速。若利用改变绕组接法，使一套定子绕组具备两种极对数或多种极对数，而得到两个或多个同步速度，可得单绕组双速电机或多速电机；也可以在定子内安放两套独立的绕组，从而做成三速或四速电机。为了使转子的极对数能随定子极对数的改变而自动改变，变极电动机的转子一般是笼型。

　　图 17-12 为极对数 $p=4$，一相线圈排列及引线连接图，根据某时刻电流走向，产生 8 极磁场分布，定子绕组产生的气隙合成旋转磁场同步速度为 750（r/min）。引出线作简单改接，成为图 17-13 接线图，图中 1、2 及 5、6 线圈边电流反向，产生的磁场极对数 $p=2$，图示为

4 极磁场分布，定子绕组激励的合成旋转磁场同步速度变为 1500（r/min），显然旋转磁场的速度成倍增加，转子转速也会成倍提高。

　　变极调速设备简单、造价低、操作方便。但只能是一级一级的改变转速，不是平滑调速。把变速比为 2:1 的调速称为倍极比调速；变速比 3:2 或 4:3 的，称为非倍极比调速。目前，单绕组多速异步电动机已普遍用在车、铣、镗、磨、钻床以及驱动风机、水泵负载上。

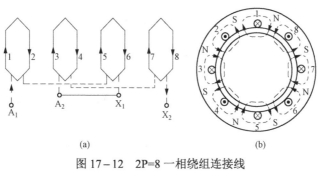

图 17－12　2P=8 一相绕组连接线

（a）线圈引线连接法；（b）产生 8 极磁场分布

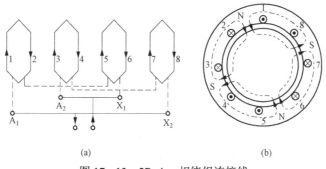

图 17－13　2P=4 一相绕组连接线

（a）线圈引线连接法；（b）产生 4 极磁场分布

二、变频调速

　　变频调速是通过改变电源频率来改变电动机旋转磁场的同步速度，使转子转速随之而变化。改变电源频率需要专用的变频器供电，变频器可以使输出电压频率连续调节，电动机速度就可以连续、平滑地调节。这种调速方法具有：调速范围广、精度高、效率高，且能无级调速等优点，可以达到直流电动机的调速性能；但是变频器相对电动机而言，造价高，维护难，应用受到限制。

　　变频器电源不仅只是单纯的改变输出电压频率，还要根据异步电动机驱动的机械负载类型（如恒转矩、恒功率），按一定规律地改变输出电压大小，才能确保电动机正常工作，实现良好调速运行性能。所以变频器的变频调速实际上是变频、变压调速。

　　1. 带恒转矩机械负载调速

　　这种调速，变频器要按 "U_1/f_1=常数" 的规律，进行变频变压输出供电的。这样一方面可以使电机内部磁通保持不变，另一方面使电机过载能力保持基本不变，具体分析如下。

　　略去异步电动机定子阻抗压降，异步电机外加电压 U_1 与反电动势 E_1 平衡，则

$$U_1 \approx E_1 = 4.44 f_1 N_1 k_{N1} \Phi_m \qquad (17-16)$$

只有当电压与频率同时按正比例变化，才能保证磁通 Φ_m 不变。因为 Φ_m 增大会引起电机磁路过饱和，励磁电流大大增加，带来损耗、发热；Φ_m 减少会降低最大转矩，使过载能力下降。根据最大转矩表达式（16-9），整理得

$$T_m = \frac{m_1 p}{2\pi f_1} \times \frac{U_1^2}{2c[\pm r_1 + \sqrt{r_1^2 + (x_1 + cx_2')^2}]} \qquad (17-17)$$

在较高频率调速时，电抗较大，忽略电阻 r_1，从式（17-17）得

$$T_m \propto \frac{U_1^2}{f_1 x_k} \propto \frac{U_1^2}{f_1^2} \qquad (17-18)$$

说明只要保持 "$\dfrac{U_1}{f_1}$=常数"，T_m 就不变，对于恒转矩负载，过载能力就不变。

在较低频率调速时，电抗较小，被忽略，保留电阻 r_1，从式（17-17）得 $T_m \propto \dfrac{U_1^2}{f_1 r_1} \propto \dfrac{U_1^2}{f_1}$，在保持 "$\dfrac{U_1}{f_1}$=常数"，$T_m$ 就会减小，如图 17-14 所示。

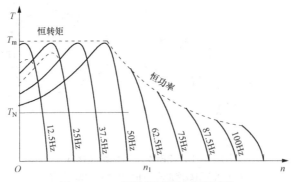

图 17-14　变频变压调速机械特性

2. 带恒功率机械负载调速

这种调速，变频器要按 "$\dfrac{U_1}{\sqrt{f_1}}$=常数" 的规律，进行变频变压输出供电的。对于负载恒功率（P=常数），因为 $P \propto T_L \times n$，所以调速过程中负载的转矩与转速始终保持 $T_L \times n$=常数。为了区别，调速后参量在其上标打 "′"。根据恒功率负载特点，转矩与转速成反比，调速前后电磁转矩有

$$\frac{T'}{T} = \frac{n}{n'} = \frac{f_1}{f_1'} \qquad (17-19)$$

据式（17-18）有

$$\frac{T'}{T} = \frac{T_m'}{T_m} = \frac{U_1'^2 / f_1'^2}{U_1^2 / f_1^2} \qquad (17-20)$$

以上两式相等，整理得 $\dfrac{U_1'^2}{f_1'} = \dfrac{U_1^2}{f_1}$，也就是

$$\frac{U_1}{\sqrt{f_1}} = 常数 \qquad\qquad (17-21)$$

以上分析可见，为了获得良好的调速性能，异步电动机带恒转矩负载变频调速时，变频器要保持"$\dfrac{U_1}{f_1}$=常数"的变频变压输出；带恒功率负载时，变频器要保持"$\dfrac{U_1}{\sqrt{f_1}}$=常数"的变频变压输出。因为电机额定点，对应基频 f_1=50Hz，电压 $U_1=U_{1N}$，主磁通 Φ_m 适度饱和。所以基频之上（＞50Hz）调速，电压不能高于异步电机额定电压，保持在 U_{1N} 不变，当调高 n，频率要提高，磁通必然要下降，属于弱磁调速。磁通下降，造成转矩 T 减小，则 $T \times n \approx$ 常数，说明高于基频的变频调速比较适合于恒功率负载。

三、变定子电压调速

根据机械特性曲线分析，临界转差率 s_m 与电压无关，最大转矩 $T_m \propto U_1^2$。考虑电机耐压，电压只能从额定值往下调。当 U_1 下降调速时，机械特性从曲线 1 到 2 到 3，见图 17-15 所示。在恒转矩负载，如图 T_{L1}，转差率从 s_1 变为 s_2 再变到 s_3。其中 s_3 已经是临界转差率，再降低电压，电磁驱动转矩将会小于负载转矩，电动机将会停机。所以对于恒转矩负载，调速范围很小（在 0～s_m），且过载能力随电压降低而下降。对于风机类负载，如图 T_{L2}，调速可到转差率 $s > s_m$，工作点还是满足稳定运行条件，调速范围显著扩大，但较大的转差率，使得电动机会出现过流问题。

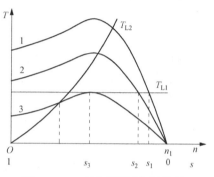

图 17-15　变电压调速机械特性

【例 17-3】异步电动机带恒转矩负载调速，额定运行时过载能力 K_m=2，利用变定子电压调速，问电压最多下调到额定值百分之几，才能保证调速稳定运行？

解： 因过载能力 K_m=2，说明机械特性最大转矩 T_m 是负载转矩的 2 倍。为确保稳定运行，T_m 最多只能下降一半，根据 $T_m \propto U_1^2$，下调电压比率最多约 K_M=70%，即 $U_1' = (70\%) U_{1N}$，这样 $T_m' = (70\%)^2 T_m \approx 0.5 T_m$。

以上例子分析可见，电压下调比率 K_M 与过载能力 K_m 的关系要满足 $K_M \geqslant \sqrt{\dfrac{1}{K_m}}$，才能保证调速稳定运行。

四、变转子串接电阻调速

这种调速只能适用于三相绕线式异步电动机，接线图与转子串接电阻起动一样，图 17-10 所示。增大转子回路外接电阻 R，机械特性变化见图 17-16，最大转矩没变，临界转差率变大，特性变软。在恒转矩负载下，工作点从 a 点到 b 点，再到 c 点，转速逐渐下降。

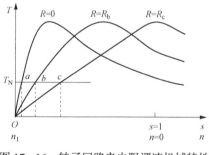

图 17-16　转子回路串电阻调速机械特性

设 a 点是 R=0 时工作点，要串接多大的 R_b、R_c，才能调到设定的 b 点或 c 点的转速或转差？对于恒转矩负载，每个稳定工作点的输出转矩应该相等，考虑 T 是 r_2'/s 的函数，就有

$$\frac{r'_{2a}}{s_a} = \frac{r'_{2a} + R'_b}{s_b} = \frac{r'_{2a} + R'_c}{s_c} \qquad (17-22)$$

由上式可以计算出 R_b、R_c 的折算值。

这种调速特点是设备简单、无级调速、过载能力不变；但只能从空载转速往下调，调速范围不大，尤其轻载时，调速不明显。调速过程中串接电阻，增加了损耗，发热严重，容积变大，效率降低。

变转子串接电阻调速的特点：无级平滑、效率低、轻载时调速范围小、过载能力不变。它适用起重机、风机类负载的调速。

五、串级调速

绕线转子异步电动机转子回路串接电阻调速，调速电阻上将消耗大量的能量，若将串接电阻改成串接反电动势，就能把这部分能量送回电网，既达到调速目的，又获得较高的效率。

图 17-17（b）所示为串级调速系统，转子回路频率 $f_2=sf_1$ 的交流电流，由整流电路变成直流，再经逆变器把直流变为工频交流，将能量送回交流电网中去。此时，整流器和逆变器组成了一个与转子串级的变频装置。反电动势就是逆变器直流侧的电压，控制逆变器的导通角，就可以改变，从而达到调速的目的。

根据转子转动时的异步电机转子回路电路，图 17-17（a）所示，假设反电动势已经折算到转子绕组交流侧，用 E_f 表示，转子回路电流

$$I_2 = \frac{E_{2s} - E_f}{\sqrt{r_2^2 + x_{2s}^2}} = \frac{sE_2 - E_f}{\sqrt{r_2^2 + (sx_2)^2}} \qquad (17-23)$$

式（17-23）可见，当逆变器移相角减小，逆变直流电压增大，E_f 变大，I_2 减小，T 减小，n 下降。

串级调速的特点是无级平滑、效率高、过载能力不变；但调速范围小、功率因数低。另外与变频调速相比，变流器装置容量要小。目前，主要用在风机类、压缩机和矿井提升机等较大功率绕线型异步电动机的调速。

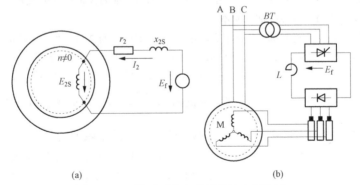

图 17-17　转子回路串变频器的串级调速
（a）转子回路示意图；（b）调速系统接线图

第四节　异步电动机的电磁制动

异步电动机电磁制动运行不是简单的为了停机，有的制动运行是生产机械对电动机所提出的特殊要求的一种运行方式。如快速停车、快速反转、吊车悬停、重物下放等操作过程。

这些制动如果只靠机械制动，不仅有很大的机械磨损，带来摩擦损耗，而且制动力矩小，制动过程慢。电磁制动是在转子上产生反向力矩的，无机械接触、无机械磨损的制动。通常许多生产机械先采取电磁制动将电机转速降到较低时，配合以机械刹车制动，加速制动的过程。

异步电动机正常"电动"运行时，驱动性质的电磁转矩 T 方向与转子速度 n 方向相同；当电磁转矩 T 的方向与转速 n 方向相反时，异步电机就进入"制动"运行。除了吊车电机悬停情况外，一般异步电动机正在运行时，由于转动惯性大，n 瞬间不会改变方向，只有电磁转矩 T 瞬间会改变方向，使异步电机进入制动运行状态。

根据不同机械类型，异步电动机常用的电磁制动方法有回馈制动、能耗制动、反接制动和正接反转制动等，具体分析如下。

一、回馈制动

回馈制动通常用以限制电机转速，不是让电机停机。例如电机拖动机车，上坡时是电动机运行，转子速度 n 小于旋转磁场的同步速度 n_1；下坡时，受重力作用，电机会不断加速，直至 $n>n_1$，转子导体切割磁场方向相反，转子电流方向相反，电磁转矩反向，由驱动力矩变成制动力矩。该制动转矩与重力下滑牵引力平衡时，电机不再加速。没有这个制动转矩，机车下坡不考虑轮子阻力，驱动电机理论上会加速到极高。

异步电机在电动运行时，从定子绕组端吸收电功率（$P_M>0$），由转轴输出机械功率（$P_i>0$）。在回馈制动时，因为电机转速 $n>n_1$，$s<0$，则机械功率 $P_i<0$，电磁功率 $P_M<0$，变成转轴上吸收机械能，由定子绕组输出电能，电机处于发电机状态。此时机车下坡的动能，从转轴上向电机输送机械功率，扣除一些损耗，从电机定子绕组向电网回馈电功率，故称回馈制动。

二、能耗制动

异步电动机在正常电动运行时，气隙合成磁场旋转（n_1）方向与转子（n）同相，且 $n_1>n$。图 17-18 所示，当正在运行的电动机突然切断电源，由于转动惯性，转子继续旋转。如果不采用措施，转子靠轴承摩擦、风扇等阻力，消耗所有的动能才能停下来，这个过程很漫长。

能耗制动就是在电机断电时，将电网电压经变压器降压、整流后，立即在定子两相或三相绕组通入直流励磁电流，见图 17-18 中（a）和（b），产生恒定不变的磁场（$n_1=0$），转子导体切割磁场的方向相反，转子感应电动势和电流（I_2）方向都相反，电磁转矩方向也相反（见式 16-7，$T\propto I_2$），电机进入制动运行。

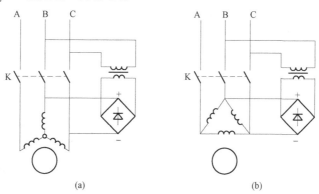

图 17-18　异步电动机能耗制动

能耗制动刚开始时，转子速度较快，转子感应电流较大，产生制动转矩也大，制动效果明显；当转子速度较低时，制动转矩较小，制动过程就较长。

三、反接制动

图 17-19 所示，开关 K 向下打，异步电机正常电动运行；开关向上打，电源反接到定子绕组，施加的三相电压相序相反，产生气隙旋转磁场的转向相反，转子的转向由于机械惯性不能立即改变，电磁转矩 T 方向与 n 相反，转差率 $s>1$，异步电机进入反接制动，使转子转速迅速下降。例如为了提高车床工效，可以采用反接制动让电机快速停机。当转速降至零，要立即切断电源，否则会反向起动。

异步电机反接制动时，因 $s>1$，则机械功率 $P_i<0$，电磁功率 $P_M>0$，说明电机不仅从转轴上吸收机械功率，而且还从电网吸收电功率，两个功率之和，全部转变为转子的铜损耗，即

$$P_i + P_M = -m_1 I_2'^2 \frac{1-s}{s} r_2' + m_1 I_2'^2 \frac{r_2'}{s} = m_1 I_2'^2 r_2' = p_{Cu2} \qquad (17-24)$$

由此可见，异步电机反接制动时，转子铜损耗很大，也即定、转子电流很大。对于笼型转子无法改变转子回路电阻大小，对于绕线转子的异步电机，与改善起动性能原理一样，可以在转子回路串接附加电阻，限制了电流，增加了电磁制动转矩。

四、正接反转制动

由电动运行到制动运行，回馈制动和反接制动都是电磁转矩 T 方向发生变化，与不变方向的转速 n 相反，实现制动运行的。正接反转制动运行，电磁转矩 T 的方向没有变，而是转速 n 的方向改变，电机进入制动运行的。

正接反转制动适用于绕线式异步电机，基本接线与转子串接电阻起动、调速一样。图 17-20 为电动机驱动吊车作重物提升、下降操作时机械特性。曲线 1 为自然机械特性，与重物负载（恒转矩）特性，在 a 点稳定工作，速度较高；当转子串接电阻逐渐加大，机械特性曲线逐渐变成 2、3 和 4，起吊电动机工作点就由 a 到 b、到 c 和到 d。其中，在 b 点是正转低速（$n>0$），重物提升；在 c 点是重物悬停（$n=0$）；在 d 点，电机反转（$n<0$），进入正接反转制动，即重物低速下放。

当电机处在正接反转制动时，$n<0$，$s>1$，与反接制动一样，则机械功率 $P_i<0$，电磁功率 $P_M>0$，说明电机吸收机械功率与吸收电功率之和，全部转变为转子电阻和附加电阻的铜损耗。

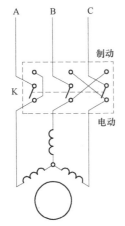

图 17-19　异步电动机反接制动

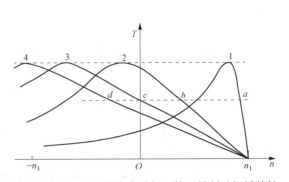

图 17-20　异步电动机正接反转制动机械特性

小　结

　　异步电动机良好起动性能主要是起动电流要小，起动转矩要大。笼型异步电动机的起动性能较差，因为它起动电流较大，而起动转矩不大。如果电网容量允许，笼型异步电动机应尽量采用直接起动，以获得较大的起动转矩；若电网容量有限，应采用降压起动，起动电流得以减少，但起动转矩随电压平方而减少。鼠笼型异步电动机降压起动常用的方法有：定子串电抗器降压、自耦变压器降压、Y－△换接降压、延边△换接降压起动。绕线型异步电动机在起动时转子绕组通过集电环串接电阻，增大了转子回路的电阻，不但使起动电流减少，而且增大起动转矩，改善了电机的起动性能；起动完毕，运行时，要切除串接电阻，减少转子回路的电阻，以提高电机的运行性能。

　　深槽式、双鼠笼式异步电动机利用集肤效应，使电机在起动时转子有效电阻变大，改善电动机起动性能的机理与绕线型异步电动机一样。由于绕线型电机有集电环，且起动过程中要人工逐级切除串接电阻，起动前后还要"提刷""放刷"操作。转子串频敏变阻器可以避免这些操作，又可以改善起动性能。

　　异步电动机虽然应用范围很广，但电机调速比较困难，满足不了生产实际越来越多调速性能的要求。衡量异步电动机调速性能指标有调速范围、调速平滑性、调速损耗、调速设备成本及可靠性等；笼型异步电动机应用较多的是变频调速、变极调速和调压调速等；绕线型异步电动机常用的是转子串接电阻调速或串级调速。调速原理依据转速公式 $n = (1-s)\dfrac{60f_1}{p}$，各种调速方法各有优缺点，随着电力电子技术的发展，变频调速和串级调速方法的应用前景越来越广。

　　异步电动机的制动运行不仅仅是为了加速电机停机需要的电磁制动，而且还是生产机械一些特定要求的一种运行方式。学习掌握的制动运行原理，有助于理解异步电机整个机械特性曲线的性质，解决生产实际特殊的问题。

思　考　题

　　17-1　普通鼠笼型异步电动机在额定电压下起动时，为什么起动电流很大而起动转矩却并不大？

　　17-2　为什么深槽式或双鼠笼型异步电动机在额定电压下起动时，起动电流较小而起动转矩较大？

　　17-3　绕线型异步电动机转子回路串电阻是如何改善电机的起动性能的？能否可以调速？转子串电抗器或电容器能否改善起动性能？能否可以调速？

　　17-4　试分析绕线型异步电动机带恒转矩负载，转子串入调速电阻时，电机内部所发生的物理过程。调速前、后转子电流是否改变？为什么？

　　17-5　绕线型异步电动机在起动和运行时，如将它的三相转子绕组接成丫形短接，或接成△形短接，问对起动性能和运行性能有无影响，为什么？

　　17-6　两台相同的鼠笼型异步电动机共轴连接，拖动一个负载。如果起动时将它们的定子绕组串联后再接电源，起动完毕后改接成为并联，问这对起动电流和起动转矩有何影响？

17-7　比较各种降压起动方式，指出电机起动电流、起动转矩以及电网供给的起动电流之间的关系。

17-8　异步电动机的起动电流大小与电机所带负载是否有关？负载转矩的大小，对电机起动过程会产生什么影响？

17-9　绕线型异步电动机转子回路串接电阻来改善起动性能，是否电阻串接的越大越好，为什么？又为什么要在起动过程中逐级切除起动电阻，如一次性切除起动电阻有何不良后果？

17-10　变频调速时，通常为什么要求电源变频又变压？若电压不随频率变化，会产生什么后果？

17-11　异步电动机的电源电压、电源频率、转子电阻及电抗各对转速有何影响？

17-12　简述异步电动机有哪几种主要的调速方法，为什么说一般的电动机不适用于需要在宽广范围内调速的场合？

17-13　三相异步电动机运行在回馈制动状态时，是否可以把电机定子出线端从接在电源上改变接在负载电阻上？

习　题

17-1　有一台三相笼型异步电动机，额定参数：380V、50 Hz、1455r/min，三角形连接，每相参数：$r_1 = r_2' = 0.072\Omega$、$x_1 = x_2' = 0.2\Omega$、$r_m = 0.7\Omega$、$x_m = 5\Omega$，试求：

（1）在额定电压下直接起动时，起动电流倍数、起动转矩倍数、功率因数。

（2）在应用星—三角形起动时，起动电流倍数、起动转矩倍数、功率因数。

17-2　有一台三相异步电动机，其参数间的关系如下：定子参数与转子参数的标幺值相同，漏抗为电阻的 4 倍，励磁电抗为漏抗的 25 倍，励磁回路电阻略去不计。

（1）设该机过载能力为 2，求在额定运行时的转差率 s_N，如果得到 2 个答案，应选哪个？

（2）试求在额定电压下直接起动的起动电流倍数，起动转矩倍数，功率因数。

第十八章 特种异步电机

第一节 单相异步电动机

单相异步电动机是指单相交流电源供电的异步电机。由于使用方便，故在家用电器（如电冰箱、电风扇、空调、洗衣机等）、医疗器械及电动工具等方面得到广泛地应用。与同容量的三相异步电动机相比较，单相异步电动机的体积较大，运行性能稍差，因此只做成几十到几百瓦的小容量电机。

一、单绕组工作原理

图 18-1 所示，异步电机转子是鼠笼型；定子单个绕组，通入交流电流时，根据绕组磁动势理论，绕组产生一个单相脉振磁动势。将此磁动势分解成两个大小相等、转向相反、转速相同的正向和反向的旋转磁动势 F_+ 和 F_-，图 18-1 所示。若磁路为线性，将正向和反向旋转磁动势及其磁场分别作用于转子，再将作用结果合成，这就是双旋转磁场理论。

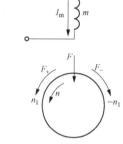

图 18-1 单相脉振磁动势分解

设转子速度为 n，转向为正向，则转子对正向旋转磁场的转差率 s_+ 为

$$s_+ = \frac{n_1 - n}{n_1} = s \qquad (18-1)$$

对反向旋转磁场的转差率 s_- 为

$$s_- = \frac{-n_1 - n}{-n_1} = 2 - s \qquad (18-2)$$

根据绕组磁动势理论（见第八章），正转旋转磁场作用于转子，产生正向电磁转矩 T_+；反转旋转磁场作用于转子，产生反向电磁转矩 T_-；它们的特性曲线（$T_+ \sim s_+$ 和 $T_- \sim s_-$）与三相异步电机类似，如图 18-2 虚线所示，呈对偶对称关系，二者合成电磁转矩特性曲线（$T \sim s$）为实线所示。

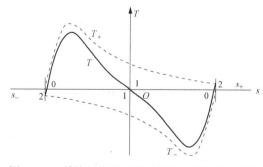

图 18-2 单绕组作用时单相异步电机的机械特性

在 $s=1$、$n=0$ 处，合成电磁转矩 $T=0$，可见单绕组工作的异步电机没有起动转矩；转子无论沿正转方向或反转方向旋转，产生的合成转矩是对称的，可见单相电机转向随意，不影响电机的性能，转向由起动转矩方向决定。

二、单相异步电动机工作原理

单相异步电机定子有两相绕组，一个是主绕组 m（又称工作绕组），一个是辅助绕组 a（又称起动绕组），两绕组轴线互差 90°，图 18-3（a）所示。为了消弱绕组谐波，采用同心式正弦绕组。考虑体积小，嵌线难，绕组多设计成单层。

前面分析已知，定子只有单个绕组（如工作绕组）通入交流电流时，产生的磁动势是脉振的，对转子的作用没有起动转矩。要使单相异步电机能正常起动，另外一个绕组（起动绕组）要同时通入交流电流，且电流相位要与工作绕组不同，才能产生旋转磁动势及磁场。起动绕组可以串接电容 C 或电阻 R 移相，用电容来改变电流相位，效果更好。选择合适的电容 C，可使容抗值超过线圈感抗值，该支路电流相位由滞后电压变成超前电压 θ_a，两个绕组电流的相位差（$\theta_a+\theta_m$）可以达到 90°，电流相量如图 18-3（b）所示。

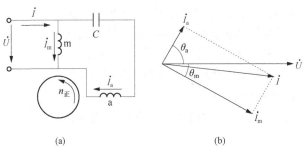

(a)　　　　　　　　　　　　(b)

图 18-3　单相异步电动机

（a）基本接线；（b）电流相位相量

假设转子旋转正方向为逆时针，则由图可见，起动绕组的轴线比工作绕组超前 90°，另外，起动绕组的电流也比工作绕组的电流相位超前 90°，各自产生的脉振磁动势为

$$\left.\begin{aligned} f_m &= F_m \sin \omega t \sin x = \frac{F_m}{2}\cos(\omega t - x) - \frac{F_m}{2}\cos(\omega t + x) \\ f_a &= F_a \sin(\omega t + 90°)\sin(x + 90°) = \frac{F_a}{2}\cos(\omega t - x) - \frac{F_a}{2}\cos(\omega t + x + 180°) \end{aligned}\right\} \quad (18-3)$$

式中，F_a、F_m 为脉振磁动势最大值，表达式为

$$\left.\begin{aligned} F_m &= 0.9 \frac{N_m K_{N1m}}{p} I_m \\ F_a &= 0.9 \frac{N_a K_{N1a}}{p} I_a \end{aligned}\right\} \quad (18-4)$$

当 $F_a = F_m$，式（18-3）的两个量相加，便得单相异步电机的合成磁动势

$$f = f_m + f_a = F_a \cos(\omega t - x) \quad (18-5)$$

由此可见，电机的气隙磁动势是一个圆形旋转磁动势，转向是正方向。随意改变转子正方向的规定，分析以上结果是一样的，即两相绕组产生旋转磁动势的实际方向，一定是电流超前的绕组轴线转到电流滞后的绕组轴线上。图 18-3 就是绕组 a 转到绕组 m，即

逆时针方向。

实际上从起动到运行，不能确保气隙磁动势始终为圆形旋转磁动势，因为从起动到运行，转子电流频率和转差率发生变化，电抗、机械功率模拟电阻等参数也发生变化。起动绕组串接电容，改变电流相位，相位角 θ_a 也是变化的，两绕组电流相位差不是 90°。所以通常情况下，单相异步电机产生的气隙旋转磁动势是椭圆形磁动势，包含了较大的正转磁动势和较小的反转磁动势，使转子受到反转方向的阻力矩，此时的起动性能和运行性能均比圆形旋转磁动势要差。

三、单相异步电动机的起动方法与类型

1. 单相电容运转异步电动机

以上分析可见，选择电容并合理配置有关参数，要么满足起动产生圆形旋转磁场，要么满足运行产生圆形旋转磁场。单相电容运转异步电动机接线图 18-3 所示，选择合适的电容，使电机在额定运行时内部产生的旋转磁场接近圆形旋转磁场，此时，起动时的旋转磁场就成为椭圆形。因此，单相电容运转异步电动机的运行性能较好，效率、功率因数和过载能力都比其他单相电机高，接近三相异步电动机。但是，起动性能差，起动转矩较小，适合于各类空载或轻载起动的负载，如风机、医疗器械、仪器仪表等。

2. 单相电容起动异步电动机

为了满足高起动转矩负载需要，必须加大电容量和调整起动绕组的参数，使电机内部在起动时能产生接近圆形旋转磁场，提高起动转矩，改善起动性能。起动结束后，辅助绕组通过离心开关 K 脱离电源，所以设计辅助绕组的可以按断续工作方式，提高绕组的利用率。见图 18-4 所示。正常运行时只有单个绕组，即工作绕组 m 在通电，所以运行性能较差。

离心开关 K 通常是机械的，在静止或低速时，弹簧拉紧动断触点，使之是闭合的；当转速达到约 $80\%n_1$，离心球在离心力的作用下甩开，K 的动断触点断开，自动切断辅助电路。由于机械劳损，离心开关可靠性变差，目前有的用电子离心开关，降低了故障率。

本电机（YC 系列）特点：起动转矩大、技术性能优越，适用于组合多功能米机、空气压缩机、电冰箱电机、洗衣机、磨粉机、磨浆机、水泵及需要满载起动的机械配套用。

3. 单相双值电容异步电动机

为了同时兼顾起动时和运行时都能产生接近圆形旋转磁场，辅助绕组起动时要配置较大电容，运行时要配置较小电容。如图 18-5 所示，采用两个电容并联的方式，运行电容 C_R 固定接入辅助绕组电路，起动电容 C_S 在起动时接入，与 C_R 并联，总电容量是它们之和。同样用离心开关，待电机起动结束，转速上升到一定数值，自动切断起动电容，此时电机变成单相电容运行电动机。

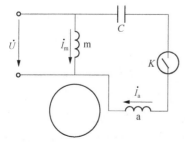

图 18-4　单相电容起动异步电动机

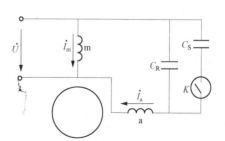

图 18-5　单相双值电容异步电动机

　　因此，单相双值电容异步电动机（YL 系列）有较好的起动性能，又有较好的运行性能，在单相异步电机中性能最优，与三相异步电动机具有同机座号、同容量的特点。但是，结构比较复杂，造价较高。广泛用于空气压缩机、水泵、风机、制冷、医疗器械及小型机械等。

　　4. 单相电阻起动异步电动机

　　电容价高、体积大，如图 18-6 所示，辅助绕组不用电容移相，改接电阻 R，见图 18-6（a）所示，辅助绕组回路串接电阻，使该回路阻性对感性比例变大，电流 I_a 滞后电压相位角减小，与工作绕组电流的相位有一个相位差角 $\theta_m - \theta_a$，见图 18-6（b）所示。由此产生椭圆形旋转磁场，同样能有一定的起动转矩。与电容起动相比，电流相位差角较小，远没有达到 90°，不能获得圆形旋转磁场，因此该类电机（YU 系列）的起动性能较差，起动电流较大，起动转矩较小；但结构简单，造价变低，适合于对起动转矩低的场合，如小型机床、风机、医疗机械等负载。

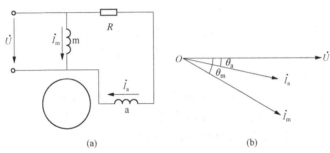

图 18-6　单相电阻起动异步电动机
（a）接线图；（b）电流相量

四、罩极单相电动机

　　罩极电机结构如图 18-7（a）所示，转子依然是鼠笼式绕组；定子是凸极式，磁极上有一套工作绕组；在极靴一边约 1/3 处，开一个小槽，槽中套有一个短路铜环，称为罩极绕组。

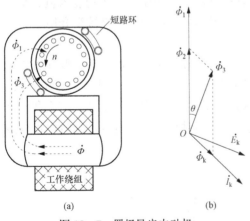

图 18-7　罩极异步电动机
（a）结构图；（b）电流相量图

　　当工作绕组通入交流电流，在磁极上产生脉振磁通可以分为两个部分，一部分磁通 Φ_1 不穿过短路环，另一部分磁通 Φ_2 则穿过短路环，显然 $\dot\Phi_1$ 和 $\dot\Phi_2$ 应该同相位。磁通 $\dot\Phi_2$ 在短路环中会感应电动势，生成电流 $\dot I_k$，如图 18-7（b）所示，电流 $\dot I_k$ 产生同相位的磁通 $\dot\Phi_k$，与穿过短路环的磁通 $\dot\Phi_2$ 合成，合成总磁通为 $\dot\Phi_3$。显然，在短路环中的感应电动势 $\dot E_k$ 相位滞后合成总磁通 $\dot\Phi_3$ 有 90°，短路环中电流 $\dot I_k$ 相位又滞后 $\dot E_k$ 一个小角。

　　由相量图可见，磁极上未罩部分的磁通 $\dot\Phi_1$ 和罩极部分的磁通 $\dot\Phi_3$，在空间位置上和时间相位上都有一定的差值，因此他们的合成磁通将是一个沿一定方向推移的磁场，在某种程度上近似椭圆形旋转磁场。磁场旋转方向，即磁场扫荡方向，是从超前的相转到滞后的相，图中未罩部分转到罩极部分，该扫荡磁场驱动转子逆时针方向旋转。

罩极异步电动机，起动转矩较小，效率较低，但由于结构简单，造价低廉，适合于小功率，小起动转矩的设备，如暖风机、电暖器、空气净化器等小型风扇。

第二节　直线感应电动机

传统的旋转电动机将电功率转变为旋转的机械功率。但在生产实际中，还有相当多的机械需要直线运动，比如行车、电动闸门、传送带及电气牵引机车等。在这些场合若使用传统旋转电动机，往往要通过传动装置等转换机构，将旋转运动变为直线运动，这就增加了设备成本，也使系统过于复杂，效率降低等。而直线感应电动机就能直接将电功率转换成直线运动的机械功率，因此，直线感应电动机作用在这种场合是不可取代的。

一、结构演变

直线感应电动机简称直线电机。设想把图18－8（a）所示的异步电机沿径向剖开，并将它展开成直线，即可得到图18－8（b）所示的直线电机。在直线电机中，装有三相绕组并与三相电源连接的一侧称为一次侧，另一侧称为二次侧。一次既可以作为定子，也可以作为运动的动子。一次铁心由硅钢片叠成，表面开槽，三相绕组嵌放在槽内。二次可以有多种形式，一种是在钢板上开槽，槽内嵌入铜条或铝条，两侧用铜带或铝带连接起来。当二次较长时，通常采用整块钢板或在钢板上复合铜或铝等金属作为二次。为保证长距离运动中定子和动子不致相摩擦，直线电机的气隙一般要比旋转异步电机大得多。

直线电机的运行方式可以一次固定、二次运动，称为动二次；也可以一次运动、二次固定，称为动一次。无论哪种运行方式，一次和二次结构是不等长，这样可以使动子运动过程中，确保一次、二次电磁耦合空间。

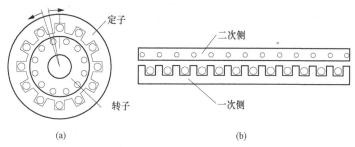

定子

转子

二次侧

一次侧

(a)　　　　　　　　　　　　(b)

图18－8　直线电动机的演变

（a）旋转电动机；（b）直线电动机

二、主要类型

直线电机的主要类型分为单边扁平型、双边扁平型、圆筒型和圆盘型等。

（1）单边扁平型指仅在一侧具有一次线圈，如图18－9所示，一次可以做成短的（a图）、也可以做成长的（b图）。很明显，在单边扁平型直线电机中，一次、二次之间存在着很大的法向磁拉力；电机有效行程要在长的一侧范围内，保证一次、二次磁通耦合有效路径没有减少。

（2）双边扁平型指在两侧都具有一次线圈，二次侧夹在中间，如图18－10所示。这种结构使两边的一次、二次法向磁拉力互相抵消，二次上受到的法向合力为零。同样，一次可以做成短的（a 图）、也可以做成长的（b 图）。

（3）圆筒型直线电机指一次、二次都做成圆筒形状，二次从一次中孔穿过，行程为轴线方向，见图 18-11 所示。这种类型直线电机结构及线圈制造比较复杂，工艺要求高。

（4）圆盘型直线电机类似驱动转盘原理，二次为转动的圆盘，两侧安装固定的短一次线圈，如图 18-12 所示。

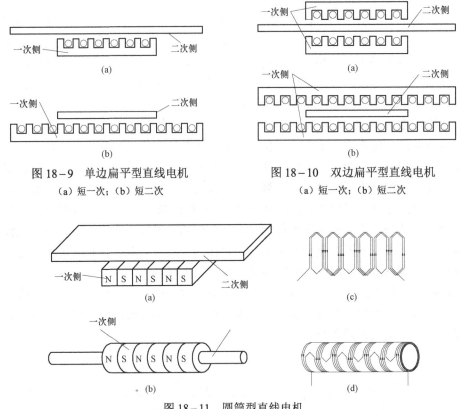

图 18-9　单边扁平型直线电机
（a）短一次；（b）短二次

图 18-10　双边扁平型直线电机
（a）短一次；（b）短二次

图 18-11　圆筒型直线电机
（a）扁平型；（b）圆筒型；（c）扁平型线圈；（d）圆筒型线圈

三、工作原理

当在直线异步电动机的一次三相绕组中通入对称三相交流电流后，与传统的旋转异步电动机一样，也产生一个气隙磁场，不过此处气隙磁场不再是圆形旋转的，而是沿 A、B、C 相序方向直线运动，如图 18-13 所示。把这种直线运动的磁场称为行波磁场，见图 18-13 中虚线所示，直线行波的同步速度 v_s（单位为 m/s）等于旋转电机的圆形旋转磁场同步速度 n_1（单位为 r/min）的线速度，即

$$v_s = 2p\tau \frac{n_1}{60} = 2p\tau \frac{1}{60} \times \frac{60 f_1}{p} = 2 f_1 \tau \quad (\text{m/s}) \qquad (18-6)$$

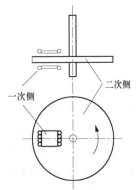

图 18-12　圆盘型直线电机

式中　p——极对数；

　　　τ——极距；

　　　f_1——一次电源频率。

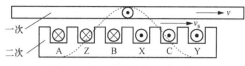

图 18-13　直线电机工作原理

行波磁场切割二次导条，在其中感应电动势和电流，根据电磁力定律，所有导条中的电流与气隙中行波磁场相互作用，便产生电磁力，在该电磁力作用下，二次随行波磁场方向作直线运动。设二次速度为 v，类似旋转的转差率，则直线运动速差率 s 为

$$s = \frac{v_s - v}{v_s} \qquad (18-7)$$

由此，可得直线电机的动子运动速度为

$$v = (1-s)v_s = (1-s) \cdot 2f_1\tau \quad (\text{m/s}) \qquad (18-8)$$

以上分析可见，直线电机的工作原理与旋转异步电动机没有本质区别，但是在结构和运动方式上的差异，使得直线电机电磁问题存在局限性，主要表现如下。

（1）直线电机一次三相绕组在空间位置上不是对称的，位于边缘的线圈电感与中间的线圈电感不一样，造成三相绕组电抗不相等，即使电源是对称的，三相电流也不对称。

（2）直线电机因铁心开断，气隙磁场是非闭合、直线状的，动子一端进入和退出气隙入口和出口处时，会引起磁通分布不均匀，这就称为边端效应。

（3）直线电机由于气隙大，再加边端效应，将在电机内部产生一些额外的损耗，所以它的效率和功率因数比同容量的旋转感应电机要低一些，特别是在低速上表现得更为明显。

直线电机近年来受到越来越多的人的重视，在理论研究和实际应用方面都得到迅速的发展。主要是因为它有下列的优点：

（1）结构简单。直线感应电动机可以直接产生直线运动，免去了中间机械转换装置，因而结构简单，质量轻和运行可靠。

（2）特别适宜于高速运行。旋转电机由于离心力作用，在高速运行时，转子受到较大的机械应力、离心力，因此电机的转速和输出功率都受到限制。而直线电机的速度不受限制，所以特别适合于作高速列车的推动力。

（3）散热条件比较好。普通的旋转电机的定子和转子安装在同一个机壳里，热量不容易散发。直线电机的一次铁心和绕组端部直接暴露在空气中，二次很长，因而散热条件比较好。

（4）速度和推力比较容易控制，其适应性也比较强。

（5）具有某些独特的用途。在一些特殊的领域，旋转电机是无法胜任的，直线感应电动机得到广泛的应用。

第三节　异步发电机

异步电机的三种运行状态已在图 14-8 描述，异步发电机的运行方式有两种：① 与电网并联运行；② 单机运行。

一、与电网并联运行的异步发电机

将异步电机的定子三相绕组接到一个电压和频率都恒定的电网时，若用原动机把异

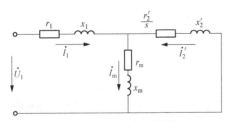

图 18-14　异步发电机等效电路

步电机转子的速度拖到超过同步速度，此时 $n > n_1$，$s < 0$，则异步电机进入发电机运行状态，把来自原动机的机械功率，扣除各种损耗之后，转换成电功率送回电网。

异步发电机的等效电路与异步电动机一样，如图 18-14 所示，电压方程式为

$$\begin{cases} \dot{U}_1 = -\dot{E}_1 + \dot{I}_1(r_1 + jx_1) \\ 0 = \dot{E}_2' - \dot{I}_2'(r_2'/s + jx_2') \\ \dot{I}_1 = \dot{I}_m + (-\dot{I}_2') \end{cases} \qquad (18-9)$$

可见方程式也是与异步电动机的一样，但是，转差率 s 为负值，影响了式（18-9）第二式的计算结果和相量图。

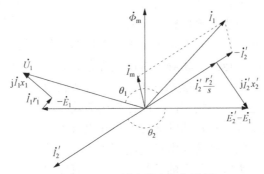

图 18-15　异步发电机相量图

画出异步发电机相量图如图 18-15 所示，第一相量 $\dot{I}_2'$ 初始相位任意，画图步骤如下：

（1）画 $\dot{I}_2'$ 相量，方向任意，如图所示，再画相反方向 $-\dot{I}_2'$ 相量。

（2）画 $\dot{I}_2' \dfrac{r_2'}{s}$ 相量，因 s 为负，该相量方向与 $\dot{I}_2'$ 相量相反。

（3）画 $j\dot{I}_2'x_2'$ 相量，超前 90°，该相量方向逆时针垂直 $\dot{I}_2'$ 相量。

（4）根据式（18-9）第二式，得 $\dot{E}_2' = \dot{E}_1$ 相量，再画出相反方向 $-\dot{E}_1$ 相量。

（5）超前 $\dot{E}_1$ 为 90°，画出 $\dot{\Phi}_m$。

（6）超前 $\dot{\Phi}_m$ 一个铁损耗角 α_{Fe}，画出 $\dot{I}_m$，据式（18-9）第三式画出 $\dot{I}_1$ 相量。

（7）据式（18-9）第一式，三个相量 $-\dot{E}_1$、$\dot{I}_1r_1$、$j\dot{I}_1x_1$ 合成，得 $\dot{U}_1$ 相量。

由相量图可以看出，在发电机运行时，定子电流滞后电压间相位差，即输入功率因数角 $\theta_1 > 90°$，此时有功功率 $P_1 = m_1 U_1 I_1 \cos\theta_1$ 为负值，无功功率 $Q_1 = m_1 U_1 I_1 \sin\theta_1$ 为正值，说明了发电机目前吸收电网的感性无功电流（$I_1\sin\theta_1$），向电网发出有功电流（$I_1\cos\theta_1$）。

异步发电机与同步发电机相比，具有以下特点：

（1）并网运行的异步发电机必须从电网吸取滞后的无功电流来励磁，使电网的功率因数变坏，且励磁电流需要比较大。一般中大型异步电机 $I_m = （20\% \sim 30\%）I_N$，而同步机励磁容量不到额定容量的 1%。

（2）异步发电机并网运行手续简单。当电网容量足够大时，电网电压和频率均与异步发

电机的转速无关，只要拖动发电机转子超过同步速度，即可并入电网。而同步发电机并入电网之前需要整步过程。

（3）异步发电机相对同步发电机，结构简单、造价低廉、维修方便等优点。因此异步发电机适用于小容量水电站及风力发电站中。

二、单机运行的异步发电机

在某些电网无法到达的地方，异步发电机只能单机运行，这时在定子绕组的端点上并联电容器，如图 18－16（a）所示，异步发电机的用来励磁的无功电流由电容器来提供，这种电机称为自励异步发电机。

1. 自励建压过程

选择合适的电容值，异步发电机自励建压过程是这样的：首先电机转子内部有剩磁 $\dot{\Phi}_r$，当转子由原动机带动旋转后，转子剩磁 $\dot{\Phi}_r$ 切割定子绕组，感应出滞后 $\dot{\Phi}_r$ 为 90°的剩磁电动势 $\dot{E}_r$；此最初的剩磁电动势加在电容器上，在电容器上流过相位超前 $\dot{E}_r$ 为 90°的电流 $\dot{I}_c$；$\dot{I}_c$ 通过定子绕组便产生同相位的磁通 $\dot{\Phi}_c$。如图 18－16（b）所示，$\dot{\Phi}_c$ 与 $\dot{\Phi}_r$ 相位相同，磁通相加，磁场增强，随之在定子绕组感应电动势升高。电动势升高，又引起电容电流加大，磁通和电动势继续加大，如此继续下去，达到额定空载电动势值，如图 18－16（c）虚折线升压过程。

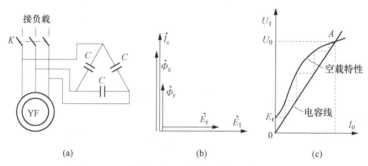

图 18－16   单机运行异步发电机自励建压过程
（a）接线图；（b）自励相量图；（c）自励过程

图 18－16（c）中电容线指每相电容器两端的电压方程，即 $U_c = I_c x_c = I_0 \dfrac{1}{\omega C}$，电容线的斜率就是 x_c 的值。当电容 C 选择越大，容抗 x_c 越小，电容线斜率越小，与空载特性的交点 A 就越高，发电机建立的电压就越大。另外，提高异步电机的转速，空载特性会上移，交点 A 也会上移，同样也可以提高发电的电压。

2. 电容接线方式与电容选择

当异步发电机输出线电压 U_1 与线电流 I_1 一定时，电容Y接法与△接法会对电容量的大小产生影响。据图 18－17 接线，电容 Y 接法和△接法时，每相电容的容抗分别为

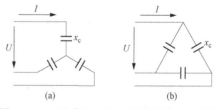

图 18－17   异步发电机电容接法影响电容值
（a）Y 接法；（b）△接法

$$x_{cY} = \frac{U_1/\sqrt{3}}{I_1} \quad \text{和} \quad x_{c\triangle} = \frac{U_1}{I_1/\sqrt{3}} \qquad (18-10)$$

因此

$$x_{c\triangle} = 3x_{cY} \text{ 和 } C_Y = 3C_{\triangle} \quad\quad (18-11)$$

由上式可见，电容△接法比Y接法，电容量选更小，小 3 倍；但耐压高 $\sqrt{3}$ 倍。

3. 绕组接线方式与电容选择

当异步发电机定子绕组的相电压 U_{ph1} 与线电流 I_{ph1} 一定时，绕组Y接法与△接法会对电容量的大小产生影响。据图 18-18 接线，绕组Y接法和△接法时，每相电容的容抗分别为

$$x_{cY} = \frac{\sqrt{3}U_{ph1}}{I_{ph1}/\sqrt{3}} \text{ 和 } x_{c\triangle} = \frac{U_{ph1}}{I_{ph1}} \quad\quad (18-12)$$

因此

$$x_{cY} = 3x_{c\triangle} \text{ 和 } C_{\triangle} = 3C_Y \quad\quad (18-13)$$

由上式可见，电机绕组Y接法比△接法，电容量选更小，小 3 倍；但耐压高 $\sqrt{3}$ 倍。

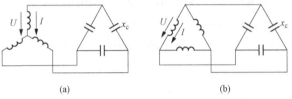

图 18-18 　异步发电机绕组接法影响电容值

(a) Y接法；(b) △接法

异步发电机的单机运行与并网运行不同，电压与频率会受到负载的影响。当转速保持不变时，异步发电机的端电压和频率随负载的增加而下降。要维持频率不变，必须相应地提高电机的转速；要维持电压不变，除了适当提高转速外，主要采用增加电容的办法来实现。

小 结

单相电机绕组产生的旋转磁动势，包含负序分量，故单相电机的各种性能不如三相异步电动机。但单相异步电动机因只需要单相电源，所以使用广，用量大。单相电机定子仅仅靠主绕组工作，产生的磁动势是单相脉振磁动势，起动转矩为零。需要一个辅助绕组，其位置与主绕组不同，通以交流电流的相位也与主绕组不同，两绕组共同作用，才能产生椭圆形旋转磁动势，在转子产生起动转矩。根据辅助绕组的不同，分成不同类型的单相电机。各种单相电机的起动性能和运行性能不尽相同。通常单相电机的分类为电容运转电机、电容起动电机、电阻起动电机、双值电容电机和罩极式电机等。

直线电机结构类似异步电机沿径向剖开展成直线，直线电机的主要类型分为单边扁平型、双边扁平型、圆筒型和圆盘型等。直线电机的工作原理与旋转异步电动机没有本质区别。结构和运动方式上的差异：使直线电机能直接将电功率转换成直线运动的机械功率；传统旋转电动机，要通过转换机构，将旋转运动变为直线运动，增加了设备成本，也使系统过于复杂，效率降低等。与旋转异步电机相比，直线电机的缺点为气隙较大使其效率和功率因数较低，三相初级绕组位置不对称，边端效应造成额外损耗等；优点为直线电机驱动直线运动结构简

单、运行可靠，没有离心力作用，适合于高速运行，绕组和铁心暴露使散热效果较好等。基于这些的特点，直线电机广泛应用在行车、电动闸门、传送带及电气牵引机车等。

异步发电机是异步电机的另外一种运行方式，其基本分析方法和异步电动机相同，方程式、电路图、相量图等基本上从异步电动机推导过来，重要区别在于发电机的转差率 s 为负。异步发电机有并网运行和单机运行两种方式：并网运行时，电网要提供电感性无功电流给发电机，发电机向电网输出有功电流，并网操作方便；单机负载供电运行时，发电机的无功励磁电流由并联在定子绕组出线端的电容提供，发电机才能输出有功电流，但输出端电压和频率受负载变化而变化，需要不断调节原动机转速和电容量，调节比较麻烦。但异步发电机结构简单、造价低、运行可靠等特点，在小型电站的得到应用。

思 考 题

18-1 比较单相异步电动机和三相异步电动机的 $T-s$ 曲线，就以下各点进行比较：（1）当 $s=0$ 时的转矩；（2）当 $s=1$ 时的转矩；（3）最大转矩；（4）在有相同转矩时的转差率；（5）当 $1<s<2$ 时的转矩。

18-2 单相电容运转电动机电容器的焊接头脱落（开路），电动机能否自行起动？为什么？罩极电动机能否自行起动？为什么？罩极电动机定子短路铜环开断，电动机能否自行起动？为什么？

18-3 怎样改变单相电容异步电动机的旋转方向？罩极式电动机的旋转方向能否改变？

18-4 有一台三相 4 极的绕线型异步电动机，起动时发现有一相断线，问电动机投入电网后能否起动起来？如果在运行时发生一相断线，问定子电流、转速和最大转矩有何变化，断线后电机能否继续长期带上额定负载？

18-5 直线电机与旋转异步电动机的主要差别是什么？直线电机有何优点？

18-6 试说明自励异步发电机的励磁过程，改变电容的大小为什么能够调压？如何计算输出额定空载电压时所需的电容大小？

18-7 异步发电机的绕组连接方式和电容连接方式如何影响电容量选择？什么连接方式下，每相电容值最大或最小？

习 题

18-1 空间位置互差 90° 电角度的两相绕组 A 和 B，它们的有效匝数彼此相等：

（1）若通以电流 $i_A = i_B = \sqrt{2}I\sin\omega t$，求两相合成的基波磁动势和 3 次谐波磁动势。

（2）若通以电流 $i_A = \sqrt{2}I\sin\omega t$ 和 $i_B = \sqrt{2}I\sin(\omega t - 90°)$，求两相合成的基波磁动势和 3 次谐波磁动势。

18-2 两相绕组 A 和 B 在空间相距 120° 电角度，其中 B 位置滞后 A，它们的有效匝数彼此相等，已知 A 相绕组通以电流为 $i_A = \sqrt{2}I\sin\omega t$，问 B 相绕组通以电流多少，才能产生顺时针方向合成圆形旋转磁动势？

18-3 一台用作地面运输用的直线电机，定子为铺设在地上展开成平面的鼠笼轨道，动子为装有 20 极、极距为 20cm 的展开式三相绕组的小车。设动子由 50Hz 的电源通过滑动接触供电，试求：

（1）该机的同步线速度 v_s（km/h）。

（2）若转差率为 4%，试求定子内感应电流的频率 f_2 和动子的运行速度 v。

（3）如果要使动子的运行速度超过 75（km/h），有何方法？

（4）如果改变动子的运行速度方向，有何方法？

第五篇

同步电机

第十九章　同步电机的基本结构和工作原理

同步电机是一种旋转交流电机。同步电机稳定运行时，转子转速与定子电流产生的电枢旋转磁场转速同步，由此得名。同步电机转子转速 n 与电枢电流频率 f 有着严格关系，即

$$n = n_1 = \frac{60f}{p}(\text{r}/\text{min})$$

式中　p ——极对数；

　　　n_1 ——同步转速。

由此可见，当 p 和 n 一定时，电机的交流电流频率是固定的。

同步电机主要用作发电机运行，也可用作电动机运行。此外，同步电机还可作同步补偿机用，即同步电机接于电网作电动机空载运行，向电网输送感性或容性无功功率，通过调节励磁电流改善电网的功率因数，满足电网对无功功率的要求。

第一节　同步电机的基本结构形式

同步电机有旋转磁极式（电枢固定）和旋转电枢式（磁极固定）两种结构型式。

旋转磁极式同步电机磁极装在转子上，电枢绕组在定子上。转子磁极上装有磁极铁心和励磁绕组，当励磁绕组通以直流电流后，产生转子磁场。旋转磁极式同步电机根据转子磁极形状不同，又可分为隐极式如图 19-1（a）和凸极式如图 19-1（b）两种结构型式。隐极式同步电机转子成圆柱形，气隙均匀，励磁绕组分布于转子表面的槽内，转子机械强度高，适合高速旋转场合。凸极式同步电机励磁绕组集中安放于磁极下，气隙不均匀，极弧下气隙较小，极间气隙较大，适合于中速或低速旋转场合。

同步电机电枢绕组通常高电压、大电流，将电枢绕组装在定子上便于直接向外引接；而产生磁极磁场的励磁电流较小，将励磁绕组放在转子上，由装在转轴上的集电环与电刷接触引入，比较方便。为此，同步电机通常都采用旋转磁极式结构。

旋转电枢式同步电机磁极在定子上，电枢绕组在转子上，如图 19-2 所示。只有小容量

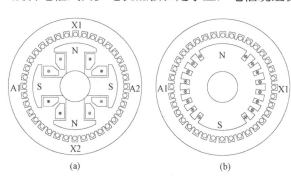

图 19-1　旋转磁极式结构示意图

（a）凸极式；（b）隐极式

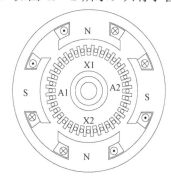

图 19-2　旋转电枢式结构示意图

或特殊用途同步电机才用旋转电枢式结构。例如大型同步发电机的交流励磁机，电枢绕组在转子上，电枢电流经装在转轴上的旋转整流器整流后，直接为大型同步发电机转子上的励磁绕组提供直流励磁电流，构成无刷励磁系统。

同步电机也有采用永久磁钢励磁的，称永磁同步电机。

大型同步发电机一般采用汽轮机或水轮机驱动，前者称为汽轮发电机，后者称为水轮发电机。由于汽轮机转速高，离心力大，受转子机械强度和励磁绕组固定工艺限制，汽轮发电机一般采用少极（$p \leqslant 2$）隐极式转子结构。水轮机则是一种低速原动机，转子的圆周速度较低、离心力较小，为了获得额定频率的感应电动势，水轮发电机采用多极（$p \geqslant 3$）凸极式转子结构。同步电动机、同步补偿机以及由内燃机驱动的同步发电机，一般采用凸极式转子结构，少数高速（$2p=2$）的同步电动机也有做成隐极式。

同步电机主要由定子、转子、端盖和轴承等部件构成。

一、定子

同步电机的定子大体上和异步电机相同，由铁心、电枢绕组、机座及固定这些部件的结构件组成，如图 19-3 所示。

定子铁心一般用厚 0.35mm 或 0.5mm 含硅量较高的无取向冷轧硅钢片叠压而成。中小型发电机的定子铁心一般由整圆的定子冲片叠压铆紧而成，如图 19-4 所示；大型发电机定子铁心外径较大，受限于硅钢片的材料尺寸及冲压工艺，每层定子冲片常由若干块扇形定子冲片（见图 19-5）交错叠压而成，如图 19-6 所示。大型发电机定子铁心沿着轴向分隔为多叠片段，每段长度为 5～6cm，每组叠片段间约有 1cm 的径向通风沟，叠片铁心由拉紧螺杆和非导磁端压板压紧锁成整体。

图 19-3　同步电机的定子外形图

图 19-4　整圆定子

图 19-5　扇形定子冲片

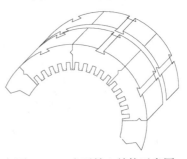

图 19-6　定子铁心结构示意图

机座主要用于固定定子铁心，起支撑作用。小型机座可根据安装结构需要，由铸铁铸造而成，大型发电机机座常由钢板焊接而成。它必须有足够的强度和刚度，同时必须满足通风散热需要，定子铁心通过其外圆的燕尾槽固定在机座内圆的筋上，铁心外圆与机座内壁间留有空间作通风道。大型电机负载时电磁负荷大，由于定、转子间的磁拉力，定子铁心会产生大倍频率的振动，为了隔振，定子铁心和机座间常采用弹性连接。

定子绕组是由嵌在定子铁心槽内的线圈按一定的规律连接而成，一般采用三相对称双层叠绕组，定子电枢绕组放入槽后，槽口用槽楔封住，槽楔常用绝缘材料（如玻璃纤维布板）做成。大型发电机定子电流很大，每个导体截面积相当大，为了便于绕组嵌线，定子槽型为矩形开口槽。为了减小导体集肤效应带来的附加损耗，定子绕组常采用若干根截面较小的铜线并绕，绕组的槽中直线部分连同端部连接都按一定方式编织换位排列。

二、转子

1. 隐极式转子结构

隐极式同步发电机通常由汽轮机作原动机驱动，汽轮机运行转速高，受离心力及转子材料限制，隐极转子直径不能做得过大，用增大转子长度来增大容量，通常转子铁心长度与直径比约 $l_2 / D_2 = 2.5 \sim 6.5$，容量越大比值越大。汽轮发电机的直径较小，长度较长，均为卧式安装。汽轮发电机的转子主要由转轴、转子铁心、励磁绕组、集电环（引入励磁电流）、护环、风扇等部件构成。

转子铁心是汽轮发电机的关键部件，它既是转子磁极的主体，也是巨大离心力的受体。因此，要求转子铁心材料兼备高导磁性能和高机械强度，一般用整块具有良好导磁性能的高强度合金钢锻成，沿转子表面约 2/3 部分铣有轴向凹槽，励磁绕组分布嵌放在这些槽里，不开槽的大齿中心线即为转子主磁极的中心线，如图 19-7 所示。励磁绕组绕成同心式线圈嵌入转子槽，匝间、线圈与铁心间要有可靠绝缘。转子槽口用非磁性金属槽楔固定励磁绕组，励磁绕组端部需用高纤维绑匝带捆绑热固或套上高强度非磁性护环。在槽楔与励磁绕组之间放置有一细长铜片，其与转子端环连成一短路绕组，这一短路绕组和异步电机的鼠笼绕组相似，称为阻尼绕组；也有将阻尼绕组放置在大齿上专门铣出的槽中，汽轮发电机的转子槽如图 19-8 所示。同步发电机正常运行时，阻尼绕组没有感应电动势，不起作用；当电机发生振荡时，阻尼绕组中产生感应电动势，其电流能使振荡衰减，起抑制转子机械振荡的作用；在同步电动机和补偿机中，阻尼绕组主要用作起动绕组；当同步电机处于不对称运行时，阻尼绕组还能抑制负序磁场，削弱不对称对电机的影响。由于汽轮发电机的机身较细长，转子和发电机中部的通风比较困难，设计良好的通风、冷却系统对汽轮发电机特别重要。

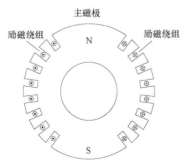

图 19-7　汽轮发电机转子结构

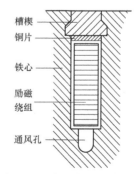

图 19-8　汽轮发电机转子槽形

2. 凸极式转子结构

凸极同步电机通常分卧式和立式两类结构。大部分同步电动机、同步补偿机和用内燃机或冲击式水轮机驱动的同步发电机都采用卧式结构；低速、大容量的水轮发电机和大型水泵用同步电动机则采用立式结构。

图 19-9 卧式凸极转子

同步电机卧式凸极转子结构如图 19-9 所示。它主要由轴、磁轭、磁极、励磁绕组及阻尼绕组等部件组成。轴主要用来传递扭矩，一般由高强度的钢锻造加工而成，大型电机通常做成空心轴，以减轻质量。磁极铁心由 1~2mm 的钢板冲制成冲片叠压铆固成，在高速电机中则采用实心磁极，励磁绕组套在磁极上，磁极极靴上装有阻尼绕组。阻尼绕组是由插入主极极靴槽中的铜条和两端的端环焊接成闭合绕组构成。如图 19-10（a）所示。磁轭用来固定磁极并构成磁路，一般由钢锭加工而成，如图 19-10（b）所示。

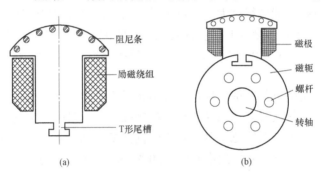

图 19-10 凸极同步电机磁极、磁轭及励磁绕组示意图
（a）磁极及阻尼磁绕；（b）磁极与磁轭结构

大容量水轮发电机以水轮机作原动机，由于水轮机为竖轴式的低速机械，故发电机通常都是立式安装结构。水轮发电机转速低、极数多，转子都为凸极式结构，其特点是直径大、长度短，如图 19-11 所示。转轴与磁轭之间通过转子支架连接，转子支架通常由轮辐和轮数构成，通过螺栓连成一体。在低速水轮发电机中，定子铁心的外径和长度之比 D_s/l 可达 5~7 或更大。

图 19-11 凸极式水轮发电机转子

立式水轮发电机的机组转动部分重量及作用在水轮机转子上的水推力均由推力轴承支撑，按照推力轴承的位置，水轮发电机又有悬式和伞式两种结构。悬式结构的推力轴承装在

转子上面，伞式结构的推力轴承装在转子下面，如图 19-12 所示。伞式结构机械稳定性稍差，主要用在低速水轮发电机中；当转速较高时，为增加机械稳定性，宜采用悬式结构。

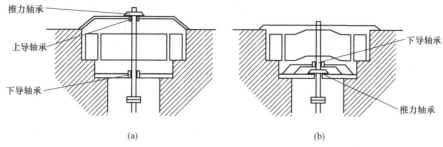

图 19-12 水轮发电机的悬式和伞式结构示意图
(a) 悬式；(b) 伞式

三、端盖和轴承

端盖的作用是将电机本体的两端封盖起来，并与机座、定子铁心及转子一起构成电机内部完整的通风系统。由于端盖处于定子线圈端部，存在交流磁场作用，为减少涡流及磁滞损耗，端盖多用无磁性硅铝合金浇铸而成。汽轮发电机的轴承承受巨大的转子重量和离心力，故都采用油膜液体润滑的座式轴承；水轮发电机的推力轴承承受着全部旋转部分的荷重及水轮机的轴向水推力。因此，推力轴承的制造是水轮发电机能否制造成功的关键。

第二节 同步电机的基本工作原理

一、两种旋转磁场

1. 直流励磁的旋转磁场

同步发电机定子铁心槽内嵌三相对称绕组，转子上装有励磁绕组及磁极，当励磁绕组通入直流电流 I_f 时，转子磁极产生直流励磁磁动势 F_f。当外力驱动转子旋转时，直流励磁磁场随之旋转，形成一个旋转磁场。其磁势幅值为

$$F_f = I_f N_f \qquad (19-1)$$

因为这个旋转磁场是由外力驱动旋转的，故称为直流励磁的旋转磁场或机械旋转磁场。

2. 交流励磁的旋转磁场

当定子三相对称绕组流过对称的三相交流电流时，将在气隙中产生一个旋转磁动势 F_a 建立旋转磁场（通常将谐波磁场归到漏磁场中计算，这里仅指基波磁场）。因这个旋转磁场是由交流电流产生，故称为交流励磁旋转磁场。其基波磁动势为

$$f_a = \frac{\sqrt{2}}{\pi} m \frac{N}{p} k_{N1} I_{ph} \cos(\omega t - x) \qquad (19-2)$$

该基波旋转磁场的转速称为同步速度

$$n_1 = \frac{60f}{p} \qquad (19-3)$$

式中 f ——定子电流的频率；基波旋转磁场从超前电流相的相轴转向滞后电流相的相轴。

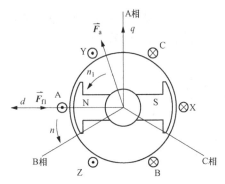

图 19-13   同步电机工作原理示意图

二、基本工作原理

两种不同方式产生的旋转磁场只要空间有位移，便会产生电磁力，它们间作用力的方向决定同步电机的运行方式，同步电机工作原理示意如图 19-13 所示。

作发电机运行时，原动机驱动转子以同步速 $n = n_1$ 旋转，转子磁极产生旋转磁场，该旋转磁动势 F_f 的基波分量用空间矢量 $\vec{F}_{f1}$ 表示，其基波磁密切割定子三相绕组，在定子三相绕组中感应产生空载电动势 $\dot{E}_0$。同步发电机负载后，定子三相绕组（亦称电枢绕组）流过对称三相交流电流 I，产生电枢旋转磁场，其基波磁动势为 $\vec{F}_a$。这时，空间矢量 $\vec{F}_{f1}$ 在前，$\vec{F}_a$ 在后。

作电动机运行时，定子三相绕组（即电枢绕组）接三相电源，定子三相对称绕组流过对称三相交流电流 I，产生基波旋转磁场 $\vec{F}_a$，依靠电磁拉力，定子磁场拖动直流励磁的转子磁场以同步速度同向旋转。这时，空间矢量 $\vec{F}_a$ 在前，$\vec{F}_{f1}$ 在后。

同步电机稳定运行时，无论作发电机或电动机运行，$\vec{F}_a$ 与 $\vec{F}_{f1}$ 始终是同速同向旋转，在空间保持相对静止，故 $\vec{F}_a$ 与 $\vec{F}_{f1}$ 可合成形成气隙磁动势为 $\vec{F}_\delta$。可见，同步电机空载运行时，气隙磁场为 $\vec{F}_\delta = \vec{F}_{f1}$，负载后气隙磁场 $\vec{F}_\delta = \vec{F}_{f1} + \vec{F}_a$，电枢磁动势 $\vec{F}_a$ 的存在使气隙磁动势发生变化，使 $\vec{F}_\delta \neq \vec{F}_{f1}$。

由于转子励磁绕组不切割磁场，故在同步电机转子励磁绕组内不产生感应电动势。

第三节　同步发电机的励磁系统

同步电机正常运行时，必须在其励磁绕组中通入直流电流，以建立转子磁极磁场，这个电流称为励磁电流，而供给励磁电流的整个系统称为励磁系统。励磁系统是同步电机的重要组成部分。主要有两大类：① 直流励磁机励磁系统；② 交流整流励磁系统。

励磁系统设计主要应满足如下性能要求：

（1）发电机正常运行时，供给发电机励磁电流，并能根据负载情况作相应的励磁调整以保证发电机端电压值。

（2）励磁系统应有较快的反应速度，运行可靠。当电力系统发生故障使系统电压严重下降时，励磁系统能对发电机进行强励以提高电力系统的稳定性；当发电机突然甩负荷时，能强行减磁以限制发电机端电压过度增高；当发电机内部发生短路故障时，能快速减磁以减少故障的损坏程度。

（3）发电机并联运行，励磁系统应合理调节无功功率，使之得到合理的分配。

一、直流励磁机励磁系统

直流励磁机多采用直流并励或永磁励磁发电，通常与同步发电机同轴，如图 19-14 所示。当发电机转起来后，直流励磁机输出的直流电流经电刷、滑环输给同步发电机转子的励磁绕组。小型发电机可手动调节 r_1 以调整直流励磁机励磁电流，保证同步发电机恒压。大型发电机一般均采用自动电压调节器（AVR）调节，为使同步发电机的输出电压保持恒定，常在励磁电流中加进一个反映发电机负载电流的反馈分量；当负载增加时，使励磁电流相应增大，以补偿电枢反应和漏抗压降的作用。

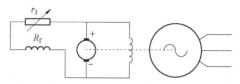

图 19-14　直流并励发电机励磁系统

二、交流整流励磁系统

当发电机容量较大时，通常采用交流整流励磁系统，根据交流整流装置的放置位置，交流整流励磁**系统**又可分为静止交流整流励磁系统和旋转交流整流励磁系统。

1. 静止交流整流励磁系统

静止式交流整流励磁系统工作原理如图 19-15 所示。这种整流系统将同轴旋转的交流主励磁机输出的交流电流经静止三相桥式不可控整流器整流后，经电刷、滑环输入到主发电机的励磁绕组，供给主发电机转子励磁。图中交流主励磁机是一台频率 100Hz 的三相同步发电机；而交流主励磁机的励磁电流则由一台频率 500Hz 的小型三相中频发电机作副励磁机发电，经静止的可控整流器整流后供给，交流副励磁机也与主发电机同轴连接。根据主发电机端电压的偏差回馈，自动电压调整器对交流主励磁机的励磁电流进行自动调节，保证主发电机电压变化率达到性能要求。

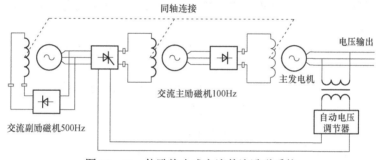

图 19-15　他励静止式交流整流励磁系统

2. 旋转式交流整流励磁系统

旋转式交流整流励磁系统工作原理如图 19-16 所示。这种整流励磁系统的交流主励磁机为旋转电枢式，交流主励磁机输出的交流电流经过与主轴一起旋转的不可控旋转整流器整流后，直接送到主发电机的转子励磁绕组励磁。因为交流主励磁机的电枢、整流装置与主发电机的励磁绕组均装设在同一旋转体上，不再需要集电环和电刷装置，该励磁系统称无刷励磁系统。交流主励磁机的励磁，由同轴的交流副励磁机经静止的可控整流器整流后供给；主发电机的励磁可通过自动电压调整器自动闭环调节。

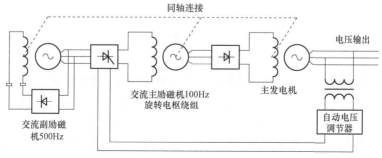

图 19-16　旋转式交流整流励磁系统

3. 自励式

上述两类励磁系统均属于他励方式，它们都必须由辅助电源来提供主发电机励磁电流。随着现代电力电子技术发展，许多中小型同步发电机直接利用自身发出交流电能中的一小部分经整流后供给励磁绕组，这种励磁方式统称为自励式。目前，主要有并联式自复励励磁系统、相位补偿复励式励磁系统、三次谐波励磁系统等形式。它们的主要区别在于取电方式、整流方式、调节方式等方面。

第四节 同步电机的额定值

同步电机的额定值（铭牌值）有以下几种：

（1）额定容量 S_N 或额定功率 P_N。对同步发电机来说，额定容量是指发电机出线端的额定视在功率，一般以千伏安（kVA）或兆伏安（MVA，即百万伏安）为单位；而额定功率 P_N 是指发电机输出的额定有功功率，一般以千瓦（kW）或兆瓦（MW，即百万瓦）为单位。对同步电动机而言，P_N 是指其转轴上输出的机械功率，也用千瓦（kW）或兆瓦（MW）来表示。对于同步补偿机，则用出线端输出的额定无功功率来表示其容量，以千乏（kVAR）或兆乏（MVAR）来表示。

（2）额定电压 U_N。指同步电机在额定运行时其定子三相的**线电压**，单位为伏（V）或千伏（kV）。

（3）额定电流 I_N。指同步电机在额定运行时其定子绕组的**线电流**，单位为安（A）。

（4）额定功率因数 $\cos\theta_N$。指同步电机在额定运行时的功率因数。

（5）额定效率 η_N。指电机在额定运行时的效率。

综合定义 1~5 条，可以得出它们之间的基本关系如下：

三相交流同步发电机

$$P_N = S_N \cos\theta_N = \sqrt{3} U_N I_N \cos\theta_N$$

三相交流同步电动机

$$P_N = \sqrt{3} U_N I_N \cos\theta_N \eta_N$$

（6）额定转速 n_N 和额定频率 f_N，是指同步电机额定运行时其运行的转速（r/min）和定子绕组中电流与电压的工作频率（Hz）。

（7）额定励磁电压 U_{fN} 和额定励磁电流 I_{fN}，是指同步电机额定运行时加到励磁绕组上的直流电压与直流电流。

小 结

本章着重介绍了同步电机的基本类型和结构。由于同步电机的单机容量较大，电枢电流大，电压高，故结构上一般采用旋转磁极式。汽轮发电机的原动机是汽轮机，由于汽轮机的转速较高，受机械强度的限制，汽轮发电机的转子采用隐极结构。汽轮发电机只能通过增大轴向长度以增大容量，导致机组轴向尺寸较大，为便于与汽轮机连接，多采用卧式结构。水轮发电机的原动机是水轮机，水轮机的转速较低，为满足频率要求，水轮发电机的极对数较多，一般采用凸极结构，与同等容量的汽轮发电机相比，水轮发电机转子直径较大，轴向尺寸较短，为便于与水轮机连接，水轮发电机采用立式结构。一般用途的同步电动机、内燃机拖动的同步发电机以及同步补偿机，大多做成凸极卧式结构，少数二极的高速同步电动机也有做成隐极式的。

同步电机有两种旋转磁场，一个是交流励磁的电枢旋转磁场，另一个是直流励磁的机械旋转磁场；两种不同方式产生的旋转磁场只要空间有位移，便会产生电磁力，它们间作用力的方向就决定同步电机的运行方式。作同步发电机运行时，空间矢量 $\bar{F}_{\mathrm{f1}}$ 在前，$\bar{F}_{\mathrm{a}}$ 在后；作同步电动机运行时，空间矢量 $\bar{F}_{\mathrm{a}}$ 在前，$\bar{F}_{\mathrm{f1}}$ 在后。

本章还简要介绍了同步电机的励磁系统主要组成部分及同步电机主要额定值的定义。

思 考 题

19-1　什么是同步电机？同步电机的基本特点和主要用途。

19-2　怎样由同步电机的极数决定它的转速，试问 100r/min、50Hz 的电机是几极的？

19-3　为什么现代大容量的同步电机都做成旋转磁极式？

19-4　汽轮发电机和水轮发电机的主要结构特点是什么？为什么有这样的构造特点？

第二十章　同步电机的基本理论和运行特性

第一节　同步电机的空载运行

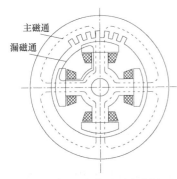

主磁通

漏磁通

图 20-1　空载时同步电机
内部磁通分布示意图

同步电机转子绕组通入直流电流 I_f 励磁，转子被原动机拖动到同步转速 $n = n_1$，定子绕组开路，即为同步发电机空载运行。同步电机空载运行时，由于电枢电流为零，电机内仅有励磁电流建立的主极磁场。图 20-1 表示一台 4 极凸极同步电机空载时电机内部磁通分布示意图，由图可见，转子励磁产生的磁通分主磁通和漏磁通两部分。图中经过气隙，同时与定、转子绕组相交链的基波磁通，称为主磁通 Φ_0，主磁通所经过的路径称主磁路，主磁路包括空气隙、电枢齿、电枢轭、磁极极身和转子轭五部分。而不通过气隙，仅与转子励磁绕组自身相交链的那部分磁通以及经过主磁路的谐波磁通都称为漏磁通 $\Phi_{f\sigma}$，它不参与电机定、转子间的能量转换。

当转子以同步转速 n_1 旋转时，主磁通 Φ_0 "切割" 定子三相对称绕组，定子三相对称绕组感生频率为 f 的三相对称空载电动势

$$\dot{E}_{0A} = E_0 \angle 0^\circ \qquad \dot{E}_{0B} = E_0 \angle -120^\circ \qquad \dot{E}_{0C} = E_0 \angle -240^\circ$$

各相电动势有效值 E_0 为

$$E_0 = 4.44 f N k_{N1} \Phi_0 \qquad\qquad (20-1)$$

其中，E_0 的数值取决于励磁电流产生的励磁磁动势的基波分量 F_{f1}，改变励磁电流 I_f 大小，就可以改变主磁通 Φ_0 大小，便可以得到不同的空载电动势 E_0。

一、同步电机的空载磁势

空载时，电枢绕组没有电流，气隙中仅有转子磁场。电机的运行特性主要由主磁极磁动势的基波分量决定，而隐极机与凸极机转子的磁极磁动势都不是正弦波，应先分析的转子磁极磁动势分布波形，从中求出其基波分量。

1. 隐极式同步电机的空载磁势

隐极式同步电机的转子是圆形的，励磁绕组为分布绕组，在每极面下有一个大齿和若干个小齿，转子磁动势的空间分布为阶梯波形，如图 20-2 所示。

励磁磁动势 F_f 的幅值为

$$F_f = I_f N_f \qquad\qquad (20-2)$$

式中　I_f——励磁电流；

　　　N_f——励磁绕组每极匝数。

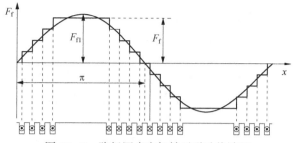

图 20-2 隐极同步电机转子磁动势波形

由傅里叶级数分解，求得该阶梯波的基波分量振幅为 F_{f1}。定义磁极磁动势分解的基波分量振幅 F_{f1} 与磁极磁动势幅值 F_f 之比称为隐极机磁极磁动势的波形系数，用 k_{fh} 表示，据经验公式推导得

$$k_{fh} = \frac{F_{f1}}{F_f} = \frac{8}{\pi^2\gamma}\sin\frac{\pi\gamma}{2} \qquad (20-3)$$

其中 γ 为小齿总齿距与极距之比。可见，隐极同步电机 k_{fh} 的大小主要取决于转子每极面小齿齿距与极距之比。

2. 凸极同步电机的空载磁势

凸极同步电机的转子励磁绕组是集中绕组，它所产生的磁动势是矩形波，如图 20-3 所示。磁动势幅值为 F_f，由傅里叶级数分解求得该矩形波基波分量的振幅为

$$F_{f1} = \frac{4}{\pi}F_f\sin\frac{\alpha\pi}{2} \qquad (20-4)$$

则凸极同步电机励磁磁动势的波形系数

$$k_{ft} = \frac{F_{f1}}{F_f} = \frac{4}{\pi}\sin\frac{\alpha\pi}{2} \qquad (20-5)$$

其中 α 为主磁极的极弧系数，等于主磁极表面弧线长与极距之比。可见，凸极同步电机 k_{ft} 的大小主要取决于转子 α 的大小。

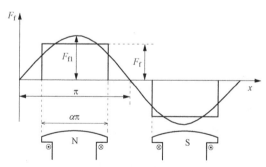

图 20-3 凸极同步电机转子磁动势波形

二、时间相量与空间矢量

同步电机转子励磁的基波磁动势 F_{f1} 沿气隙空间按正弦函数分布，其基波磁通密度 B_{f1} 也是沿气隙空间按正弦函数分布。$\vec{F}_{f1}$ 和 $\vec{B}_{f1}$ 在空间上同相位，在时间上随转子以同步旋转角速度 $\omega_1 = 2\pi f = 2\pi p n_1/60$ 旋转，交链定子三相绕组，分别在定子三相绕组中感生电动势 $\dot{E}_0$，$\dot{E}_0$

和定子绕组所交链的基波磁通 $\dot{\Phi}_0$ 都是时间的函数，随时间作正弦规律变化。

磁通 $\dot{\Phi}_0(t)$ 和电动势 $\dot{E}_0(t)$ 是时间分布正弦函数，可用时间相量表示；基波磁动势 $\vec{F}_{f1}(x)$ 和基波磁密 $\vec{B}_{f1}(x)$ 是空间分布正弦函数，可用空间矢量表示；因为二者都有相同的旋转角速度 ω_1，因此可以将二者画在同一坐标平面上，这种合并画在同一坐标平面上的时间相量图和空间矢量图简称时一空矢量图。在画时间相量图和空间矢量图时均应分别规定其参考轴，各参考轴的选取可以任意。在分析同步电机的电磁关系时，若把某相绕组轴线作为空间矢量参考轴（相轴），并令时间相量参考轴（时轴）与相轴重合，会使分析过程直观、方便。

图 20-4 画出一台两级同步电机空载时一空相量图。图中 AX、BY、CZ 为定子三相等效集中绕组，三相绕组在空间相差 120° 电角度，转子为凸极式，通常称转子绕组的轴线为直轴，用符号 d 表示，两极之间的中线为交轴，用符号 q 表示，则 $\vec{F}_{f1}$ 和 $\vec{B}_{f1}$ 始终与 d 轴正方向一致。

转子磁场的空间矢量如图 20-4（a）所示。此时，A 相绕组处于极面中心处，A 相绕组的感应电动势 $\dot{E}_{0A}$ 最大值，与其交链的主极磁通 $\dot{\Phi}_{0A}$ 刚好等于零。取 A 相绕组轴线作空间矢量参考轴，并令时间相量参考轴与空间矢量参考轴重合，则 $\dot{E}_{0A}$ 应在时间相量参考轴上，磁通 $\dot{\Phi}_{0A}$ 超前 $\dot{E}_{0A}$ 相量 90°，对应的三相电势 $\dot{E}_{0A}$、$\dot{E}_{0B}$、$\dot{E}_{0C}$ 时间相量如图 20-4（b）所示；将空间矢量图 20-4（a）和 A 相的时间相量图 20-4（b）合并画在同一坐标平面上，便得到空载时一空矢量图，如图 20-4（c）所示。A 相磁通 $\dot{\Phi}_{0A}$ 与空间矢量 $\vec{F}_{f1}$、$\vec{B}_{f1}$ 重合。

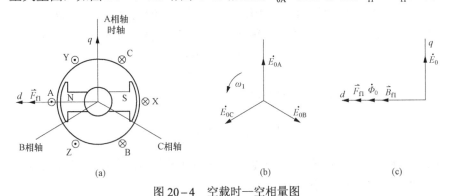

图 20-4 空载时一空相量图

（a）同步电机剖面简图、相量图；（b）电动势时间相量图；（c）时一空相量图

应该注意，在时一空矢量图中，空间矢量表示的是磁动势 $\vec{F}_{f1}$ 和磁通密度 $\vec{B}_{f1}$。时间相量表示的是某相（如 A 相）绕组的感应电动势、电压、电流及绕组所匝链的磁通。时间相量与空间矢量表达的是两个不同物理平面，它们之间的"相角"是没有物理意义的。

三、电压波形正弦性畸变率

现代用电设备不仅要求供电系统可靠稳定，而且要求发电机发出的电动势具有正弦波形。实际空载线电压波形与正弦电压波形有一定的偏差，其偏差程度一般用电压波形正弦性畸变率来表示。电压波形正弦性畸变率是指该电压波形不包括基波在内的所有各次谐波幅值平方和的平方根值与该波形基波分量幅值的百分比；用 k_v 表示，即

$$k_v = \frac{\sqrt{U_{m2}^2 + U_{m3}^2 + \cdots + U_{mk}^2 + \cdots}}{U_{m1}} \times 100\% = \frac{\sqrt{\sum_{n=2}^{\infty} U_{mn}^2}}{U_{m1}} \times 100\% \qquad (20-6)$$

并且规定：交流发电机在空载额定电压时，线电压波形正弦性的允许畸变率在额定功率为

1000kVA 以上者，应不超过 5%；额定功率在 10kVA 到 1000kVA 时，应不超过 10%。

电压波形畸变率的值可通过专用测量仪测定，也可由实测电压波形数字分析获得。如果电压波形畸变率太大，会导致供电线路损耗增大，影响通信系统。改善电压波形基本途径有：使转子产生的气隙磁场波形接近于正弦分布；采用分布和短距绕组；三相绕组采用丫接法。上述方法可以大大消除感应电动势中的谐波含量，使同步发电机的线电动势波形基本达到正弦。

第二节　对称负载时同步电机的电枢反应

同步电机空载时，定子电枢电流 $\dot{I}=0$，气隙中仅有励磁电流建立的转子磁场 $\bar{F}_{\mathrm{fl}}$，电枢端电压 $\dot{U}=\dot{E}_0$。当电枢带上对称负载后，定子绕组流过三相对称负载电流 $\dot{I}\neq0$，三相电枢电流将产生电枢旋转磁动势以及相应的电枢磁场。若仅考虑其基波，由于电枢基波磁动势 $\bar{F}_{\mathrm{a}}$ 的转向决定于三相电枢电流的相序，而后者取决于转子磁极的转向。因此，电枢基波磁场必定与转子励磁磁场同向、同速旋转，彼此在空间保持相对静止。电枢磁动势的存在使得原来空载气隙磁动势的分布发生变化，从而使气隙磁场以及定子绕组中的感应电动势发生变化，这种现象称为电枢反应。即

$$\left.\begin{array}{l}\dot{I}_{\mathrm{f}}\rightarrow\bar{F}_{\mathrm{fl}}\\\dot{I}\rightarrow\bar{F}_{\mathrm{a}}\end{array}\right\}\rightarrow\bar{F}_{\delta}\rightarrow\dot{\Phi}_{\delta}\rightarrow\dot{E}_{\delta}\qquad(20-7)$$

同步电机电枢磁动势 $\bar{F}_{\mathrm{a}}$ 与转子磁动势 $\bar{F}_{\mathrm{fl}}$ 间的相对位置取决于负载电流的性质，电枢反应的性质（增磁、去磁或交磁）取决于 $\bar{F}_{\mathrm{a}}$ 和 $\bar{F}_{\mathrm{fl}}$ 在空间的相对位置。本节将讨论 $\bar{F}_{\mathrm{a}}$ 对同步电机运行性能的影响。

定义：同步电机每相电枢电流 $\dot{I}$ 和空载电动势 $\dot{E}_0$ 之间的相角 ψ 为内功率因数角，当 $\psi=0$ 时，$\dot{I}$ 与 $\dot{E}_0$ 同相；$\psi>0$ 时，电流 $\dot{I}$ 滞后于 $\dot{E}_0$；$\psi<0$ 时，$\dot{I}$ 超前于 $\dot{E}_0$。

负载时，$\dot{I}\neq0$，而 $\dot{E}_0$ 实际上不可测，因此 $\dot{I}$ 与 $\dot{E}_0$ 之间的相角 ψ 也是不可测的，引进内功率因数角 ψ，只是为了分析同步电机的电枢反应，以分析同步电机的运行特性。下面以三相凸极式同步电机为例，并假设磁路不饱和的情况，分析各种不同 ψ 角时的电枢反应。

一、$\dot{I}$ 与 $\dot{E}_0$ 同相（$\psi=0$）时的电枢反应

图 20-5 为同步发电机 $\psi=0$ 时电枢反应的内部电磁关系图。为了更形象直观分析问题，定子三相绕组分别用 AX、BY、CZ 等效集中绕组表示，磁极画成凸极式，励磁磁动势和电枢磁动势都只考虑基波，后面分析类同。

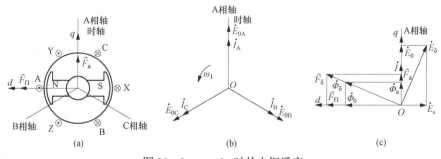

图 20-5　$\psi=0$ 时的电枢反应
（a）同步电机剖面简图、相量图；（b）电动势、电流时间相量图；（c）时—空相量图

　　在图 20-5（a）所示的瞬间，转子磁极轴线（d 轴）超前于 A 相轴 90°，取 A 相轴作时轴，则 A 相绕组电动势为最大，$\dot{E}_{0A}$ 在时轴上；因为 $\psi=0$，则 A 相电流 $\dot{I}_A$ 也在时轴上，也恰好为最大值，三相绕组中电动势、电流时间相量如图 20-5（b）所示。

　　根据旋转磁场理论：三相电流共同产生的电枢磁动势 $\bar{F}_a$ 是旋转磁动势，当哪一相电流达到最大，$\bar{F}_a$ 就恰好转到那一相的绕组轴线上，$\bar{F}_a$ 的振幅恰好处于该相绕组的轴线处，可见 $\bar{F}_a$ 与 A 相绕组轴线重合。我们以 A 相绕组轴线作为空间矢量参考轴，则空间矢量 $\bar{F}_a$ 正好在 A 相轴上，转子磁势 $\bar{F}_{f1}$ 超前 $\bar{F}_a$ 90° 电角度，即 $\bar{F}_a$ 刚好作用在 q 轴，称为交轴电枢磁势，它对气隙磁场的影响称为交轴电枢反应。转子磁场 $\bar{F}_{f1}$ 与电枢磁动势 $\bar{F}_a$ 的空间矢量如图 20-5（a）所示。

　　把空间矢量图 20-5（a）和时间相量图 20-5（b）合并画在同一坐标平面上便得到时—空矢量图，如图 20-5（c）所示，图中只画出了 A 相电路参量。因同时选定 A 相轴作时间相量与空间矢量参考轴，则 $\dot{\Phi}_0$ 与 $\bar{F}_{f1}$ 同方向，$\bar{F}_a$ 与 $\dot{I}_A$ 同方向。图中：$\dot{\Phi}_a$ 为电枢反应磁通，因该瞬间 A 相绕组交链的 $\dot{\Phi}_a$ 为最大值，故 $\dot{\Phi}_a$ 画在时轴上；$\dot{E}_a$ 为电枢反应电动势，滞后于 $\dot{\Phi}_a$ 90°；$\dot{\Phi}_\delta$ 为合成磁通，$\dot{E}_\delta$ 为合成电动势；$\bar{F}_\delta=\bar{F}_a+\bar{F}_{f1}$ 为合成磁动势，可见，交轴电枢反应使合成磁场 $\bar{F}_\delta$ 的轴线位置从直轴处逆转向后移一个锐角，其幅值有所增加。

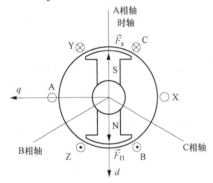

图 20-6　$\bar{F}_a$ 转到 A 相轴上时相量图

二、$\dot{I}$ 滞后 $\dot{E}_0$ 90°（$\psi=90°$）时的电枢反应

　　图 20-7 为同步发电机 $\psi=90°$ 时电枢反应内部电磁关系图。在图 20-7（a）所示的瞬间，$\dot{E}_{0A}$ 为最大值，在时轴上。因为 $\psi=90°$，则各相电流 $\dot{I}$ 都滞后对应相 $\dot{E}_0$ 90°，三相绕组中电动势、电流时间相量如图 20-7（b）所示。由图可见，当 $\dot{I}_A$ 为最大值，$\bar{F}_a$ 转到 A 相轴上时，时间上已过 $\omega t=90°$，此时转子 d 轴也已转过 90°，如图 20-6 所示，$\bar{F}_a$ 滞后 $\bar{F}_{f1}$ 180°。$\bar{F}_a$ 与 $\bar{F}_{f1}$ 两个空间矢量始终保持相位相反、同步旋转的关系。因此，在图 20-7（a）所示的瞬间，$\bar{F}_a$ 刚好作用在 d 轴上，并与 $\bar{F}_{f1}$ 相反，此时的电枢反应为直轴去磁电枢反应。图 20-7（c）画出了 $\psi=90°$ 时电枢反应的时—空相量图。

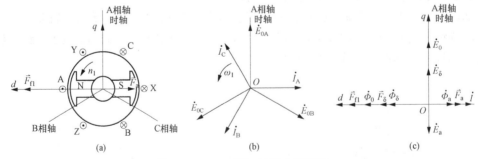

图 20-7　$\psi=90°$ 时的电枢反应
（a）同步电机剖面简图、相量图；（b）电动势、电流时间相量图；（c）时—空相量图

　　发电机并网运行时，电压需保持不变，这就要求负载前后气隙合成磁场也近似保持不变。当 $\psi=90°$ 时，电枢反应为直轴去磁作用，即 $F_\delta=F_{f1}-F_a$。为保持负载后气隙合成磁场不变，从空载到负载，励磁电流应相应增大。同步电机直流励磁增大后的运行状态称为过励状态。

三、$\dot{I}$ 滞后 $\dot{E}_0$ 180° （$\psi = 90°$）时的电枢反应

图 20-8 为同步电机 $\psi = 180°$ 时电枢反应所内部电磁关系图。在图 20-8（a）所示的瞬间，$\dot{E}_{0A}$ 为最大值在时轴上。因 $\psi = 180°$，则各相 $\dot{I}$ 都滞后 $\dot{E}_0$ 180°，三相绕组中电动势、电流相量如图 20-8（b）所示。同理，当 $\dot{I}_A$ 为最大值，$\vec{F}_a$ 转到相轴上时，时间上已过 $\omega t = 180°$，对应的转子 d 轴也转过了 180°，因此 $\vec{F}_a$ 滞后 $\vec{F}_{fl}$ 270°，两个空间相量始终相对静止，同步旋转。因此，在图 20-8（a）所示的瞬间，$\vec{F}_a$ 作用在与相轴正方向相反的交轴上，为交轴电枢磁势，此时的电枢反应为交轴电枢反应。图 20-8（c）为 $\psi = 180°$ 时电枢反应时—空相量图。

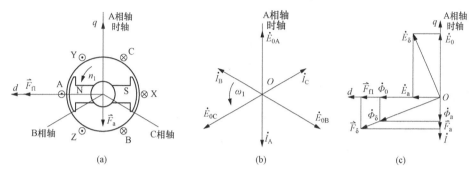

图 20-8　$\psi = 180°$ 时的电枢反应

（a）同步电机剖面简图、相量图；（b）电动势、电流时间相量图；（c）时—空相量图

四、$\dot{I}$ 超前 $\dot{E}_0$ 90° （$\psi = -90°$）时的电枢反应

图 20-9 为同步发电机 $\psi = -90°$ 时电枢反应时内部电磁关系图。图 20-9（a）所示的瞬间，$\dot{E}_{0A}$ 为最大值在时轴上。因为 $\psi = -90°$，则各相 $\dot{I}$ 超前 $\dot{E}_0$ 90°。三相绕组中电动势、电流相量如图 20-9（b）所示。同理分析，此时，电枢磁动势 $\vec{F}_a$ 超前于 A 相轴 90°，恰好作用在 d 轴上，$\vec{F}_a$ 与 $\vec{F}_{fl}$ 同向，如图 20-9（a）所示，为直轴助磁电枢反应。图 20-9（c）为时—空相量图。

发电机并网运行时，电压需保持不变，当 $\psi = -90°$ 时，由于 $\vec{F}_a$ 直轴助磁作用，即 $F_\delta = F_{fl} + F_a$。为保持负载后气隙磁场不变，从空载到负载，直流励磁电流必须相应减小。同步发电机减小直流励磁后的运行状态称为欠励运行状态。

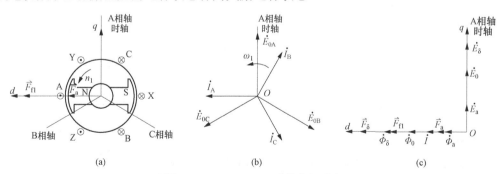

图 20-9　$\psi = -90°$ 时的电枢反应

（a）同步电机剖面简图、相量图；（b）电动势、电流时间相量图；（c）时—空相量图

五、一般情况下的电枢反应

以上分析了几个特殊负载情况，实际运行时，内功率因数角 ψ 可以是 $0 \sim 2\pi$ 的任意值。

电枢磁动势与转子磁场可以有任意的相对位置，在这种情况下，我们可将此时的电枢磁动势 $\bar{F}_a$ 分解为直轴 $\bar{F}_{ad}$ 和交轴 $\bar{F}_{aq}$ 两个分量进行分析。

一般情况下，$0<\psi<90°$，这时的电枢反应如图 20-10 所示。

在图 20-10（a）所示的瞬间，$\dot{E}_{0A}$ 为最大值在时轴上，$\dot{I}$ 滞后这 $\dot{E}_0$ ψ 角，由以上分析可知，$\bar{F}_a$ 与 $\dot{I}_A$ 同向，则 $\bar{F}_a$ 滞后 $\bar{F}_{f1}$ 为（$90°+\psi$）角，将此时的电枢磁动势 $\bar{F}_a$ 分解为直轴分量 $\bar{F}_{ad}$ 和交轴分量 $\bar{F}_{aq}$，即

$$\bar{F}_a = \bar{F}_{ad} + \bar{F}_{aq} \tag{20-8}$$

式中

$$\left.\begin{array}{l} F_{aq} = F_A \cos\psi \\ F_{ad} = F_A \sin\psi \end{array}\right\} \tag{20-9}$$

此时 $\bar{F}_{aq}$ 呈交磁作用，$\bar{F}_{ad}$ 呈直轴去磁作用。

相应的，也可将每相电流 $\dot{I}$ 分解为交轴 $\dot{I}_q$ 和直轴 $\dot{I}_d$ 两个分量，即

$$\dot{I} = \dot{I}_d + \dot{I}_q \tag{20-10}$$

式中

$$\left.\begin{array}{l} I_q = I_A \cos\psi \\ I_d = I_A \sin\psi \end{array}\right\} \tag{20-11}$$

其中 $\dot{I}_q$ 与电势 $\dot{E}_0$ 同向，三相交轴分量 $\dot{I}_{qA}$、$\dot{I}_{qB}$、$\dot{I}_{qC}$ 产生交轴电枢磁势 $\bar{F}_{aq}$，为交轴电枢反应；三相直轴分量 $\dot{I}_{dA}$、$\dot{I}_{dB}$、$\dot{I}_{dC}$ 产生直轴电枢磁势 $\bar{F}_{ad}$，它所产生的电枢反应与为直轴电枢反应。

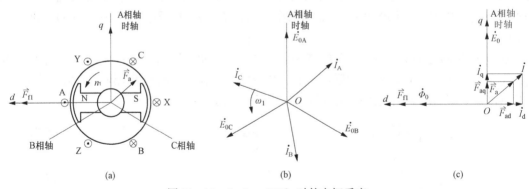

图 20-10　$0<\psi<90°$ 时的电枢反应

（a）同步电机剖面简图、相量图；（b）电动势、电流时间相量图；（c）时—空相量图

同步电机的运行方式可以由内功率因数角 ψ 来判断，因为 $\bar{F}_a$ 与 $\bar{F}_{f1}$ 间相差的角度为 $\frac{\pi}{2}+\psi$ 电弧度，发电机运行时 $-\frac{\pi}{2}<\psi<\frac{\pi}{2}$；作电动机运行时 $\frac{\pi}{2}<\psi<\frac{3\pi}{2}$。

可见：电枢反应的存在是同步电机实现机电能量转换的关键，电枢反应的存在改变了定、转子磁动势间的夹角，该夹角的大小决定了能量的传递方向。当 $\bar{F}_{aq}$ 滞后于 $\bar{F}_{f1}$ 为发电机运行，输出有功功率；当 $\bar{F}_{aq}$ 超前 $\bar{F}_{f1}$ 为电动机运行，由电网输入有功功率。电枢磁动势交轴分量 $\bar{F}_{aq}$ 传递有功功率；电枢磁动势直轴分量 $\bar{F}_{ad}$ 传递无功功率。

同步发电机空载运行时，定子绕组开路 $I=0$（$F_a=0$），不存在电枢反应，也就不存定、转子间的能量传递。当同步发电机带有负载时 $I \neq 0$（$F_a \neq 0$），存在电枢反应，就有能量传递。图 20–11 表示不同负载性质时，电枢反应磁场与转子电流产生电磁力（电磁转矩 T）的情况。

（1）当 $\psi=0$ 时，负载电流 $\dot{I}_d=0$，$\dot{I}=\dot{I}_q$，三相交轴分量 $\dot{i}_q$ 产生的交轴电枢磁场 $\bar{F}_{aq}$ 在交轴处，产生交轴电枢反应。$\bar{F}_{aq}$ 对转子电流产生了与转子转向相反的电磁力矩 T，企图阻止转子旋转，如图 20–11（a）所示；原动机就必须克服有功电流分量 $\dot{i}_q$ 产生的阻力转矩 T，当发电机输出功率越大，负载 I 越大，交轴分量 $\dot{i}_q$ 就越大，交轴电枢反应就越强，所产生的阻力转矩 T 也就越大，原动机就必须有更大的驱动力克服电磁阻力转矩，以维持发电机的转速不变，实现有功功率的传递。

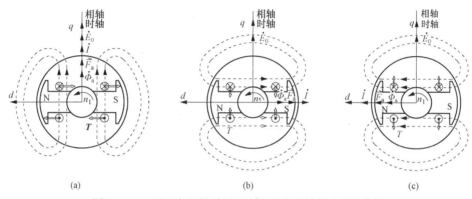

图 20–11　不同负载性质时，电枢反应对转子电流的作用

（a）$\psi=0$；（b）$\psi=90°$；（c）$\psi=-90°$

（2）当 $\psi=\pm90°$ 时，交轴电流 $\dot{I}_q=0$，$\dot{I}=\dot{I}_d$，三相直轴分量 $\dot{i}_d$ 产生的 $\bar{F}_{ad}$ 在直轴处，$\bar{F}_{ad}$ 与转子电流相互作用产生的电磁转矩 T 互相抵消，不形成阻力转矩，不妨碍转子的旋转，如图 20–11（b）、（c）所示。这表明，当发电机供给感性（$\psi=90°$）或纯容性（$\psi=-90°$）无功功率负载时，并不需要原动机增加能量，但 $\bar{F}_{ad}$ 对转子磁场起去磁作用或磁化作用，为维持电枢电压不变，转子励磁电流也就相应地增加或减少。

综上所述，为了维持发电机的转速不变，必须随着有功负载的变化调节原动机的输入功率，为保持发电机的端电压不变，必须随着无功负载的变化相应地调节转子的励磁电流。

第三节　隐极同步发电机的分析方法

上节分析了同步电机内部电枢反应的情况，下面进一步导出同步发电机对称负载时的电压方程式、等效电路和相量图。由于隐极式和凸极式同步电机的磁路结构差别较大，所以必须分别研究。本节先分析隐极同步发电机。

一、不计磁路饱和时隐极同步发电机分析方法

1. 电路方程和等效电路

同步发电机稳态对称运行时，电枢磁场以及转子磁场都是以同步速旋转，与转子绕组没有相对运动，不会在转子绕组中感应电动势，没有二次侧回路耦合，故毋须讨论转子绕组。

当不考虑磁路饱和时，可应用叠加原理分析，认为转子磁场 $\bar{F}_{f1}$ 与电枢磁场 $\bar{F}_a$ 分别在定子

绕组中感应电动势，转子磁场 $\bar{F}_{f1}$ 感应的电动势称为空载电动势，用 $\dot{E}_0$ 表示。电枢磁场 $\bar{F}_a$ 感应的电动势称为电枢反应电动势，用 $\dot{E}_a$ 表示。同时考虑到电枢漏磁场产生的每相漏磁通和漏抗电势，可得下列电磁关系。

$$\dot{I}_f \longrightarrow \bar{F}_{f1} \longrightarrow \dot{\Phi}_0 \longrightarrow \dot{E}_0 \left.\begin{array}{c}\\\\\end{array}\right\} \longrightarrow \dot{E}_\delta$$
$$\dot{I} \longrightarrow \left\{\begin{array}{c}\bar{F}_a \longrightarrow \dot{\Phi}_a \longrightarrow \dot{E}_a\\ \longrightarrow \dot{\Phi}_\sigma \longrightarrow \dot{E}_\sigma \\ \longrightarrow \dot{I}r_a\end{array}\right.$$

根据电路定律，可得相电势方程式为

$$\dot{E}_\delta = \dot{E}_a + \dot{E}_0 = \dot{U} + \dot{I}(r_a + jx_\sigma) \tag{20-12}$$

式中　$\dot{E}_\delta$——合成相电动势；

　　　$\dot{U}$——定子绕组的相端电压；

　　　$\dot{I}$——定子相电流；

　　　r_a——定子绕组的相电阻；

　　　x_σ——定子绕组的相漏抗。

根据式（20-12）可作隐极同步发电机等效电路，如图 20-12 所示。

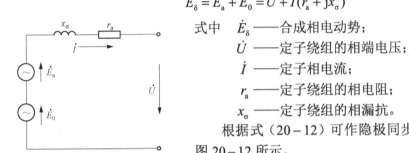

图 20-12　隐极同步发电机等效电路

2. 电枢反应电抗 x_a 和同步电抗 x_s

暂不考虑电枢磁动势的谐波分量，电枢磁动势的基波振幅为

$$F_a = \frac{\sqrt{2}}{\pi} m \frac{N}{p} K_{N1} I \tag{20-13}$$

式中　I——定子相电流的有效值；

　　　N——每相串联匝数。

对于隐极式同步机，如不计齿槽的影响，则气隙圆周各点都有相同的磁导，电枢磁动势与电枢磁通密度有相同的分布波。令 $k_\delta \delta$ 表示考虑了齿槽效应后的气隙有效长度；假定电枢磁动势全部降落在气隙中，则电枢磁场的基波振幅为

$$B_a = \frac{\mu_0}{k_\delta \delta} F_a = \frac{\mu_0}{k_\delta \delta} \cdot \frac{\sqrt{2}}{\pi} m \frac{N}{p} K_{N1} I \tag{20-14}$$

每极电枢磁通

$$\Phi_a = \frac{2}{\pi} B_a l \tau \tag{20-15}$$

电枢磁场截切定子绕组，在每相绕组中感应的电枢反应电动势为

$$E_a = \sqrt{2} \pi f K_{N1} N \Phi_a \tag{20-16}$$

将式（20-14）、式（20-15）代入式（20-16）中，整理得

$$E_a = \left(\frac{4}{\pi} \times \frac{\mu_0 m f N^2 k_{N1}^2 \tau l}{p k_\delta \delta}\right) I \tag{20-17}$$

令　　　　　　$$x_a = \frac{4}{\pi} \times \frac{\mu_0 m f N^2 K_{N1}^2 \tau l}{p k_\delta \delta} \tag{20-18}$$

由此可见 $x_a = E_a/I$，电枢反应电动势与负载电流成正比，其比例常数称为电枢反应电抗 x_a。将 $\mu_0 = 4\pi \times 10^{-7}$（H/m）代入式（20-18）得

$$x_a = \frac{16mfN^2 k_{N1}^2 \tau l}{pk_\delta \delta} \times 10^{-7}(\Omega) \qquad (20-19)$$

电枢反应电动势 $\dot{E}_a$ 较 $\dot{\Phi}_a$ 滞后 $90°$，即 $\dot{E}_a$ 滞后 $\dot{I}$ $90°$，用复数表示时，式（20-17）可以写成

$$\dot{E}_a = -jx_a \dot{I} \qquad (20-20)$$

x_a 的物理意义：对称负载下每相电流为1A时所感应的电枢反应电势 E_a 的值。

若把电枢反应电动势 $\dot{E}_a$ 用电抗压降 $-jx_a\dot{I}$ 表示，则式（20-12）可写成

$$\dot{E}_0 = \dot{U} + \dot{I}[r_a + j(x_a + x_\sigma)] \qquad (20-21)$$

把 x_a 和 x_σ 合并为一个电抗 $x_s = x_a + x_\sigma$ 代入上式，则

$$\begin{aligned} \dot{E}_0 &= \dot{U} + \dot{I}(r_a + jx_s) \\ &= \dot{U} + \dot{I}Z_s \end{aligned} \qquad (20-22)$$

式中　　x_s——同步电抗，$x_s = x_a + x_\sigma$；

　　　　Z_s——同步阻抗，$Z_s = r_a + jx_s$。

用电枢反应电抗 x_a 和同步电抗 x_s 表示的等效电路如图 20-13 所示。

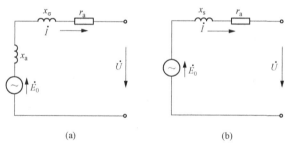

图 20-13　用 x_a 和 x_s 表示的隐极同步发电机等效电路

（a）x_a 表示的等效电路；（b）x_s 表示的等效电路

就物理概念来说，同步电抗 x_s 包含有电枢反应电抗 x_a 和漏抗 x_σ 两部分。电枢反应电抗 x_a 对应于定子电流产生的主磁通 $\boldsymbol{\Phi}_a$，因此它的数值很大；定子漏抗 x_σ 对应于定子电流产生的漏磁通，因此漏抗数值甚小，x_s 与 x_a 在数值上相差不大，由于电枢旋转磁场以同步转速依次截切各相绕组，故各相均有相等的 x_a 及 x_s。需要指出，只有当定子三相对称绕组流过对称三相电流时，才能产生电枢旋转磁场，电枢反应电抗 x_a 和同步电抗 x_s 才有意义。

虽然转子绕组在电路方面不起二次绕组作用，但转子铁心为旋转磁场磁路的一部分，在磁路方面起着重要作用，如把转子抽去，则定子电流所对应的电抗将不是同步电抗，而是接近于漏抗 x_σ。同步电机的电枢反应电抗 x_a 和异步电机的励磁电抗 x_m 性质相仿，均系每相值；因同步电机可将空气隙设计得较大，故在数值上同电压同功率等级电机的 x_a 较 x_m 为小。

3. 定子漏抗 x_σ

电枢电流所产生的磁通大部分穿过空气隙，进入转子磁路与转子绕组交链，这部分磁通称电枢主磁通 $\boldsymbol{\Phi}_a$。小部分磁通不穿过空气隙，只与电枢绕组本身相交链，磁通称为电枢漏磁

通。电枢漏磁通主要包括槽漏磁通和端部漏磁通，如图 20–14 所示。电枢漏磁通以电枢电流的频率脉动，在电枢绕组中感应漏磁电动势，每相绕组中的漏磁电动势和每相电枢电流的比值，即为电枢漏抗。电枢漏磁通很小，经过的路径主要是非磁性物质，磁路不饱和，所以电枢漏抗是个常数，且数值较小。此外，还有一种电枢磁场高次谐波磁通，这些磁通走的路径与电枢主磁通相同，但它不参与电枢反应，在电枢绕组中感应电动势为基波频率，它与每相电枢电流之比即为差漏抗或谐波漏抗。它的数值更小，占电枢漏抗的 10%～20%。实验测得的或计算特性时所用的漏抗，是上述两种漏抗之和，称定子漏抗 x_σ。

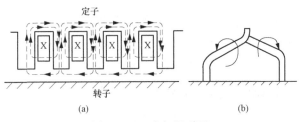

图 20–14　电枢漏磁通
（a）槽漏磁通；（b）端部漏磁通

　　漏磁通对同步电机的运行性能影响较大，大型同步发电机定子漏抗值远大于电枢绕组电阻；容量越大，二者相差越大。分析大型同步发电机时，电枢绕组的电阻往往可以忽略不计。

　　4. 隐极发电机的相量图

　　隐极发电机的相量图可按照式（20–21）作出，具体步骤：（a）根据负载性质，先作出相量 $\dot{U}$ 和 $\dot{I}$；（b）$\dot{U}$ 加上 $\dot{I}r_a$ 和 $j\dot{I}x_\sigma$ 便得 $\dot{E} = \dot{U} + \dot{I}r_a + j\dot{I}x_\sigma$；（c）在相量 $\dot{E}_\delta$ 上加（$-\dot{E}_a = j\dot{I}x_a$）便得 $\dot{E}_0$，如图 20–15（a）和 20–15（b）所示。

　　图 20–15（a）表示感性负载，$\dot{I}$ 滞后 $\dot{U}$，即 $0 < \theta < 90°$ 时的情况，此时 $\dot{E}_0$ 较大，发电机处在过励状态。图 20–15（b）表示当容性负载，$\dot{I}$ 超前 $\dot{U}$，即 $0 > \theta > -90°$ 时的情形，此时 $\dot{E}_0$ 较小，该发电机处在欠励状态。

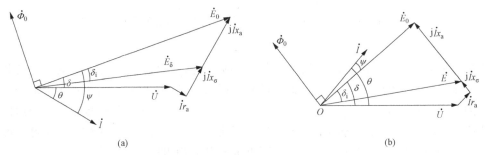

图 20–15　隐极同步发电机相量图
（a）过励发电机；（b）欠励发电机

　　由前面分析可知：$\dot{E}_0$、$\dot{E}_a$ 和 $\dot{E}_\delta$ 在时间相位上对应滞后相应的磁通相量 $\dot{\Phi}_0$、$\dot{\Phi}_a$ 和 $\dot{\Phi}_\delta$ 90°，因此由 $\dot{\Phi}_0$、$\dot{\Phi}_a$ 和 $\dot{\Phi}_\delta$ 构成的磁通相量三角形，与由 $\dot{E}_0$、$\dot{E}_a$ 和 $\dot{E}_\delta$ 构成的电动势相量三角形相似；在时——空矢量图中各磁通相量 $\dot{\Phi}_0$、$\dot{\Phi}_a$ 和 $\dot{\Phi}_\delta$ 与对应的磁动势矢量 $\bar{F}_{fl}$、$\bar{F}_a$ 和 $\bar{F}_\delta$ 重合，因此，由 $\bar{F}_{fl}$、$\bar{F}_a$ 和 $\bar{F}_\delta$ 构成的磁动势矢量三角形与由 $\dot{E}_0$、$\dot{E}_a$ 和 $\dot{E}_\delta$ 构成的电动势相量三角形相似。定义：$\dot{E}_0$ 与 $\dot{U}$ 之间的相位角 δ 称为功角；$\dot{E}_0$ 与 $\dot{E}_\delta$ 之间的相位角为 δ_i 称为位移角，它反

映了负载后磁动势的位移角。当忽略漏阻抗压降时 $\delta = \delta_i$。由于 $\delta \approx \delta_i$，即两者相差甚微，实用上也认为两者相等而不加以区别。

二、磁路饱和时隐极同步发电机分析方法

实际运行时，同步电机都运行在接近于磁饱和的非线性区域，叠加原理不再适用。这时应先求出电枢磁动势与转子磁动势作用在主磁路上的合成磁动势 $\bar{F}_\delta$，然后利用电机的空载特性求出负载时的气隙磁通 $\dot{\Phi}_\delta$ 及相应的合成电动势 $\dot{E}_\delta$，其电磁关系如下

$$I_f \longrightarrow \vec{F}_{f1} \left.\begin{matrix} \\ \\ \end{matrix}\right\} \longrightarrow \dot{E}_\delta \longrightarrow \dot{\Phi}_\delta \longrightarrow \dot{E}_\delta$$

此时主磁路上的合成气隙磁动势 $\vec{F}_\delta$ 为

$$\vec{F}_\delta = \vec{F}_{f1} + \vec{F}_a \qquad (20-23)$$

电势方程式为

$$\dot{E}_\delta = \dot{U} + \dot{I}r_a + j\dot{I}x_\sigma \qquad (20-24)$$

式（20-23）中 $\vec{F}_{f1}$、$\vec{F}_a$ 和 $\vec{F}_\delta$ 均为基波磁动势；但同步电机的空载特性曲线都用励磁磁动势 F_f（阶梯形波）的幅值或励磁电流值 I_f 作为横坐标，要想从空载特性曲线上直接快速查到对应感应电动势大小，包括电枢基波磁动势 F_a 等在内的各种基波磁动势，都要等效折算成阶梯形波的幅值。

隐极式同步电机电枢反应磁势 F_a 的折算

式（20-3）是隐极机主极磁动势从阶梯形波幅值分解出基波幅值的运算，引进了隐极同步电机主极磁动势波形系数 k_{fh}。作为逆运算，电枢反应磁势 F_a 的折算，是从基波磁动势幅值 F_a 折算成阶梯形波幅值 F_a'，在相同气隙下产生的等效磁通量，作为折算条件，并定于折算系数为 F_a' 和 F_a 之比。类似波形分解 $F_{f1} = k_{fh}F_f$ 运算，有

$$F_a = k_{fh}F_a' \qquad (20-25)$$

所以

$$k_a = \frac{F_a'}{F_a} = \frac{1}{k_{fh}} = \frac{\pi^2\gamma}{8\sin\dfrac{\pi\gamma}{2}} \qquad (20-26)$$

式中　k_a——隐极式同步电机电枢反应磁动势的折算系数，$k_a = \dfrac{1}{k_{fh}}$。

第四节　凸极同步发电机的分析方法

一、不计磁路饱和时凸极同步发电机分析方法

1. 凸极同步电机的电枢反应——双反应理论

凸极同步机的气隙不均匀，气隙各处的磁阻不相同，极面下的磁导大，两极之间的磁导小，二者相差甚大。同一电枢磁动势波作用在不同气隙处，遇到的磁阻不同，电枢反应将不同。这给分析凸极同步电机从电枢磁动势波求电枢磁通带来困难，解决这个问题一般采用双

反应理论分析。其基本思想是：把电枢基波磁动势 $\bar{F}_a$ 分解为直轴分量 $\bar{F}_{ad}$ 和交轴分量 $\bar{F}_{aq}$，然后分别求出作用在直轴上的 $\bar{F}_{ad}$ 电枢反应和作用在交轴上的 $\bar{F}_{aq}$ 电枢反应，最后把它们的效果叠加起来。

将 $\bar{F}_a$ 分解为 $\bar{F}_{ad}$ 和 $\bar{F}_{aq}$ 的方法在图 20-10 中分析过，它们之间的关系为

$$\left.\begin{array}{l} F_{ad} = F_a \sin\psi \\ F_{aq} = F_a \cos\psi \end{array}\right\} \qquad (20-27)$$

也可以将电枢电流 $\dot{I}$ 分解为直轴分量 $\dot{I}_d$ 和交轴分量 $\dot{I}_q$，即

$$\left.\begin{array}{l} I_d = I_a \sin\psi \\ I_q = I_a \cos\psi \end{array}\right\} \qquad (20-28)$$

它们分别产生相应的电枢磁动势 $\bar{F}_{ad}$ 和 $\bar{F}_{aq}$。双反应法是建立在叠加原理的基础上，当不计饱和时，应用双反应法来分析凸极同步电机准确、方便。只要找出交、直轴相应的磁导，分别求出交、直轴电枢反应磁通密度及相应的磁通，便可求出交、直轴电枢反应磁通在每相定子绕组中感应的交、直轴电枢反应电动势。

需指出，由于气隙不均匀，正弦分布波的交、直轴电枢反应磁动势所产生的空间磁通密度分布波不再是正弦波了；且由于交、直轴磁阻不同，电枢基波磁动势和对应的磁通密度基波相位也不相同了。

2. 电路方程和等效电路

当不计磁路饱和时，可以利用叠加原理，凸极同步发电机的电磁关系如下：

$\bar{F}_{aq}$ 和 $\bar{F}_{ad}$ 分别建立交、直轴电枢反应磁场，在定子绕组中分别产生交、直轴电枢反应电动势，其基波分量分别为 $\dot{E}_{ad}$ 和 $\dot{E}_{aq}$。凸极同步电机定子绕组的电压平衡式

$$\dot{E}_\delta = \dot{E}_0 + \dot{E}_{ad} + \dot{E}_{aq} = \dot{U} + \dot{I}(r_a + jx_\sigma) \qquad (20-29)$$

式中，除 $\dot{E}_{ad}$ 和 $\dot{E}_{aq}$ 之外，其他符号的定义同隐极电机。其等效电路如图 20-16 所示。

3. 直、交轴电枢反应电抗及同步电抗

（1）直轴电枢反应电抗 x_{ad}。电枢三相直轴分量电流 $\dot{I}_d$ 产生直轴电枢反应磁动势 f_{ad}，其基波振幅

$$F_{ad} = \frac{\sqrt{2}}{\pi} m \frac{N}{p} K_{N1} I_d \qquad (20-30)$$

直轴电枢反应磁动势和磁通密度波形示意如图 20-17 所示，图中 f_{ad} 为正弦分布波，由于气隙不均匀，f_{ad} 产生的气隙磁通密度分布波 b_{ad}，呈尖顶波，具体形状由空气隙各点处的磁动势和磁导决定。b_{ad1} 为 b_{ad} 的基波分量，可根据波形分析求出。由对称性可知，气隙磁通密度的振幅 B_{ad} 仍在直轴处，且有

$$B_{\mathrm{ad}} = \frac{\mu_0}{k_\delta \delta} F_{\mathrm{ad}} \tag{20-31}$$

式中　δ——d轴处的空气隙长度。

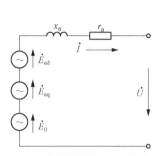

图 20-16　凸极同步发电机等效电路

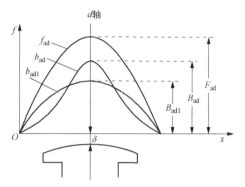

图 20-17　凸极同步电机直轴电枢反应
磁动势和磁通密度波

$\dot{E}_{\mathrm{ad}}$ 由磁密的基波分量 $\vec{B}_{\mathrm{ad1}}$ 产生的，其基波振幅为

$$B_{\mathrm{ad1}} = k_d B_{\mathrm{ad}} \tag{20-32}$$

式中　k_d——直轴电枢磁通密度分布曲线的波形系数。

由 $\vec{B}_{\mathrm{ad1}}$ 感应生的直轴电枢反应电动势有效值为

$$E_{\mathrm{ad}} = \sqrt{2}\pi f N K_{\mathrm{N1}} \Phi_{\mathrm{ad1}} \tag{20-33}$$

式中　Φ_{ad1}——直轴电枢反应基波每极磁通，故有

$$\begin{aligned}
\Phi_{\mathrm{ad1}} &= \frac{2}{\pi} B_{\mathrm{ad1}} l\tau \\
&= \frac{2}{\pi} k_d \frac{\mu_0}{k_\delta \delta} \frac{\sqrt{2}}{\pi} m \frac{N}{p} K_{\mathrm{N1}} \tau l I_d \\
&= \frac{2\sqrt{2}}{\pi^2} \frac{\mu_0 m N K_{\mathrm{N1}} \tau l k_d}{p k_\delta \delta} I_d
\end{aligned} \tag{20-34}$$

将式（20-32）和式（20-33）代入式（20-34）得

$$E_{\mathrm{ad}} = \left(\frac{4}{\pi} \frac{\mu_0 m f N^2 k_{\mathrm{N1}}^2 \tau l k_d}{p k_\delta \delta} \right) I_d \tag{20-35}$$

由式（20-35）可见，直轴电枢反应电动势 E_{ad} 与直轴负载电流 I_d 成正比，它们之间的比例常数

$$x_{\mathrm{ad}} = \frac{4}{\pi} \frac{\mu_0 m f N^2 k_{\mathrm{N1}}^2 \tau l k_d}{p k_\delta \delta} \tag{20-36}$$

称为**直轴电枢反应电抗** x_{ad}。$\dot{E}_{\mathrm{ad}}$ 较 $\dot{\Phi}_{\mathrm{ad1}}$ 滞后 90°，即 $\dot{E}_{\mathrm{ad}}$ 滞后 $\dot{I}_d$ 90°。用复数表示

$$\dot{E}_{\mathrm{ad}} = -\mathrm{j}\dot{I}_d x_{\mathrm{ad}} \tag{20-37}$$

对比式（20-36）及式（20-19），可得

$$x_{ad} = k_d x_a \qquad (20-38)$$

k_d 的数值，一般在 $0.8 \sim 1$，它和磁极下气隙的最大值与最小值之比及极弧与极距之比等数值有关。准确数值必须进行电磁场分析求得，实用时可由资料曲线查得。

（2）交轴电枢反应电抗 x_{aq}。电枢三相交轴分量电流 $\dot{I}_q$ 产生交轴电枢反应磁动势 f_{aq}，其基波振幅为

$$F_{aq} = \frac{\sqrt{2}}{\pi} m \frac{N}{p} K_{N1} I_q \qquad (20-39)$$

凸极同步电机交轴电枢反应磁动势和磁通密度波形示意如图 $20-18$ 所示，图中 f_{aq} 为正弦分布波，假设 f_{aq} 的轴线位于 q 轴，则 f_{aq} 产生的磁通密度波呈马鞍形，通过波形分析，可以得该马鞍形磁通密度的基波 b_{aq1}，其振幅为 B_{aq1}，由于对称关系 B_{aq1} 的波峰位于 q 轴处。假想 q 轴的气隙与 d 轴一样且是均匀的，则 f_{aq} 将产生一个振幅为 B_{aq} 的磁通密度正弦波 b_{aq}，定义

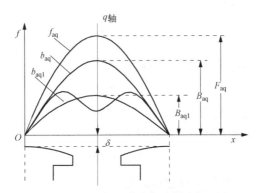

图 $20-18$ 凸极同步电机交轴电枢反应
磁动势和磁通密度波

$$k_q = \frac{B_{aq1}}{B_{aq}} \qquad (20-40)$$

式中 k_q——交轴电枢磁通密度分布曲线的波形系数。

显然，假想的交轴磁通密度振幅为

$$B_{aq} = \frac{\mu_0}{k_\delta \delta} F_{aq} \qquad (20-41)$$

交轴电枢反应电动势 $\dot{E}_{aq}$ 为基波磁通密度分量 $\bar{B}_{aq1}$ 所感应产生，其基波振幅为

$$B_{aq1} = k_q B_{aq} \qquad (20-42)$$

由 $\bar{B}_{aq1}$ 感应出来的交轴电枢反应电动势有效值为

$$E_{aq} = \sqrt{2} \pi f N k_{N1} \Phi_{aq1} \qquad (20-43)$$

式中 Φ_{aq1}——交轴电枢反应基波每极磁通，$\Phi_{aq1} = \frac{2}{\pi} B_{aq1} l \tau$，代入式（20-39）整理后可得

$$E_{aq} = \left[\frac{4}{\pi} \frac{\mu_0 m f N^2 k_{N1}^2 \tau l k_q}{p k_\delta \delta} \right] I_q = x_{aq} I_q \qquad (20-44)$$

E_{aq} 与 I_q 成正比，它们之间的比例常数：

$$x_{aq} = \frac{4}{\pi} \frac{\mu_0 m f N^2 k_{N1}^2 \tau l k_q}{p k_\delta \delta} \qquad (20-45)$$

即为**交轴电枢反应电抗** x_{aq}。同理，用复数表示

$$\dot{E}_{aq} = -\mathrm{j} x_{aq} \dot{I}_q \qquad (20-46)$$

式（20-45）与式（20-19）相对照，可见

$$x_{aq} = k_q x_a \qquad (20-47)$$

k_q 的性质与 k_d 类似，其数值一般在 0.4～0.6。准确数值必须由电磁场分析求得，实用时可由资料曲线查得。

（3）直轴同步电抗 x_d 和交轴同步电抗 k_q。设 x_σ 为定子每相漏抗，直轴和交轴电枢反应电抗各自与定子漏抗相加，便可得到直轴同步电抗 x_d 和交轴同步电抗 x_q，即

$$x_d = x_\sigma + x_{ad} \qquad (20-48)$$

$$x_q = x_\sigma + x_{aq} \qquad (20-49)$$

电励磁凸极同步电机的直轴磁路气隙小，磁阻小，所以 x_{ad} 较大；交轴磁路气隙很大，磁阻大，所以 x_{aq} 较小。且 $x_d > x_q$。当直轴及交轴的同步电抗相等时，就是隐极同步电机，隐极同步电机可看作凸极同步电机的特例。因为隐极机的气隙均匀，气隙磁场波的波形系数 $k_d = k_q = 1$，在气隙均匀情况下 $x_{ad} = x_{aq} = x_a$，$x_d = x_q = x_s$。同步电抗为同步电机的重要参数，常用标幺值表示。通常以每相额定电压为电压基值，以每相额定电流为电流的基值，基值电压与基值电流的比值为阻抗的基值。

4. 凸极同步发电机的相量图

若把电枢反应电动势看作是电抗压降，将式（20-37）和式（20-46）代入电压平衡式（20-29），则式（20-29）可写作

$$\begin{array}{l}
\left.\begin{array}{l}
\dot{E}_0 - \mathrm{j}\dot{I}_d x_{ad} - \mathrm{j}\dot{I}_q x_{aq} = \dot{U} + \dot{I}(r_a + \mathrm{j}x_\sigma) \\
\dot{E}_0 = \dot{U} + \dot{I}r_a + \mathrm{j}\dot{I}_d(x_\sigma + x_{ad}) + \mathrm{j}\dot{I}_q(x_\sigma + x_{aq}) \\
\quad = \dot{U} + \dot{I}r_a + \mathrm{j}\dot{I}_d x_d + \mathrm{j}\dot{I}_q x_q
\end{array}\right\}
\end{array} \qquad (20-50)$$

在作凸极同步发电机的相量图时，虽然 $\dot{U}$、$\dot{I}$、θ、r_a、x_d、x_q 等参量已知，但 $\dot{E}_0$ 与 $\dot{I}$ 的夹角即内功率因数角 ψ 无法测出，这就无法将电枢电流 $\dot{I}$ 分成直轴分量 $\dot{I}_d$ 和交轴分量 $\dot{I}_q$。为此，需先求出内功率因数角 ψ。方法如下：

在式（20-50）的右边加上一项 $\mathrm{j}\dot{I}_d x_q$，再减去一相 $\mathrm{j}\dot{I}_d x_q$，移项合并后可得

$$\dot{E}_0 - \mathrm{j}\dot{I}_d(x_d - x_q) = \dot{U} + \dot{I}r_a + \mathrm{j}\dot{I}x_q \qquad (20-51)$$

因为相量 $\dot{I}_d$ 与 $\dot{E}_0$ 垂直，故相量 $\mathrm{j}\dot{I}_d(x_d - x_q)$ 与 $\dot{E}_0$ 同在 q 轴上。由式（20-51）的右端可确定相量 $\dot{E}_0$ 的位置。

由此，凸极同步发电机的相量图可按照式（20-50）及式（20-51）作出。具体步骤：

（1）根据负载性质，先作出相量 $\dot{U}$ 和 $\dot{I}$。

（2）相量 $\dot{U}$ 加上 $\dot{I}r_a$ 和 $\mathrm{j}\dot{I}x_q$，得 $\dot{E}_Q = \dot{U} + \dot{I}r_a + \mathrm{j}\dot{I}x_q$，便找到了内功率因数角 ψ。

（3）将负载电流 $\dot{I}$ 分解为直轴分量 $\dot{I}_d = \dot{I}\sin\psi$ 和交轴分量 $\dot{I}_q = \dot{I}\cos\psi$；按照式（20-50）可作出相量图，如图 20-19 所示。

图 20-19（a）表示当感性负载，$\dot{I}$ 滞后 $\dot{U}$，即 $0 < \theta < 90°$ 时的情形，直轴电枢反应为去磁作用，发电机处在过励状态。图 20-19（b）表示当容性负载，$\dot{I}$ 超前 $\dot{U}$，即 $0 > \theta > -90°$ 时的情形，直轴电枢反应为助磁作用，该发电机处在欠励状态。

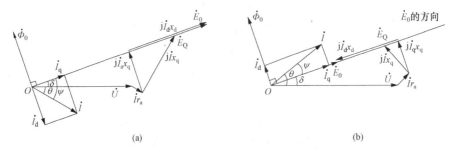

图 20-19　凸极同步发电机相量图

（a）过励发电机；（b）欠励发电机

二、计磁路饱和时凸极同步发电机分析方法

凸极同步电机直轴方向气隙较小，转子主极磁场和直轴电枢反应磁场的幅值都在直轴方向，使得直轴方向的磁路更加容易饱和。考虑磁饱和分析，直轴方向的气隙磁通应由总的合成磁动势来决定，见下图电磁关系所示。通常为了简化计算，均不计交、直轴磁场的相互影响，仍采用双反应理论分析。然后利用电机的空载特性曲线求出负载时合成电动势 $\dot{E}_\delta$，其电磁关系如下：

此时主磁路上的合成气隙磁动势为 $\vec{F}_d$ 和 $\vec{F}_{aq}$ 且

$$\vec{F}_d = \vec{F}_{fl} + \vec{F}_{ad} \qquad (20-52)$$

电枢回路某相的电势方程式为

$$\dot{E}_\delta = \dot{E}_d + \dot{E}_{aq} = \dot{U} + \dot{I}r_a + j\dot{I}x_\sigma \qquad (20-53)$$

式（20-53）$\vec{F}_{fl}$、$\vec{F}_{ad}$ 和 $\vec{F}_d$ 均为基波磁动势；与隐极同步电机一样，凸极同步发电机快速便捷的磁饱和运算，需要查饱和弯曲的空载特性曲线或负载特性曲线，其横坐标都用励磁磁动势 F_f（方形波）的幅值或励磁电流值 I_f，那么 $\vec{F}_{fl}$、$\vec{F}_{ad}$ 和 $\vec{F}_d$ 都要等效折算成方形波的幅值。

与式（20-5）比较，凸极同步电机的主极励磁磁动势波形分解运算，和直轴电枢反应磁动势的折算过程，都是基于直轴方向的气隙上。设凸极同步电机直轴电枢反应基波磁动势幅值为 F_{ad}，折算成方形波幅值 F'_{ad}，在相同气隙下产生的等效磁通量作为折算条件，并定义 F'_{ad} 和 F_{ad} 之比为折算系数。类似式（20-5）的波形分解 $F_{fl} = k_{fl}F_f$ 运算，直轴电枢反应磁动势两种波形的幅值也有如下关系。

$$F_{\mathrm{ad}} = k_{\mathrm{ft}} F_{\mathrm{ad}}' \qquad\qquad (20-54)$$

所以

$$k_{\mathrm{ad}} = \frac{F_{\mathrm{ad}}'}{F_{\mathrm{ad}}} = \frac{1}{k_{\mathrm{ft}}} = \frac{\pi}{4\sin\dfrac{\pi\alpha}{2}} \qquad\qquad (20-55)$$

式中　k_{ad}——凸极式同步电机直轴电枢反应磁动势的折算系数，$k_{\mathrm{ad}} = \dfrac{1}{k_{\mathrm{fT}}}$，都是在直轴上的

运算，k_{ad} 同样适用于 F_{d} 和 F_{fl} 的折算。

注意：引进折算概念，是为了考虑凸极电机直轴方向磁饱和时，可以通过空载特性曲线快速查得直轴合成电势。而交轴与励磁磁动势方向差 90 电角度，且气隙较大，一般不会出现合成磁饱和问题，故不考虑交轴电枢反应磁动势的折算系数。

【例 20-1】一台凸极同步发电机，$x_{\mathrm{d}*} = 1$、$x_{\mathrm{q}*} = 0.6$，电枢电阻忽略不计，试计算该机在额定电压、额定电流、$\cos\theta = 0.8$（滞后）时空载电动势标幺值 E_{0*}。（不计饱和）。

解：相量图 20-19（a）所示

$$\cos\theta = 0.8，则 \quad \theta = 36.87°$$

$$\dot{U}_* = 1\ \underline{/0°}，\quad \dot{I}_* = 1\ \underline{/-36.87°}$$

电动势 $\dot{E}_{\mathrm{Q}*}$ 为

$$\dot{E}_{\mathrm{Q}*} = \dot{U}_* + \mathrm{j}\dot{I}_* x_{\mathrm{q}*} = 1 + \mathrm{j}0.6\times1\ \underline{/-36.87°} = 1.442\ \underline{/19.44°}$$

即功角 $\delta = 19.44°$，于是

$$\psi = \delta + \theta = 19.44° + 36.87° = 56.31°$$

电枢电流的直轴和交轴分量分别为

$$\begin{cases} I_{\mathrm{d}*} = I_*\sin\psi = 1\times\sin 56.31° = 0.832\,1 \\ I_{\mathrm{q}*} = I_*\cos\psi = 1\times\cos 56.31° = 0.554\,7 \end{cases} \quad 及 \quad \begin{cases} \dot{I}_{\mathrm{d}*} = 0.832\,1\ \underline{/-70.56°} \\ \dot{I}_{\mathrm{q}*} = 0.554\,7\ \underline{/19.44°} \end{cases}$$

于是

$$\begin{aligned} \dot{E}_{0*} &= \dot{U}_* + \mathrm{j}\dot{I}_{\mathrm{q}*} x_{\mathrm{q}*} + \mathrm{j}\dot{I}_{\mathrm{d}*} x_{\mathrm{d}*} \\ &= 1 + \mathrm{j}0.6\times0.554\,7\ \underline{/19.44°} + \mathrm{j}1\times0.832\,1\ \underline{/-70.56°} \\ &= 1.775\ \underline{/19.44°} \end{aligned}$$

第五节　同步发电机对称运行时的特性

同步发电机对称运行是指电机转速为额定转速且保持恒定，电枢供给三相对称负载时的稳态运行。此时，发电机的运行性能可通过其基本特性及由这些特性求得的主要参数来说明。

一、空载特性

同步发电机空载运行时，电枢绕组开路，气隙中只有转子励磁机械旋转磁场，该磁场切割电枢绕组感应产生三相对称空载电动势 E_0，这时发电机端电压 $U_0 = E_0$。同步发电机的空载特性实验接线示意如图 20-20 所示的。原动机驱动转子旋转且保持 $n = n_{\mathrm{N}}$，调节电阻 R_{f} 以调节励磁电流 I_{f}，记下每次 I_{f} 和 E_0 的读数，便可作出同步电机的空载特性 $E_0 = f(I_{\mathrm{f}})$ 或

$U_0 = f(I_f)$。

　　实验时，先单方向增大 I_f，使 $E_0 \approx 1.3U_N$，然后单方向减小 I_f，逐点记录 I_f 及相应的 E_0，直至 $I_f = 0$，$E_0 = E_r$ 为止，测得空载特性 $E_0 = f(I_f)$ 如图 20-21 所示。图中 $I_f = 0$ 时的电势 E_r 为剩磁感应电动势。由于铁磁材料中存在磁滞现象，一般情况下，上升和下降的两条空载特性曲线不同。通常用下降曲线来表示空载特性。如果剩磁电压 E_r 较大，则空载特性应加以校正。校正做法：延长下降空载特性曲线交横轴于 c 点，取 $\overline{oc} = \Delta I_f$ 作为校正量，将下降曲线向右平移 $\overline{oc}$，即得过原点校正了的空载特性曲线。

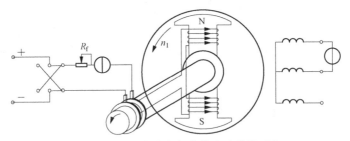

图 20-20　同步发电机空载实验接线示意

　　空载运行特性 $E_0 = f(I_f)$ 是同步电机的一个重要特性，它体现电机中磁与电的关系。因为 E_0 与 Φ_0 成正比，而 I_f 与 F_f 成正比，因此只要选用不同的比例尺，$E_0 = f(I_f)$ 和铁心材料的磁化曲线 $\Phi_0 = f(F_f)$ 是相同的，空载特性也可通过电机的磁路计算获得。

　　由图 20-22 分析可见，空载特性 $E_{0*} = f(I_{f*})$ 开始为一条直线，因为这时每极磁通 Φ_0 很小，铁心未磁饱和，铁磁磁动势 F_{Fe} 很小，转子励磁磁动势 F_f 主要消耗在气隙中，该直线的延长线 od 为气隙线 $\Phi_0 = f(F_\delta)$，是线性。随着 I_f 的增大，Φ_0 也增大，E_0 较高时，磁路的铁磁部分迅速饱和，铁心磁压降 F_{Fe} 迅速增大，空载特性便偏离气隙线开始向下弯曲。空载特性和气隙线间横向距离即为铁心磁动势 F_{Fe}，如图 20-22 中 $\overline{bc}$ 线段。通常空载额定电动势 E_{0N} 设计在空载特性的弯曲处，如图中 c 点附近。

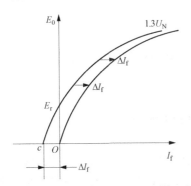

图 20-21　空载曲线 $E_0 = f(I_f)$ 及校正图

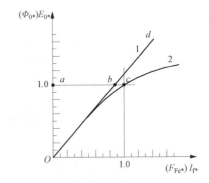

图 20-22　空载特性 $E_{0*} = f(I_{f*})$ 分析

　　$E_{0*} = 1$ 时的总励磁磁动势和气隙磁动势比：$k_\mu = \dfrac{\overline{ac}}{\overline{ab}}$ 为电机饱和系数，一般 $k_\mu \approx 1.2$。

　　表 20-1 为实践验证的典型空载特性 (标幺值表示)，若同步发电机设计合理，其空载特性应该与表 20-1 很相近，否则该电机的磁路过于饱和或材料没有充分利用。

表 20–1　　　　　　　　　　　　　典 型 的 空 载 特 性

I_{f*}	0.5	1.0	1.5	2.0	2.5	3.0	3.5
E_{0*}	0.58	1.0	1.21	1.33	1.40	1.46	1.51

二、短路特性

短路特性是指同步发电机三相稳态短路，保持 $n = n_N$ 时，电枢短路电流 I_k 与励磁电流 I_f 的关系 $I_k = f(I_f)$。

短路实验时，先将三相电枢绕组短接，再将发电机转子带到同步转速，后通入励磁电流 I_f，每次读取相应的励磁电流 I_f 与短路电流 I_k，即得短路特性 $I_k = f(I_f)$。同步发电机的短路特性是一条过原点的直线。如图 20–23（b）所示。

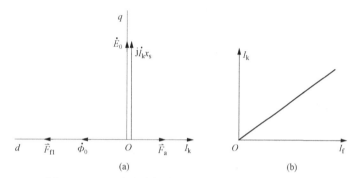

图 20–23　同步发电机在短路时的相量图及短路特性

短路时 $U = 0$，由于电枢电阻远小于同步电抗，可以略去不计，即 $Z_s \approx jx_s$，因此，短路电流 I_k 可认为是纯感性的，即内功率因数角 $\psi \approx 90°$。这时的电枢电流只有直轴分量 $I_k = I_d, I_q = 0$，电枢磁势为纯去磁作用的直轴磁动势，即 $F_a = F_{ad}$，$F_{aq} = 0$。各磁势矢量都在直轴上，空载电动势 $\dot{E}_0$ 和同步电抗压降相等，即

$$\dot{E}_0 = j\dot{I}_k x_s \qquad (20-56)$$

如是凸极同步发电机，则

$$\dot{E}_0 = j\dot{I}_k x_d \qquad (20-57)$$

电压方程式为

$$\dot{E}_\delta = \dot{U} + \dot{I}(r_a + jx_\sigma) = \dot{I}(r_a + jx_\sigma) \approx j\dot{I}x_\sigma \qquad (20-58)$$

短路时的相量图如图图 20–23（a）所示。短路时合成电动势 $E_\delta = Ix_\sigma$，只等于漏抗压降，E_δ 的数值甚小。产生 E_δ 的对应气隙磁通 Φ_δ 和气隙磁动势 F_δ 亦很小，磁路处于不饱和状态，F_δ 与 Φ_δ 成线性关系。即有 $F_\delta \propto \Phi_\delta \propto E_\delta \propto I_k$；而电枢磁动势 F_a 正比于电枢电流，即 $F_a \propto I_k$。结果：$I_f \propto F_{f1} \propto (F_\delta + F_a) \propto I_k$，即短路电流 I_k 正比于励磁电流 I_f，短路特性 $I_k = f(I_f)$ 是一条过原点的直线。

三、负载特性

当 $n = n_N$，$I = $ 常数，$\cos\theta = $ 常数时，端电压 U 与励磁电流 I_f 之间的关系曲线 $U = f(I_f)$ 称为负载特性。不同的 I 和 $\cos\theta$ 值，有着不同的负载特性曲线，如图 20–24 所示。在众多的

负载特性曲线中，$n=n_N$，$I=I_N$，$\cos\theta=0$ 时的零功率因数负载特性曲线 $U=f(I_f)$ 最有实用价值，用零功率因数曲线负载特性曲线和空载特性曲线可以求取饱和同步电抗及电枢漏抗。

实验法测零功率因数负载特性曲线时，将电枢接到一个可调三相纯电感负载，调节励磁电流 I_f，同时调节输出负载以保持电枢电流为额定值 I_N，记录不同 I_f 下的发电机端电压，即得零功率因数负载特性曲线 $U=f(I_f)$。

当同步发电机带纯感性负载时，$\theta=90°$，由于电枢电阻 r_a 远小于同步电抗，可以略去不计，所以此时 $\dot{E}_0$ 和 $\dot{I}$ 的夹角 $\psi\approx90°$。电枢反应为纯直轴去磁作用，即 $\bar{F}_{aq}=0$，$\bar{F}_{ad}=\bar{F}_a$，相量图 20-25（a）（b）所示，由图可见，此时转子励磁磁动势 $\bar{F}_{fl}$、电枢磁动势 $\bar{F}_a$、气隙合成磁动势 $\bar{F}_\delta$ 都在 d 轴上，对于 $\bar{F}_\delta$ 产生的合成电动势 $\dot{E}_\delta$，电抗压降 $j\dot{I}x_s$（或 $j\dot{I}_d x_d$）、电枢漏抗压降 $j\dot{I}x_\sigma$ 和端电压 $\dot{U}$ 都在 q 轴上，$\dot{E}_0$ 和 $\dot{U}$ 同相，即有 $\theta=\psi=90°$ 此时，电势方程式

$$\dot{U}=\dot{E}_\delta-j\dot{I}x_\sigma=\dot{E}_0-j\dot{I}x_s \qquad (20-59)$$

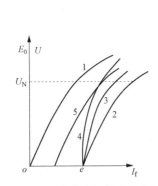

图 20-24　同步发电机各种负载特性

1—空载特性；2—$\cos\theta=0$ 时负载特性；
3—$\cos\theta=0.8$ 时负载特性；4—$\cos\theta=1$
时负载特性；5—$\cos\theta=0$ 时半载负载特性

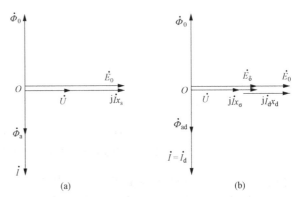

图 20-25　同步发电机供纯感性负载时的相量图

（a）隐极机；（b）凸极同步机

磁动势的关系式

$$\bar{F}_\delta=\bar{F}_{fl}+\bar{F}_{ad} \qquad (20-60)$$

均都可以用代数关系表示，即

$$\left.\begin{array}{l}F_\delta'=F_f-k_{ad}F_{ad}\\ U=E_0-Ix_s=E_\delta-Ix_\sigma 或 U=E_0-I_d x_d=E_\delta-Ix_\sigma\end{array}\right\} \qquad (20-61)$$

由式（20-61）知：若电枢漏抗 x_σ 以及电枢反应去磁作用的等效励磁磁动势 $k_{ad}F_{ad}$ 已知，就可直接由空载特性推导出零功率因数负载特性曲线。分析如下：

在图 20-24 中曲线 2 上取 $cm=U_N$，交 2 于 c 点；则额定零功率因数负载时转子励磁电流 $I_f=\overline{om}$；令 $\overline{mn}$ 为额定电流 I_N 产生的电枢反应去磁作用等效励磁电流 $k_{ad}F_{ad}/N_f$，则 $\overline{om}-\overline{mn}=\overline{on}$ 便是产生气隙合成磁动势 F_δ 的等效励磁电流，即 $\overline{on}=(F_f-k_{ad}F_{ad})/N_f$；作垂线 an 交 1 于 a 点，$\overline{an}$ 即是 F_δ 所感应的合成电动势 E_δ 且 $E_\delta=U+Ix_\sigma$，令 $\overline{ab}=I_N x_\sigma$ 即为电枢漏抗压降，定出 b 点，连 ac 得三角形 abc。

可见，三角形 abc 的高 $\overline{ab}$ 和底边 $\overline{bc} = \overline{mn}$ 均正比于电枢电流 I_N。保持电枢电流为额定 I_N 不变，则电抗 Δabc 不变，称此 Δabc 为电抗三角形。Δabc 的 a 点落在空载特性上，c 点落在零功率因数负载特性曲线上，a 点在空载特性上移动，c 点的轨迹即为零功率因数负载特性曲线。

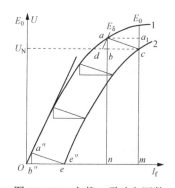

图 20-26 空载、零功率因数
负载特性及电抗三角形
1—空载特性；2—零功率因数负载特性曲线

大容量的同步发电机很难有容量相当的纯电感负载配合测试，只能用简单的方法求得零功率因数负载特性曲线上两个关键点，即图 20-26 中曲线 2 上的 e 点和 c 点。e 点处，$I = I_N$，$U = 0$ 为短路点，可由短路试验求得，调节发电机的励磁电流，使 $I_k = I_N$，此时的 I_f 就是 e 点的位置；c 是额定运行点，将发电机接在 $U = U_N$ 电网上，原动机驱动发电机 $n = n_N$，调节负载使电枢电流 $I = I_N$ 及励磁电流 I_f，使发电机处于过励状态且输出有功功率为零。此刻的励磁电流 I_f 及额定电压 U_N 决定了 c 点的坐标，取 $dc = oe$，过 d 作 $da // oa''$（气隙线），得 Δadc，过 a 点作 ab 垂直 dc，得 Δabc 即为电抗三角形，a 点在空载特性上移动，c 点的轨迹即为零功率因数负载特性曲线。

四、外特性

外特性是指发电机 $n = n_N$、励磁电流 $I_f =$ 常数，负载功率因数 $\cos\theta =$ 常数，端电压与电枢电流之间的关系 $U = f(I)$。外特性可以用直接负载法求取，可用作图法求得。

同步发电机带不同功率因数负载时的外特性如图 20-27 所示。带感性负载（$\theta < 0$）和纯电阻负载（$\theta = 0$）时，由于电枢反应的去磁作用和漏阻抗压降影响，随着负载增加外特性是下降的；带容性负载（$\theta > 0$）时，电枢反应的增磁作用使得端电压上升，漏抗压降影响较小，随着负载增加外特性基本上是上升的。显然，外特性和负载的性质密切相关。

从外特性可以求出发电机的电压变化率。当发电机的端电压 $U = U_N$，输出额定负载（$I = I_N, \cos\theta = \cos\theta_N$）时，称为同步发电机的额定工作状态。额定工作状态的励磁电流称为额定励磁电流 I_{fN}。保持 $n = n_N$，$I_f = I_{fN}$ 同步发电机从额定工作状态减小负载，则端电压将发生变化，如图 20-27 所示。读取空载电压 $U = E_0$，由式（20-62）计算得同步发电机的电压变化率（或称电压调整率）$\Delta U\%$，即

$$\Delta U\% = \frac{E_0 - U_N}{U_N} \times 100\% \qquad (20-62)$$

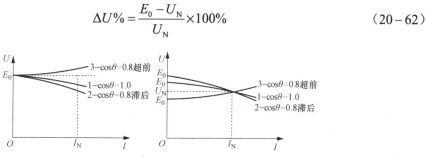

图 20-27 同步发电机的外特性及电压变化率图

电压变化率是表征同步发电机运行性能的重要指标之一。为了保证电网电压质量，同步发电机励磁系统都装有自动电压调节器，它能根据端电压的变化，自动调节励磁电流使发电机端电压基本保持不变，因此，单机对 $\Delta U\%$ 的要求较宽。但为了防止同步发电机突然故障

被卸去负载时，端电压的急剧上升而击穿绝缘，必须对单机的 $\Delta U\%$ 给予一定的限制，同步发电机带感性负载 $(\cos\theta = 0.8)$ 时，凸极同步发电机的 $\Delta U\%$ 一般在 18%～30%；汽轮发电机则由于电枢反应较大，通常 $\Delta U\%$ 较大，一般在 30%～48%的范围内。

五、调整特性

调整特性是指当发电机 $n = n_N$，端电压 U = 常数，负载功率因数 $\cos\theta$ = 常数 时，负载电流和励磁电流之间的关系曲线 $I_f = f(I)$。

图 20-28 表示端电压为额定值，不同功率因数负载时的调整特性。由图可见：调整特性的变化趋势与外特性恰好相反。对于感性负载为了补偿电枢反应的去磁作用及电枢漏阻抗电压降，维持端电压不变，励磁电流随负载电流增加而增加，特性是上升的；对于容性负载，因负载电流的助磁作用，特性可能会下降。

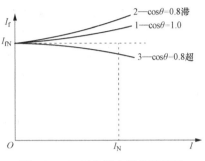

图 20-28　同步发电机调整特性

第六节　同步发电机的参数测定和短路比

在同步电机设计或实验时，除了需知道端电压、电枢电流和功率因数等工况外，还应给出同步电机的电抗参数和短路比。这些数据可通过上节讨论的空载特性、短路特性、零功率因数负载特性曲线及电抗三角形求得。

一、同步电抗的测定

1. 求不饱和同步电抗

同步发电机短路时，短路电流 $\dot{I}_k$ 落后 $\dot{E}_0$ 近 90°，为纯直轴电流，$\dot{I}_q = 0$，$\dot{I}_d = \dot{I}_k$，如果不计电枢绕组电阻 r_a，则隐极式同步电机 $\dot{E}_0 = \mathrm{j}\dot{I}_k x_s$；凸极式同步电机 $\dot{E}_0 = \mathrm{j}\dot{I}_k x_d$。因此，可以利用空载特性和短路特性来确定同步电抗 x_s 或直轴同步电抗 x_d。

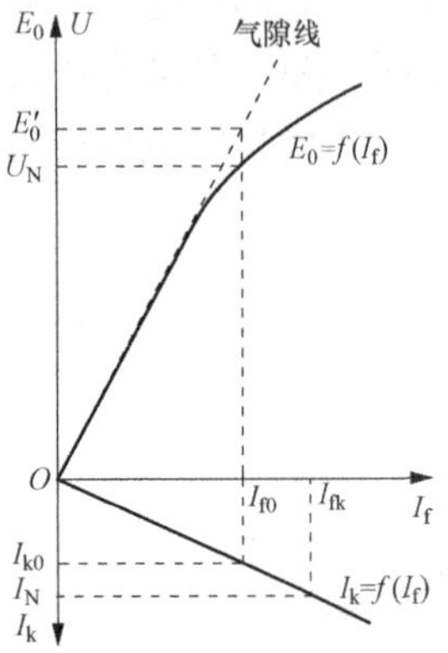

将空载特性和短路特性画在同一坐标上，如图 20-29 所示。必须指出，测定空载特性时，当励磁电流较大时，磁路存在饱和现象，空载特性在额定电压点附近将向下弯曲；而同步电机短路时，磁路始终处于不饱和状态；式 $\dot{E}_0 = \mathrm{j}\dot{I}_k x_s$ 和 $\dot{E}_0 = \mathrm{j}\dot{I}_k x_d$ 是短路状态时推得，系线性磁路。因此，式中 $\dot{E}_0$ 应从空载特性的直线部分延长求得的气隙线查取，使 E_0 与 I_k 有相同的磁路状态。同步电抗便为在某固定的励磁电流时，每相 E_0 与每相 I_k 之比，便为同步电抗 x_s 或 x_d。即从图 20-29 测得气隙线的纵坐标 E_0' 与短路特性的纵坐标 I_k 之比，即

$$x_d（或 x_s）= \frac{E_0'}{I_k} \qquad (20-63)$$

图 20-29　空载特性和短路特性测短路比和不饱和同步电抗

这样测得同步电抗称为不饱和同步电抗，即 x_s（不饱和）、x_d（不饱和）。凸极同步电机的交轴

同步电抗 x_q 则需要用其他的方法测定。

2. 求饱和同步电抗

由负载特性分析可知,当发电机带纯感性负载时,存在着式(20-61)关系,即 $E_0 - U = Ix_s$。可以利用空载特性和零功率因数负载特性曲线求取饱和同步电抗 x_s、x_d。

图 20-30 将空载特性和零功率因数特性画在同一坐标上,在零功率因数负载特性曲线上取 $U_N = \overline{ab}$,延长 ba 交空载特性于 c 点,则 $E_0 = \overline{cb}$。由 $E_0 - U = Ix_s$ 可知 $\overline{ca}$ 为发电机同步电抗压降,即 $\overline{ca} = I_N x_s$(或 $\overline{ca} = I_N x_d$),饱和同步电抗 x_s 的标幺值

$$x_{s*} = \frac{x_s}{\dfrac{U_N}{I_N}} = \frac{I_N x_s}{U_N} = \frac{\overline{ca}}{\overline{ab}} \tag{20-64}$$

由图 20-30 可见,当端电压 $U = U_N$ 时,求得同步电抗为饱和同步电抗;当端电压较低,如 20-30 图 a' 点,磁路不饱和时,同步电抗压降 $\overline{c'a'}$ 比 $\overline{ca}$ 大得多,可见不饱和同步电抗值要比饱和同步电抗大。

3. 转差法测定 x_d 和 x_q

以上的方法都不能测求交轴同步电抗 x_q,为此要介绍转差法测定 x_d 和 x_q。

转差法实验线路如图 20-31(a)所示,将被试同步电机驱动到接近同步转速,即 $n \approx (98\% \sim 99\%)n_1$,但不被牵入同步,转子励磁绕组开路;然后在定子绕组上加三相对称低电压 $U \approx (2\% \sim 5\%)U_N$,三相电压产生旋转磁场方向与转子转向一致的,这时定子旋转磁场与转子之间保持一个低速相对运动,定子旋转磁场的轴线与转子直轴和交轴相交替重合,用示波器摄得的同步电机端电压和电流的波形,如图 20-31(b)所示。

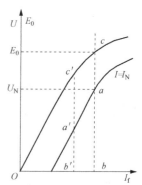

图 20-30　图解法求饱和同步电抗

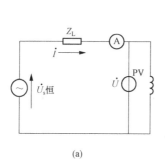

(a)

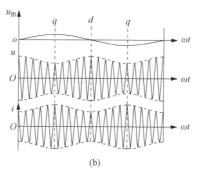

(b)

图 20-31　转差法实验线路与波形

(a)测试接线图;(b)波形图

当定子旋转磁场与直轴重合时 $I = I_d, I_q = 0$,电枢回路中的电抗为直轴同步电抗 x_d,此时电抗最大、定子电流最小,供电线路压降最小,端电压则为最大;同时转子励磁绕组中交链的电枢磁通最大,转子绕组中的感生电动势为零。同理,当定子旋转磁场与交轴重合时,

$I = I_q, I_d = 0$，电枢回路的电抗即为交轴同步电抗 x_q，此时电抗最小，定子电流最大，供电线路压降最大，端电压则为最小，同时转子励磁绕组中交链的电枢磁通最小，转子绕组中感生的电动势达最大值。即

$$d\text{轴重合时} \quad I_{\min} = \frac{U}{r_a + jx_d}, \qquad \text{则} \ U_{\max} = U_S - I_{\min} Z_L$$

$$q\text{轴重合时} \quad I_{\max} = \frac{U}{r_a + jx_q}, \qquad \text{则} \ U_{\min} = U_S - I_{\max} Z_L$$

设测得的电流和电压都为每相值，忽略电阻，则每相的同步电抗 x_d 和 x_q 分别为

$$\left.\begin{aligned} x_d &= \frac{U_{\max}}{I_{\min}} \\ x_q &= \frac{U_{\min}}{I_{\max}} \end{aligned}\right\} \tag{20-65}$$

由于试验时定子所加的电压很低，磁路不饱和，故转差法试验所测得的同步电抗 x_d 和 x_q 均为不饱和值。一般来说，x_q 的数值约为 x_d 的 60%。

二、短路比

短路比是指在空载额定电压对应的励磁电流 I_{f0} 下，三相稳态短路时的短路电流 I_{K0} 与额定电流 I_N 之比。用符号 k_k 表示，根据定义

$$k_k = \frac{I_{k0}}{I_N} \tag{20-66}$$

由图 20-29 可知，当励磁电流为 I_{f0} 时，空载额定电压为 U_N；保持励磁电流 I_{f0} 不变做短路试验，电枢绕组中将产生短路电流 I_{k0}；如要使短路电流达到发电机的额定电流值 I_N，则必须把励磁电流增加到 I_{fk}。由于短路特性是一条直线，由图 20-29 可知，短路比的数值也可表示为

$$k_k = \frac{I_{k0}}{I_N} = \frac{I_{f0}}{I_{fk}} \tag{20-67}$$

根据式（20-74），短路比的定义可转化为产生空载额定电压 $U = U_N$ 时的励磁电流 I_{f0} 与产生额定短路电流 $I_K = I_N$ 时所需的励磁电流 I_{fk} 之比。

由以上分析可知，不饱和同步电抗 $x_d = \dfrac{E_0'}{I_{k0}}$，其标幺值为

$$x_{d*} = \frac{E_0'}{I_{k0}} \times \frac{I_N}{U_N} = C_0 \frac{I_N}{I_{k0}} = C_0 \frac{1}{k_k} \tag{20-68}$$

式中，$C_0 = \dfrac{E_0'}{U_N}$，由于电机磁路的饱和，C_0 大于 1。由式（20-75）可见，短路比与不饱和同步电抗成反比。

短路比是同步电机设计中的一个重要数据。设计中，短路比大，则同步电抗就小，发电机的电压调整率就较小，发电机运行的稳定度亦较高，但同步电抗要小，则气隙要加大，电

机尺寸及转子励磁都要加大，电机的造价较高。反之亦然。我国制造的汽轮发电机短路比一般设计在 0.5～0.7。水轮发电机短路比一般在 0.8～1.4。

【例 20-2】 一台汽轮发电机，25 000kW、10.5kV、Ｙ连接、$\cos\theta_N = 0.85$（滞后），根据如下空载特性、短路特性试验中测得数据，试求同步电抗和短路比。

在空载特性上查得：$U_L = 10.5\text{kV}$ 时，$I_{f0} = 150\text{A}$。

在短路特性上查得：$I_k = I_N = 1617\text{A}$ 时，$I_{fk} = 260\text{A}$。

在气隙线上查得：$I_f = 260\text{A}$ 时，$U_L = 20.4\text{kV}$。

解： 给定电压数据是线电压 U_L，计算电抗要换成相电压 U_{ph}。

按照图 20-29 所示，同步电抗计算方法有两种。

方法 1：

$I_{fk} = 260\text{A}$ 时，在气隙线上查得 $E'_{0ph} = 20\,400 / \sqrt{3} = 11\,778$（V）。

$I_{fk} = 260\text{A}$ 时，在短路特性上得 $I_k = I_N = 1617\text{A}$，所以同步电抗（不饱和值）为

$$x_d = \frac{E'_{0ph}}{I_k} = \frac{11\,778}{1617} = 7.284\,(\Omega)$$

用标幺值表示，$E'_{0*} = \dfrac{E'_{0ph}}{U_{Nph}} = \dfrac{11\,778}{10\,500/\sqrt{3}} = 1.943$，$I_* = 1$，故

不饱和值：$x_{d*} = \dfrac{E'_{0*}}{I_*} = \dfrac{1.943}{1} = 1.943$

或

$$x_{d*} = \frac{x_d}{z_b} = \frac{x_d}{U_{Nph}/I_{Nph}} = \frac{7.284}{6062/1617} = 1.943$$

根据短路比定义，短路比 k_k 指空载电压达到额定所加励磁电流与短路电流达到额定所加励磁电流之比：

$$k_k = \frac{I_{f0}\big|_{U_0 = U_N}}{I_{fk}\big|_{I_0 = I_N}} = \frac{150}{260} = 0.577$$

方法 2：

已知，在空载特性上查得：$U_L = U_N = 10.5\text{kV}$ 时，$I_{f0} = 150\text{A}$。

在气隙线上，$I_{fk} = 260\text{A}$ 对应相电动势 $E'_{0ph} = 11\,778\text{V}$。

根据线性比例，$I_{f0} = 150\text{A}$ 时，$E''_{0ph} = 6795\text{V}$。

根据式（20-75），不饱和电抗值也可以计算如下：

$$x_{d*} = C_0 \frac{1}{k_k} = \frac{E''_{0ph}}{U_{Nph}} \times \frac{1}{k_k} = \frac{6795}{6062} \times \frac{1}{0.577} = 1.943$$

可见，两种方法计算结果一致。

三、漏抗 x_σ 的测定和保梯电抗 x_p

1. 漏抗 x_σ 的测定

由负载特性分析可知，同步发电机的空载特性和零功率因数负载特性曲线间存在电抗三

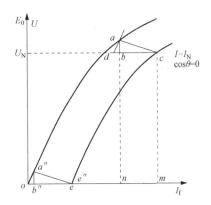

图 20-32　电抗三角形求解漏抗 x_σ

角形关系，且电抗三角形中 $\overline{ab}=I_N x_\sigma$，由此便可确定漏抗 x_σ。

做法如下：将空载特性和零功率因数负载特性画在同一坐标上，如图 20-32 所示，取 $U_N=\overline{cm}$，过 c 点作 $\overline{cd}//\overline{om}$ 且取 $\overline{cd}=\overline{oe}$；过 d 点作 $da//oa''$，交空载特性于 a 点，过 a 点作垂线 ab 交 dc 于 b 点，则 $\triangle abc$ 即为所求的电抗三角形。依据式（20-61）$U=E_\delta - I x_\sigma$ 知 $\overline{ab}=I_N x_\sigma$，则漏抗 $x_\sigma=\overline{ab}/I_N$。

其实求漏抗 x_σ，不需整条零功率因数负载特性曲线，只要求得额定短路点 e 及额定电压点 c 就可用上述方法确定电抗三角形 $\triangle abc$，继而求得漏抗 x_σ。

2. 保梯电抗 x_p

由空载特性曲线和电抗三角形推出的零功率因数负载特性曲线，称为理论零功率因数负载特性曲线。实际上，实测得零功率因数负载特性曲线将向下弯曲一点，如图 20-33 中的曲线 3 所示。为何如此？

由电抗三角形推导过程可知，理论零功率因数负载特性曲线上 c 点所对应的空气隙合成磁动势 $\overline{on}=(F_f-k_{ad}F_{ad})$；而空载特性上的 a 点，电枢电流 $I=0$ 无电枢反应，气隙合成磁动势就是转子励磁磁动势，也等于 $\overline{on}$；所以理论上认为 c、a 两点气隙

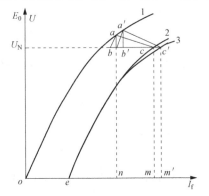

图 20-33　同步发电机保梯电抗求解
1—空载特性；2—理论零功率因数负载特性曲线；
3—实测零功率因数负载特性曲线

合成磁动势和气隙磁通密度相同，它们的磁路饱和程度一样的；而实际上，虽然 c、a 两点的气隙磁动势相等，但由于 c 点电枢电流 $I \neq 0$，c 点的励磁磁动势大于 a 点的励磁磁动势，而转子磁极间的漏磁通正比于转子励磁磁动势，且零功率负载试验时磁极铁心的饱和程度较高，磁极的漏磁较大。因此，实际运行中，为获得同样的气隙磁通，必须加大励磁磁动势，如图 20-33 中 $m'(c')$ 点所示，实测得零功率因数负载特性如图 20-33 的曲线 3，其对应电抗三角形为 $\triangle a'b'c'$，漏抗压降为 $\overline{a'b'}$，由此算出的漏抗将大于前述 x_σ。为了区别，将 $\triangle a'b'c'$ 称为保梯三角形，由 $\overline{a'b'}$ 所求出的漏抗称为保梯电抗，用 x_p 表示。即 $x_p=\overline{a'b'}/I_N$。

对于汽轮发电机，因极间漏磁通较小，故 $x_p \approx x_\sigma$；对凸极同步电机，极间漏磁较大，$x_p=(1.1\sim 1.3)x_\sigma$。用保梯电抗 x_p 代替漏抗 x_σ 计算同步发电机的电压变化率和额定励磁电流，会获得更准确的结果。

四、求取电压变化率及额定励磁电流

1. 用电动势法求电压变化率

当同步电机的各电抗已知时，可用相量图求得电压变化率，这种方法称**电动势法**。如果**电动势法**所用的同步电抗为不饱和值，则所得的电压变化率将比实际值为大。如所用的同步电抗为饱和值，则从相量图上获得的电压变化率将比较合理。

2. 磁动势法求电压变化率及额定励磁电流

磁动势法的特点是直接考虑电枢磁动势的作用，因而可以把实际磁路的饱和情况考虑进去，计算结果和实验结果较接近。计算时用保梯电抗 x_p 代替漏抗 x_σ，计入负载时转子漏磁比空载时大的影响。

设额定运行时，$\dot{U}_N$、$\dot{I}_N$ 和 θ_N 均为已知值，电压和电流均应取每相值。不计电枢绕组电阻，端电压 $\dot{U}_N$ 加保梯电抗值的漏抗电压降后便得到发电状态下的近似合成电动势 $\dot{E}_\delta$，即

$$\dot{E}_\delta = \dot{U}_N + \dot{I}r_a + j\dot{I}x_\sigma \approx \dot{U}_N + j\dot{I}_N x_p \qquad (20-69)$$

图 20−34 表示了用磁动势法求 ΔU 及 I_{fN} 的情况，为了对应时空相量图中磁动势相量，空载特性和短路特性横坐标使用磁动势幅值（阶梯型波或方波）。图中曲线 1 为发电机的空载特性 $U_0 = f(F_f)$ 或 $E_0 = f(F_f)$，曲线 2 为短路特性 $I_k = f(F_f)$。

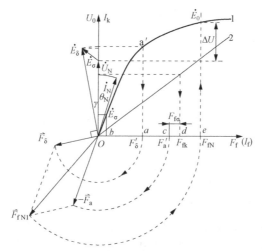

图 20−34 磁动势法求电压变化率

（1）画时空矢量图。在纵坐标上取 $\dot{U}_N$，并根据 θ_N 作出电流相量 $\dot{I}_N$。不计电枢电阻，按式（20−76）作出合成电动势 $\dot{E}_\delta$。以 $\dot{E}_\delta$ 长为半径，0 点为圆心，作弧线交纵轴点，从该点作平行线交空载特性曲线于 a' 点。在空载特性上查取产生 $\overline{aa'} = \dot{E}_\delta$ 的幅值所需的励磁电流 F_f'，它是阶梯型波或方波的幅值，通过波形分解，对应为正弦波的磁动势 $\bar{F}_\delta$ 的相量，超前 $\dot{E}_\delta$ 90°。

必须指出，图 20−34 非正弦波磁动势幅值 F_δ'、F_a'、F_{fN} 乘以波形系数，变为正弦波磁动势矢量 $\bar{F}_\delta$、$\bar{F}_a$、$\bar{F}_{fN1}$，矢量长度就是它们的正弦波幅值，图中为了简便，假设的波形系数为 1，如果实际不是 1，相应矢量 $\bar{F}_\delta$、$\bar{F}_a$ 作同比例缩放，不影响矢量相位和运算结果，可以与相量图同绘在时空矢量中。

（2）求电枢反应磁动势 F_a'。据短路运行矢量图，电枢反应是纯去磁，气隙合成磁动势 F_δ 等于实际励磁磁动势 F_{fk} 减去电枢磁动势 F_a'。据式（20−58）气隙合成磁动势 F_δ 产生感应电动势 E_δ 等于漏抗压降 E_σ，所以图 20−34 中用 $F_{f\sigma}$ 符号表示。则有短路运行时磁势关系式 $F_\delta = F_{f\sigma} = F_{fk} - F_a'$。

在短路特性上取得纵坐标 I_N 时的励磁 F_{fk}。在 F_{fk} 中减去漏抗电动势 $E_\sigma = I_N x_p$ 所需的励磁 $F_{f\sigma}$=ob，则电枢反应磁动势

$$F_a' = F_{fk} - F_{f\sigma} \qquad (20-70)$$

（3）求额定运行时励磁磁动势 F_{fN} 和励磁电流 I_{fN}。根据气隙基波合成磁动势 $\bar{F}_\delta = \bar{F}_{fN1} + \bar{F}_a$，得

$$\bar{F}_{fN1} = \bar{F}_\delta + (-\bar{F}_a) \qquad (20-71)$$

正弦波矢量 $\bar{F}_{fN1}$ 的幅值乘以折算系数（是前面假设的波形系数的倒数），得到额定励磁磁动势 F_{fN}，该值除以每极励磁匝数 N_f 便是额定励磁电流 I_{fN}，即图中横坐标 e 点，在空载特性曲线上，该 e 点的纵坐标便为空载电动势 E_0。

由式 $\Delta U\% = \dfrac{E_0 - U_N}{U_N} \times 100\%$ 便可求得电压变化率。

图 20-34 中既有电动势相量，又有磁动势矢量，故称为电动势—磁动势图。用磁动势法不仅可求出与实际相符的 $\Delta U\%$，而且可以求得发电机的额定励磁电流 I_{fN}，I_{fN} 是设计发电机励磁绕组及其调压设备所必须的数据。

小　结

本章介绍了三相同步发电机稳态对称运行时，电机内部的电磁物理现象，重点讲解了同步发电机的空载运行、对称负载运行时同步电机的电枢反应、电枢磁动势与磁极磁动势的时空–矢量图及电枢反应在能量转换中的作用；对隐极式、凸极式同步发电机进行详细分析，给出电路方程、等效电路和相量图；简要介绍了同步发电机的单机运行特性，及同步电机的参数计算和测量方法，为研究同步电机特性打下基础。由于隐极式与凸极式同步电机的转子结构差异较大，导致磁场分布波形差异很大，为此，详细介绍了双反应理论，并用双反应理论分析凸极同步发动机电枢反应。本章还分别介绍了不计磁路饱和与计及磁路饱和时，磁动势到电动势的计算方法。当不考虑磁路饱和，可利用叠加原理，分别计算电枢磁动势与磁极磁动势产生的基波磁场，从而计算出相应基波磁动势及电动势；当考虑磁路饱和时，必须将电枢磁动势与磁极磁动势合成，再由合成磁动势求得合成磁场与合成电动势，通过空载特性曲线求得。由于电枢磁动势与磁极磁动势的波形不同，在求合成磁动势时，必须对电枢磁动势的波形按磁极磁动势波形作等效折算。

思 考 题

20-1　同步电机在空载时的空气隙磁场是如何激励的？在稳态对称负载时励磁情况怎样？电机稳态运行时，空气隙磁场是否在转子绕组中感应电动势？为什么？

20-2　设某同步发电机的负载电流较空载电动势在时间轴上滞后 105°，求定子旋转磁场与转子旋转磁场间的空间相角关系，该二磁场在定子绕组中所感应的电动势间相角又是如何？这时合成旋转磁场的空间位置将较转子旋转磁场超前还是滞后？合成感应电动势的时间相位关系将较空载电动势超前还是滞后？

20-3　接在电网上的同步电机，在电网电压不变的条件下，改变转子方面的直流励磁为何可以调节同步电机的功率因数？为什么说过励发电机有滞后的功率因数？

20-4　为什么从空载特性和短路特性不能测定同步电机的交轴同步电抗？为什么从空载特性和短路特性不能准确地测定同步电抗的饱和值？

20-5　为什么同步电机的空气隙可以比容量相当的异步电机的空气隙大？如把异步电机的空气隙做得和同步电机的空气隙一样大，有什么不好？

20-6　同步发电机的短路特性为一条直线，为什么？设 x_d 的标幺值为1，当短路电流有额定值时，$I_k x_d$ 已等于额定电压，但此时短路特性仍不饱和，为什么？

习　题

20-1　有一 $P_N = 25\,000\text{kW}$，$U_N = 10.5\text{kV}$，星形连接，$\cos\theta_N = 0.8$（滞后）的汽轮发电机，$x_{s*} = 2.13$，电枢电阻可略去不计。试求额定负载下发电机的空载电动势 E_0 和 $\dot{E}_0$ 与 $\dot{I}$ 的夹角 ψ。

20-2　三相汽轮发电机，额定功率为 $P_N = 25\,000\text{kW}$，额定电压 $U_N = 10\,500\text{V}$，星形连接，额定电流 $I_N = 1720\text{A}$，同步电抗 $x_s = 2.3\Omega$，忽略电枢电阻，试求：

（1）同步电抗标幺值 x_{s*}。

（2）额定运行且 $\cos\theta = 0.8$（滞后）时的 E_0 标幺值。

（3）额定运行且 $\cos\theta = 0.8$（超前）时的 E_0 标幺值。

20-3　有一 $P_N = 72\,500\text{kW}$、$U_N = 10.5\text{kV}$、星形连接，$\cos\theta_N = 0.8$（滞后）的水轮发电机，$x_{d*} = 1$，$x_{q*} = 0.554$，电枢电阻略去不计。试求额定负载下的空载电动势 E_0 和 $\dot{E}_0$ 与 $\dot{I}$ 的夹角 ψ。

20-4　三相凸极发电机，同步电抗的标幺值分别为 $x_{d*} = 0.9$，$x_{q*} = 0.6$，忽略电枢电阻，在额定电压时供给额定电流且功率因数为 0.85（滞后）。试求：

（1）电枢电流的直轴分量 I_{d*} 和交轴分量 I_{q*}。

（2）空载电动势 E_{0*} 和功角 δ。

20-5　一台水轮发电机的数据如下：容量 $S_N = 8750\text{kVA}$，额定电压 $U_N = 11\,000\text{V}$，星形连接，从实验取得各特性的数据见表 20-2～表 20-4。

表 20-2　　　　　　　　　　　空 载 特 性 数 据

$I_{f0}(\text{A})$	456	346	284	241	211	186
$E_0(\text{V})$	15 000	14 000	13 000	12 000	11 000	10 000

表 20-3　　　　　　　　　　　三 相 短 路 特 性 数 据

$I(\text{A})$	115	230	345	460	575
$I_f(\text{A})$	34.7	74.0	113.0	152.0	191.0

表 20－4   当 I=459A 时零功率因数负载特性数据

I_f(A)	486	445	410.5	381	358.5	345
U(V)	11 960	11 400	10 900	10 310	9800	9370

试求：

（1）在方格纸上绘出以上的特性曲线（选用适当的比例尺，要画得比较大一些）。

（2）求出 x_d 的不饱和值及饱和值，用电阻值及标幺值表示。

（3）求出漏抗 x_σ 的电阻值及标幺值。

（4）求出短路比。

第二十一章　同步发电机在大电网上运行

第一节　同步发电机的并联运行

电力系统由许多大容量同步发电机并联运行，共同给负载供电。电网容量很大，电网的电压和频率是恒定不变的，通常称电网为无穷大电网或无穷大汇流排。单台发电机的容量和电网相比是很小的，单机的负载情况不会影响整个电网的电压和频率。

同步发电机并联运行，可提高供电质量及用电可靠性；在电网内统一调度发电容量，提高发电运行的经济性。并联运行是同步发电机最基本的运行方式，讨论并联运行就是分析单台发电机和无穷大电网的并联运行。

一、并联运行的条件

同步发电机要并到无穷大电网中，要求不应产生电流的冲击，在短时间内（几个周波）迅速并入大电网，同步发电机并网必须满足下述四个条件：

（1）发电机的频率等于电网频率。

（2）发电机的电压幅值等于电网电压幅值。

（3）发电机的相序与电网的相序相同。

（4）在并网时，发电机的电压相角与电网电压的相角相同。

如果上述有一个条件不满足，将会在发电机绕组中产生环流，引起发电机的功率振荡，增加运行损耗，运行不稳定等问题，危害发电机的安全运行，甚至产生不良的严重后果。

二、并联运行的方法和步骤

同步发电机投入并联所进行的调节和操作过程，称为整步过程。通常有两种方法：① 准确整步法；② 自整步法。

1. 准确整步法

把发电机调整到完全合乎并联的条件，然后投入电网，称为准确整步。判断是否满足投入并联条件，常采用同步指示器。最简单方法就是用三组同步指示灯来检验合闸条件，同步灯光法有直接接法和交叉接法两种。

（1）直接接法也称灯光黑暗法，是把三个同步指示灯分别跨接在电网和发电机的对应相之间，如图 21-1（a）所示，指示灯分别跨接在 HA_1 与 HA_2、HB_1 与 HB_2、HC_1 与 HC_2 之间；若两边相序一致，则两边相量图如图 21-1（b）所示；采用灯光黑暗法并网步骤如下：

1）按图接线。接线原理如图 21-1（a），双方对应相通过指示灯相接。

2）检验双方电压。调节同步发电机励磁电流 I_f，使双方电压相等。

3）检验相序连接是否正确。按图 21-1（a）接线，当三组灯同时明暗时，说明双方相序相同；若现象为灯光旋转，说明双方相序不同，应任意对调其中两相。

4）在双方电压相等且相序连接正确时，调节原动机的转速，使发电机频率 f_2 接近电网频率 f_1，双方频率越接近，灯光闪烁频率越慢。

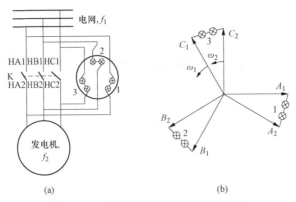

图 21-1   直接接法的接线图和相量图

（a）接线图；（b）相量图

5）当灯光闪烁极其缓慢时，在灯光变暗时合闸，并车完成。

若频率不相等 $f_1 \neq f_2$，则两组相量以不同的角速度 $\omega_1 \neq \omega_2$ 旋转，两组相量之间有相对运动，端点的距离 A_1A_2、B_1B_2、C_1C_2 分别表示三路灯上所承受的电压，随着两组相量旋转速率不同，电压在 $0\sim2U$ 作周期性变化，如图 21-2 所示，所以灯光时亮时暗；灯光闪烁的次数决定于两组相量间的相对速率，调节发电机的转速使其频率接近于电网频率，三组灯光闪烁就越来越慢，直到三个灯同时熄灭，两组相量完全重合，图 21-2（a）所示，此时开关 K 两端对应点电位相同，合闸时定子没有冲击电流，属于最佳合闸时刻。

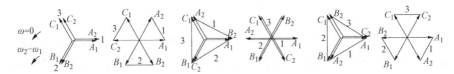

图 21-2   直接接法（灯光黑暗法）$f_1 \neq f_2$ 不同时，灯端点电压在 $0\sim2U$ 之间作周期变化

1—灯全暗（最佳合闸时刻）；2—灯亮；3—灯较亮；4—灯全最亮；5—灯较亮；6—灯

（2）交叉接法也称灯光旋转法，接线如图 21-3（a）所示，其中灯 1 仍接在 A_1 与 A_2 之间，灯 2 和灯 3 交叉地接在 B_1 与 C_2、C_1 与 B_2 之间。若两边相序一致，则两边相量图如图 21-3（b）

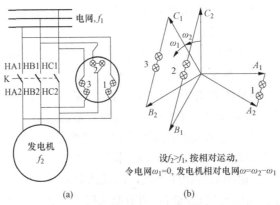

设 $f_2 > f_1$，按相对运动，
令电网 $\omega_1 = 0$，发电机相对电网 $\omega = \omega_2 - \omega_1$

图 21-3   交叉接法的接线图和相量图

（a）接线图；（b）相量图

所示；采用灯光旋转法并网步骤如下：

1）按图接线：接线原理如图 21-3（a），灯 1 接在 A_1 与 A_2 之间，灯 2 接在 B_1 与 C_2 之间，灯 3 接在 C_1 与 B_2 之间，并双方通过指示灯相接。

2）检验双方电压：调节同步发电机励磁电流 I_f，使双方电压相等。

3）检验相序连接是否正确：当三组灯明亮发生旋转时，说明双方相序相同；若灯光同时明暗，说明双方相序不同，应任意对调其中两相。

4）在双方电压相等且相序连接正确时，调节原动机的转速，使发电机频率 f_2 接近电网频率 f_1，双方频率越接近，灯光旋转频率越慢。

5）当灯光旋转极其缓慢，在直接相灯光 1 变暗时合闸，并车完成。

若频率不等 $f_1 \neq f_2$，则两组相量以不同的角速度 $\omega_1 \neq \omega_2$ 旋转，两组相量存在着相对运动，向量端点的距离 A_1A_2、B_1C_2、C_1B_2 分别表示三路灯上所承受的电压，在 $0 \sim 2U$ 作周期性变化，三个指示灯交替亮暗，形成灯光旋转现象，若 $f_2 > f_1$，则灯光按图中灯 1→灯 2→灯 3 次序旋转；如图 21-4 所示；反之，若 $f_2 < f_1$，则灯光按灯 1→灯 3→灯 2 次序旋转。灯光旋转速度决定于两组相量的相对速率。调节发电机的转速，使其频率接近于电网频率，灯光旋转变慢，到灯光不再旋转时，已具备合闸条件，当灯 1 熄灭，2，3 同时明亮，如图 21-4（1）时刻，发电机电压相量和电网电压向量完全重合，合闸投入并联。此法的优点是能看出发电机与电网频率高低，故用得较多。

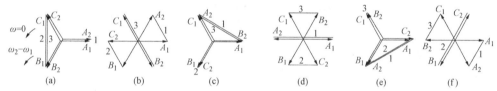

图 21-4　交叉接法（灯光旋转法）当 $f_2 > f_1$ 时，灯端点电压在 $0 \sim 2U$ 作周期变化
（a）灯 1 灭（最佳合闸时刻）；（b）灯 3 最亮；（c）灯 2 灭；（d）灯 1 最亮；（e）灯 3 灭；（f）灯 2 最亮

准确整步法的优点是投入瞬间电网和电机没有冲击电流，缺点是整步过程复杂费时间。尤其当电网发生故障而要求把备用同步发电机迅速投入并网运行时，由于电网电压与频率不稳，用准确整步法更难并网，这时往往采用自整步法。

2. 自整步法

自整步法的接线原理如图 21-5 所示。投入步骤：先将发电机励磁绕组经限流电阻短路，限流电阻一般约为励磁绕组电阻的 10 倍。如图 21-5（a）所示，校验发电机的相序，并按照规定的转向（和定子旋转磁场的转向一致）把发电机拖到接近同步转速，然后把发电机投入电网，并立即加上直流励磁，如图 21-5（b）所示，此时依靠定、转子磁场的电磁吸力，把转子牵入同步。自整步法的优点是，投入迅速，缺点是投入时定子电流冲击较大。

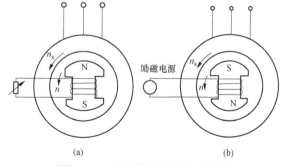

图 21-5　自整步法的接线示意图

第二节　同步电机的功率、转矩及功角特性

一、同步电机的功率和转矩

同步电机作发电机运行时，自原动机输入到发电机的机械功率为 P_1，P_1 减去发电机的机

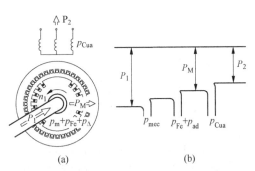

图 21-6　同步发电机的功率流程图
（a）功率输入示意图；（b）功率流程图

械损耗 p_{mec}、铁心损耗 p_{Fe} 和附加损耗 p_{ad}，便得到电磁功率 P_M。电磁功率 P_M 即为由电枢反应从转子方通过气隙合成磁场传递到定子方的电功率，该电功率减去定子铜损耗 P_{Cua}，便得到输出的电功率 P_2，功率流程图如图 21-6（b）所示。

通常 p_{mec}、p_{Fe} 及 p_{ad} 合并为空载损耗 p_0；至于励磁回路所消耗的电功率，如果是同轴励磁机或自励式，则 P_1 中还要扣除励磁功率 P_f，一般大型同步发电机励磁都由其他电源供给与 P_1 无关，故不包括在功率流程图中。

由功率流程图 21-6（b）可得

$$P_M = P_1 - (P_{\text{mec}} + P_{\text{Fe}} + P_{\text{ad}}) = P_1 - p_0 \tag{21-1}$$

$$P_2 = P_M - p_{\text{Cua}} = P_M - mI^2 r_a \tag{21-2}$$

$$或 P_M = P_2 + mI^2 r_a = mUI\cos\theta + mI^2 r_a$$

式中　p_0——空载损耗，$p_0 = p_{\text{mec}} + p_{\text{Fe}} + p_{\text{ad}}$；

　　　m——定子相数；

　　　θ——相电压 U 与 I 的夹角。

如果同步电机作电动机运行，则功率流程将倒转，P_2 为输入电功率，P_1 为输出的机械功率。将二者合并考虑，取输出电功率为正值，则电动机的输入电功率便取负值，式（21-2）适用于发电机和电动机。发电机时 $|P_2| < |P_M|$；电动机时 $|P_2| > |P_M|$。

1. 功率表达式

隐极同步发电机相量图如图 21-7 所示，由相量图知，其电磁功率为

$$\left.\begin{array}{l} P_2 = mUI\cos\theta \\ P_M = mUI\cos\theta + mI^2 r_a \\ \quad = mE_0 I\cos\psi \end{array}\right\} \tag{21-3}$$

对于凸极同步发电机，当忽略电枢电阻时，其相量图如图 21-8 所示，由相量图知可知

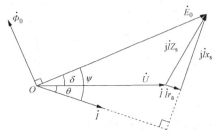

图 21-7　隐极式同步发电机相量图

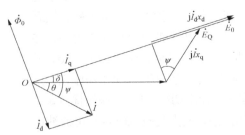

图 21-8　凸极同步发电机略去电阻后的相量图

$$I_q x_q = U \sin\delta \atop I_d x_d = E_0 - U\cos\delta \Bigg\} \qquad (21-4)$$

或

$$\sin\delta = \frac{I_q x_q}{U} \atop \cos\delta = \frac{E_0 - I_d x_d}{U} \Bigg\} \qquad (21-5)$$

其电磁功率为

$$P_2 \approx P_M = mUI\cos\theta = mUI\cos(\psi-\delta) = m(UI_q\cos\delta + UI_d\sin\delta) \qquad (21-6)$$

将式（21-5）代入式（21-6），得

$$P_2 \approx P_M = m[E_0 I_q + I_q I_d(x_q - x_d)] = m[E_0 I\cos\psi + I_q I_d(x_q - x_d)] \qquad (21-7)$$

2. 转矩表达式

设同步电机转子的机械角速度为 $\Omega_1 = 2\pi\dfrac{n_1}{60}$（rad/s），将式（21-1）两边同除 Ω_1，得电磁转矩平衡方程式

$$T = T_1 - T_0 \qquad (21-8)$$

式中　T_1——输入转矩，$T_1 = \dfrac{P_1}{\Omega_1}$；

　　　T_0——空载制动转矩，$T_0 = \dfrac{P_0}{\Omega_1}$；

　　　T_M——电磁转矩，$T_M = \dfrac{P_M}{\Omega_1}$。

二、同步电机的功角特性

1. 隐极式同步发电机的功角特性

由隐极式同步发电机的电压方程，$\dot{U} = \dot{E} - \dot{I}Z_s$，可求得

$$\dot{I} = \frac{\dot{E}_0 - \dot{U}}{Z_s} \qquad (21-9)$$

以端电压 $\dot{U}$ 为参向量，由相量图 21-7 得

$$\dot{U} = U\underline{/0°} \quad ; \quad \dot{E}_0 = E_0\underline{/\delta} \qquad (21-10)$$

同步阻抗表示为

$$Z_s = z_s \, \Big/ \frac{\pi}{2} - \rho \qquad (21-11)$$

式中

$$\rho = \arctan\frac{r_a}{x_s} \qquad (21-12)$$

把式（21-10）、式（21-11）代入式（21-9，）得

$$\dot{I} = \frac{E_0}{z_s} \left/ \delta - \frac{\pi}{2} + \rho \right. - \frac{U}{z_s} \left/ -\frac{\pi}{2} + \rho \right. \quad\quad (21-13)$$

把式（21-10）和式（21-13）代入式（21-3）整理得，功率 P_2 与电磁功率 P_M 的表达式

$$P_2 = \frac{mE_0 U}{z_s} \sin(\delta + \rho) - \frac{mU^2}{z_s} \sin\rho \quad\quad (21-14)$$

$$P_M = \frac{mE_0 U}{z_s} \sin(\delta - \rho) + \frac{mE_0^2}{z_s} \sin\rho \qu\quad (21-15)$$

对于发电机而言，输出功率即为端点功率 P_2，故应采用式（21-14）。对电动机而言，轴上机械功率即为从定子方通过气隙合成磁场传递到转子方的电功率 P_M，故应采用式（21-15）。如取发电机的 P_2 和 δ 为正值，则电动机的 P_M 和 δ 均应为负值。如电枢电阻 r_a 略去不计，则 $\rho = 0$，$\sin\rho = 0$，$Z_s = x_s$，式（21-14）和式（21-15）便化为

$$P_2 = P_M = m\frac{E_0 U}{x_s} \sin\delta = P_{max} \sin\delta \quad\quad (21-16)$$

另外，推导隐极机的功角特性可以有更简便的方法，由图 21-13 所示，不难看出

$$I x_s \cos\theta = E_0 \sin\delta$$

则 $I\cos\theta = \dfrac{E_0 \sin\delta}{x_s}$，再据式（21-3），即可得到

$$P_M = P_2 + p_{cua} \approx P_2 = mUI\cos\theta = m\frac{UE_0}{x_s}\sin\delta$$

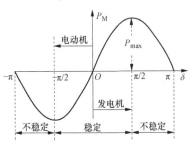

图 21-9 隐极机略去 r_a 时的功角特性 $P_M = f(\delta)$

同步电机的电磁功率 P_M 称为同步功率。P_M（或 P_2）随功角 δ 变化的关系 $P_M = f(\delta)$ 称为功角特性。由式（21-16）可见，隐极同步电机略去 r_a 后的功角特性是正弦函数变化，如图 21-9 所示。当端电压和励磁保持不变时，同步功率 P_M 有一个最大值 P_{max}，且 $P_{max} = \dfrac{mE_0 U}{x_s}$，出现在 $\delta = 90°$ 时，同步电机作发电机运行时，工作在 $0° < \delta < \pi$ 的第一象限。作电动机运行时，工作在 $-\pi < \delta < 0°$ 第三象限。

同步电机的转速为同步转速，转矩和功率成正比，由式（21-16）推得电磁转矩为

$$T = \frac{p}{\omega} P_M = \frac{p}{\omega} \times \frac{mE_0 U}{x_s} \sin\delta \qu\quad (21-17)$$

可见，转矩随功角 δ 变化的矩角特性 $T = f(\delta)$ 与功角特性 $P_M = f(\delta)$ 同规律。

同步电机最大功率 P_{max} 与额定功率 P_N 之比称过载能力，用 K_m 表示。设隐极同步电机额

定运行时的功角为 δ_{N}，则有

$$\left.\begin{array}{l} P_{\mathrm{N}} = m\dfrac{E_0 U}{x_{\mathrm{s}}}\sin\delta_{\mathrm{N}} \\[3mm] P_{\max} = m\dfrac{E_0 U}{x_{\mathrm{s}}} \\[3mm] K_{\mathrm{m}} = \dfrac{1}{\sin\delta_{\mathrm{N}}} \end{array}\right\} \qquad (21-18)$$

由式（21-18）可见，额定功角 δ_{N} 越小，过载能力 K_{m} 越大。此外，从相量图 21-7 可见，在一定的负载情况下，如要减小 δ_{N}，就必须减小同步电抗 x_{s}，由式（20-75）可知，短路比与同步电抗 x_{s} 成反比，因此，具有较大短路比的同步电机也有较大的过载能力。

当考虑电枢电阻影响时，端点功率 P_2 和电磁功率 P_{M} 分别由式（21-14）和式（21-15）表示。可见，功角特性 $P_{\mathrm{M}} = f(\delta)$ 仍为正弦函数，电枢电阻的影响，使功角特性的坐标原点产生一个位移。对发电机而言，功角特性由式（21-14）表示，纵坐标应向右边移过 ρ 距离，横坐标向上移 $mU^2\sin\rho/Z_{\mathrm{s}}$，原坐标点将由 O 点移至 O' 点；对电动机而言，功角特性由式（21-15）表示，纵坐标左移 ρ 距离，横坐标下移 $mE_0^2\sin\rho/Z_{\mathrm{s}}$，坐标原点将由 O 点移至 O'' 点。由图 21-10 可见，无论发电机或电动机，电枢电阻 r_a 的存在，都使最大功率 $P_{\max}$ 的数值减小，且使最大功率对应的功角 δ 绝对值小于 90°。

2. 凸极同步发电机的功角特性

求凸极同步发电机的功率表达式时，为了简单起见，忽略电枢电阻，其相量图如图 21-8 所示。由式（21-4）转换得

$$\left.\begin{array}{l} I_{\mathrm{q}} = \dfrac{U\sin\delta}{x_{\mathrm{q}}} \\[3mm] I_{\mathrm{d}} = \dfrac{E_0 - U\cos\delta}{x_{\mathrm{d}}} \end{array}\right\} \qquad (21-19)$$

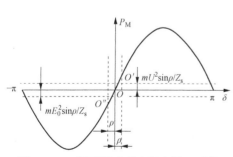

图 21-10　隐极机考虑电枢电阻 r_a 时的功角特性 $P_{\mathrm{M}} = f(\delta)$

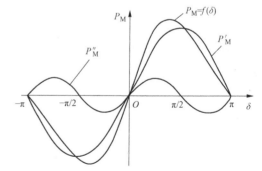

图 21-11　凸极同步发电机略去电阻时的功角特性 $P_{\mathrm{M}} = f(\delta)$

把式（21-19）代入式（21-6）整理，得

$$P_2 = P_{\mathrm{M}} = \frac{mE_0 U}{x_{\mathrm{d}}}\sin\delta + \frac{mU^2(x_{\mathrm{d}}-x_{\mathrm{q}})}{2x_{\mathrm{d}}x_{\mathrm{q}}}\sin 2\delta \qquad (21-20)$$

式（21-20）便是凸极式同步电机的功角特性 $P_M = f(\delta)$。

式中，第一项 $P'_M = \dfrac{mE_0U}{x_d}\sin\delta$ 为基本电磁功率，是由定子电流和转子磁场相互作用产生的。第二项 $P''_M = \dfrac{mU^2(x_d - x_q)}{2x_dx_q}\sin 2\delta$ 称为附加电磁功率，由交、直轴磁阻不等，即 $x_d \neq x_q$ 引起，所以称为磁阻功率。附加电磁功率只与电网电压 U 有关，与 E_0 的大小无关，即使转子没有加励磁，$E_0 = 0$，只要 $U \neq 0$，$\delta \neq 0$，$x_d \neq x_q$，就会产生附加电磁功率。当 $\delta = 90°$ 时，基本电磁功率达到最高值；当 $\delta = 45°$ 时，附加电磁功率有最高值，总的电磁功率的最高值出现在 $\delta = 45° \sim 90°$。根据式（21-20）作出的功角特性 $P_M = f(\delta)$ 如图 21-11 所示。可见，凸极同步电机的最大电磁功率将比具有同样 E_0、U 及 x_d 值的隐极机略大。同步电机的 E_0 越大，附加电磁功率在整个电磁功率中所占的比例就越小；在正常情况下，凸极式同步电机的附加电磁功率仅占总功率的百分之几。

三、功角 δ 的物理意义

位移角 δ_i 指转子磁场和气隙合成磁场之间的空间位移，其对应表达为相量 $\dot{F}_{f1}$ 与 $\dot{F}_\delta$ 间的夹角 δ_i，如图 21-12 所示。由图可知，由于相似三角形关系，δ_i 也可对应为空载电动势 $\dot{E}_0$ 与电枢合成电动势 $\dot{E}_\delta$ 间的夹角 δ_i。而同步电机的漏阻抗压降较小，端电压 U 和 E_δ 相差甚微，所以功角 δ 角可近似为 $\dot{E}_\delta$ 和 $\dot{E}_0$ 间夹角，即 $\delta \approx \delta_i$。可见，功角 δ 的数值决定着同步机的运行方式。当转子磁场超前合成磁场时，δ 为正值，同步电机作发电机运行；反之，合成磁场在前，转子磁场在后，δ 角为负值，同步机作电动机运行。功角 δ 是同步电机的重要变量。

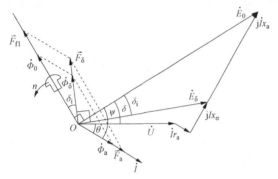

图 21-12　隐极发电机功角 δ、位移角 δ_i 及时空相量图

四、无功功率的功角特性

为简单起见，以隐极同步电机为对象，并忽略电枢电阻，分析无功功率和功角的关系。隐极同步发电机输出的无功功率为

$$Q = mUI\sin\theta \qquad (21-21)$$

设发电机输出感性无功功率时 Q 取正值。由向量图 21-13 可知

$$E_0\cos\delta = U + Ix_s\sin\theta \qquad \text{或} \qquad I\sin\theta = \frac{E_0\cos\delta - U}{x_s} \qquad (21-22)$$

将式（21-22）代入式（21-21），得

$$Q = \frac{mE_0U}{x_s}\cos\delta - \frac{mU^2}{x_s} \qquad (21-23)$$

式（21-23）即为无功功率的功角特性 $Q = f(\delta)$。当励磁不变时，无功功率 Q 与功角 δ 的关系为余弦函数，如图 21-14 所示。

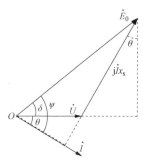

图 21-13　隐极式同步发电机相量图

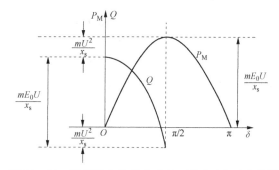

图 21-14　隐极发电机有功功率、无功功率功角特性

【例 21-1】一台三相、50Hz、星形连接、11kV、8750kVA 凸极式水轮发电机。当额定运行情况时的功率因数为 0.8（滞后），每相同步电抗 $x_d = 17\Omega$，$x_q = 9\Omega$，电阻可以略去不计。试求：

（1）同步电抗的标幺值。

（2）该机在额定功率运行情况下的功率角 δ_N 及空载电动势 E_0。

（3）该机的最大电磁功率 P_{max}、过载能力及产生最大功率时的功率角 δ。

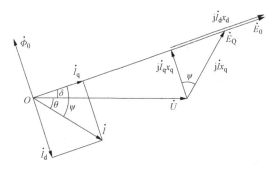

图 21-15　例 21-1 简化相量图

解：（1）额定电流

$$I_N = \frac{8750}{\sqrt{3} \times 11} = 460 \ (\text{A})$$

每相额定电压

$$U_N = \frac{11000}{\sqrt{3}} = 6350 \ (\text{V})$$

同步电抗的标幺值

$$x_{d*} = x_d \frac{I_N}{U_N} = 17 \times \frac{460}{6350} = 1.232$$

$$x_{q*} = x_q \frac{I_N}{U_N} = 9 \times \frac{460}{6350} = 0.654$$

（2）先作出相量图如图 21-15 所示，以下的计算都用标幺值。令端电压为参考轴，则

$$\dot{U}_{N*} = 1.0 + j0$$

$$\dot{I}_{N*} = 0.8 - j0.6$$

$$\dot{U}_{N*} + j\dot{I}_{N*}x_{q*} = 1.0 + j(0.8 - j0.6) \times 0.654 = 1.392 + j0.523$$

$$\delta_N = \arctan \frac{0.523}{1.392} = \arctan 0.376 = 20.7°$$

$$\theta_N = \arccos 0.8 = 36.9°$$

$$\psi = \delta_N + \theta_N = 20.7° + 36.9° = 57.6°$$

$$I_{d*} = 1 \times \sin\psi = \sin 57.6° = 0.845$$

$$I_{q*} = 1 \times \cos\psi = \cos 57.6° = 0.536$$

所以

$$E_{0*} = U_{N*}\cos\delta_N + I_{d*}x_{d*} = \cos 20.7° + 0.845 \times 1.232$$
$$= 0.937 + 1.041 = 1.978$$

空载电动势每相实际值为

$$1.978 \times 6350 = 12560 \quad (V)$$

（3）功角特性公式标幺值表达式为

$$P_{M*} = \frac{P_M}{S_N} = \frac{m\dfrac{E_0 U}{x_d}\sin\delta + m\dfrac{U^2(x_d - x_q)}{2x_d x_q}\sin 2\delta}{m U_{Nph} I_{Nph}}$$

$$= \frac{E_{0*}U_*}{x_{d*}}\sin\delta + \frac{U_*^2(x_{d*} - x_{q*})}{2x_{d*}x_{q*}}\sin 2\delta$$

将具体数据代入功角特性公式，则

$$P_{M*} = \frac{1.978}{1.232}\sin\delta + \frac{1^2(1.232 - 0.654)}{2 \times 1.232 \times 0.654}\sin 2\delta$$

$$= 1.605\sin\delta + 0.359\sin 2\delta$$

令 $\dfrac{dP_M}{d\delta} = 0$，则有

$$\frac{dP_M}{d\delta} = 1.605\cos\delta + 0.718\cos 2\delta = 0$$

故

$$1.436\cos^2\delta + 1.605\cos\delta - 0.718 = 0$$

$$\cos\delta = \frac{-1.605 \pm \sqrt{1.605^2 + 4 \times 1.436 \times 0.718}}{2 \times 1.436}$$

$$= \frac{-1.605 \pm 2.59}{2.872}$$

由于 $\cos\delta$ 必须小于1，故分子第二项应取正号，即得

$$\cos\delta = \frac{0.985}{2.872} = 0.342$$

$$\sin\delta = 0.94 \qquad \sin 2\delta = 0.643$$

故

$$P_{max*} = 1.605 \times 0.94 + 0.359 \times 0.643 = 1.509 + 0.231 = 1.74$$

三相总的最大功率

$$P_{max} = 1.74 \times 8750 = 15225 \quad (kW)$$

过载能力

$$K_m = \frac{P_{max}}{P_N} = \frac{1.74}{0.8} = 2.18$$

第三节　同步发电机有功功率调节和静态稳定

一、有功功率的调节

同步发电机并联到无穷大电网后，其频率和端电压受到电网约束。即同步发电机并网运行时 $f =$ 常数，$U =$ 常数，这是并联运行的一个特点。

当发电机通过准整步法并网后，尚处于空载状态，这时输入机械功率 P_1 恰好和空载损耗 p_0 平衡，即 $P_1 = p_0$，$T_1 = T_0$，没有多余功率可转化为电磁功率，此时 $P_M = 0$。当增加输入机械功率 P_1，使 $P_1 > p_0$，输入功率扣除了空载损耗后，其多余输入功率将转变为电磁功率，即 $P_1 - p_0 = P_M$。可见，发电机输出的有功功率是由原动机输入的机械功率转换来的，要改变发

电机输出的有功功率，就必须相应地改变原动机输入的机械功率。

从物理概念上讲，同步发电机输出功率的大小及稳定运行问题，都与功角 δ 密切相关。

同步发电机输出有功功率调节及静态稳定示意如图 21－16 所示。空载时 $P_M = 0$，$P_1 = p_0$，$T_1 = T_0$，由图 21－16（b）功角特性可见，此时 $\delta = 0$，转子磁场和气隙磁场重合。增加发电机输入功率 P_1，其输入转矩 T_1 增加，原来的平衡状态被打破，因 $T_1 > T_0$，所以转子加速，转子磁场超前气隙合成磁场一个位移角 δ。由 21－16（b）功角特性知，δ 角的增大将引起电磁功率增大，发电机输出有功功率增加；当 δ 增大到某一数值，使得 $P_M = P_1 - p_0$ 时，输入转矩 T_1 恰与电磁阻力转矩 T_M 及空载转矩 T_0 之和相等，即 $T_1 = T_0 + T_M$，转子加速的趋势即停止，发电机便达到了一个新的平衡状态，如图 21－16（b）功角特性中的 a 点。而无穷大电网的电压和频率均系常数，发电机气隙合成磁场的大小和转速都是固定不变的，所以转子加速动态稳定后转子仍以同步速运行。继续增加发电机的输入功率 P_1，当 $\delta = 90°$ 时（指隐极机），输出电磁功率 P_M 达到最大值 P_{Mmax}。若再增加输入 P_1，则 $\delta > 90°$，由图 21－16（b）功角特性可见，这时 P_M 随 δ 的增大而减小，$P_1 > P_M + p_0$，输入功率扣除掉空载损耗和电磁功率后还有剩余，剩余的功率将使转子继续加速，δ 角继续增大，电磁功率继续减小，系统功率不再保持平衡。如此互为因果，导致发电机不能再以同步转速稳定运行。

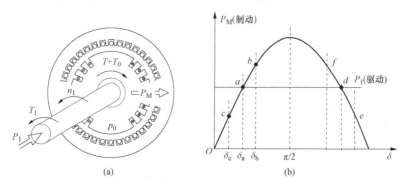

图 21－16　同步发电机输出有功功率调节及静态稳定
（a）有功功率调节；（b）功角特性

可见，要调节并网运行的同步发电机的输出有功功率，只需要调节发电机的输入机械功率，这时发电机内部会自行改变位移角 δ，相应地改变电磁功率和输出功率，达到新的平衡状态。同步发电机在 $0 < \delta < \dfrac{\pi}{2}$ 范围内运行是稳定的，在 $\dfrac{\pi}{2} < \delta < \pi$ 范围内运行是不稳定的，如图 21－16 所示。同理可以说明，同步电动机在 $-\dfrac{\pi}{2} < \delta < 0$ 范围内运行是稳定的，在 $-\pi < \delta < -\dfrac{\pi}{2}$ 范围内运行是不稳定的。

二、静态稳定的概念

同步发电机稳定运行时，受到外界瞬时扰动，从而偏离原先的运行点，当扰动消除后，发电机又能自行回到原先的工作点继续稳定运行，称这时同步发电机是"静态稳定"的；否则就是静态不稳定。

如图 21－16（b）所示，假设发电机稳定运行在的 a 点，这时输入功率为 P_1，电磁功率

为 P_{Ma}，$P_1 = P_{Ma} + p_0$，位移角为 δ_a。如果发电机受到一个微小的瞬时扰动，使输入功率为 $P_1 + \Delta P$，发电机转子加速，转子磁场与空气隙合成磁场的相对位置由 δ_a 变成 $\delta_b = \delta_a + \Delta \delta$；发电机工作在 b 点，输出功率为 $P_{Mb} = P_{Ma} + \Delta P_M$。当扰动消失时，则 $P_1 < P_{Mb} + P_0$，转子将减速，位移角将自 δ_b 开始减小，直到位移角为 δ_a 时，功率又趋于平衡，发电机能回到 a 点稳定运行。同理，若瞬时的小扰动使输入功率减小为 $P_1 - \Delta P$，则转子减速，位移角将由 δ_a 变为 δ_c，电磁功率也减小一个 ΔP_M，为 P_{MC}，扰动消失后，由于功率关系变为 $P_1 > P_{MC} + P_0$，转子加速，位移角增大，待到位移角回复到 δ_a 时，功率又趋平衡 $P_1 = P_{Ma} + p_0$，发电机仍回到 a 点稳定运行。可见，运行点 a，有自动抗干扰的能力，能保持静态稳定。

通过同样的分析可知，假设发电机原来工作在图 21-16（b）所示 d 点，当发电机受到一个瞬时小干扰后，它的工作点不能再回复到 d 点。不是功角不断地增大，转子不断加速而失步（对应 e 点），就是功角不断减小，最后达到工作点 a（对应 f 点）。因此说 d 点是静态不稳定的。

综上分析知：功角和电磁功率同时增大或同时减小的那一部分功角特性是静态稳定的。即在 $0 < \delta < \dfrac{\pi}{2}$ 范围内，功角特性曲线上升部分的工作点都是静态稳定的；在 $\dfrac{\pi}{2} < \delta < \pi$ 范围内，下降部分的工作点都是静态不稳定的。静态稳定用数学式表示为

$$\frac{\Delta P_M}{\Delta \delta} > 0 \text{ 或 } \frac{dP_M}{d\delta} > 0 \tag{21-24}$$

$\dfrac{dP_M}{d\delta}$ 称比整步功率，用符号 P_{SS} 表示。对式（21-16）求导数，得隐极式同步电机比整步功率：

$$P_{SS} = \frac{dP_M}{d\delta} = \frac{mE_0 U}{x_s} \cos \delta \tag{21-25}$$

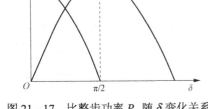

图 21-17　比整步功率 P_{SS} 随 δ 变化关系

比整步功率 P_{SS} 随 δ 变化关系如图 21-17 所示。比整步功率 P_{SS} 表示发电机运行的稳定度。

P_{SS} 的数值愈大，发电机运行越稳定。空载时，$\delta = 0$ 时，P_{SS} 最大，同步发电机最为稳定；$\delta = \pi/2$ 时，$P_{SS} = 0$ 同步发电机失去了稳定能力；$\delta > \pi/2$，发电机便失去了稳定。

必须指出，如果并联在电网上的同步发电机失去静态稳定，由于双方频率不同，将产生一个很大的电枢电流；由于输入和输出功率失去平衡，多余的功率可能引起转子超速，对发电机造成损坏，因此必须采取适当措施，例如采用快速励磁装置等来保证静态稳定。

三、动态稳定的概念

接在电网上的同步发电机遇到突然加负载、切除负载，或者发生突然短路、电压突变、发电机失去励磁等非正常运行时，如果发电机经过微小的振荡后还能继续保持同步运行，就称这时的同步发电机是动态稳定的；否则就是动态不稳定。

如图 21-18 所示，假设隐极式同步发电机稳定运行在功角特性曲线 1 的 a 点，位移角为

δ_a。输入机械功率和电磁功率分别为 P_1 及 P_{Ma}。略去空载损耗，则有 $P_1 = P_{Ma}$。现因事故电网电压明显跌落，功角特性的幅值下降至图中曲线 2，由于机械惯性，发电机的转子转速不能突变，δ 角也不可能突变，电压降低瞬间，发电机的位移角仍是 δ_a，于是工作点移到曲线 2 上的 b 点，电磁功率为 P_{Mb}。显然，$P_1 > P_{Mb}$，转子便开始加速，位移角 δ 增大，发电机的运行点沿曲线 2 向 δ 增大方向移动，到 c 点，虽然此瞬间 $P_1 = P_{Mc}$，但这时转子的转速高于同步转速，由于转子动能的作用，δ 仍继续增大，运行点移到 cd 段上，这时 $P_1 < P_M$，转子将减速使 δ 角自 δ_d 开始减小，运行点将自 d 点向 c 点移动。由于这时的转速已低于同步转速，仍不会稳定，此理类推，发电机将在 c 点经过次数的减幅振荡，最后才稳定运行在 c 点。上述过程中转子转速 ω_s 和功角的变化情况，如图 21-18 中曲线 I 所示，这种情况是动态稳定的。

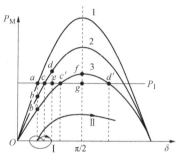

图 21-18　同步电机动态稳定分析

如果电网电压下降很大，如图 21-18 中曲线 3 所示，降压瞬间，工作点将移到曲线 3 上的 b' 点，当位移角自 b' 点（$\delta_b' = \delta_a$）经过 c' 点（δ_c'）时，转子由于动能作用将越过 f 点到达 d' 点，而越过 d' 点后，电磁功率变小，$P_1 > P_M$，转子进一步加速，工作点不可能再返回到 c' 点，转子继续加速导致发电机失去同步。这个过程转子转速和功角变化情况，如曲线 II 所示，这种情况是动态不稳定的。

以上介绍是动态稳定的基本概念，实际上，同步发电机都带有快速调压器，当电网电压降低时，它能迅速增大励磁，功角特性曲线上升，从而提高动态稳定。

第四节　无功功率的调节和 V 形曲线

同步发电机并网运行，向电网供给有功功率，也与电网进行无功功率交换。从能量守恒观点看，如仅调节无功功率，不需要改变原动机输入机械功率，只要调节同步发电机励磁电流，就能改变发电机发出的无功功率大小和性质。

同步发电机保持有功功率恒定，调节励磁电流的相量如图 21-19 所示。当发电机输出的有功功率 P 保持不变时，则有

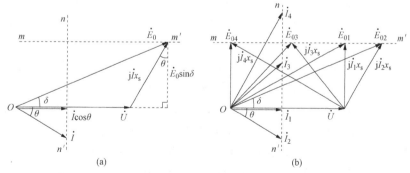

图 21-19　同步发电机有功功率不变时，调节 I_f 的相量图
（a）有功功率相量图；（b）不同励磁时相量图

$$P = mUI\cos\theta = 常数 \qquad 或 \qquad P_{\mathrm{M}} = \frac{mE_0 U}{x_{\mathrm{s}}}\sin\delta = 常数 \qquad (21-26)$$

同步发电机并网运行，U 和 x_{s} 均不变，由式（21-26）可得

$$I\cos\theta = 常数 \qquad 或 \qquad E_0\sin\delta = 常数 \qquad (21-27)$$

保持有功功率不变，调节励磁电流，图 21-19（a）是发电机输出有功功率 $P_{\mathrm{M}} = mUI\cos\theta$ 时相量图，调节励磁电流 I_{f}，由式（21-27）可知，相量图中 $\dot{E}_0$ 的端点轨迹落在 $\overline{mm'}$ 线上，该线与横坐标的距离为 $E_0\sin\delta$；$\dot{I}$ 的端点轨迹落在 $\overline{nn'}$ 线上，该线与纵坐标的距离为 $I\cos\theta$。如图 21-19（b）所示。

当励磁电流 I_{f1} 时，空载电动势为 $\dot{E}_{01}$，相应的电枢电流为 $\dot{I}_1$，功率因数角 $\theta = 0$，$\cos\theta = 1$，$\sin\theta = 0$，发电机只输出有功功率，与电网没有无功功率交换。

当励磁电流 $I_{\mathrm{f2}} > I_{\mathrm{f1}}$ 时，相应 $\dot{E}_{02}$ 增大，电枢电流 $\dot{I}_2$ 滞后端电压 $\dot{U}$，$\theta < 0$。发电机输出有功功率同时还供给电网感性无功功率，处于过励运行状态。励磁增大 $\dot{E}_0$ 增大，提高了发电机运行的稳定度。客观上，发电机输出感性无功功率大小受励磁电流和电枢电流限制。

当励磁电流 $I_{\mathrm{f3}} < I_{\mathrm{f1}}$ 时，相应的 $\dot{E}_{03}$ 减小，电枢电流 $\dot{I}_3$ 超前端电压 $\dot{U}$，$\theta > 0$。发电机输出有功功率同时供给电网容性无功功率，处于欠励运行状态。励磁减小 $\dot{E}_0$ 减小，功角随励磁减小而增大，当 δ 达到 90° 后，同步电机就失去稳定。图 21-19（b）中 $\dot{E}_{04}$ 的 δ 已达到 90°，发电机已处于静态稳定的极限。客观上，发电机容性无功功率输出，不仅受到电枢电流的限制，还受到运行稳定的限制。

综上所述，当发电机与无穷大电网并联时，调节励磁电流大小，就可改变发电机输出无功功率的大小和性质。增大励磁电流，发电机处于过励状态，输出感性无功功率；减少励磁电流，发电机处于欠励状态，输出容性无功功率。

由以上分析可知，在有功功率保持不变时，改变励磁电流 I_{f}，将引起同步电机无功电流变化，无论增大或减小励磁电流，都使定子电流增大。定子电流 I 和励磁电流 I_{f} 之间关系曲线 $I = f(I_{\mathrm{f}})$ 如图 21-20 所示，由于其形状像字母"V"，故称它为 V 形曲线。对应于每一个有功功率值，都有一条 V 形曲线。输出有功功率值愈大，V 形曲线愈向上移。调节励磁电流使电枢电流最小，该点即 V 形曲线的最低点，此时发电机的功率因数 $\cos\theta = 1$。将 V 形曲线族最低点连起来得到一条 $\cos\theta = 1$ 的曲线；该线的右侧为过励状态，是功率因数滞后区域，表示发出感性无功；该线左侧为欠励状态，是功率因数超前的区域，表示发出容性无功。

必须注意，并网运行的同步发电机，当改变原动机输入功率，以调节有功功率输出时，发电机的位移角 δ 随之改变，此时即使励磁电流保持不变，输出的无功功率也会变化，如图 21-21 所示。假定同步发电机原工作在 a 点，功角 δ_1，增加输入功率使发电机工作在 b 点，功角 δ_2，则因 $\delta_1 < \delta_2$，$P_{\mathrm{Ma}} < P_{\mathrm{Mb}}$，$Q_{\mathrm{Ma'}} > Q_{\mathrm{Mb'}}$，即输出有功功率增加，无功功率减少。如果要求改变有功功率同时保持无功功率不变，则应在调节原动机输入功率的同时，适当地调节励磁。如原动机的输入功率不变，仅调节发电机的励磁，则只会改变同步发电机的无功功率，不会引起有功功率改变，这时空载电动势 E_0 和位移角 δ 都随着励磁改变而变化。

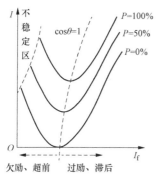

图 21－20　同步发电机的 V 形曲线

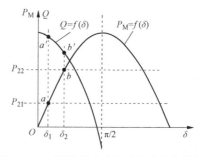

图 21－21　调节有功功率对无功功率的影响

【例 21－2】 一台汽轮发电机在额定运行情况下功率因数为 0.8（滞后），同步电抗的标幺值 $x_{s*}=1.0$。该机并联在无穷大电网上运行，忽略电枢电阻 r_a。试求：

（1）当该机供给 90%额定电流且有额定功率因数时，输出的有功功率和无功功率。这时的空载电动势 E_0 及功角 δ 为多少？

（2）调节原动机的输入功率，使该机输出的有功功率达到额定运行情况的 110%，励磁保持不变，这时的 δ 角为多少度？该机输出的无功功率将如何变化？如欲使输出的无功功率保持不变，试求空载电动势 E_0 及位移角 δ 的数值。

（3）保持（1）运行状态时原动机的输入功率不变，并调节该机的励磁，使它输出的感性无功功率为额定运行情况下的 110%，试求此时的空载电动势 E_0 和 δ 角的数值。

解：（1）令
$$\dot{U}_* = 1 + j0$$

已知
$$|\dot{I}_*| = 0.9,\quad \cos\theta = 0.8,\quad \sin\theta = 0.6$$

故有电枢电流的有功分量
$$I_{a*} = 0.9 \times 0.8 = 0.72$$

电枢电流的无功分量
$$I_{r*} = 0.9 \times 0.6 = 0.54$$

即
$$\dot{I}_* = 0.72 - j0.54$$

空载电动势
$$\dot{E}_{0*} = \dot{U}_* + j\dot{I}_* x_{s*} = 1 + j(0.72 - j0.54) \times 1$$
$$= 1.54 + j0.72 = 1.70\underline{/25.1^\circ}$$

故得空载电动势的标幺值为 1.70，位移角 $\delta = 25.1^\circ$。输出的有功功率和无功功率的标幺值分别为 0.72 及 0.54。

（2）已知
$$P_* = 0.8 \times 1.1 = 0.88$$

代入功角特性公式 $P_* = \dfrac{E_0 U_*}{x_{s*}}\sin\delta$ 中，并注意到 $E_{0*}=1.7$，$U_*=1$，$x_{s*}=1$，可求出 δ 角，即

$$\sin\delta = \frac{0.88 \times 1}{1.70 \times 1} = 0.518$$

$$\delta = 31.2^\circ$$

空载电动势的复数形式为

$$\dot{E}_{0*} = 1.70(\cos\delta + j\sin\delta) = 1.70(0.856 + j0.518)$$
$$= 1.454 + j0.880$$

因为
$$j\dot{I}_* x_{s*} = \dot{E}_{0*} - \dot{U}_* = 0.454 + j0.880$$

可见此时电机的感性无功电流由原来的 0.54 减少到 0.454，即为原来的 84.1%，故发电机输出的感性无

功功率亦按同样比例减小。

如欲保持输出的无功功率不变，则有

$$I_{a*} = 0.88, \qquad I_{r*} = 0.54$$
$$\dot{I}_* = 0.88 - j0.54$$

空载电动势

$$\dot{E}_{0*} = \dot{U}_* + j\dot{I}_* x_{s*} = 1 + j(0.88 - 0.54) \times 1 = 1.54 + j0.88 = 1.77 \underline{/29.8^\circ}$$

即应把空载电动势 E_0 增加到 1.77，此时的 δ 角为 29.8°。

（3）已知由电机输出的有功功率保持不变，故有

$$I_{a*} = 0.72$$

无功功率增加到110%，则有 $Q = 0.6 \times 1.1 = 0.66$，即 $I_{r*} = 0.66$。

空载电动势

$$\dot{E}_{0*} = \dot{U}_* + j\dot{I}_* x_{s*} = 1 + j(0.72 - j0.66) \times 1 = 1.66 + j0.72 = 1.81 \underline{/23.5^\circ}$$

即应把空载电动势增加到 1.81，此时的 δ 角反将减小，变为 23.5°。

第五节　同步电动机与同步补偿机

同步电机是机电能量转换的装置，既能作发电机运行，也能作电动机运行。由向量分析可知，当并电网上的发电机功率因数角绝对值大于 90° 时，该机便自电网吸取有功功率而作电动机运行。与感应电动机比，电励磁同步电动机具有转子转速与负载大小无关，始终保持同步速，且功率因数可调节的特点。因此在驱动恒速负载且需要改善电网功率因数场合，常选用同步电动机作动力。同步补偿机（也称同步调相机）是接在电网上专门用来调节无功功率，补偿改善电网功率因数，轴上输出功率为零的同步电动机。

一、同步电动机运行分析

同步电机接在电网运行，有功功率可由电机给电网，也可由电网给电机，它是机电能量转换装置。以发电机的观点来分析同步电动机，相量图如图 21-22 所示，（a）为过励状态，这时 $\frac{\pi}{2} < \psi < \pi$；（b）为欠励状态，这时 $-\frac{\pi}{2} > \psi > -\pi$。图中 $\dot{I}$ 为自电机流向电网的电流，由于 $\dot{I}$ 与 $\dot{U}$ 的夹角 $\theta > 90^\circ$，所以同步电机输给电网负的有功功率，即同步电机工作在电动机状态。取 $\dot{I}_D = -\dot{I}$，则 $\dot{I}_D$ 便可表示同步电机自电网吸收的电流。

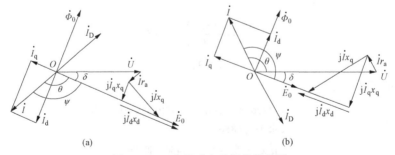

图 21-22　凸极式电动机的相量图

（a）过励状态；（b）欠励状态

图 21-22（a）中，电枢反应的直轴分量为去磁作用，从空载到负载，必须增大励磁电流才能保证有与电网电压 $\dot{U}$ 相应的气隙合成磁场，故电机处于过励状态。同理，图 21-22（b）中，电枢反应的直轴分量为磁化作用，电机处于欠励状态。两种情况 $\dot{E}_0$ 均滞后 $\dot{U}$，位移角 δ 为负值，表示气隙合成磁场在前，转子磁场在后，处于同步电动机运行状态。图 21-22 可见，过励电动机从电网吸收超前电流，电动机功率因数为容性；欠励电动机从电网吸取滞后电流，电动机功率因数为感性。调节同步电动机的励磁，可改变同步电动机的功率因数。功率因数可调是同步电动机的重要优点，把过励的同步电动机接在电网上，可以改善电网的功率因数。

若以电动机惯例分析，则 $\dot{I}_{\mathrm{D}} = -\dot{I}$，电机从电网吸收功率为正，其电压方程式如下。

（1）凸极机：

$$\dot{U} = \dot{E}_0 + \dot{I}_{\mathrm{D}} r_{\mathrm{a}} + \mathrm{j}\dot{I}_{\mathrm{Dd}} x_{\mathrm{d}} + \mathrm{j}\dot{I}_{\mathrm{Dq}} x_{\mathrm{q}} \tag{21-28}$$

（2）隐极机：

$$\dot{U} = \dot{E}_0 + \dot{I}_{\mathrm{D}} r_{\mathrm{a}} + \mathrm{j}\dot{I}_{\mathrm{Dd}} x_{\mathrm{s}} \tag{21-29}$$

式中　$\dot{I}_{\mathrm{Dd}}$——电动机直轴分量电流；

　　　　$\dot{I}_{\mathrm{Dq}}$——电动机交轴分量电流。

二、同步电动机的起动

同步电动机的电磁转矩是电枢旋转磁场与转子磁场相互作用产生的，仅在两者相对静止时才能产生恒定的同步电磁转矩。起动时，定子直接投入电网，则定子旋转磁场以同步速旋转，转子静止并加上直流励磁，作用在转子上的电磁转矩正、负交变，平均转矩为零，因此，同步电动机电机不能自行起动。必须借助其他方法起动，再牵入同步运行。

1. 异步起动法

异步起动法是同步电动机常用的一种方法。它借助转子上的鼠笼绕组（或称阻尼绕组）获得起动转矩。同步电动机异步起动接线原理如图 21-23 所示，异步起动过程分为两个阶段：① 异步起动至接近于同步速度；② 牵入同步。具体如下：

（1）起动前，把励磁回路经一个限流电阻短接，其阻值约为励磁绕组本身电阻值 R_{f} 的 10 倍；然后接通定子三相绕组电源，这时由于起动绕组的作用，产生异步转矩而起动。

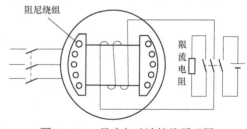

图 21-23　异步起动法接线原理图

（2）转速升到接近同步速时，切断励磁回路限流电阻，同时将励磁绕组与励磁电源接通。转子磁场与定子磁场相互吸引力便能把转子拉住，使转子跟着定子旋转磁场以同步转速旋转牵入同步。最后，再适当地调节励磁电流，使同步电动机的定子电流有正常数值和合适的功率因数。

注意：在异步起动阶段，励磁绕组不能开路，否则起动时定子旋转磁场会在匝数较多的励磁绕组中感应出高电压，易使励磁绕组击穿；但也不能直接短路，否则励磁绕组（相当于一个单相绕组）中的感应电流与气隙磁场相互作用，将会产生显著的单轴转矩 T_e，使起动过程合成电磁转矩在 $1/2n_{\mathrm{N}}$ 附近产生明显的下凹，如图 21-24 所示，从而使电动机的转速停滞在 $1/2n_{\mathrm{N}}$ 附近而不能继续上升。为了减小单轴转矩，可在励磁绕组内串接一个限流电阻，其阻值约为励磁绕组本身电阻的 5～10 倍左右。

同步电动机异步起动时要求起动转矩 T_{st} 和牵入转矩 T_{pi} 都要大。所谓牵入转矩，是指转速达到 $0.95n_N$ 时，起动绕组所产生的异步转矩值。牵入转矩越大，电机越容易牵入同步。起动转矩和牵入转矩的大小与起动绕组的电阻有关，起动绕组的电阻大，起动转矩就大，但牵入转矩则变小，两者相矛盾，如图 21-25 所示，设计时应综合考虑。

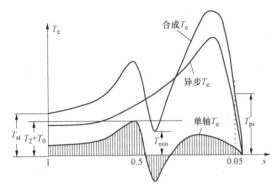

图 21-24　同步电动机异步起动时的转矩曲线

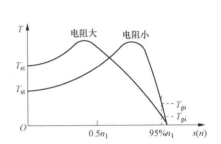

图 21-25　同步电动机异步起动时的起动
　　　　　转矩 T_{st} 大和牵入转矩 T_{pi}

2. 其他起动方法

辅助拖动法起动，通常选用与同步电动机极数相同的感应电动机辅助拖动。辅助电动机把同步电动机拖到接近同步转速，再用自整步法把同步电动机投入并网。

变频起动时，同步电动机的转子加励磁，定子电流的频率调得很低，同步电机投入电源后定子的旋转磁场转得极慢，这样依靠定、转子磁场之间相互作用产生的同步电磁转矩同步运行，逐步提高电源的频率，使定子旋转磁场和转子的转速逐步加快，直到额定转速为止。

三、同步补偿机

同步补偿机（也称为同步调相机）是一种用以改善电网功率因数，不带任何机械负载的同步电动机，它依据调节励磁即可调节同步电动机的无功电流和功率因数而设计的，同步调相机总是在接近于零功率因数和零电磁功率的情况下运行。

同步补偿机实际上就是一台空载运行的同步电动机。除了电机本身的损耗，它不从电网吸取其他的有功功率。假若忽略同步补偿机的全部损耗，则电枢电流全部是无功电流，其电势方程式为 $\dot{U} = \dot{E}_0 + j\dot{I}x_s$。过励时，它供给电网感性无功功率（或自电网吸取容性无功功率）；欠励时，它从电网吸取感性无功功率。因为电网需要同步补偿机供给较多感性无功功率，所以它多数工作在过励状态。同步补偿机既然是一台空载的同步电动机，因此它的起动方法与同步电动机相同。

同步补偿机的容量是指它在过励时的视在功率，可以从数千千伏安到数万千伏安。同步补偿机既不用原动机拖动，也不输出机械功率，在机械结构上要求较低。为提高材料利用率，它的极数较少，转速较高，空气隙较小。

提高电网功率因数在经济价值及改善电网运行条件上都有着重大的意义，电力系统常在适当的地点设置同步补偿机，把负载所需的感性无功功率就近供给，即可以避免无功功率远程输送造成的线路损耗和电压降，又可减轻发电机的无功功率负担，使容量能得到充分利用。

第六节 稀土永磁同步电动机

稀土永磁同步电动机（REPMSM）运行原理与电励磁同步电动机基本相同，都是基于定、转子磁动势相互作用，并保持相对静止获得恒定电磁转矩。定子绕组与交流同步电动机相同，转子励磁则由永磁体提供，省去了励磁绕组、集电环和电刷，提高了运行的可靠形，又因无需励磁电流，不存在着励磁损耗，提高了电动机的运行效率和功率密度。具有效率高、功率因数高、可靠性好、维修方便、使用寿命长等一系列优点，近年来广泛应用于各个领域。这里简要介绍稀土永磁同步电动机的基本结构、设计原理、永磁材料选用以及异步起动永磁同步电动机的起动。

一、永磁同步电动机的结构

异步起动 REPMSM 的结构如图 21-26 所示。定子采用铁心叠片以减小电动机运行时的铁损耗；转子铁心可做成实心的，也可以采用冲片叠压而成；电枢绕组可以有集中绕组，分布绕组和非常规绕组，为了减小电动机的杂散损耗，定子绕组通常采用星形接法。稀土永磁同步电动机与其他电动机主要区别是转子磁路结构。转子磁路结构不同，电机的运行性能、控制系统、制造工艺和适用场合也就不同，根据永磁体在转子内的位置不同，转子磁路结构一般分表面式、内置式和爪极式三种。

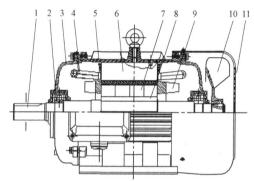

图 21-26 异步起动 REPMSM 的结构图
1—转轴；2—轴承；3—端盖；4—定子绕组；5—机座；
6—定子铁心；7—转子；8—永磁体；
9—启动笼；10—风扇；11—风罩

1. 表面式转子磁路结构

表面式转子磁路结构如图 21-27 所示，在这种结构中，永磁体通常是瓦片形，并位于转子铁心的表面。表面式转子磁路结构又分为凸出式图 21-27（a）和插入式 21-27（b）两种。其制造工艺简单、成本低，但转子表面无法安放起动绕组，无异步起动能力，不能用于异步起动的永磁同步电动机。

2. 内置式转子磁路结构

内置式转子磁路结构如图 21-28 所示，永磁体位于转子内部，若是异步起动 REPMSM，则其极靴中可以放置铸铝笼条或铜条，起阻尼或起动作用，动、稳态性能好。异步起动或动态性能要求高的永磁同步电动机最好采用内置式的转子磁路。内置式转子内不对称的磁路结构将产生磁阻转矩，这有利于提高电动机的过载能力和功率密度。内置式转子磁路结构分为径向式、切向式和混合式。

（1）径向式结构如图 21-28（a）所示，这类结构的优点是漏磁系数小、转轴上不需采用隔磁措施、极弧系数易于控制。转子冲片强度高、

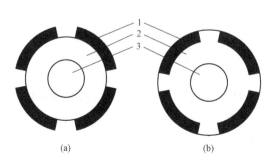

图 21-27 表面式转子磁路结构
（a）凸出式；（b）插入式
1—永磁体；2—转子铁心；3—转轴

安装永磁体后转子不易变形等。

（2）切向式结构如图 21-28（b）所示，这类结构的优点在于一个极距下的磁通由相邻两个磁极并联提供，可得到较大的每极磁通。适合于极数较多的电动机。另外，这类转子磁路结构的磁阻转矩所占比例较高，这就有利于磁阻转矩的充分利用，提高电机的功率密度和扩展其恒功率运行范围。但漏磁系数大，需采取相应的隔磁措施。

（3）混合式结构如图 21-28（c）所示，这类结构综合了径向式和切向式的优点，但结构和制造工艺复杂，制造成本也相对较高。混合式结构可安放永磁体空间更大，漏磁系数也较小，但也要采用隔磁磁桥来隔磁。

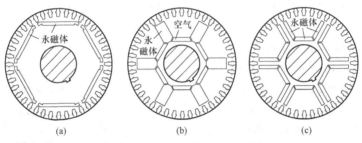

图 21-28　内置式转子磁路结构

（a）径向式；（b）切向式；（c）混合式

不同转子磁路结构的电动机，其交、直轴同步电抗 x_q 和 x_d（凸极率）不同，电动机的牵入同步能力、磁阻转矩和电动机的过载倍数也不同。设计高过载倍数的电动机时，可选择大凸极率的转子磁路结构。

非异步起动 REPMSM 要将转子外圆处的鼠笼齿槽去除，并设计好格磁桥，在保证转子机械强度的情况下，尽量减少漏磁。

二、稀土永磁同步电动机的稳态运行

稀土永磁同步电动机的励磁是由永磁体产生的，永磁体在电机中既是磁源，又是磁路的组成部分。稀土永磁包括稀土钴永磁和钕铁硼永磁等。稀土钕铁硼磁钢永磁性能如图 21-29，其剩磁 B_r 和磁感应矫顽力 H_c 及其内禀矫顽力 H_{ci} 都很高，最大磁能积 $(BH)_{max}$ 大；退磁曲线基本为一条直线，回复线与退磁曲线相重合，抗去磁能力强，是电机使用最理想的退磁曲线，且价格较稀土钴永磁低，是电机理想的励磁源。

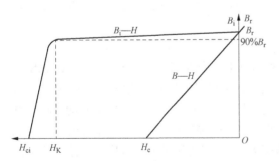

图 21-29　钕铁硼永磁性能 $B = f(H)$ 与 $B_i = f(H)$ 曲线

稀土永磁同步电动机与电励磁凸极同步电动机有相似的内部电磁关系，故可采用双反应理论来研究。需指出的是永磁体的相对磁导率很小（μ_r 约为 1），直轴磁阻较大，使得电动机直轴电枢反应电感小于交轴电枢反应电感，在同样的电枢电势作用下，直轴电枢反应电抗会小于交轴电枢反应电抗，即 $x_{ad} < x_{aq}$。

稀土永磁同步电动机稳态运行性能包括效率、功率因数、输入功率、电枢电流等参量与输出功率之间的关系。这些均可从基本的电磁关系及相量图推导而得。

忽略定子电阻 r_a，经推导得出稀土永磁同步电动机的电磁功率为

$$P_M = \frac{mE_0U}{x_d}\sin\delta + \frac{mU^2}{2}\left(\frac{1}{x_q} - \frac{1}{x_d}\right)\sin 2\delta \qquad (21-30)$$

除以机械角速度 Ω_1，可得电磁转矩为

$$T = \frac{P_M}{\Omega_1} = \frac{mE_0U}{\Omega_1 x_d}\sin\delta + \frac{mU^2}{2\Omega_1}\left(\frac{1}{x_q} - \frac{1}{x_d}\right)\sin 2\delta \qquad (21-31)$$

画出稀土永磁同步电动机的矩角特性 $T = f(\delta)$ 曲线如图 21-30 所示。曲线 1 为永磁转矩，曲线 2 为磁阻转矩，曲线 3 为合成转矩。由于交、直轴电枢反应使 $x_d < x_q$，磁阻转矩为一负正弦函数，因而矩角特性曲线上转矩最大值 T_{max} 所对应的转矩角大于 90°，这是永磁同步机一个值得注意的特点。

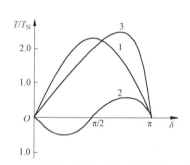

图 21-30　稀土永磁同步电动机的矩角特性

三、稀土永磁同步电动机异步起动过程

稀土永磁同步电动机本身无自起动能力，多采用异步起动，牵入同步运行。异步起动永磁同步电动机与普通感应电动机一样，对起动转矩、起动电流和最小起动转矩有一定要求。此外，还要求其具有足够牵入同步运行的能力。

不考虑瞬态响应，永磁同步电动机的异步起动过程可看作是不同转速下的稳态异步运行。在起动过程中，当定子绕组通以频率为 f_1 的三相对称交流电时，产生的气隙磁场以同步速 n_1 旋转，在转子起动笼绕组中感应出频率为 sf_1 的交流电流。由于转子磁路不对称 $x_d \neq x_q$，转子电流所产生的磁场可分解为 $(n \pm sn_1)$ 的正、反两个旋转磁场，即同步电动机的异步起动过程气隙中存在 n_1、$(1-s)n_1$、$(1-2s)n_1$ 三种不同转速的旋转磁场。

转子的正向旋转磁场 $(n+sn_1) = n_1$ 与定子旋转磁场 n_1 彼此相对静止，相互作用产生异步驱动转矩 T_a，如图 21-31 中的曲线 1 所示。T_a 主要由转子笼型条作用产生，在起动过程中起驱动主导作用。

转子的反向旋转磁场 $n-sn_1 = (1-2s)n_1$ 在定子绕组中感应出频率为 $(1-2s)f$ 的电流 I_b，其所产生的定子旋转磁场 $(1-2s)n_1$ 与转子反向旋转磁场彼此相对静止，两者相互作用产生另一异步转矩，称为磁阻负序分量转矩 T_b，如图 21-31 中的曲线 2 所示。T_b 主要由转子磁路不对称引起，其幅值较小。理论研究表明：当 $x_q/x_d \leqslant 4$ 时，T_b 对起动过程影响不大。

T_a 和 T_b 构成了 REPMSM 起动过程的异步转矩分量 T_1，即 $T_1 = T_a + T_b$。

转子永磁体产生的磁场以 $n = (1-s)n_1$ 速度旋转，在定子绕阻中感应频率为 $(1-s)f_1$ 的电流 I_g，这相当于一台转速为 n，空载电势为 $(1-s)E_0$ 的发电机定子绕组通过电网接线端被短接的运行工况。此时短路电流 I_g 在定子电阻上产生电阻损

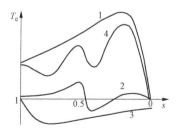

图 21-31　REPMSM 起动过程转矩分量曲线
1—异步驱动转矩；2—磁阻负序分量转矩；
3—电磁制动转矩；4—合成平均电磁转矩

耗，体现在转轴上，相当于加给转子一个制动转矩 T_g，如图 21-31 中的曲线 3 所示。T_g 主要由永磁体的作用产生的，在整个起动过程中 T_g 始终是制动转矩。由同步电机理论可知：

因为 $r_a \ll x_d, x_q$，忽略 r_a，近似可得

$$T_g = -\frac{mpr_a}{2\pi f(1-s)} \cdot \left(\frac{E_0}{x_d}\right)^2 \qquad (21-32)$$

T_a、T_b 和 T_g 的叠加构成永磁同步电动起动过程的总平均电磁转矩 $T_{av} = T_a + T_b + T_g$，如图 21-31 中曲线 4 所示，它决定了永磁同步电动的起动性能。

此外，异步启动过程同时存在脉动转矩 $T_m = T_{sf} + T_{2sf}$：转速为 $(1-s)n_1$ 的永磁体磁场与转速为 n_1、$(1-2s)n_1$ 的磁场相互作用，产生脉动频率为 sf_1 的脉动转矩 T_{sf}，其脉动幅值与永磁同步电动机的永磁体、定子绕组及转子磁路的不对称程度等因素都有关；转速为 n_1 的定（转）子磁场与转速为 $(1-2s)n_1$ 的转（定）子磁场相互作用产生脉动频率为 $2sf_1$ 的脉动转矩 T_{2sf}，其脉动幅值只与转子绕组及转子交、直轴磁路不对称有关，与 REPMSM 的永磁体无关，由永磁体引起的 T_{sf} 幅值远大于 T_{2sf}。起动过程，当 s 较大时，脉动转矩 T_m 对起动影响不大；当 s 较小（$0.05<s<0.15$）时，脉动转矩 T_m 对起动性能的影响就较为显著。过大的 T_m 会引起永磁同步电动在同步速附近发生转矩振荡，影响起动性能；但当 $s<0.05$ 时，T_m 有助于永磁同步电动牵入同步。设计时应选择适当的永磁体用量，合理的转子磁路结构，取其利抑其弊，让永磁同步电动机顺利牵入同步，脉动转矩 T_m 对起动过程影响如图 21-32 所示。

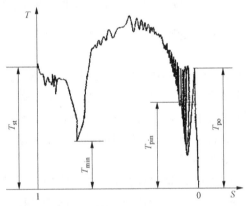

图 21-32　稀土永磁同步电动机实测 $T-s$ 曲线

永磁同步电动机无需无功励磁电流，减少了定子电流和定子电阻损耗，稳定运行时没有转子铜损耗，温升低，进而可以减小风扇相应的风磨损耗，其效率比同规格感应电动机可提高 5～10 个百分点。而且，永磁同步电动机在 25%～120% 额定负载范围内均可保持较高的效率和功率因数，使轻载运行时节能效果更为显著。这类电机一般都在转子上设置起动绕组，具有在某一频率和电压下直接起动的能力。目前主要应用在油田、纺织化纤、风机水泵等年运行时间长的工业领域。

小　结

本章所讨论的内容都是针对无穷大电网同步发电机的并联运行，讨论了同步发电机并联运行的原理和投入并联的条件，较详细介绍了准确同步法并车方式；同步发电机并入电网后的有功功率和无功功率的调节方法；同步发电机并入电网运行的功角特性以及静态稳定和动态稳定的概念。功角指的是同步电机电动势 $\dot{E}_0$ 与电网电压 $\dot{U}$ 之间的相位角，用它可以分析同步电机并入网后的有功功率和无功功率的调节。静态稳定和动态稳定是一个很重要的概念，用以研究同步电机在电力系统中运行的稳定性。

同步发电机和同步电动机均投入电网运行，所不同的是功率流向，发电机向电网输送有功功率，电动机从电网吸入有功功率。在分析电动机理论时，为了公式统一，本书一律按发电机列出方程，而以电流流向电网作为电流正方向。在相量图中，发电机运行表现为 $\dot{E}_0$ 超前于 $\dot{U}$，功率角为正值。电动机运行表现为 $\dot{E}_0$ 滞后于 $\dot{U}$，功率角 δ 为负值。

本章还简要介绍了同步补偿机和异步起动稀土永磁同步电动机作用原理，同步补偿机接在电网上专门用于无功功率调节，对改善电网功率因数及电网经济运行起重要作用，是现代大电网中必不可少的主要电力设备之一。永磁同步电动机与感应电动机相比，不需无功励磁电流，其运行效率、功率因数都高，节能效果显著。

思 考 题

21-1　同步发电机并网，要满足哪些条件？如果条件不满足进行并车会产生什么后果？

21-2　同步发电机并网与变压器并联运行的区别。

21-3　什么是同步电机的功角特性？δ 角的时间、空间物理意义是什么？

21-4　在求凸极机的电磁功率时，为什么 $P_M \neq E_0 I \cos\psi$？在什么情况下 $E_0 I \cos\psi$ 将较电磁功率为大？在什么情况下 $E_0 I \cos\psi$ 将较电磁功率为小？两者之差代表什么？

21-5　为何可从相量 $\dot{E}_0$ 和 $\dot{U}$ 的相对相角关系确定同步电机是在发电机状态下运行或在电动机状态下运行？

21-6　比较在下列情况下同步电机的稳定性：

（1）当有较大的短路比或较小的短路比时。

（2）在过励状态下或在欠励状态下运行时。

（3）在轻载状态下或在满载状态下运行时。

（4）直接接至电网或通过外电抗接至电网时。

习 题

21-1　设有一台隐极式同步发电机，电枢电阻可以略去不计，同步电抗的标幺值 $x_{s*} = 1.0$。端电压 U 保持在额定值不变。试求在下列情况下空载电动势 E_{0*}、功角 δ 和电压调整率。

（1）当负载电流有额定值且功率因数为 0.85（滞后）时。

（2）当负载电流有 90% 额定值且功率因数为 0.85（超前）时。

21-2　设有一台凸极式同步发电机接在电网上运行，电网电压保持在额定值不变。该机的同步电抗的标幺值为 $x_{d*} = 1.0$，$x_{q*} = 0.6$，电阻可以略去不计。试求在下列情况下空载电动势 E_{0*}、功率 δ 和电压调整率。

（1）当负载电流有额定值且功率因数为 0.85（滞后）时。

（2）当负载电流有 90% 额定值且功率因数为 0.85（超前）时。

21-3　汽轮发电机 $S_N = 353(MVA)$，$U_N = 18000(V)$，双星形接法，$\cos\theta_N = 0.85$（滞后），$x_{s*} = 2.26$（不饱和值），电枢电阻可忽略不计。此发电机并联在无穷大汇流排运行，当发电机运行在额定情况时，试求：（1）不饱和的空载电动势 E_0；（2）功角 δ_N；（3）电磁功率 P_M；

（4）过载能力 K_{m}。

21-4 设一台三相、星形连接：24000kVA 水轮发电机，额定线电压 $U_{\mathrm{N}} = 10.5(\mathrm{kV})$，每相同步电抗 $x_{\mathrm{d}} = 5.0(\Omega)$，$x_{\mathrm{q}} = 2.76(\Omega)$，调节励磁使空载电动势 E_0 的标幺值为 1.5，电枢电阻略去不计。

（1）试写出功角关系的表示式（各种数量都用标幺值表示）；根据功角关系的表示式，试求出当该机供给 20MW 至电网时的位置角 δ。

（2）试求此时该机供给电网的无功功率，以及该机所能供给的最大功率。

21-5 设有一台三相同步电动机，星形连接，400V、50Hz、80kVA，1000r/min。同步电抗的标幺值为 $x_{\mathrm{d}*} = 1.1$，$x_{\mathrm{q}*} = 0.7$，电枢电阻可以略去不计。外面的负载情况要求该机发出的电磁转矩为 600N·m。试求：

（1）当 $U_* = 1.0$，$E_{0*} = 1.2$ 时的输入电流及其功率因数。

（2）当 $U_* = 1.0$，$E_{0*} = 0.9$ 时的输入电流及其功率因数。

第二十二章　同步发电机的不对称运行与突然短路

第一节　同步发动机不对称运行时各序阻抗与等效电路

同步发电机在不对称负载不运行时电枢电流及端电压都将出现不对称线象，使同步发电机及电力网中的其他设备运行情况变坏，效率降低，带来不利的影响。因此，要对同步发电机负载的不对称度给予一定限制。

同步发电机的不对称运行主要是负载或故障等原因导致三相阻抗不对称引起的，同步发电机不对称运行时的电磁关系仍采用线性叠加原理的对称分量法进行分析。在不计饱和时，可应用对称分量法，将负载端的三相不对称电压和不对称电流分解成三组对称分量（正序、负序和零序），然后对各个分量分别建立端点方程式和相序方程式，求解各相序分量，最后将它们叠加起来，得出不对称运行的结果。实践证明，就基波分量而言，在不计饱和时，上述方法所求得的结果基本上是正确的。

以三相不对称电流 $\dot{I}_A$、$\dot{I}_B$、$\dot{I}_C$ 为例分析。取 A 相为参考，则三相不对称电流分解为

$$\left.\begin{aligned}
\dot{I}_A &= \dot{I}_{A+} + \dot{I}_{A-} + \dot{I}_{A0} = \dot{I}_+ + \dot{I}_- + \dot{I}_0 \\
\dot{I}_B &= \dot{I}_{B+} + \dot{I}_{B-} + \dot{I}_{b0} = a^2\dot{I}_+ + a\dot{I}_- + \dot{I}_0 \\
\dot{I}_C &= \dot{I}_{C+} + \dot{I}_{C-} + \dot{I}_{C0} = a\dot{I}_+ + a^2\dot{I}_- + \dot{I}_0
\end{aligned}\right\} \qquad (22-1)$$

式中　a——复数算子，$a = e^{j120°} = -\dfrac{1}{2} + j\dfrac{\sqrt{3}}{2}$。

同理，可对三相不对称电压作类似分解。显然，在不对称运行时，同步发电机的气隙磁场为椭圆形旋转磁场，即除了正序旋转磁场以外，尚有负序旋转磁场。每个相序的对称电流分量将建立自己的气隙磁场和漏磁场。由于各相序电流所建立的磁场与转子绕组的交链情况不同，因而，所对应的阻抗也不同。

一、各序阻抗

1. 正序阻抗

当同步电机对称运行时，定子电流为一稳定的对称三相电流，实际上为一组正序分量电流，它们所产生的旋转磁场（即正序旋转磁场）和转子之间没有相对运行，这个磁场并不能在转子绕组中产生感应电动势，这个电流作用对应的电抗便是同步电抗。故同步电机的正序电抗即系同步电抗，即 $x_+ = x_s$。

在稳定状态下，同步电机的正序阻抗 Z_+ 就是同步阻抗。对隐极机有

$$Z_+ = r_+ + jx_+ = r_a + jx_s \qquad (22-2)$$

对凸极式同步机，由于气隙不均匀，仍应用双反应理论，正序电流作用对应的阻抗为直轴同步阻抗 x_d 和交轴同步阻抗 x_q。由于电枢电阻比同步电抗小很多，在三相对称短路时电枢电流的正序分量基本上为一纯感性的电流，$\psi \approx 90°$，即 $I_+ \approx I_{+d}$，而 $I_{+q} \approx 0$，此时，

$x_+ \approx x_d$。

2. 负序阻抗

不对称运行时，负序电流所产生的负序旋转磁场以两倍同步转速载切转子绕组，将在转子绕组中感应一个两倍于电源频率的交变电流。对于负序旋转磁场而言，转子绕组的作用为一短路绕组，因此，负序电流对应的电抗不再是同步电抗，而是另一个电抗 x_-，称它为负序电抗，负序电抗应为负序端电压的基波分量与定子绕组的负序电流的基波分量之比。其数值远较同步电抗为小即 $x_- \ll x_s$。负序电抗的数值和负载情况有关，在各种不同的短路情况下，负序电抗的数值也各不相同。

因为负序电流产生的反向气隙旋转磁场对正向旋转的转子而言，有两倍的相对同步转速，从电磁关系来看，此刻的同步电机恰如一台转差率 $s = 2$ 的异步电动机。因此可用 $s = 2$ 的异步电动机等效电路来表示。当负序磁场轴线分别和转子直、交轴线重合时，励磁绕组和阻尼绕组都相当于异步电机的转子绕组，在忽略铁损耗时，其负序阻抗等效电路如图 22-1 所示，图 22-1（a）为负序磁场轴线与直轴重合等效电路，图 22-1（b）为负序磁场轴线与交轴重合等效电路，图中 r_a、$r_{f\sigma}$、r_{Dd}、r_{Dq} 分别表示定子绕组、转子励磁绕组、直轴阻尼绕组和交轴阻尼绕组的电阻，而 x_σ、$x_{f\sigma}$、$x_{Dd\sigma}$、$x_{Dq\sigma}$ 为其对应的漏抗。所有转子方参数均已折算到定子侧，负序电流所建立的定子漏磁通的情况与正序电流相似，所以负序电流的定子漏磁通仍取 x_σ，而与转子的瞬时位置无关。

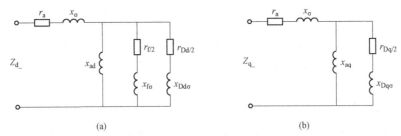

图 22-1 同步发电机负序阻抗网络

（a）负序磁场轴线与直轴重合；（b）负序磁场轴线与交轴重合

由图 22-1 可知，负序阻抗的电阻分量，不只是电枢绕组的每相电阻，还包含由定子负序电流供给转子损耗的等效电阻。通常电阻的数值很小，分析负序阻抗时可将其忽略不计。

当负序磁场轴线与转子直轴重合时，忽略全部电阻，由图 22-1（a）可得直轴负序电抗

$$x_{d-} = x_\sigma + \cfrac{1}{\cfrac{1}{x_{ad}} + \cfrac{1}{x_{f\sigma}} + \cfrac{1}{x_{Dd\sigma}}} \tag{22-3}$$

如果直轴上没有阻尼绕组，则

$$x_{d-} = x_\sigma + \cfrac{1}{\cfrac{1}{x_{ad}} + \cfrac{1}{x_{f\sigma}}} \tag{22-4}$$

当负序磁场轴线与转子交轴重合时，由于交轴上可能有阻尼绕组但没有转子励磁绕组，故直轴负序阻抗等效电路如图 22-1（b）所示，忽略全部电阻，可得交轴负序电抗

$$x_{q-} = x_\sigma + \cfrac{1}{\cfrac{1}{x_{aq}} + \cfrac{1}{x_{Dq\sigma}}} \tag{22-5}$$

如果交轴上没有阻尼绕组，则

$$x_{q-} = x_\sigma + x_{aq} \tag{22-6}$$

根据等效电路图 22-1 即可算出

$$\left.\begin{array}{l} Z_{d-} = r_a + jx_{d-} \\ Z_{q-} = r_a + jx_{q-} \end{array}\right\} \tag{22-7}$$

由式（22-3）、式（22-5）可知，负序电抗总是小于同步电抗，这主要是由于负序磁动势以两倍频对转子旋转，在阻尼绕组、励磁绕组和转子铁心中感应出两倍频电动势和电流，根据楞次定律，这电动势和电流都产生削弱负序磁场的作用，使气隙中的合成负序磁场减小很多。

当负序磁场反向旋转时，将依次掠过直轴和交轴，负序磁动势的轴线时而与转子直轴重合，时而与交轴重合。由于沿着两轴的磁阻不同，阻尼作用也不相同，负序磁场的振幅便将不断变化，相应的负序电抗数值亦将不断变化，工程上一般取直轴和交轴两个典型位置的平均值作为负序电抗值。

$$x_- = \frac{1}{2}(x_{d-} + x_{q-}) \tag{22-8}$$

$$Z_- = \frac{1}{2}(Z_{d-} + Z_{q-}) \tag{22-9}$$

负序电抗的数值范围大致如下：汽轮发电机的负序电抗平均值大致为 0.155，装有阻尼绕组的水轮发电机的负序电抗平均值约为 0.24，没有阻尼绕组的水轮发电机的负序电抗平均值约为 0.42。以上数值均系标幺值。

3. 零序阻抗

三相零序电流大小相等，相位相同，流过三相对称的电枢绕组时，将产生三个脉动磁场，三者在空间各相隔 120° 电角度，因此三相零序基波合成磁动势恰相互抵消，不形成气隙基波旋转磁场。因此，零序电流只产生漏磁通，数值一般很小。零序电路所遇到的电抗为带有漏抗性质的零序电抗，用 x_0 代表，x_0 较 x_- 更小。

零序电流所产生的漏磁通与绕组的型式有关。单层绕组和整距双层绕槽中的电流都属于同一相，零序漏磁通便和正序漏磁通相同。短距双层绕组槽中，上层边和下层边有一部分属于不同的两相，当正序电流流过时，槽内合成电流为相邻两个电流的相差值。当零序电流流过时，上下层电流大小相等方向相反，槽内合成电流为零。因而双层短距绕组的零序漏磁通较正序漏磁通为小，因此说零序漏抗小于正序漏抗。

因为零序电流主要产生漏磁通，不与转子键链，所以零序电阻就是电枢绕组的每相电阻。

由上可见，同步发电机的各序电抗是不相同的，且 $x_+ > x_- > x_0$。

二、各序的等效电路

设各相序的内阻抗为 Z_+、Z_-、Z_0，考虑到同步发电机的三相对称绕组中感应产生的励

磁电动势只可能有对称的正序分量，以 A 相为例，各相序的等效电路如图（22-2），其相应的各序电势平衡方程式为

$$\left. \begin{aligned} \dot{U}_{A+} &= \dot{E}_{0A} - \dot{I}_{A+}Z_+ \\ \dot{U}_{A-} &= 0 - \dot{I}_{A-}Z_- \\ \dot{U}_{A0} &= 0 - \dot{I}_{A0}Z_0 \end{aligned} \right\} \qquad (22-10)$$

式中　E_{0A} ——A 相的空载电动势。这便是相序方程式。

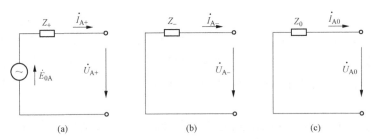

图 22-2　A 相各序等效电路

（a）正序；（b）负序；（c）零序

如果不计各序阻抗中的电阻，则方程式（22-10）可改写成

$$\left. \begin{aligned} \dot{U}_{A+} &= \dot{E}_{0A} - j\dot{I}_{A+}x_+ \\ \dot{U}_{A-} &= 0 - j\dot{I}_{A-}x_- \\ \dot{U}_{A0} &= 0 - j\dot{I}_{A0}x_0 \end{aligned} \right\} \qquad (22-11)$$

通常，同步发电机的空载电动势和各序阻抗是已知的，在分析不对称运行时，待求量是各相的电流和电压。由式（22-10）可见，三个方程式难解 6 个未知量，为此必须按不对称运行的具体情况，再列出三个端点方程式，便可以求出 $\dot{U}_{A+}$、$\dot{U}_{A-}$、$\dot{U}_{A0}$、$\dot{I}_{A+}$、$\dot{I}_{A-}$、$\dot{I}_{A0}$ 6 个未知量，最后依对称分量法的基本关系式，求出各相的电流和电压，即

$$\left. \begin{aligned} \dot{I}_A &= \dot{I}_{A0} + \dot{I}_{A+} + \dot{I}_{A-} \\ \dot{I}_B &= \dot{I}_{A0} + a^2\dot{I}_{A+} + a\dot{I}_{A-} \\ \dot{I}_c &= \dot{I}_{A0} + a\dot{I}_{A+} + a^2\dot{I}_{A-} \end{aligned} \right\} \qquad (22-12)$$

和

$$\left. \begin{aligned} \dot{U}_A &= \dot{U}_{A0} + \dot{U}_{A+} + \dot{U}_{A-} \\ \dot{U}_B &= \dot{U}_{A0} + a^2\dot{U}_{A+} + a\dot{U}_{A-} \\ \dot{U}_C &= \dot{U}_{A0} + a\dot{U}_{A+} + a^2\dot{U}_{A-} \end{aligned} \right\} \qquad (22-13)$$

由于电力系统的规模很大，正常运行时负载电流多为对称的。只有故障状态才出现不对称运行，如单相接地短路、二相短路和二相接地短路等情况。下面就利用这种方法对其进行不对称短路分析，求解短路电压和电流。

第二节　三相同步发电机的不对称稳定短路

短路是同步发电机不对称运行的极限工况，其整个过程一般分为两个阶段：第一个阶段称为突然短路，是一个暂态过程；第二个阶段为稳态短路。自短路故障开始瞬间起，到所出现的巨大冲击电流衰减完毕，为第一阶段，它所经历的时间很短，一般只有零点几秒到几秒，冲击电流衰减完以后就属第二个阶段，本节先讨论第二阶段稳态短路情况。

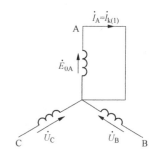

图 22-3　单相接地短路

一、同步发电机的单相稳定短路

同步发电机单相接地短路的线路如图 22-3 所示，图中假定 A 相发生短路，而 B、C 相为空载。令 $I_{k(1)}$ 表示单相短路电流，按端点情况可以写出下列端点方程式为

$$\left.\begin{array}{l} \dot{U}_A = 0 \\ \dot{I}_B = \dot{I}_C = 0 \end{array}\right\} \qquad (22-14)$$

式（22-14）用对称分量表示，并加以简化后得

$$\left.\begin{array}{l} \dot{I}_{A0} = \dot{I}_{A+} = \dot{I}_{A-} = \dfrac{1}{3}\dot{I}_A = \dfrac{1}{3}\dot{I}_{k(1)} \\ \dot{U}_{A0} + \dot{U}_{A+} + \dot{U}_{A-} = 0 \end{array}\right\} \qquad (22-15)$$

设不计电枢电阻，联立式（22-11）和式（22-15）求解得

$$\dot{I}_{A+} = \frac{\dot{E}_{0A}}{j(x_+ + x_- + x_0)} \qquad (22-16)$$

式（22-16）代入式（22-15）解得单相短路电流为

$$\dot{I}_A = \dot{I}_{k(1)} = \frac{3\dot{E}_{0A}}{j(x_+ + x_- + x_0)} \qquad (22-17)$$

将各序电流的表示式代入式方程式（22-11）中，有

$$\left.\begin{array}{l} \dot{U}_{A+} = \dot{E}_{0A} - j\dfrac{\dot{E}_{0A}}{j(x_+ + x_- + x_0)}x_+ = \dfrac{\dot{E}_{0A}(x_- + x_0)}{x_+ + x_- + x_0} \\[2mm] \dot{U}_{A-} = -j\dfrac{\dot{E}_{0A}}{j(x_+ + x_- + x_0)}x_- = \dfrac{-\dot{E}_{0A}x_-}{x_+ + x_- + x_0} \\[2mm] \dot{U}_{A0} = -j\dfrac{\dot{E}_{0A}}{j(x_+ + x_- + x_0)}x_0 = \dfrac{-\dot{E}_{0A}x_0}{x_+ + x_- + x_0} \end{array}\right\} \qquad (22-18)$$

最后可写出 B、C 相的电压表示式为

$$\dot{U}_B = a^2\dot{U}_{A+} + a\dot{U}_{A-} + \dot{U}_{A0} = \frac{\dot{E}_{0A}}{x_+ + x_- + x_0}[x_-(a^2 - a) + x_0(a^2 - 1)] \qquad (22-19)$$

$$\dot{U}_C = a\dot{U}_{A+} + a^2\dot{U}_{A-} + \dot{U}_{A0} = \frac{\dot{E}_{0A}}{x_+ + x_- + x_0}[x_-(a - a^2) + x_0(a - 1)] \qquad (22-20)$$

由于负序电抗和零序电抗要比正序电抗小得多，由式（22-17）可见，单相短路电流远较三相短路电流为大。如把负序电抗和零序电抗略去，则单相短路电流将高达三相短路电流 $\dot{I}_{k(3)} = \dot{E}_{0A} / \mathrm{j}x_+$ 的 3 倍。实际上则要稍微小些，例如某台 125MW 汽轮发电机的各序电抗标幺值为 $x_+ = 1.867$，$x_- = 0.22$，$x_0 = 0.069$，则有

$$\frac{I_{k(1)}}{I_{k(3)}} = \frac{3x_+}{x_+ + x_- + x_0} = \frac{3 \times 1.867}{1.867 + 0.22 + 0.069} = 2.6$$

二、同步发电机的两相稳定短路

同步发电机两相稳定短路的线路如图 22-4 所示。假设正常的 A 相开路，其电流为零，令 B 相和 C 相直接短路。设以 A 相的数量为标准，并以 $I_{k(2)}$ 表示两相短路电流。按图 22-4 的端点情况写出端点方程如下

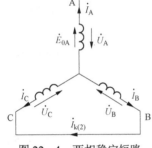

图 22-4 两相稳定短路

$$\left.\begin{array}{l} \dot{I}_A = 0 \\ \dot{U}_B = \dot{U}_C \\ \dot{I}_B = -\dot{I}_C = \dot{I}_{k(2)} \end{array}\right\} \qquad (22-21)$$

用对称分量分解简后，便得

$$\left.\begin{array}{l} \dot{U}_{A+} = \dot{U}_{A-} \\ \dot{I}_{A+} + \dot{I}_{A-} = 0 \end{array}\right\} \qquad (22-22)$$

因为没有中线连接，故短路电流中没有零序分量，

即

$$\left.\begin{array}{l} \dot{I}_{A0} = 0 \\ \dot{U}_{A0} = 0 \end{array}\right\} \qquad (22-23)$$

将式（22-22）、式（22-23）代入各序基本方程式（22-11），求解得 $\dot{I}_{A+}$ 和 $\dot{I}_{A-}$ 为

$$\dot{I}_{A+} = -\dot{I}_{A-} = \frac{\dot{E}_{0A}}{\mathrm{j}(x_+ + x_-)} \qquad (22-24)$$

B 相电流的对称分量为

$$\left.\begin{array}{l} \dot{I}_{B+} = a^2 \dot{I}_{A+} = \dfrac{a^2 \dot{E}_{0A}}{\mathrm{j}(x_+ + x_-)} \\[3mm] \dot{I}_{B-} = a \dot{I}_{A-} = -\dfrac{a \dot{E}_{0A}}{\mathrm{j}(x_+ + x_-)} \end{array}\right\} \qquad (22-25)$$

故得两相短路电流为

$$\dot{I}_{k(2)} = \dot{I}_B = \dot{I}_{B+} + \dot{I}_{B-} = -\frac{\sqrt{3}\dot{E}_A}{x_+ + x_-} \qquad (22-26)$$

式中负号表示流过 B 相的短路电流与 A 相的空载电动势 $\dot{E}_{0A}$ 反相。

两相短路电流也较三相短路电流为大。仍以上例 125MW 汽轮发电机的各序电抗标幺值为例计算，则有

$$\frac{I_{k(2)}}{I_{k(3)}} = \frac{\sqrt{3}x_+}{x_+ + x_-} = \frac{\sqrt{3} \times 1.867}{1.867 + 0.22} = 1.55$$

将 $\dot{I}_{A+}$、$\dot{I}_{A-}$ 代入式（22-11），并加以整理，得

$$\left.\begin{array}{c} \dot{U}_{A+} = \dfrac{\dot{E}_{0A}x_-}{x_+ + x_-} \\[3mm] \dot{U}_{A-} = \dfrac{\dot{E}_{0A}x_-}{x_+ + x_-} \end{array}\right\} \tag{22-27}$$

故正常相 A 的电压为

$$\dot{U}_A = \dot{U}_{A+} + \dot{U}_{A-} = \dot{E}_{0A}\frac{2x_-}{x_+ + x_-} \tag{22-28}$$

短路相的电压为

$$\begin{aligned} \dot{U}_B &= \dot{U}_C = \dot{U}_{B+} + \dot{U}_{B-} = a^2\dot{U}_{A+} + a\dot{U}_{A-} \\ &= (a^2 + a)\dot{U}_{A+} = -\dot{U}_{A+} = -\frac{1}{2}\dot{U}_A \end{aligned} \tag{22-29}$$

将式（22-26）中 $\dot{I}_{k(2)}$ 代入相电压的表示式（22-28）和式（22-29），可得

$$\left.\begin{array}{c} \dot{U}_A = -\dfrac{2x_-}{\sqrt{3}}\dot{I}_{k(2)} \\[3mm] \dot{U}_B = \dot{U}_C = \dfrac{x_-}{\sqrt{3}}\dot{I}_{k(2)} \end{array}\right\} \tag{22-30}$$

故

$$x_- = \frac{\sqrt{3}\dot{U}_A}{2\dot{I}_{k(2)}} = \frac{\sqrt{3}\dot{U}_B}{\dot{I}_{k(2)}} \tag{22-31}$$

可见，在进行两相短路试验时，测量短路电流 $I_{k(2)}$ 及开路相电压 U_A 或短路相电压 U_B，便可按式（22-31）求出负序电抗。

如果发电机的中心点没有引出来，测不到相电压，则 x_- 按下述关系求得。未短路相的端点与短路点间的电压为

$$\dot{U}_{BA} = \dot{U}_B - \dot{U}_A = -\frac{1}{2}\dot{U}_A - \dot{U}_A = -\frac{3}{2}\dot{U}_A \tag{22-32}$$

将式（22-30）中的 $\dot{U}_A$ 代入式（22-32），有

$$x_- = \frac{\dot{U}_{BA}}{\sqrt{3}\dot{I}_{k(2)}} \tag{22-33}$$

由式（22-33）可见，只需测量两相短路电流 $I_{k(2)}$ 及开路端和短路点之间的电压 U_{BA} 即可求得负序电抗 x_-。

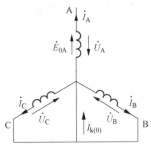

图 22-5　两相对中点稳定短路

三、同步发电机两相对中点稳定短路

同步发电机两相对中点稳定短路的线路如图 22-5 所示。设正常相 A 相开路，其电流为零，B、C 相对中点短路。仍以 A 相的数量为标准，按图 22-5 的端点情况可以写出下列端点方程式为

$$\left.\begin{array}{l} \dot{I}_A = 0 \\ \dot{U}_B = 0 \\ \dot{U}_C = 0 \end{array}\right\} \tag{22-34}$$

将式（22-34）分解为对称分量可得

$$\left.\begin{array}{l} \dot{I}_A = \dot{I}_{A+} + \dot{I}_{A-} + \dot{I}_{A0} = 0 \\ \dot{U}_{A0} = \dot{U}_{A+} = \dot{U}_{A-} = \dfrac{1}{3}\dot{U}_A \end{array}\right\} \tag{22-35}$$

由式（22-35）和相序方程式（22-11）联立求解得各序分量

$$\left.\begin{array}{l} \dot{I}_{A+} = \dfrac{\dot{E}_{0A}}{\mathrm{j}\left(x_+ + \dfrac{x_- x_0}{x_- + x_0}\right)} = -\mathrm{j}\dfrac{\dot{E}_{0A}(x_- + x_0)}{x_+ x_- + x_+ x_0 + x_- x_0} \\[4mm] \dot{I}_{A-} = \mathrm{j}\dfrac{\dot{E}_{0A} x_0}{x_+ x_- + x_+ x_0 + x_- x_0} \\[4mm] \dot{I}_{A0} = \mathrm{j}\dfrac{\dot{E}_{0A} x_-}{x_+ x_- + x_+ x_0 + x_- x_0} \end{array}\right\} \tag{22-36}$$

$$\dot{U}_{A+} = \dot{U}_{A-} = \dot{U}_{A0} = \dfrac{\dot{E}_{0A} x_- x_0}{x_+ x_- + x_+ x_0 + x_- x_0} \tag{22-37}$$

最后可求得各相电流与未短路相的端电压。

$$\dot{I}_B = \dfrac{\mathrm{j}\dot{E}_{0A}}{x_+ x_- + x_+ x_0 + x_- x_0}[x_-(1 - a^2) + x_0(a - a^2)] \tag{22-38}$$

$$\dot{I}_C = \dfrac{\mathrm{j}\dot{E}_{0A}}{x_+ x_- + x_+ x_0 + x_- x_0}[x_-(1 - a) + x_0(a^2 - a)]$$

$$\dot{U}_A = 3\dot{U}_{A+} = \dfrac{3\dot{E}_{0A} x_- x_0}{x_+ x_- + x_+ x_0 + x_- x_0} \tag{22-39}$$

B、C 对中点短路的中点电流为

$$\dot{I}_{k(0)} = \mathrm{j}\dfrac{\dot{U}_A}{x_0} \tag{22-40}$$

【例 22-1】 设有一台三相、星形连接的凸极式同步发电机，测得各种参数如下：

$$x_d = 1.45\Omega, \quad x_q = 1.05\Omega, \quad x_d' = 0.70\Omega$$

$$x_d'' = 0.55\Omega, \quad x_q'' = 0.65\Omega, \quad x_\sigma = 0.20\Omega$$

当每相空载电势 $E_0 = 220V$ 时，试求：

（1）三相稳态短路电流。

（2）三相突然短路电流的最大可能振幅。

（3）外线至外线间稳态短路电流。

（4）单相外线至中线间稳态短路电流。

（5）每相经外 1.5Ω 电阻短路时的稳态短路电流。

解：（1）三相稳态短路电流

$$I_{k(3)} = \frac{E_A}{x_d} = \frac{220}{1.45} = 151.7 \ (A)$$

（2）三相突然短路电流的最大可能振幅

$$\frac{2 \times \sqrt{2} E_A}{x_d''} = \frac{2 \times \sqrt{2} \times 220}{0.55} = 1132 \ (A)$$

（3）外线至外线间稳态短路电流

$$I_{k(2)} = \frac{\sqrt{3} E_A}{x_+ + x_-} = \frac{\sqrt{3} E_A}{x_d + \sqrt{x_d'' x_q''}} = \frac{\sqrt{3} \times 220}{1.45 + \sqrt{0.55 \times 0.65}}$$

$$= \frac{\sqrt{3} \times 220}{1.45 + 0.599} = 186(A)$$

（4）单相外线至中线间稳态短路电流

$$I_{k(1)} = \frac{3 E_A}{x_+ + x_- + x_0} = \frac{3 \times 220}{1.45 + 0.599 + 0.20} = 293(A)$$

（5）先作相量图如图 22-6 所示，由图可得

$$\tan \psi = \frac{x_q}{R_e}$$

$$\psi = \arctan \frac{x_q}{R_e} = \arctan \frac{1.05}{1.5} = 35.1°$$

故　　　　$\cos \psi = 0.818, \ \sin \psi = 0.575$

$$E_0 = I R_e \cos \psi + I_d x_d = I(R_e \cos \psi + x_d \sin \psi)$$

故　　$I = \frac{E_0}{R_e \cos \psi + x_d \sin \psi} = \frac{220}{1.5 \times 0.818 + 1.45 \times 0.575}$

$$= \frac{220}{1.23 + 0.834} = 106.6(A)$$

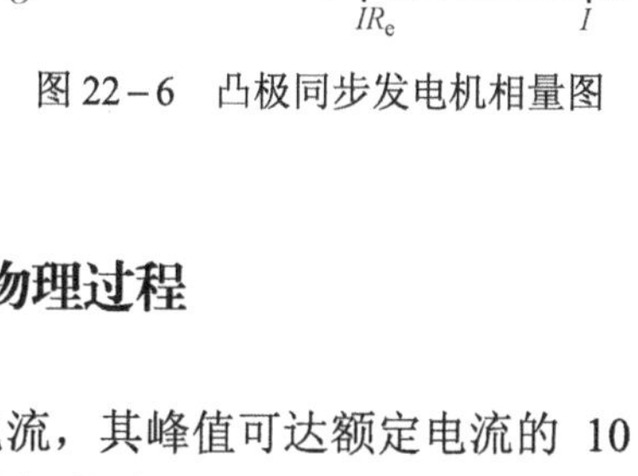

图 22-6　凸极同步发电机相量图

第三节　同步发电机突然短路的物理过程

同步发电机突然短路时，各绕组中会出现很大的冲击电流，其峰值可达额定电流的 10 倍以上，将在电机内产生很大的电磁力和电磁转矩，使定子绕组的端部或转轴发生有害变形；还可能损坏与发电机相联接的其他电器装置，并破坏电网的稳定和正常运行，因此尽管突然短路的瞬态过程很短，却可能带来严重的后果。

同步电机突然短路时，定子的电枢电流和相应磁场幅值发生突变，在转子绕组中将会感生电动势和电流，此电流又会反过来影响定子绕组的电流。因此，突然短路过程要比稳态短

路过程复杂得多。

一、超导回路磁链守衡原理

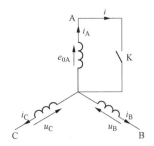

图 22-7　同步发电机三相线路图

同步发电机三相线路如图 22-7 所示，假设开关合闸使 A 相绕组突然短路，短路瞬间 A 相绕组中的电压方程式为

$$ir + \frac{\mathrm{d}\psi}{\mathrm{d}t} = 0 \qquad (22-41)$$

如把电阻 r 略去，则式（22-41）变成

$$\frac{\mathrm{d}\psi}{\mathrm{d}t} = 0 \qquad (22-42)$$

设开关合闸瞬间为 $t=0$，绕组中的磁链为 $\psi_{t=0}$，于是，根据起始条件求得的特解为

$$\psi = \psi_{t=0} \qquad (22-43)$$

式（22-43）说明，这个没有电阻的闭合绕组的磁链不会变化，永远等于突然短路瞬间的磁链 $\psi_{t=0}$。由此可得结论如下：在没有电阻的超导体闭合回路中，磁链将保持不变，这一简单关系称为超导体闭合回路磁链守恒原理。

在实际的闭合回路中，电阻总是存在的，电阻的影响，使得磁链将逐渐衰减，但磁链不能突变，在突然短路的初瞬，仍可认为磁链保持不变。即短路初瞬实际情况仍和超导体的情况相同。

二、突然短路的物理过程

下面用磁链不变原则分析无阻尼绕组同步发电机空载运行时，在发电机出线端发生三相突然短路后电机各绕组中的磁链变化情况。分析时假设励磁电流和转子转速保持不变，并且不计饱和影响，以便应用叠加原理。

1. 定子各相绕组的磁链

设 A 相轴线与转子轴线垂直，瞬间时间 $t=0$，即磁链初值 $\psi_{A(0)}=0$，则转子 Φ_0 将在各定子绕组中形成随时间接正弦变化的磁链 ψ_{A0}、ψ_{B0} 和 ψ_{C0}。时序波形如图 22-8 所示，数学表达式为

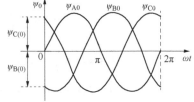

图 22-8　定子三相主磁链时序波形

$$\left. \begin{array}{l} \psi_{A0} = \psi_0 \sin \omega t \\ \psi_{B0} = \psi_0 \sin(\omega t - 120°) \\ \psi_{C0} = \psi_0 (\sin \omega t - 240°) \end{array} \right\} \qquad (22-44)$$

在 $t=0$ 短路瞬间，定子三相绕组的磁链的初值分别为

$$\left. \begin{array}{l} \psi_{A(0)} = \psi_0 \sin 0 = 0 \\ \psi_{B(0)} = \psi_0 \sin(0 - 120°) = -0.866\psi_0 \\ \psi_{C(0)} = \psi_0 (\sin 0 - 240°) = +0.866\psi_0 \end{array} \right\} \qquad (22-45)$$

式中　ψ_0——定子绕组交链的励磁磁链幅值。

根据磁链不变原则可知，短路以后各绕组的磁链将分别保持 $\psi_{A(0)}$、$\psi_{B(0)}$ 和 $\psi_{C(0)}$ 不再随时间改变。而转子仍以同步转速旋转，转子磁场对定子绕组形成的磁链 ψ_{A0}、ψ_{B0} 和 ψ_{C0}。始终

按正弦规律变化。假若不计电枢的电阻，即定子各绕组为超导回路，则根据磁链守恒原理应有

$$\left.\begin{aligned}\psi_{A(0)} &= \psi_{A0} + \psi_{iA} = 0\\\psi_{B(0)} &= \psi_{B0} + \psi_{iB} = -0.866\psi_0\\\psi_{C(0)} &= \psi_{C0} + \psi_{iC} = +0.866\psi_0\end{aligned}\right\} \qquad (22-46)$$

式中　　　　　　i——短路电流；

ψ_{iA}、ψ_{iB} 和 ψ_{iC}——分别定子三相短路电流产生的与定子各绕组交链的磁链。由式（22-46）推出数学表达式为

$$\left.\begin{aligned}\psi_{iA} &= -\psi_{A0} + \psi_{A(0)} = -\psi_0\sin\omega t = \psi_{A\sim} + \psi_{A-}\\\psi_{iB} &= -\psi_{B0} + \psi_{B(0)} = -\psi_0\sin(\omega t - 120) - 0.866\psi_0 = \psi_{B\sim} + \psi_{B-}\\\psi_{iC} &= -\psi_{C0} + \psi_{C(0)} = -\psi_0\sin(\omega t - 240^\circ) + 0.866\psi_0 = \psi_{C\sim} + \psi_{C-}\end{aligned}\right\} \qquad (22-47)$$

时序波形如图22-9所示。

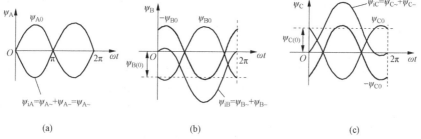

图22-9　磁链守恒条件下定子三相绕组中各磁链分量时序波形
（a）A相；（b）B相；（c）C相

2. 定子各相绕组的电流

短路发生时，定子绕组已匝链有磁链 $\psi_{A(0)}$、$\psi_{B(0)}$ 和 $\psi_{C(0)}$，短路后各相绕磁链不变，由于电感回路中的电流不会突变，因此，空载情况下的三相定子绕组发生短路，各相电流的初始值应为零。这是分析各相电流必须遵守的约束条件。

从图22-9可见，短路发生时，电枢电流必须包含两个分量，分别产生两个磁场；一个是旋转磁场，在三相绕组中建立交变磁链 $\psi_{A\sim}$、$\psi_{B\sim}$ 和 $\psi_{C\sim}$，以平衡励磁磁链 ψ_{A0}、ψ_{B0} 和 ψ_{C0} 作用（大小相等、方向相反）的分量；该分量必须是一组三相对称频率 f 的交流电，称为交流分量或周期分量，用 $i_{A\sim}$、$i_{B\sim}$ 和 $i_{C\sim}$ 表示。另一个是建立静止磁场，与三相绕组中产生的恒定磁链 ψ_{A-}、ψ_{B-} 和 ψ_{C-} 平衡，以满足 $\psi_{A(0)}$、$\psi_{B(0)}$ 和 $\psi_{C(0)}$ 磁链守恒的分量，该分量必须是一组直流电流，称为直流分量或非周期分量，用 i_{A-}、i_{B-} 和 i_{C-} 表示。由于不计磁路饱和，电流与对应的磁链成正比，则据式（22-47）有

$$\left.\begin{aligned}i_A &= i_{A\sim} + i_{A-}\\i_B &= i_{B\sim} + i_{B-}\\i_C &= i_{C\sim} + i_{C-}\end{aligned}\right\} \qquad (22-48)$$

设相电流周期分量的幅值为 I'_m，则

$$\left.\begin{array}{l} i_{A\sim} = -I'_m \sin \omega t \\ i_{B\sim} = -I'_m \sin(\omega t - 120°) \\ i_{C\sim} = -I'_m \sin(\omega t - 240°) \end{array}\right\} \qquad (22-49)$$

及

$$\left.\begin{array}{l} i_{A-} = -i_{A\sim}(0) = I'_m \sin 0 = 0 \\ i_{B-} = -i_{B\sim}(0) = I'_m \sin(0 - 120°) = -0.866 I'_m \\ i_{C-} = -i_{C\sim}(0) = I'_m \sin(0 - 240°) = +0.866 I'_m \end{array}\right\} \qquad (22-50)$$

3. 转子绕组中的电流和磁链

转子绕组中的磁链在突然短路后的变化情况，亦同样可利用磁链不变原则来分析。

而转子励磁绕组的磁链初值为

$$\psi_{f(0)} = \psi_0 + \psi_{f\sigma} \qquad (22-51)$$

式中　$\psi_{f\sigma}$——转子励磁绕组的漏磁链。

不计转子回路的电阻，则根据磁链不变原则可知，转子磁链将保持突然短路发生时的数值，即保持 $\psi_{f(0)}$ 不变。短路发生时，由于定子电流产生的旋转磁场和直流磁场的出现，转子磁链守恒将被破坏，转子电路中必将引起感应电流以建立恰能抵消上述磁场对转子绕组形成的磁链。

由定子电流中的交流分量（周期性分量）产生的 $\psi_{A\sim}$、$\psi_{B\sim}$ 和 $\psi_{C\sim}$ 合成一圆形旋转磁场，和转子同步旋转，二者相对静止，其匝链转子绕组的磁链为 $\psi_\sim$，大小不变，故转子绕组中将感应一个直流分量电流才能产生一个 ψ_{f-}，以抵消磁链 $\psi_\sim$，即 $\psi_{f-} = -\psi_\sim$。同理，定子电流中的直流分量（非周期性分量）产生的直流磁场，在空间是静止的，对转子绕组的相对转速为同步转速，将在转子回路中感应一个频率为 50Hz 的交变电流，以建立匝链转子绕组的磁链 $\psi_\sim$ 来抵消定子产生的直流磁场在转子绕组中形成的磁链 ψ_-，即有 $\psi_{f\sim} = -\psi_-$。设励磁绕组中的电流产生的匝链本身绕组的总磁链为 ψ_f，则短路后励磁绕组中的电流和磁链为

$$\left.\begin{array}{l} i_f = I_{f(0)} + I_{f-} + i_{f\sim} \\ \psi_f = \psi_{f(0)} + \psi_{f-} + \psi_{f\sim} \end{array}\right\} \qquad (22-52)$$

转子回路，$\psi_{f\sim}$、ψ_{f-} 可分别代表突然短路后转子回路中感应产生的周期性电流分量和非周期性分量。图 22-8 中的磁链曲线，只要换以不同的比例尺，即可代表相应的电流曲线。

事实上，在发电机定子、转子回路中均有电阻存在，上述各电流分量均将按某些时间常数衰减，并最后消失。这时定子电流将是稳态短路电流，转子回路将是正常外施的励磁电流。

第四节　同步发电机的瞬态电抗和超瞬态电抗

任一线圈产生一定数量磁通所需的电流大小将因磁通所走的路径不同而大小不同。磁路磁阻较小，所需的电流也较小则电抗较大；如磁路磁阻较大，所需的电流也就较大则电抗较小。应用这一概念来分析同步发电机的短路电流，先分析磁通的大小，再分析磁通所走的路径，然后引出各个电抗以便计算短路电流。

一、直轴瞬态电抗 x_d'

三相稳态短路时，端电压 $\dot{U}=0$ ，电枢反应为纯去磁作用。如不计电枢电阻和漏磁通的影响，由定子电流所产生的电枢反应磁通 $\dot{\Phi}_{ad}$ 与由转子电流所产生的磁通 $\dot{\Phi}_0$ ，大小相等，方向相反。电枢反应磁通所经的路线如图 22-9（a）所示。图中 $\dot{\Phi}_0$ 为直流励磁电流所激励的转子磁通，$\dot{\Phi}_{ad}$ 为电枢反应磁通，$\dot{\Phi}_{A\sigma}$ 和 $\dot{\Phi}_{f\sigma}$ 分别为定子绕组和转子绕组的漏磁通。稳态短路时，电枢反应磁通将穿过转子铁心而闭合，所遇到的磁阻较小，定子电流所遇到的电抗便为同步电抗 x_d ，数值较大的。图 22-9（b）为三相突然短路初瞬时的情形。为了简单起见，设发生短路前发电机为空载，故转子绕组只键链磁通 $\dot{\Phi}_0$ 和 $\dot{\Phi}_{f\sigma}$ 。短路发生瞬间，按照磁链不能突变的原则，短路电流所产生的电枢反应磁通不能通过转子铁心去键链转子绕组，而是如图 22-9（b）（c）中所示的 $\dot{\Phi}_{ad}'$ 被挤到转子绕组外侧的漏磁路中去了。定子短路电流所产生的磁通 $\dot{\Phi}_{ad}'$ 所经路线的磁阻变大，此时限制电枢电流的电抗变小，因此，突然短路初始瞬间有较大的短路电流。这个限制电枢电流的电抗称为直轴瞬态电抗或直轴暂态电抗，用 x_d' 表示，可见 x_d' 远较 x_d 为小。

由于转子绕组有电阻，上述感应电流将因电阻的阻尼作用而衰减消失，然后电枢磁通将穿过转子铁心，其路径如图 22-10（a）所示。也就是说，由于转子绕组有电阻，使突然短路时较大的冲击电流逐渐减小，最后短路电流为 x_d 所限制。这时电机已从突然短路状态过渡到稳定短路状态。为图形清晰，图中的定子绕组仅画了一相；磁通只画半边，实际上两边是对称的。

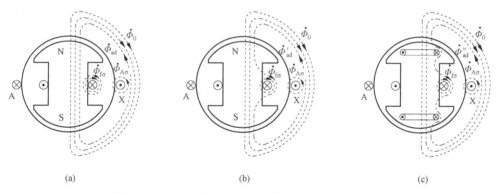

图 22-10　同步发电机突然短路时磁通所通过的路径

（a）稳态短路；（b）无阻尼绕组突然短路瞬间；（c）有阻尼绕组突然短路瞬间

二、直轴超瞬态电抗 x_d''

当转子上装有阻尼绕组时，因阻尼绕组也为闭合回路，它的磁链也不能突然改变。同理，在短路初始瞬间，电枢磁通将被排挤在阻尼绕组以外，如图 22-10（c）中 $\dot{\Phi}_{ad}''$ 所示。这时，磁路的磁阻更大了，与之相应的电抗将有更小的数值 x_d'' 。x_d'' 称直轴超瞬态电抗或直轴次暂态电抗。

在短路初始瞬间，定子绕组中的短路电流将为 x_d'' 所限制。由于阻尼绕组中的感应电流衰减得较快，故在最初几个周波以后，电枢磁通即可穿过阻尼绕组而取得如图 22-10（b）的 $\dot{\Phi}_{ad}'$ 路径，此时定子电流将为 x_d' 所限制。最后达到稳态值时，定子电流便为 x_d 所限制。

三、x_d'' 和 x_d' 的表达式

当同步发电机装有阻尼绕组时，电枢磁通在短路初瞬所经的路线如图 22-10（c）所示。设 Λ_{ad} 代表空气隙的磁导，$\Lambda_{Dd\sigma}$ 代表阻尼绕组旁的漏磁路的磁导，$\Lambda_{f\sigma}$ 代表励磁绕组旁的漏磁

路的磁导，则该磁路的总磁导为 Λ''_d，即有

$$\Lambda''_\mathrm{ad} = \cfrac{1}{\cfrac{1}{\Lambda_\mathrm{ad}} + \cfrac{1}{\Lambda_\mathrm{f\sigma}} + \cfrac{1}{\Lambda_\mathrm{D d\sigma}}} \tag{22-53}$$

再把电枢漏磁路的磁导加上，则得全部电枢磁通所经磁路的总磁导为

$$\Lambda''_\mathrm{d} = \Lambda_\sigma + \Lambda''_\mathrm{ad} = \Lambda_\sigma + \cfrac{1}{\cfrac{1}{\Lambda_\mathrm{ad}} + \cfrac{1}{\Lambda_\mathrm{f\sigma}} + \cfrac{1}{\Lambda_\mathrm{D d\sigma}}} \tag{22-54}$$

由于电抗和磁导成正比，故式（22-54）可以改写作

$$x''_\mathrm{d} = x_\sigma + \cfrac{1}{\cfrac{1}{x_\mathrm{ad}} + \cfrac{1}{x_\mathrm{f\sigma}} + \cfrac{1}{x_\mathrm{D d\sigma}}} \tag{22-55}$$

式中　　x_ad——直轴电枢反应电抗；

$\quad\quad x_\mathrm{f\sigma}$——励磁绕组的漏抗；

$\quad\quad x_\mathrm{D d\sigma}$——阻尼绕组在直轴的漏抗。

从式（22-55）可得直轴超瞬态电抗的等效电路如图 22-11 所示。

如在转子上没有阻尼绕组或者是当阻尼绕组中的感应电流衰减完毕，电枢反应磁通可以穿过阻尼绕组时，磁路如图 22-10（b）所示，其总磁导为

$$\Lambda'_\mathrm{d} = \Lambda_\sigma + \cfrac{1}{\cfrac{1}{\Lambda_\mathrm{ad}} + \cfrac{1}{\Lambda_\mathrm{f\sigma}}} \tag{22-56}$$

同理，直轴瞬态电抗 x'_d 的表示式为

$$x'_\mathrm{d} = x_\sigma + \cfrac{1}{\cfrac{1}{x_\mathrm{ad}} + \cfrac{1}{x_\mathrm{f\sigma}}} = x_\sigma + \frac{x_\mathrm{ad} x_\mathrm{f\sigma}}{x_\mathrm{ad} + x_\mathrm{f\sigma}} \tag{22-57}$$

直轴瞬态电抗的等效电路如图 22-12 所示。

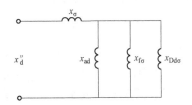
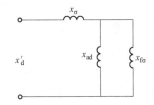

图 22-11　直轴超瞬态电抗等效电路　　　　　图 22-12　直轴瞬态电抗等效电路

四、交轴瞬态电抗 x'_q 及其表示式

如果同步发电机不是出线端处发生短路，而是经过负载阻抗短路，则由短路电流所产生的电枢磁场不仅有直轴分量，而且也有交轴分量。由于沿着交轴的磁路与沿着直轴的磁路有不同的磁阻，所以相应的电抗也有不同的数值。同理，交轴瞬态电抗或交轴暂态电抗以 x'_q 表示，交轴超瞬态电抗或交轴次暂态电抗以 x''_q 表示。由于同步发电机在交轴上没有励磁绕组，故一般说来，交轴瞬态电抗和交轴同步电抗相等，亦即

$$x'_q = x_q \qquad\qquad (22-58)$$

在有阻尼的情况下，由于阻尼绕组的作用，就有交
轴超瞬态电抗。其等效电路如图 22-13 所示，由图得

$$x''_q = x_\sigma + \frac{x_{aq} x_{Dq\sigma}}{x_{aq} + x_{Dq\sigma}} \qquad (22-59)$$

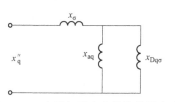

一般说来，阻尼绕组在直轴所起的作用较在交轴所
起的作用为大，故 x''_q 亦就较 x''_d 略大。

图 22-13 交轴超瞬态电抗的等效电路

第五节 同步发电机突然短路电流

同步发电机突然短路电流中包含有交流分量（亦称为周期性分量）和直流分量（亦称为
非周期性分量）。其中交流分量对各相来说，大小相等，相位相差 120°，是一组三相对称的
电流分量；而直流分量与短路的初始瞬间绕组中的磁链有关。在短路初始瞬间，各相绕组中
磁链是不相同的，故各相的直流分量不相同，因此各相的短路电流是不相同的。下面我们分
析两种极限的情况：① 在短路初始瞬间，短路绕组中的磁链 $\psi_0 = 0$；② 在短路初始瞬间，
短路绕组中的磁链 $\psi_0 = \psi_{max}$。第一种情况相当于当短路绕组的轴是与交轴重合时发生短路，
第二种情况相当于当短路绕组的轴是与直轴重合时发生短路。

一、当 $\psi_0 = 0$ 时的突然短路电流

设在同步发电机三相突然短路的瞬间，绕组中的磁链为零，即当 $t = 0$ 时，$\psi = \psi_0 = 0$。
此时该绕组中的感应电动势是有最高值。由于短路电流近似为纯感应性电流，它将较感应电
动势滞后 90°，此时该绕组中的电流恰过零点，短路电流中没有直流分量，只有交流分量，
且 $t = 0$ 瞬间交流分量的瞬时值恰为零。当某相的磁链 $\psi = \psi_0 = 0$ 时发生三相突然短路，该相
的突然短路电流如图 22-14 所示。如对这一短路电流曲线作包络线，则由图可见，上、下外
包络线对横坐标是对称的，这表明这相突然短路电流中没有非周期分量。短路电流的起始值
受直轴超瞬态电抗 x''_d 所限制，此后将逐渐衰减，待到阻尼绕组中的感应电流消失后，短路电
流便达到稳定值而受直轴同步电抗 x_d 所限制。图中重复表示了该突然短路电流的包络线，外
包络线的纵坐标即为周期性电流的振幅。

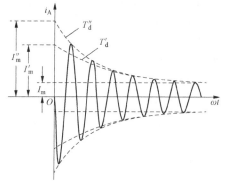

图 22-14 三相突然短路 $\psi = \psi_0 = 0$ 时相电流波形

由图 22-14 可见，周期性电流的起始瞬
间振幅为 I''_m。假如没有阻尼绕组，则周期性
电流的起始瞬间振幅将为 I'_m，稳定短路电流
的振幅为 I_m。由此可见，周期性短路电流可
以分为三部分：第一部分为 $I''_m - I'_m$，它将以
时间常数 T''_d 衰减；第二部分为 $I'_m - I_m$，它将
以时间常数 T'_d 衰减；第三部分为 I_m，它就是
稳定短路电流的振幅。因此，得该相突然短路
电流的表示式为

$$i_k = \left[(I''_m - I'_m)e^{-\frac{t}{T''_d}} + (I'_m - I_m)e^{-\frac{t}{T'_d}} + I_m \right] \sin\omega t \qquad (22-60)$$

如引入各种电抗，则式（22-60）也可写作

$$i_k = E_{0m}\left[\left(\frac{1}{x_d''} - \frac{1}{x_d'}\right)e^{-\frac{t}{T_d''}} + \left(\frac{1}{x_d'} - \frac{1}{x_d}\right)e^{-\frac{t}{T_d'}} + \frac{1}{x_d}\right]\sin\omega t \qquad (22-61)$$

$$T_d'' = \frac{x_{Dd}''}{\omega r_{Dd}}; \quad x_{Dd}'' = x_{Dd\sigma} + \frac{1}{\dfrac{1}{x_{ad}} + \dfrac{1}{x_{f\sigma}} + \dfrac{1}{x_\sigma}}$$

$$T_d' = T_{d0}\frac{x_d'}{x_d}; \quad T_{d0} = \frac{x_{f\sigma} + x_{ad}}{\omega r_f} = \frac{x_f}{\omega r_f}$$

式中　　E_{0m}——空载电动势的振幅；

　　　　x_{Dd}''——阻尼绕组的短路电抗；

　　　　r_{Dd}——阻尼绕组的电阻；

　　　　r_f——励磁绕组的电阻；

　　　　x_f——励磁绕组本身的总电抗；

　　　　T_{d0}——定子绕组开路时励磁绕组电流自由分量衰减时间常数；

　　　　T_d'——瞬态电流分量衰减时间常数；

　　　　T_d''——超瞬态电流分量衰减时间常数。

二、当 $\psi_0 = \psi_{max}$ 时的突然短路电流

设在突然短路瞬间，某相绕组的磁链恰有最高值，即当 $t=0$ 时，$\psi = \psi_0 = \psi_{max}$。此时该绕组的感应电动势为零，因为短路电流将较感应电动势滞后90°，故短路电流的周期分量瞬时值恰有负的最高值。根据初始条件，突然短路瞬间，即当 $t=0$ 时，绕组中的电流必须仍保持为零。因此，在这种情况下，短路电流中除了交流分量以外，还需要有一直流分量，即非周期性分量。非周期性分量的初始值应和周期性分量的初始值相抵消，使总电流的初值为零。我们知道，非周期性电流的作用是保持短路绕组中的磁链不能突变，由于绕组存在电阻，非周期性电流将逐渐衰减。当发生三相突然短路时，如某相磁链恰为 $\psi = \psi_0 = \psi_{max}$，则该相的突然短路电流如图22-15所示。

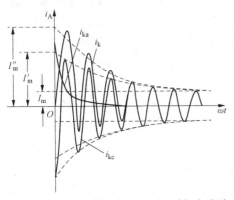

图 22-15　三相突然短路 $\psi_0 = \psi_{max}$ 时相电流波形

图中 i_k 为短路电流曲线，i_{kc} 表示周期性电流分量，i_{ka} 表示非周期性电流分量。设令 T_a 表示非周期性电流衰减的时间常数，则得短路电流中周期性电流分量 i_{kc} 和非周期性电流分量 i_{ka} 的表示式为

$$i_{kc} = \left[(I_m'' - I_m')e^{-\frac{t}{T_d''}} + (I_m' - I_m)e^{-\frac{t}{T_d'}} + I_m\right]\sin(\omega t - 90°) \qquad (22-62)$$

$$i_{ka} = I_{am}e^{-\frac{t}{T_a}} \qquad (22-63)$$

总的短路电流为

$$i_k = i_{kc} + i_{ka}$$

$$= E_{0m}\left[\left(\frac{1}{x_d''} - \frac{1}{x_d'}\right)e^{-\frac{t}{T_d''}} + \left(\frac{1}{x_d'} - \frac{1}{x_d}\right)e^{-\frac{t}{T_d'}} + \frac{1}{x_d}\right]\sin(\omega t - 90°) + I_{am}e^{-\frac{t}{T_a}} \qquad (22-64)$$

式中　　$T_a = \dfrac{x_-}{\omega r_a}$。

由于 $I_{am} = I_m''$，故在式（22-64）中，如令 $t = 0$ 则得 $i_k = 0$，与所需的初始条件符合。

这是一种最不利的突然短路的情况，它将导致最大可能的冲击电流。设想一种极限情形，如果周期性电流和非周期性电流都衰减得非常缓慢，即假设在 0.01s（半个周波）以后，两个分量都基本上没有衰减，则在此瞬间它们将直接相加，而使最高冲击电流达到周期性电流的起始振幅的 2 倍。最高冲击电流将出现于当 $t = \dfrac{T}{2}$ 时。至于前一种突然短路情况，则最高冲击电流的极限值即和周期性电流的起始振幅相等，且将出现于当 $t = \dfrac{T}{4}$ 时。

【例 22-2】某 300MW 汽轮发电机有下列数据。

$x_{d*} = 2.27$、$x_{d*}' = 0.273$、$x_{d*}'' = 0.204$；$T_d' = 0.993(s)$、$T_d'' = 0.0317(s)$、$T_d \approx 0.246(s)$，设该机在空载电压为额定值时，发生三相短路。试求：

（1）在最不利情况下的定子突然短路电流表示式；

（2）最大瞬时冲击电流；

（3）在短路后 0.5s 时的短路电流的瞬时值；

（4）在短路后 2s 时的短路电流的瞬时值；

（5）在短路后 5s 时的短路电流的瞬时值。

解：（1）应用式（22-64），代入具体数字，均用标幺值表示，则

$$E_{0m} = \sqrt{2} \times 1 = \sqrt{2}$$

$$\frac{1}{x_d''} - \frac{1}{x_d'} = \frac{1}{0.204} - \frac{1}{0.273} = 1.24$$

$$\frac{1}{x_d'} - \frac{1}{x_d} = \frac{1}{0.273} - \frac{1}{2.27} = 3.21$$

$$\frac{1}{x_d} = \frac{1}{2.27} = 0.44$$

$$I_{am} = \frac{E_{0m}}{x_d''} = \frac{\sqrt{2}}{0.204} = 6.93$$

故得最不利情况下突然短路电流的表达式为

$$i_k = \sqrt{2} \times \left[1.24e^{-\frac{t}{0.0317}} + 3.21e^{-\frac{t}{0.993}} + 0.44\right]\sin\left(100\pi t - \frac{\pi}{2}\right) + 6.93e^{-\frac{t}{0.246}}$$

（2）最大冲击电流出现在半周以后，即当 $t = 0.01s$ 时，则

$$e^{-\frac{0.01}{0.0317}} = 0.73、\quad e^{-\frac{0.01}{0.993}} = 0.99、\quad e^{-\frac{0.01}{0.246}} = 0.9602$$

$$\sin\left(100\pi\times0.01-\frac{\pi}{2}\right)=\sin\frac{\pi}{2}=1$$

故 $$i_{k(\max)}=[1.76\times0.73+4.54\times0.99+0.622]\times1+6.93\times0.9602=13.067$$

即冲击电流的最大瞬时值将高达额定电流的 13 倍以上。

（3）当 $t=0.5\text{s}$ 时，则

$$e^{-\frac{0.5}{0.0317}}\approx0 \text{、} e^{-\frac{0.5}{0.993}}\approx0 \text{、} e^{-\frac{0.5}{0.246}}=0.131$$

$$\sin\left(100\pi\times0.5-\frac{\pi}{2}\right)=\sin\left(50\pi-\frac{\pi}{2}\right)=-1$$

故得 $$i_{k(t=0.5)}=[1.76\times0+4.54\times0.604+0.622]\times(-1)+6.93\times1.31=-2.463$$

这时周期性电流中的超瞬态分量已经衰减殆尽，非周期性电流分量也已衰减到起始值的 13%左右，而周期性电流中的瞬态分量尚有起始值的 60%左右。

（4）当 $t=2\text{s}$ 时，则

$$e^{-\frac{2}{0.0317}}\approx0 \text{、} e^{-\frac{2}{0.993}}=0.132 \text{、} e^{-\frac{2}{0.246}}\approx0$$

$$\sin\left(200\pi-\frac{\pi}{2}\right)=-1$$

故得 $$i_{k(t=2)}=-(4.54\times0.132+0.622)=-1.22$$

此时非周期分量已基本消失，瞬态分量也只有起始值的 13%左右，总的突然短路电流瞬时值已经快接近于额定电流了。

（5）当 $t=5\text{s}$ 时，则

$$e^{-\frac{t}{T_d'}}=e^{-\frac{5}{0.993}}\approx0$$

$$\sin\left(500\pi-\frac{\pi}{2}\right)=-1$$

所以 $$i_{k(t=5)}=-(4.54\times0+0.622)=-0.622$$

这时突然短路电流中的超瞬态分量、非周期分量均已衰减完毕，周期性电流中的瞬态分量也基本上消失，定子绕组中的短路电流已达到稳定短路状态时的数值。

小 结

本章分析了同步发电机不对称运行时各序阻抗与等效电路，用对称分量法分析三相同步发电机的不对称稳定短路情况，以及不对称运行对电机的影响。

同步电机发生突然短路时，各绕组中的电流将急剧增大，随后逐渐衰减。它是一个瞬态过程，分析时常把各个绕组回路看作是超导体闭合回路，应用超导体闭合回路磁链不变原则，分析定、转子绕组中的电流分量及其所匝链磁链的路径，确定同步电机的瞬态电抗和超瞬态电抗参数，用以计算短路初瞬的短路电流。然后再考虑电阻的影响，用时间常数来计算它的衰减过程。

定子电流中的非周期分量电流的大小，取决于短路时的初始条件。如发电机在空载下发生突然短路，当 $t=0$ 时，定子非周期性电流与周期性电流的初始值大小相等而方向相反，它

以时间常数 T_a 衰减。

突然短路是一件突发事件，可能发生在任意时刻，我们分析了两种极端情况：①当 $\psi_0 = 0$ 时，发生了突然短路，短路电流中不存在非周期性电流成分，短路电流的最大可能的幅值为 E_{0m}/x_d''；②当 $\psi_0 = \psi_{max}$ 时，发生了突然短路，短路电流中的非周期性电流的大小等于周期性短路电流的振幅。两值叠加，短路电流可能出现的峰值为 $2E_{0m}/x_d''$，这是最危险的情况。一般来讲，定子短路电流的峰值在这两值之间。

思 考 题

22-1　同步电机中，转子绕组对正序旋转磁场起什么作用？对负序旋转磁场起什么作用？如何体会正序电抗即系同步电抗？为什么负序电抗要比正序电抗小得多，而零序电抗较负序电抗更小？当三相绕组中流过零序电流时，合成磁动势为零，为什么零序电抗不等于零。

22-2　在推导同步电机的负序等效电路时应用了什么假设？在同步电机的转子上装设阻尼绕组将如何影响负序电抗的数值？为什么？

22-3　负序漏磁通与正序漏磁通有何不同？零序漏磁通与正序漏磁通有何不同？

22-4　说明瞬态电抗和超瞬态电抗的物理意义。它们和定子绕组的漏抗有什么不同？由于隐极式电机有均匀的空气隙，所以同步电抗 x_d 和 x_q 相等，为什么超瞬态电抗 x_d'' 和 x_q'' 却又不相等？为什么沿交轴的瞬态电抗即等于沿交轴的同步电抗 x_q，而沿交轴的超瞬态电抗 x_q'' 又和 x_q 不相等？

22-5　试从物理概念说明：为什么同步发电机的突然短路电流要比持续短路电流大得多？为什么突然短路电流与合闸瞬间有关？为什么在短路电流分量中含有直流分量？

22-6　试按数值的大小排列同步电机的各种电抗 x_σ、x_d、x_q、x_d'、x_d''、x_q''、x_-、x_0。

22-7　当阻尼绕组的感应电流衰减完毕时，限制三相短路电流的是什么电抗？

习 题

一台汽轮发电机，星形连接。当空载电压为额定值时有短路试验数据如下：$I_{k(3)^*} = 0.588$，$I_{k(2)^*} = 0.933$，$I_{k(1)^*} = 1.57$，电枢电阻略去不计。试求该电机的正序、负序及零序电抗的标幺值各为多少？

第六篇

电机实验与仿真

　　电机实验是学习电机理论的重要实践环节，通过实验来验证和研究电机理论，增强感性认识，使学生掌握电机实验的操作方法和基本技能，培养学生的科学分析能力，培养学生严肃认真和实事求是的科学作风。

　　MATLAB 是由美国 Mathworks 公司发布的主要面对科学计算、可视化以及交互式程序设计的高科技计算环境。它将数据分析、矩阵计算、科学数据可视化以及非线性动态系统的建模和仿真等诸多强大功能集成在一个视窗环境中，为科学研究、工程设计以及必须进行有效数值计算的众多科学领域提供了一种全面的解决方案，并在很大程度上摆脱了传统非交互式程序设计语言（如 C、Fortran）的编辑模式，代表了当今国际科学计算软件的先进水平。Simulink 是 MATLAB 最重要的组件之一，它提供一个动态系统建模、仿真和综合分析的集成环境。在该环境中，无需大量书写程序，而只需要通过简单直观的鼠标操作，就可构造出复杂的系统。Simulink 具有适应面广、结构和流程清晰及仿真精细、贴近实际、效率高、灵活等优点，并基于以上优点 Simulink 已被广泛应用于控制理论和数字信号处理的复杂仿真和设计。

　　随着电机理论和技术研究的不断深入，电机本体结构和电机拖动系统越来越复杂，MATLAB/Simulink 仿真不仅成了教学和学习的重要手段和工具，也在科学研究及工程设计中发挥越来越重要的作用。用仿真代替实际系统的实验，在计算机上研究和设计模型仿真，不仅省时、省力、降低成本、缩短开发周期、提高人身和设备安全，还能获取更加丰富、详细的数据资料。

　　本章重点是介绍电机的 Simulink 仿真方法和结果分析，不需要读者具有深厚的 MATLAB 功底，旨在借助本章实例，读者能够快速模仿实验过程，并且通过简单的模型和参数的修改，实现自己的实验项目，减少深入学习 MATLAB 软件的时间，更专注于专业学习。

第二十三章　电机实验与仿真

第一节　电机实验与仿真概述

一、MATLAB/Simulink 简介

MATLAB 语言是一种以矩阵运算为基础的交互式程序语言。它集成度高，使用方便，输入简捷，运算高效，内容丰富，并且很容易由用户自行扩展。其特点如下：

（1）高效的数值计算及符号计算功能，能使用户从繁杂的数学运算分析中解脱出来。

（2）具有完备的图形处理功能，实现计算结果和编程的可视化。

（3）友好的用户界面及接近数学表达式的自然化语言，使学者易于学习和掌握。

（4）功能丰富的应用工具箱（如信号处理工具箱、通信工具箱等），为用户提供了大量方便实用的处理工具。

Simulink 是 MATLAB 最重要的组件之一，它提供一个动态系统建模、仿真和综合分析的集成环境。其特点如下：

（1）丰富的可扩充的预定义模块库。

（2）交互式的图形编辑器来组合和管理直观的模块图。

（3）以设计功能的层次性来分割模型，实现对复杂设计的管理。

（4）通过 Model Explorer 导航、创建、配置、搜索模型中的任意信号、参数、属性，生成模型代码。

（5）提供 API 用于与其他仿真程序的连接或与手写代码集成。

（6）使用 Embedded MATLAB™模块在 Simulink 和嵌入式系统执行中调用 MATLAB 算法。

（7）使用定步长或变步长运行仿真，根据仿真模式（Normal，Accelerator，Rapid Accelerator）来决定以解释性的方式运行或以编译 C 代码的形式来运行模型。

（8）图形化的调试器和剖析器来检查仿真结果，诊断设计的性能和异常行为。

（9）可访问 MATLAB 从而对结果进行分析与可视化，定制建模环境，定义信号参数和测试数据。

（10）模型分析和诊断工具来保证模型的一致性，确定模型中的错误。

二、Simulink 基本操作

下面以一个实例说明 Simulink 的基本操作和仿真步骤。

（1）启动 Simulink。

如图 23-1，Simulink 可以通过两种方式启动：① 在 MATLAB 命令行输入"simulink"；② 单击 MATLAB 工具条上 simulink 图标。

（2）启动后在窗口中单击 Blank Model，新建一个空的仿真模型。

（3）模型窗口和模块库。

模型窗口由菜单、工具栏、模型框图窗口以及状态栏组成，如图 23-2 所示。单击工具

栏上 Library Browser 打开模块库，如图 23-3 所示。

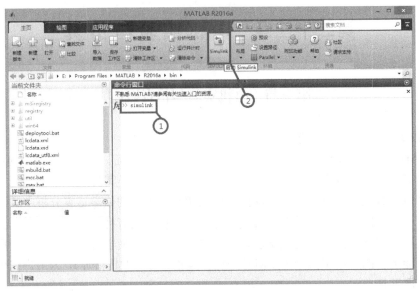

图 23-1　Simulink 启动方法

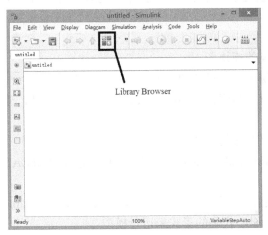

图 23-2　模型搭建窗口

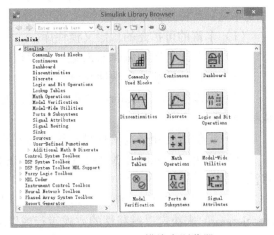

图 23-3　Simulink 模块库浏览器

（4）Simulink 常用模块库介绍。

1）输入信号源模块库（Sources），见表 23-1。

表 23-1　　　　　　　　　　　　　　　　　　Sources 库

模块名	功能简介	模块名	功能简介
Constant	常数信号	Clock	时钟信号
Sine Wave	正弦波信号	Repeating Sequence	重复信号
Step	阶跃信号	Random Number	随机数
Pulse Generator	脉冲发生器	From File（.mat）	输入信号来自数据文件
Signal Generator	信号发生器，可以产生正弦、方波、锯齿波及随意波	From Workspace	MATLAB 工作空间输入信号来自

2）接收模块库（Sinks），见表23－2。

表 23－2 **Sinks 库**

模块名	功能简介	模块名	功能简介
Scope	示波器	XY Graph	显示二维图形
Display	实时的数值显示	Terminator	信号结束终端
To Workspace	输出到工作空间	To File（.mat）	输出到数据文件

3）连续系统模块库（Continuous），见表23－3。

表 23－3 **Continuous 库**

模块名	功能简介	模块名	功能简介
Integrator	输入信号积分	Derivative	输入信号微分
Transfer－Fcn	线性传递函数模型	PID Controller	PID 控制器
State－Space	线性状态空间系统模型	Transport Delay	输入信号延时一个固定 时间再输出
Zero－Pole	以零极点表示的传递函数模型	Variable Transport Delay	输入信号延时一个可变 时间再输出

4）离散系统模块库（Discrete），见表23－4。

表 23－4 **Discrete 库**

模块名	功能简介	模块名	功能简介
Discrete－time Integrator	离散时间积分器	Discrete Filter	IIR 与 FIR 滤波器
Discrete State－Space	离散状态空间系统	Discrete Zero－Pole	零极点离散传递函数
Discrete Transfer－Fcn	离散传递函数模型	Zero－Order Hold	零阶采样和保持器
First－Order Hold	一阶采样和保持器	Unit Delay	一个采样周期的延时

其他模块库请查阅相关 Simulink 教程。

（5）搭建仿真模型。从 Sources 库拖拽一个 Sine Wave（正弦波信号），从 Sinks 库拖拽一个 Scope（示波器），到模型窗口，将正弦波电源输出接口连接到示波器输入接口，如图23－4所示。

（6）运行仿真。在图23－4窗口单击"运行仿真"按钮开始仿真，仿真结束后双击 Scope（示波器），弹出仿真结果如图23－5所示。

（7）修改模型参数。双击 Sine Wave（正弦波信号）可以修改正弦波电源幅值为314，重新运行仿真，可查看波形是否与仿真设置相符。如图23－6、图23－7所示。

（8）保存模型。

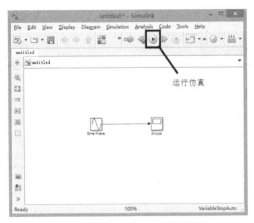

图 23-4 Simulink 简单实例

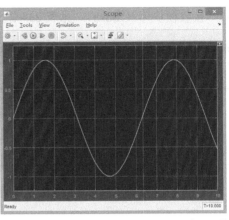

图 23-5 简单实例结果 1

图 23-6 Sine Wave 参数设置

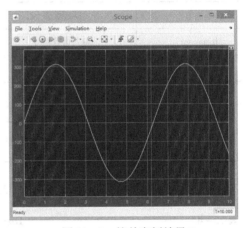

图 23-7 简单实例结果 2

第二节 变 压 器 仿 真

利用 Simulink 的 PowerSystems（电力系统）建立电力变压器饱和特性仿真模型，可用与分析仿真变压器空载运行情况，观察励磁电流波形畸变。而为了简化计算，加快仿真收敛速度，在建立变压器负载运行仿真模型时，采用的是线性变压器模块，用于变压器的稳态运算分析。

一、变压器空载运行仿真

1. 仿真分析

变压器空载运行仿真，用于观察变压器空载电流（励磁电流）波形。以下述单相变压器为例：$S_N = 10\text{kVA}$，$U_{1N}/U_{2N} = 380/220\text{V}$，$f_N = 50\text{Hz}$，$r_1 = 0.14\Omega$，$r_2 = 0.035\Omega$，$x_1 = 0.22\Omega$，$x_2 = 0.055\Omega$，$r_m = 30\Omega$，$x_m = 310\Omega$。该变压器磁化曲线见表 23-5。

表 23-5　　　　　　　　　变压器磁化曲线（50Hz，0.5mm，D23）

I_0（A）	1.38	1.54	1.71	1.91	2.16	2.50	2.93	3.49	4.22
B（T）	0.40	0.48	0.56	0.64	0.72	0.80	0.88	0.96	1.04

									续表
I_0（A）	5.21	6.52	8.36	10.9	14.8	22.4	37.8	64.0	
B（T）	1.12	1.20	1.28	1.36	1.44	1.52	1.60	1.68	

2. 搭建仿真模型

从下述列表中选择相应的 Simulink 模块，见表 23 - 6。

表 23 - 6　　　　　　　　　　变压器空载仿真库路径

库路径	图标	模块名称	功能
Simscape/Power Systems/Specialized Technology/Fundamental Blocks/Elements		Saturable Transformer	饱和变压器
Simscape/Power Systems/Specialized Technology/Fundamental Blocks/Elements		Ground	电源地
Simscape/Power Systems/Specialized Technology/Fundamental Blocks/Electrical Sources		AC Voltage Source	交流电压源
Simscape/Power Systems/Specialized Technology/Fundamental Blocks/ Measurements		Voltage Measurement	电压测量
Simscape/Power Systems/Specialized Technology/Fundamental Blocks/ Measurements		Current Measurement	电流测量
Simscape/Power Systems/Specialized Technology/Fundamental Blocks	powergui	Powergui	电力系统图形化接口
Simulink/Sinks		Scope	示波器

双击各个模块，进行参数设置：

（1）Saturable Transformer1. □Three windings transformer 该选项前不打勾

Units:SI

Nominal power and frequency [Pn(VA)fn(Hz)]:[10e3 50]

Winding 1 parameters [V1(Vrms)R1(ohm)L1(H)]:[380 0.14 0.22/(2*pi*50)]

Winding 2 parameters [V2(Vrms)R2(ohm)L2(H)]:[220 0.035 0.055/(2*pi*50)]

Saturation characteristic [i1(A)phi1(V.s); i2 phi2; ...]:[0 0;1.38 0.4;1.54 0.48;1.71 0.56;1.91 0.64;2.16 0.72;2.50 0.8;2.93 0.88;3.49 0.96;4.22 1.04;5.21 1.12;6.52 1.2;8.36 1.28;10.91 1.36;14.8 1.44;22.4 1.52;37.8 1.60;64.0 1.68]

Core loss resistance and initial flux [Rm(ohm)phi0(V.s)] or [Rm(ohm)]:
[(30^2 + 310^2)/30]　　（换算公式见式 23 - 1）

（2）AC Voltage Source. Peak amplitude (V): 380*sqrt(2)

Frequency (Hz):50Hz

（3）Scope. View->Configuration Properties->Main: Number of input ports: 3
->Layout：设置成 3 行 1 列

Simulink 仿真模型如图 23-8 所示。

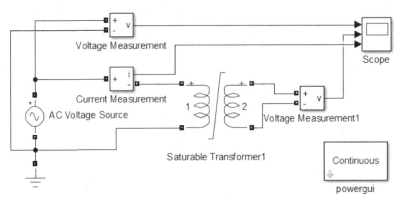

图 23-8　变压器空载运行 Simulink 仿真模型

3. 仿真结果

在 Simulink 窗口工具栏处将仿真时间设为 0.5，运行仿真，结果如图 23-9 所示。

当外加电压为正弦波时，一次侧空载电流（励磁电流）将畸变为尖顶波，主要是受磁路的磁滞和涡流的影响；变压器空载时有功损耗很小，主要是用于建立和维持磁场的无功损耗，因此输入功率因数很低，从波形可以看到输入电流滞后输入电压近似为 90°。

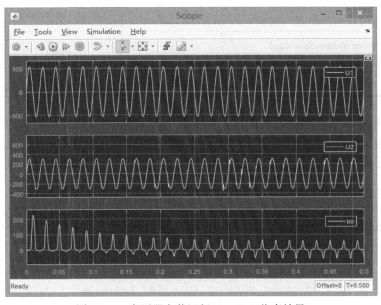

图 23-9　变压器空载运行 Simulink 仿真结果

二、变压器负载运行仿真

1. 仿真分析

变压器负载运行仿真，可用于求变压器一、二次侧电流、励磁电流、负载两端电压。以空载仿真时的变压器模型为例，带上负载阻抗为 $Z_L = (4 + j3)\,\Omega$。

2. 搭建仿真模型

变压器负载仿真库路径见表 23-7。

表 23-7 变压器负载仿真库路径

库路径	图标	模块名称	功能
Simscape/Power Systems/Specialized Technology/Fundamental Blocks/Elements		Linear Transformer	线性变压器
Simscape/Power Systems/Specialized Technology/Fundamental Blocks/ Measurements		Multimeter	万用表模块
Simulink Design Optimization/RMS Blocks		Continuouss RMS	RMS
Simulink/Sinks		Display	数值显示
Simscape/Power Systems/Specialized Technology/Fundamental Blocks/Elements		Series RLC Branch	串联 RLC

双击各个模块，进行参数设置：

（1）Linear Transformer. Units: SI

Nominal power and frequency [Pn(VA)fn(Hz)]: [10e3 50]

Winding 1 parameters [V1(Vrms)R1(ohm)L1(H)]: [380 0.14 0.22/(2*pi*50)]

Winding 2 parameters [V2(Vrms)R2(ohm)L2(H)]: [220 0.035 0.055/(2*pi*50)]

Magnetization resistance and inductance [Rm(ohm)Lm(H)]:

　　　[(30^2 + 310^2)/30　(30^2 + 310^2)/310/(2*pi*50)] （注:换算公式见式 23-1）

Measurements: Magnetization current　（注:用于万用表模块测量励磁电流）

（2）AC Voltage Source. Peak amplitude (V): 380*sqrt(2)

　　　Frequency (Hz): 50Hz

（3）Series RLC Branch. Branch type: RL

　　　Resistance (Ohms): 4

　　　Inductance (H): 3/(2*pi*50)

（4）Multimeter. 添加 Iexc: Linear Transformer 到右侧窗口。

Simulink 仿真模型如图 23-10 所示。

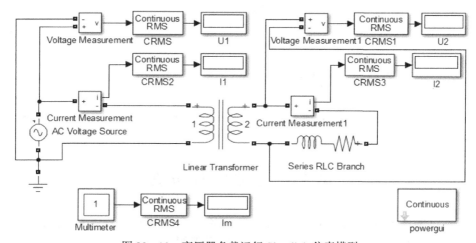

图 23-10　变压器负载运行 Simulink 仿真模型

3. 仿真结果

运行仿真，结果如图 23 – 11 所示。

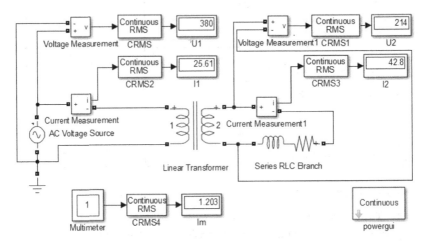

图 23 – 11　变压器负载运行 Simulink 仿真结果

由图 23 – 11 可得 $U_1 = 380\text{V}$，$I_1 = 25.61\text{A}$，$U_2 = 214\text{V}$，$I_2 = 42.8\text{A}$，$I_\text{m} = 1.203\text{A}$。

根据变压器 T 型等效电路可以算出：$U_1 = 380\text{V}$，$I_1 = 25.5\text{A}$，$U_2 = 213.4\text{V}$，$I_2 = 42.68\text{A}$，$I_\text{m} = 1.20\text{A}$。与仿真结果相吻合。

4. 仿真注意事项

（1）Simulink 的变压器模型有饱和（Saturable）型和线性（Linear）型两种，空载仿真时为了观察励磁电流的畸变，必须采用饱和型，而负载仿真时为了简化计算，采用线性型。

（2）Simulink 的变压器模型的等效电路如图 23 – 12 所示，R_m 和 L_m 采用并联式，与本书前文等效电路不同（本书采用 R_m 和 L_m 串联式），因此设置参数时可按式 23 – 1 进行换算。

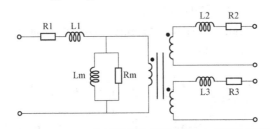

图 23 – 12　Simulink 变压器模块等效电路（三绕组变压器）

$$R_{\text{m并}} = \frac{Z_{\text{m串}}^2}{R_{\text{m串}}}; \qquad L_{\text{m并}} = \frac{Z_{\text{m串}}^2}{\omega^2 L_{\text{m串}}} \tag{23 – 1}$$

第三节　直流电机仿真

直流电机的多种励磁方式，使得它们在磁场耦合和运行特性都有较大差异，借助 MATLAB/Simulink 来分析上述问题更加直观和容易理解。下文介绍并励直流发电机自励建压、直流发电机外特性、直流电动机机械特性、直流电动机分级起动、直流电动机直接起动和直流电动机调节电枢电压调速等的 Simulink 仿真。

一、并励直流发电机自励建压仿真

1. 仿真分析

并励直流发电机接线图如图 23-13 所示，在自励建压过程中，励磁回路电压平衡方程如式 23-2。该方程是并励直流发电机自励建压时的数学模型，空载电动势 e_a 和励磁电流 i_f 间的关系即是电机的空载特性，则有

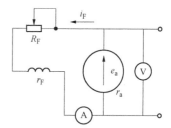

图 23-13 并励直流发电机接线图

$$e_a - i_f R_f = L_f \frac{\mathrm{d}i_f}{\mathrm{d}t} \qquad (23-2)$$

一台并励直流发电机：$P_N = 19\text{kW}$，$U_N = 230\text{V}$，$n_N = 1450\text{r/min}$，$I_{fN} = 2.7\text{A}$，电枢回路总电阻 $R_a = 0.183\Omega$，励磁回路总电阻 $R_f = 85.19\Omega$，励磁绕组电感 $L_f = 36\text{H}$，电枢压降 $2\Delta U = 2\text{V}$，额定转速时空载特性见表 23-8。以此发电机为例，在 Simulink 中建模仿真，观察自励建压过程中感应电动势 e_a、端电压 U 和励磁电流 i_f 的变化规律。

表 23-8 　　　　　　　　　　　　　　　并励直流发电机空载特性

I_f（A）	0	0.37	0.91	1.45	2.0	2.38	2.74	3.28
E_0（V）	5	44	104	160	210	240	258	275

2. 搭建仿真模型

并励直流发电机自励仿真模块库见表 23-9。

表 23-9 　　　　　　　　　　　　　　并励直流发电机自励仿真模块库

库路径	图标	模块名称	功能
Simulink/Math Operations	▷	Gain	比例模块
Simulink/Math Operations	⊟	Subtract	减法模块
Simulink/Continuous	$\frac{1}{s}$	Integrator	积分模块
Simulink/Signal Routing	▮	Mux	信号合并
Simulink/Lookup Tables	⌐	1-D Lookup Table	1 维查表

双击各个模块，进行参数设置：

（1）1-D Lookup Table.　Table data: [5 44 104 160 210 240 258 275]

　　　　　　　　　　　　　Breakpoints 1: [0 0.37 0.91 1.45 2.0 2.38 2.74 3.28]。

（2）Rf. Gain:85.19。

（3）1/Lf. Gain:1/36.0。

（4）Scope. Number of input ports: 2。

Simulink 仿真模型如图 23-14 所示。

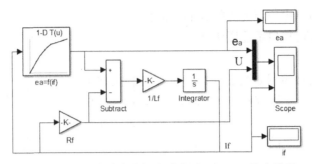

图 23-14　并励直流发电机自励建压 Simulink 仿真模型

3. 仿真结果

仿真结果如图 23-15 所示。

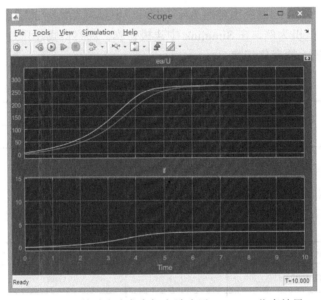

图 23-15　并励直流发电机自励建压 Simulink 仿真结果

根据图 23-15 仿真结果，在 $t = 7\text{s}$ 附近，自励建压趋于稳定，从仿真模型两个 Display 模块可以得到，稳定后的感应电动势 $e_a = 272.4\text{V}$、励磁电流 $i_f = 3.197\text{A}$。

二、直流发电机外特性仿真

1. 仿真分析

以上例并励直流发电机为例，分别将其改接成他励和并励等运行方式。

他励运行时保持感应电动势 $E_{a0} = 272\text{V}$（并励时的空载电压）不变，电压平衡方程为

$$U = E_{a0} - IR_a \tag{23-3}$$

并励运行时电压平衡方程如下，其中的 E_a 随负载而变化有

$$U = E_a - (I + I_{fN})R_a \tag{23-4}$$

根据以上公式结合相应的约束条件可以求出外特性 $U = f(I)$。

2. 搭建仿真模型

本例通过编写 MATLAB 的脚本文件（.m 文件）进行仿真。在 MATLAB 主窗口新建一个

脚本，并保存为 DCGenerator_ext_chara.m，脚本内容如下。

```
% 直流发电机外特性分析
%- - - - 输入参数- - - - - - - - - - - - - - - - - - - -
nN = 1450;IfN = 2.7;Rf = 85.19;Ra = 0.183;
% 空载特性
If0 = [0,0.37,0.91,1.45,2.0,2.38,2.74,3.28];
E0 = [5,44,104,160,210,240,258,275];
% 空载特性曲线拟合
p = polyfit(If0,E0,3);
If = 0:0.1:3.28;
Ea = polyval(p,If);
%- - - - 并励外特性计算 - - - - - - - - - - - - -
U = If*Rf;
Ia = (Ea - U)/Ra;
I = Ia - If;
plot(I,U,'o - b');    %蓝色
hold on
text(200,100,'并励');
axis([0 250 0 300]);
xlabel('I (A)');
ylabel('U (V)');
%- - - - 他励外特性计算 - - - - - - - - - - - - -
% 假设他励空载电压为272V
I2 = 0:5:200;
U2 = 272-I2*Ra;
plot(I2,U2,'.-r');    %红色
hold on
text(I2(41),U2(41),'他励');
```

3. 仿真结果

运行仿真，结果如图 23 - 16 所示。

三、他励直流电动机分级起动和直接起动仿真

1. 仿真分析

直流电动机直接起动时电流过大，为了限制起动电流，可在电枢回路串电阻分级起动。多点起动器就是由多个电阻器串联而成，每个电阻器上并联一个开关，随着电动机转速的升高逐级闭合开关切除电阻，直到最后将起动器所有电阻器都短路，完成起动。

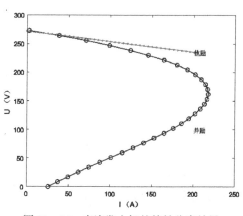

图 23 - 16　直流发电机外特性仿真结果

下面以 Simulink 直流电机模型（DC Machine）默认参数为例，仿真其分级起动和直接起动过程。

2. 搭建仿真模型

仿真模块库见表 23-10。

表 23-10 　　　　　　　　他励直流电动机分级起动仿真模块库

库路径	图标	模块名称	功能
Simscape/Power Systems/Specialized Technology/Fundamental Blocks/Machines		DC Machine	直流电机
Simscape/Power Systems/Specialized Technology/Fundamental Blocks/Electrical Source		DC Voltage Source	直流电压源

双击各个模块，进行参数设置：

（1）3 个阶跃模块，Step time（s）参数分别设为 1.5、3、4。

（2）3 个电阻，Resistance（Ohms）分别设为 3.66、1.64、0.74。

（3）2 个直流电压源，Amplitude（V）分别设为 240、240。

（4）Gain，Gain 设为 0.2287（给直流电动机提供负载转矩）。

先搭建一个"三点起动器"的模型如图 23-17 所示，封装成 Subsystem（子系统）。

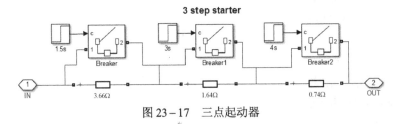

图 23-17　三点起动器

他励直流电动机分级起动 Simulink 仿真模型如图 23-18 所示。

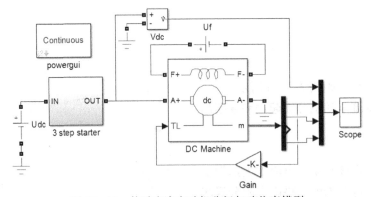

图 23-18　他励直流电动机分级起动仿真模型

3. 仿真结果

仿真结果如图 23-19 所示。

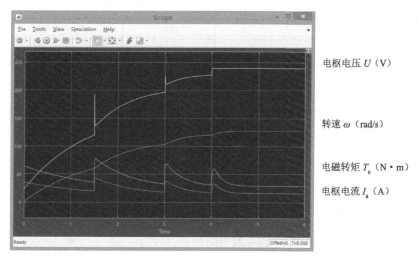

图 23-19　他励直流电动机分级起动仿真结果

通过仿真结果，可分析起动过程中起动电流是否在给定范围内变化（图 23-19 起动电流在 15～45A），若超出范围，可以调整切除电阻的阻值和切除时间，以达到预期效果。

若将"三点起动器"（3 step starter）两端直接短路，就是他励直流电动机直接起动仿真模型，仿真结果如图 23-20 所示。起动电流达到 400A，起动转矩超过 700N·m，造成较大冲击。

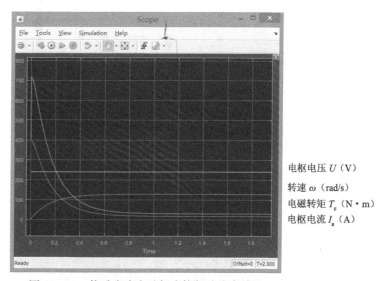

图 23-20　他励直流电动机直接起动仿真结果

四、直流电动机调节电枢电压调速仿真

1. 仿真分析

直流电动机改变电枢电压实现调速是比较常用的一种方法，通过 Simulink 仿真其调速过程，观察电机转速、电枢电流、电磁转矩的变化规律。

2. 搭建仿真模型

仿真模块库见表 23-11。

表 23 - 11   直流电动机调节电枢电压调速仿真模块库

库路径	图标	模块名称	功能
Simscape/Power Systems/Specialized Technology/ Fundamental Blocks/Electrical Source		Controlled Voltage Source	可控电压源
Simulink/Sources		Repeating Sequence Stair	重复阶梯系列

双击各个模块，进行参数设置：

（1）Controlled Voltage Source. Source type: DC

　　　　　　　　　　　Initial amplitude (V): 240

（2）Repeating Sequence Stair. Vector of output values: [240 230 240 160].'

　　　　　　　　　　　Sample time: 2

Simulink 仿真模型如图 23 - 21 所示。

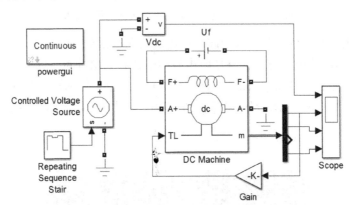

图 23 - 21　直流电动机调节电枢电压调速仿真模型

3. 仿真结果

仿真结果如图 23 - 22 所示。

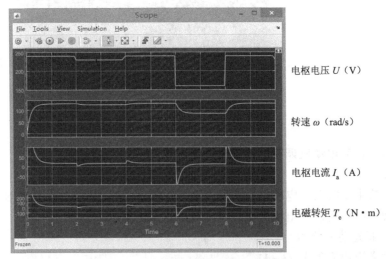

图 23 - 22　直流电动机调节电枢电压调速仿真结果

根据仿真结果，完成起动后，在 $t = 2s$、4s、6s 和 8s 时，电枢电压 U 发生变化，电动机转速相应也会变化，而且在调节电压的瞬间，电枢电流 I_a 和电磁转矩 T_e 都会产生冲击。尤其是在 $t = 6s$ 时，由于电压下降幅度过大，$I_a < 0$，$T_e < 0$，即电动机运行于反馈制动状态。

注：DC Machine 模块输出的速度是角速度 ω（rad/s），与转速 n（r/min）的关系为

$$n = \frac{60}{2\pi}\omega \qquad (23-5)$$

第四节 三相异步电机仿真

异步电机主要用作电动机，重点关注其机械特性，即电磁转矩与电机转速之间的关系。异步电机在电力电气拖动系统起着重要作用，运行中的主要问题包括起动、调速和制动。受篇幅限制，下文对三相异步电机直接起动、带载运行、变频调速等运行情况进行仿真。

一、三相异步电机直接起动和带载运行仿真

1. 仿真分析

三相异步电机直接施加三相对称交流电源运行，这是最常见的工作方式，通过 Simulink 仿真可以更直观地观察起动电流 I_{st}、起动转矩 T_{st} 的变化规律。完成起动后，给异步电机带一个恒转矩负载，观察定子电流（i_A、i_B、i_C）、转速 n、电磁转矩 T_e 的变化规律。

2. 搭建仿真模型

三相异步电机直接起动和带载运行仿真模块库见表 23-12。

表 23-12   三相异步电机直接起动和带载运行仿真模块库

库路径	图标	模块名称	功能
Simscape/Power Systems/Specialized Technology/Fundamental Blocks/Machines		Asynchronous Machine SI Units	异步电机（国标）
Simulink/Signal Routing		Bus Selector	总线选择器

双击各个模块，进行参数设置：

（1）Asynchronous Machine SI Units. Rotor type: Squirrel-cage

    Nominal power, voltage (line-line), and frequency [Pn(VA),Vn(Vrms), fn(Hz)]: [7000 380 50]

    Stator resistance and inductance[Rs(ohm)Lls(H)]: [0.68 0.0042]

    Rotor resistance and inductance [Rr'(ohm)Llr'(H)]: [0.45 0.0042]

    Mutual inductance Lm (H): 0.1486

    Inertia, friction factor, pole pairs[J(kg.m^2)F(N.m.s)p()]: [0.05 0.0081 2]

    Initial conditions: [1 0 0 0 0 0 0]（第一个值是初始转差率,设为1）

（2）VA. Peak amplitude (V): 220*sqrt(2)

    Frequency (Hz): 50

    Phase (deg): 0(VB 和 VC 此处设为-120、-240,幅值和频率同上)

（3）Step. Step time: 1

　　　Final value: 40(在 t = 1s 时给异步电机加额定负载 TN = 40N·m)

Simulink 仿真模型如图 23−23 所示。

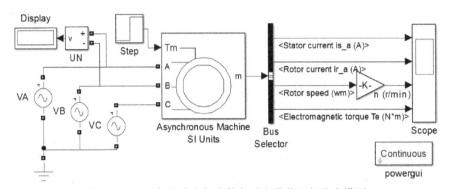

图 23−23　三相异步电机直接起动和带载运行仿真模型

3. 仿真结果

仿真结果如图 23−24 所示。

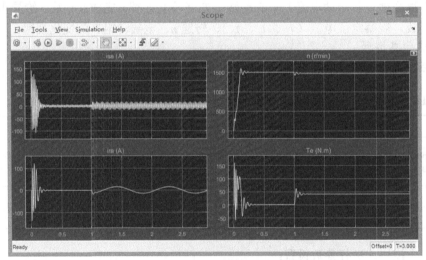

图 23−24　三相异步电机直接起动和带载运行仿真结果

i_{sa}—定子相电流；i_{ra}—转子相电流；n—电机转速；T_e—电磁转矩

　　根据仿真结果，在 $t = 0s$ 时，异步电机直接起动（空载），定转子电流都比较大，电机转速迅速上升，最后稳定在接近 1500r/min，此时定子有个小小的励磁电流，转子电流约为 0；当 $t = 1s$ 是，通过 Step 模块给异步电机突加一个额定转矩 40N·m 的负载，稳定后电机转速降到 1465r/min，电磁转矩等于负载转矩 40N·m，定转子电流增大到额定值（相电流幅值为 15A），且转子电流频率与定子电流频率满足 $f_2 = sf_1$。

二、三相异步电机变频调速仿真

1. 仿真分析

　　三相异步电机变频调速具有调速范围广、精度高、效率高、无极调速等优点，是异步电机重要的调速手段。由异步电机转速公式 $n = 60f_1(1-s)/p$，得改变输入定子的三相电源频率

f_1 就可以改变异步电机转速。

变频调速分为基频以下（$f_1 < f_N$）调速和基频以上（$f_1 > f_N$）调速两种。基频以下调速时，为了保持主磁通不变，一般采用恒压频比（U/f）控制，即变频同时也要输入变压。基频以上调速时输入电压不能超过额定电压，因此采用恒压控制。

2. 搭建仿真模型

仿真模型与三相异步电机直接起动和带载运行仿真模型相同，给电机带额定恒转矩负载 40N·m，VA、VB、VC 的参数按如下三种情况设置：

（1）Peak amplitude (V)：　88*sqrt(2)、Frequency (Hz): 20，仿真结果如图 23 – 25（a）。

（2）Peak amplitude (V): 220*sqrt(2)、Frequency (Hz): 50，仿真结果如图 23 – 25（b）。

（3）Peak amplitude (V): 220*sqrt(2)、Frequency (Hz): 70，仿真结果如图 23 – 25（c）。

3. 仿真结果

仿真结果如图 23 – 25 所示。

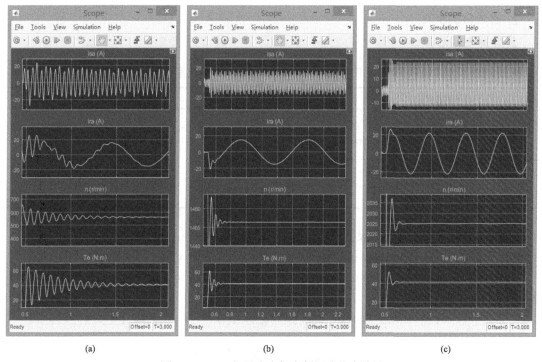

图 23 – 25　三相异步电机变频调速仿真结果

（a）$f_N = 20Hz$（基频以下）；（b）$f_N = 50Hz$（基频）；（c）$f_N = 70Hz$（基频以上）

根据仿真结果，当频率改变时，电机转速随之改变；基频以下调速时，定转子电流大小保持不变；基频以上调速时，定转子电流随频率增大而增大。

第五节　同步电机仿真

同步电机主要用来作为发电机运行，现代社会中使用的交流电能，几乎全由同步发电机产生。用 MATLAB/Simulink 来分析同步发电机并网运行、稳态运行、故障状态运行等，使用户对抽象的电力系统知识更加直观，有助于提高实际工程的分析能力。

一、三相同步发电机并网稳态运行仿真

1. 仿真分析

同步发电机并网稳态运行是最普通的运行方式。例如：一台额定容量为 50MVA、10.5kV 的 4 极隐极同步发电机与 10.5kV 无穷大系统相连，隐极机的电阻 $R = 0.005$p.u.（p.u.代表标幺值），电感 $L = 0.9$p.u.，发电机供给的电磁功率 $P_{e*} = 0.8$p.u.。通过 Simulink 仿真观察稳态运行时发电机的转速 n、功角 δ 和电磁功率 P_{e*}。

根据上述条件，可得

$$\begin{cases} n = \dfrac{60f_1}{p} = 1500 r/\min \\ \delta = \arcsin\dfrac{P_{e*}X_{s*}}{E_{0*}U_*} = \arcsin\dfrac{0.8\times0.9}{1\times1} = 46.05° \end{cases} \qquad (23-6)$$

2. 搭建仿真模型

仿真模块库见表 23-13。

表 23-13   **三相同步发电机并网稳态运行仿真模块库**

库路径	图标	模块名称	功能
Simscape/Power Systems/Specialized Technology/Fundamental Blocks/Machines		Simplified Synchronous Machine p.u. Units	简易同步电机（标幺值）
Simscape/Power Systems/Specialized Technology/Control & Measurements/Measurements		Fourier	傅里叶

双击各个模块，进行参数设置：

（1）Simplified Synchronous Machine. Connection type: 3-wire Y

Nominal power, line-to-line voltage, and frequency [Pn(VA)Vn(Vrms)fn(Hz)]: [50e6 10500 50]

Inertia, damping factor and pairs of poles [H(sec)Kd(pu_T/pu_w)p()]: [3 28 2]

Internal impedance [R(pu)X(pu)]: [0.005 0.9]

（2）Fourier. Fundamental frequency (Hz): 50

（3）VA/VB/VC. Peak amplitude (V): 10500*sqrt(2)/sqrt(3)

Frequency (Hz): 50

Phase (deg)：分别设为 0、-120、-240

Simulink 仿真模型如图 23-26 所示。

3. 仿真结果

仿真结果如图 23-27 所示。由于发电机电磁功率初试值从 0 开始增加，当输入 $P_{m*} = 0.8$p.u. 的机械功率后，转速 n、功角 δ 和电磁功率 P_{e*} 都逐渐增大，经过阻尼作用几次振荡稳定后，转速 $n = 1500$r/min，功角 $\delta = 45.980$，电磁功率 $P_{e*} = 0.7997$，结果与理论计算相吻合。

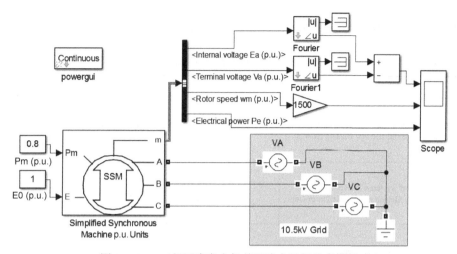

图 23-26　三相同步发电机并网稳态运行仿真模型

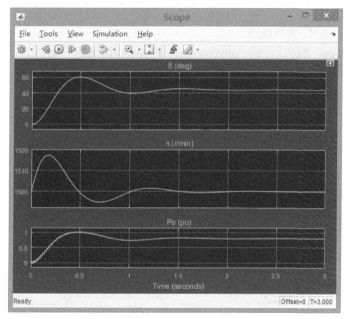

图 23-27　三相同步发电机并网稳态运行仿真结果

二、三相同步发电机短路故障仿真

1. 仿真分析

三相同步发电机是电力系统的关键设备，直接影响整个电网的稳定性和运行的可靠性。发电机发生短路故障时，短路电流的幅值很大，产生的冲击电流能达到额定电流的十几倍，造成很大的危害。下文利用 Simulink 对三相同步发电机在带负载情况下发生突然短路故障进行仿真，对其短路电流波形、电压波形和故障点的各相电流相序分量进行观察和分析。三相同步发电机采用上例的电机，带上三相对称负载工作，在 $t=0.12\text{s}$ 时产生三相短路故障，在 $t=0.4\text{s}$ 时故障修复。

2. 搭建仿真模型

三相同步发电机短路故障仿真模块库见表 23-14。

表 23-14　　　　　　　　　　三相同步发电机短路故障仿真模块库

库路径	图标	模块名称	功能
Simscape/Power Systems/Specialized Technology/Fundamental Blocks/ Measurements		Three – Phase V – I Measurement	三相电压— 电流测量
Simscape/Power Systems/Specialized Technology/Control & Measurements/Measurements		Sequence Analyzer	对称分量法分析
Simscape/Power Systems/Specialized Technology/Fundamental Blocks/Elements		Three – Phase Fault	三相故障

双击各个模块，进行参数设置：

（1）Three-Phase Fault. Switching times (s): [0.12 0.4]。

（2）Sequence Analyzer. Fundamental frequency (Hz): 50。

（3）Three-Phase Series RLC Branch. Branch type: R

　　　　　　　　　　　　　　　　　　Resistance R (Ohms): 3。

（4）Pm (p.u.). Constant value: 1。

（5）E0 (p.u.). Constant value: 1。

Simulink 仿真模型如图 23-28 所示。

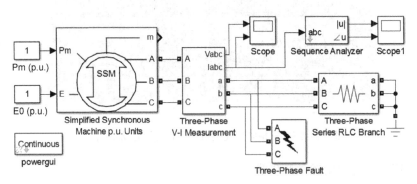

图 23-28　三相同步发电机短路故障仿真模型

3. 仿真结果

仿真结果如图 23-29 所示。

发生三相短路故障时，A、B、C 三相的电压瞬间为零，而电流突然增大，且幅值不等，随着时间的推移，电流在逐渐衰减。到故障修复后，发电机又回到稳定状态，如图 23-30 所示。

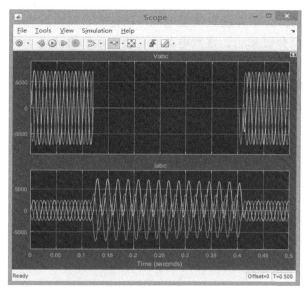

图 23-29　三相同步发电机短路故障仿真结果——U_{abc}、I_{abc} 波形

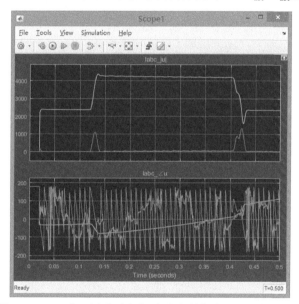

图 23-30　三相同步发电机短路故障仿真结果—对称分量法

图 23-30 所示是用对称分量法把 I_a、I_b、I_c 故障电流分解为正序、负序、零序三组对称分量，可通过比较各种故障时各序分量的相位变化规律，对故障进行分析。

小　　结

本章共五部分介绍了 MATLAB/Simulink 在电机仿真研究中的应用。

（1）概述：简要介绍 MATLAB/Simulink 软件，通过一个简单的实例演示 Simulink 仿真的基本操作和步骤。

（2）变压器仿真：介绍变压器空载运行、变压器负载运行的仿真实例。

（3）直流电机仿真：介绍并励直流发电机自励建压、直流发电机外特性、直流电动机机械特性、直流电动机分级起动、直流电动机直接起动和直流电动机调节电枢电压调速等仿真实例。

（4）异步电机仿真：介绍三相异步电机直接起动、带载运行、变频调速等仿真实例。

（5）同步电机仿真：介绍三相同步发电机并网运行、稳态运行、短路故障运行等仿真实例。

参 考 文 献

［1］胡虔生. 电机学. 2 版. 北京：中国电力出版社，2009.

［2］许实章. 电机学（修订本）. 北京：机械工业出版社，1990.

［3］顾绳谷. 电机及拖动基础. 4 版. 北京：机械工业出版社，2007.

［4］汤蕴璆，罗应立，梁艳萍. 电机学. 3 版. 北京：机械工业出版社，2008.

［5］戴文进，徐龙权. 电机学. 北京：清华大学出版社，2008.

［6］S.A.纳萨尔. 电机与机电学. 綦慧，译. 北京：科学出版社.2002.

［7］A.E.Fitzgerald, Charles KingsLey.Jr, Stephen D.Umans. Electric Machinery. Sixth Edition. USA: the McGraw-Hill Companies, Inc. 2003.

［8］郭振岩. 中国变压器行业的现状及发展趋势. 沈阳：沈阳变压器研究所. 2007.

［9］胡启凡. 变压器试验技术. 北京：中国电力出版社，2010.

［10］吴浩烈. 电机及电力拖动基础. 重庆：重庆大学出版社，1996.

［11］李发海，王岩. 电机与拖动基础. 北京：中央广播电视大学出版社，1996.

［12］陈隆昌，陈筱艳. 控制电机. 2 版. 西安：西安电子科技大学出版社，1994.

［13］侯恩奎. 电机与拖动. 北京：机械工业出版社，1991.

［14］任兴权. 电力拖动基础. 北京：冶金工业出版社，1989.

［15］郑朝科，唐顺华. 电机学. 上海：同济大学出版社，1988.

［16］应崇实. 电机及拖动基础. 北京：机械工业出版社，1987.

［17］刘宗富. 电机学. 北京：冶金工业出版社，1986.

［18］潘晓晟，郝世勇. MALAB 电机仿真精华 50 例. 北京：电子工业出版社，2007.

［19］蔡旭晖，刘卫国，蔡立燕. MATLAB 基础与应用教程. 北京：人民邮电出版社，2009.

［20］曾繁玲. Matlab/ Simulink 在电机拖动与控制中的应用. 电气电子教学学报，2008（6）.

［21］高美珍，洪家平，程晓林. MATLAB 仿真在电子电路课程中的应用研究. 高等函授学报，2006（10）.

［22］宋巍，李姿. 基于 Simulink/SPS 模块的同步发电机短路仿真分析［J］. 电机与控制应用，2008.

［23］邓建国. 基于 MATLAB/SIMULINK 的异步电动机仿真模型及起动过程的仿真[J]. 湖南工程学院学报，2002.3.